21世纪高等学校计算机专业实用规划教材

HTML5 从入门到精通

◎千锋教育高教产品研发部 / 编著

清華大学出版社
北 京

内 容 简 介

本书是 HTML5 初学者极好的入门教材之一，内容通俗易懂、由浅入深、循序渐进。本书内容覆盖全面、讲解详细，其中包括标签语义化、标签使用规范、选择器类型、盒模型、标签分类、样式重置、CSS 优化、Photoshop 切图处理、整页制作、CSS3 新样式、HTML5 新功能等。

本书具有四大特色：一是案例简洁形象，以简单案例来剖析晦涩的知识点；二是通过精简核心内容，摒弃老旧的概念与语法，突出重点内容，从而节省读者的阅读时间与学习成本；三是本书作者实战操作经验丰富，本书内容不仅仅局限于知识点讲解，还包含开发工具、开发流程、整站制作、精确切图等知识点的详细介绍；四是本书包含更多新版本内容，同时对新的 CSS3 和 HTML5 知识点都有所涉及。

本书适合初学者和中等水平的 HTML5 开发人员，以及高等院校、培训学校的师生使用，是牢牢掌握 HTML5 语言开发技术的必读之作。

图书在版编目（CIP）数据

HTML5 从入门到精通 / 千锋教育高教产品研发部编著. —北京：清华大学出版社，2018 (2025.2重印)

（21 世纪高等学校计算机专业实用规划教材）

ISBN 978-7-302-50673-7

Ⅰ.①H… Ⅱ. ①千… Ⅲ. ①超文本标记语言－程序设计 Ⅳ. ①TP312.8

中国版本图书馆 CIP 数据核字（2018）第 161194 号

责任编辑： 黄 芝
封面设计： 胡耀文
责任校对： 胡伟民
责任印制： 沈 露

出版发行： 清华大学出版社
网 址：https://www.tup.com.cn，https://www.wqxuetang.com
地 址：北京清华大学学研大厦 A 座　　邮 编：100084
社 总 机：010-83470000　　邮 购：010-62786544
投稿与读者服务：010-62776969，c-service@tup.tsinghua.edu.cn
质 量 反 馈：010-62772015，zhiliang@tup.tsinghua.edu.cn
课 件 下 载：https://www.tup.com.cn，010-62795954

印 装 者： 三河市科茂嘉荣印务有限公司
经 销： 全国新华书店
开 本： 185mm×260mm　　**印 张：** 30　　**字 数：** 730 千字
版 次： 2018 年 10 月第 1 版　　**印 次：** 2025年 2 月第 10 次印刷
印 数： 11801～12600
定 价： 89.00 元

产品编号：078640-01

编委会

序 Preface

千锋教育是一家拥有核心教研能力以及校企合作能力的职业教育培训企业，2011 年成立于北京，秉承“初心至善　匠心育人”的核心价值观，以坚持面授的泛 IT 职业教育培训为根基，公司现有教育培训、高校服务、企业服务三大业务板块。教育培训业务分为大学生职业技能培训和职后技能培训；高校服务业务主要提供校企合作全解决方案与定制服务。

党的二十大报告指出“教育是国之大计、党之大计。培养什么人、怎样培养人、为谁培养人是教育的根本问题”；强调“必须坚持科技是第一生产力、人才是第一资源、创新是第一动力，深入实施科教兴国战略、人才强国战略、创新驱动发展战略，开辟发展新领域新赛道，不断塑造发展新动能新优势”；使用了“强化企业科技创新主体地位”的全新表达，特别强调要“加强企业主导的产学研深度融合”。

千锋教育面对 IT 技术日新月异的发展环境，不断探索新的应用场景和技术方向，紧随当下新产业、新技术和新职业发展，并将其融合到高校人才培养方案中去，秉承精品、系列、前沿、实战，编著适应当前教学应用的系列教材。本系列教材注重理论与实践相融合，坚持思想性、系统性、科学性、生动性、先进性相统一，做到结构严谨、逻辑性强、体系完备。鼓励开展探索性科学实践项目，调动学生积极性和主动性，激发学生学习兴趣和潜能，增强学生创新创造能力。

为此，做好教材建设先行的工作，是我们奋力编写“好程序员成长”丛书的目的与初衷。系列丛书提供配套的教辅资源和服务，具体如下。

高校服务

“锋云智慧”(www.fengyunedu.cn) 是千锋旗下面向高校业务的服务品牌。我们提供从教材到实训教辅、师资培训、赛事合作、实习实训、精品特色课建设、实验室建设、专业共建、产业学院共建等多维度、全方位的产教融合平台。致力于融合创新、产学合作、赋能职业落地教育改革，加快构建现代职业化教育体系，培养更多高素质技术技能人才。

锋云智慧实训教辅平台是基于教材，专为中国高校打造的开放式实训教辅平台，旨在为高校提供高效的数字化新形态教学全场景、全流程的教学活动支撑。平台由教师端、学生端构成，教师可利用平台中的教学资源和教学工具，构建高质量的教案和教辅流程。同时，教师端和学生端可以实现课程预习、在线作业、在线实训、在线考试教学环节和学习行为和结果分析统计，提升教学效果，延伸课程管理，推进“三全育人”教改模式。扫下方二维码即可体验该平台。

锋云智慧公众号

教师服务与交流群

教师服务与交流群（QQ 群号：713880027）是图书编者建立的，专门为教师提供教学服务，如分享教学经验和案例资源、答疑解惑、师资培训等，帮助提高教学质量。

大学生服务与交流群

学 IT 有疑问，就找“千问千知”。“千问千知”是一个有问必答的 IT 学习平台，平台上的专业答疑辅导老师承诺在工作日的 24 小时内答复您学习时遇到的专业问题。本书配套学习资源可添加 QQ 号 2133320438 或扫下方二维码索取。

千问千知公众号

前言 Foreword

如今，科学技术与信息技术快速发展和社会生产力变革对IT行业从业者提出了新的需求，从业者不仅要具备专业技术能力，更要具备业务实践能力和健全的职业素质。因此，复合型技术技能人才更受企业青睐。高校毕业生求职面临的第一道门槛就是技能与经验，教科书也应紧随新一代信息技术和新职业要求的变化及时更新。

本书倡导理实结合、实战就业，在语言描述上力求准确、通俗易懂。本书针对重要知识点精心挑选案例，将理论与技能深度融合，促进隐性知识与显性知识的转化。案例讲解包含设计思路、运行效果、实现思路、代码实现、技能技巧详解等。本书引入企业项目案例，从动手实践的角度，帮助读者逐步掌握前沿技术，为高质量就业赋能。

在章节编排上循序渐进，在语法阐述中尽量避免使用生硬的术语和枯燥的公式，从项目开发的实际需求入手，将理论知识与实际应用相结合，促进学习和成长，快速积累项目开发经验，从而在职场中拥有较高起点。

本书特点

HTML5是一种用于创建和呈现网页内容的标记语言，是HTML标准的最新版本，提供了一系列的技术和API，使得Web应用变得更加丰富和功能强大。HTML5和CSS3共同构成了现代网页开发的核心，推动了Web技术的演进和创新。本书以初学者为目标读者，通过通俗易懂的语言和丰富实用的案例系统讲解了HTML和CSS的基础概念，并介绍使用HTML5和CSS3进行前端开发的知识内容和实战技巧。

通过本书读者将学习到以下内容。

第1章 Web前端技术的相关知识，包括Web前端概述、Web前端开发工具和HTML的入门基本知识。

第 2 章 HTML 的基础知识，包括 HTML 的历史、语义化和常用标签。

第 3 章 HTML 表格与表单的基本使用，并介绍前后端如何交互和通信。

第 4 章 CSS 的入门基本知识，包括 CSS 的简介、背景样式、边框样式、文字样式、段落样式和复合样式。

第 5 章 CSS 的基础知识，包括 CSS 引入方式、选择符以及样式的继承和优先级。

第 6 章 CSS 的进阶知识，包括 CSS 盒子模型、块与内联、默认样式和其他常用样式。

第 7 章 CSS 浮动与定位，讲解使用浮动原理和 CSS 定位，从而帮助读者实现对网页进行布局。

第 8 章 HTML 和 CSS 扩展，包括标签规范、HTML 扩展和 CSS 扩展。

第 9 章 HTML 与 CSS 实战，介绍如何用 HTML 和 CSS 满足实际开发的需求，通过实践了解问题并解决问题。

第 10 章布局方案与整页制作，介绍常见的布局方案，讲解如何进行整体页面的开发制作。

第 11 章 HTML5 标签与属性，介绍 HTML5 提供的新功能和新特性，包括 HTML5 的语法特点、新增标签和新增属性，以及其他功能的使用。

第 12 章 CSS3 基础样式，介绍 CSS3 新增的属性和方法，包括 CSS3 的新特性、CSS3 选择器的使用、CSS3 的基础样式等。

第 13 章 CSS3 动画与 3D，讲解如何使用 CSS3 创建动画，介绍 CSS3 运用相关样式过渡与变形以及 CSS3 的动画与 3D。

第 14 章移动端布局与响应式开发，介绍与移动端相关的 HTML 和 CSS 部分的内容，包括移动端布局、弹性盒模型和响应式开发。

致谢

千锋教育教学团队将多年积累的教学实战案例进行整合，通过反复的精雕细琢最终完成了这本著作。另外，多名院校老师也参与了教材的部分编写与指导工作。除此之外，千锋教育 500 多名学员也参与了教材的试读工作，他们从初学者的角度对教材提供了许多宝贵的修改意见，在此一并表示衷心的感谢。

意见反馈

在本书的编写过程中，虽然力求完美，但难免有一些不足之处，欢迎各界专家和读者朋友给予宝贵的意见。

编者

2019 年 5 月于北京

目录 Contents

学习Coding知识

获取配套教学资源包

考试系统　在线作业　云课堂

教学PPT　教学设计　……

成就Coding梦想

在线视频：http://www.codingke.com/

配套源码：微信2570726663

QQ 2570726663

学IT有疑问，就找千问千知！

第1章 chapter 1

Web 前端技术简介

本章学习目标

- 了解 Web 前端技术和相关行业信息；
- 了解 Web 前端开发工具；
- 理解 HTML 基本原理。

互联网中的网页大多数都是使用 HTML 格式展示给浏览者，使 HTML 成为目前最流行的网页制作语言。为了使网页具有更好的扩展性和用户体验，CSS 样式表在网页设计中有着重要的地位。在学习 HTML 和 CSS 之前，需要了解一些基本的互联网相关知识。本章将从 Web 前端概述、Web 前端开发工具和 HTML 入门基本知识开始，带领读者进行 Web 开发之旅。

1.1 Web 前端概述

视频讲解

Web 前端即指大家平常上网浏览的网页，如上网浏览新闻、查询快递信息、淘宝购物等都是在浏览网页。但网页制作还需要了解与网页相关的基本概念，下面将对 Web 前端的相关概念进行详细讲解。

1.1.1 初识 Web 前端

1991 年 8 月 6 日，来自欧洲核子研究中心的科学家 Tim Berners-Lee，启动了世界上第一个可以正式访问的网站（http: //info. cern. ch/），从此人类宣布了万维网时代的到来。随着互联网的飞速发展，网站开发人员也变得炽手可热。

Web 前端开发是从网页演变而来，名称上有明显的时代特征。随着用户体验要求越来越高，前端开发的技术难度越来越大，Web 前端开发这个职业也从设计和制作不分的局面中独立出来。

早期的前端其实就是 Table 布局，后来发展到 DIV+CSS 网站重构，再到 JavaScript 逐渐成为 Web 前端开发的语言以及 Web2.0 的出现，每个阶段都涌现出相应的产品，如 SNS、博客、微博等。随着人们对网页需求的不断增大，Web 前端技术也正加速地发展。

Web 开发职位可分为 UI 设计师（网页设计师）、Web 前端工程师、Web 后端工程师、数据库工程师。下面来了解一下这四大职位的分工。

- 首先由 UI 设计师根据产品的需求做出网站效果图，然后交付给 Web 前端工程师进行图片切割和网页制作。
- 数据库工程师负责把网站数据进行存储和优化处理。
- Web 后端工程师负责对网站数据进行增删改查等逻辑处理，并将操作的数据返给 Web 前端工程师进行数据的交互与显示。
- Web 前端工程师能充分理解项目需求和设计需求，并与 UI 设计师、Web 后端工程师紧密合作，做出高质量的网站展示层，为用户呈现出最好的界面交互体验。

网站开发模式如图 1.1 所示。

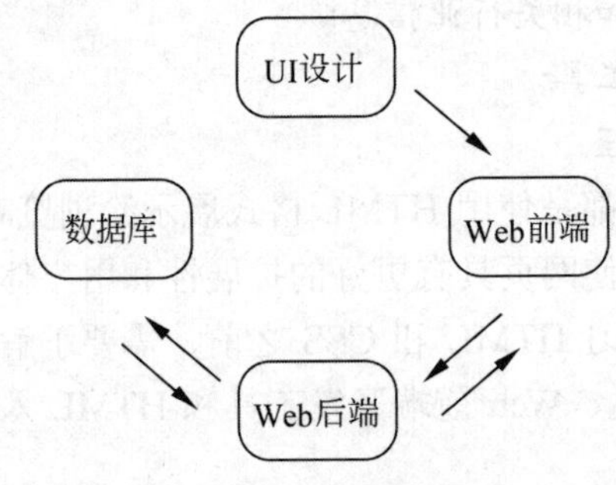

图 1.1　网站开发模式

有一句话非常形象地形容了 Web 前端工程师的特点，“它是游走在二次元与二进制之间的魔法师!”。

1.1.2　Web 前端开发的三大核心技术

W3C 组织，即万维网联盟，创建于 1994 年，是 Web 技术领域最具权威和影响力的国际中立性技术标准机构。W3C 专门负责制定网页相关的标准，Web 前端的相关技术都是基于 W3C 标准实现的。

下面来介绍下 Web 前端开发所包括的三大核心技术——HTML 语言、CSS 语言、JavaScript 语言。

1．HTML 语言

HTML 全称“HyperText Markup Language”，中文解释为“超文本标记语言”，它是制作网页的标准语言。“超文本”就是指页面内可以包含图片、链接，甚至音乐、程序等非文字元素。超文本标记语言的结构包括“头”部分（Head）和“主体”部分（Body），其中“头”部提供关于网页的信息，“主体”部分提供网页的具体内容。

2．CSS 语言

CSS 全称“Cascading Style Sheet”，中文解释为“层叠样式表”，它是一种用来表现 HTML 或 XML 等文件样式的计算机语言。CSS 不仅可以静态地修饰网页，还可以配合各种脚本语言动态地对网页各元素进行格式化。CSS 能够对网页中元素位置的排版进行像素级精确控制，支持几乎所有的字体字号样式，并拥有对网页对象和模型样式进行编辑的能力。

3．JavaScript 语言

JavaScript 是一种属于网络的脚本语言，已经被广泛地用于 Web 应用开发，常用来为网页添加各式各样的动态功能，为用户提供更流畅美观的浏览效果。它的解释器被称为 JavaScript 引擎，属于浏览器的一部分，因此 JavaScript 代码由浏览器边解释边执行。通常 JavaScript 脚本通过嵌入在 HTML 中的方式来实现自身的功能。

Web 前端三大核心技术就像板凳的三条腿，缺一不可。三大核心技术之间的联系如图 1.2 所示。

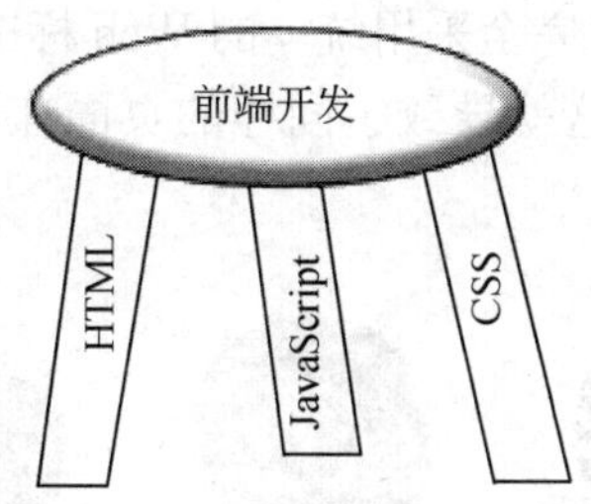

图 1.2　三大核心技术之间的联系

W3C 组织规定，Web 标准需要将网页的结构、样式和行为三者进行分离。HTML+CSS+JavaScript 本质上构成一个 MVC 框架，即 HTML 用于描述网页的结构（Model），CSS 用于描述网页的样式（View），JavaScript 用于描述网页的行为即调度数据和实现某种展现逻辑（Controller）。本书主要讲解 HTML+CSS。

用一个盖房子的例子来描述下三者之间的关系。首先需要把房子的地基和结构搭建好，有一个良好的结构（HTML）。然后给房子刷上油漆和添加窗户，对房子样式进行美化（CSS）。最后给房子添加电梯和地暖，与住户进行一些行为上的交互（JavaScript），这样房子才算搭建完毕。下面来看一下在 Web 前端中三者的体现效果，如图 1.3～图 1.5 所示。

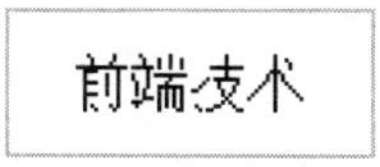

前端技术

图 1.3　仅仅使用 HTML 的文字

前端技术

图 1.4　在 HTML 基础上加入 CSS 样式

前端技术　前端技术

图 1.5　加入 JavaScript 鼠标滑入效果

1.2 Web前端开发工具

视频讲解

工欲善其事必先利其器。在HTML+CSS开发过程中，需要先来选择适合的相关开发工具。HTML+CSS开发过程中主要涉及到三大类工具：浏览器、网页编辑器、切图软件，本节就来介绍这三大类工具。

1.2.1 浏览器

浏览器是网页的运行平台，是可以把HTML文件展示在其中，供用户进行浏览的一种软件。目前主流的浏览器有IE、Chrome、Firefox、Safari、Opera等，如图1.6所示。由于某些因素，这些浏览器没有完全采用统一的Web标准，或者说不同的浏览器对同一个CSS样式有不同的解析，这就导致了同样的页面在不同的浏览器下显示效果可能不同。

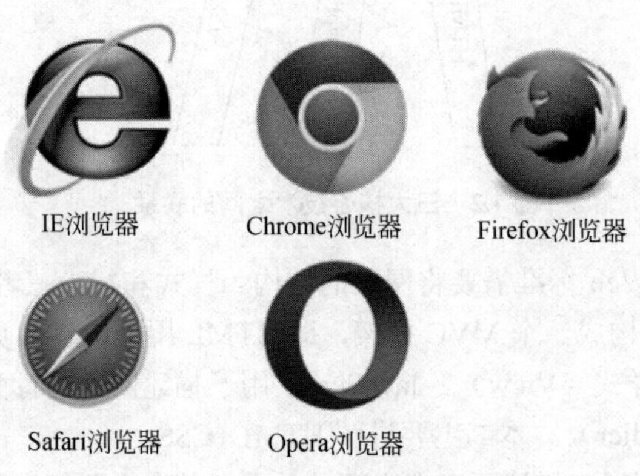

图1.6 主流浏览器

不同用户使用的浏览器可能不同，因此制作网页时，需要保证该网页可以兼容所有的主流浏览器。关于网页制作中的兼容性问题及其解决方案，会在后面的章节进行讲解。下面介绍几种主流浏览器。

1. IE浏览器

IE是Internet Explorer的简称，它是微软公司推出的一款网页浏览器，采用Trident内核实现，有6.0、7.0、8.0、9.0、10.0、11.0等版本。在IE7以前，中文直译为“网络探路者”，但在IE7以后官方便直接称为“IE浏览器”。由于一些用户仍然在使用低版本的浏览器，因此在制作网页时，一般也需要兼容低版本的浏览器。一些其他的浏览器也是基于IE内核的，如360安全浏览器、搜狗浏览器等，只要兼容IE浏览器，这些基于IE内核的浏览器也都兼容。

2．Chrome 浏览器

Chrome 浏览器一般指 Google Chrome，Google Chrome 是一款由 Google 公司开发的设计简单、高效的 Web 浏览器，采用 JavaScript 引擎，可快速运行复杂的大型网站，从而降低浏览者访问的等待时长。该浏览器基于其他开源软件撰写，采用 Webkit、Blink 内核实现，目标是提升稳定性、速度和安全性，并创造出简单且有效率的使用者界面。本书运行环境采用 Chrome 浏览器，版本为 54.0.2840.5，如图 1.7 所示。

图 1.7 Chrome 浏览器首页

3．Firefox 浏览器

Firefox 浏览器一般指 Mozilla Firefox，中文俗称“火狐”，是 Mozilla 公司出品的一款自由及开放源代码 Web 浏览器，采用 Gecko 内核实现，支持多种操作系统，如 Windows、Mac OS X 及 GNU/Linux 等。

4．Safari 浏览器

Safari 浏览器是苹果公司出品的用于苹果计算机操作系统 Mac OS X 中的浏览器，采用 Webkit 内核实现，使用了 KDE 的 KHTML 作为浏览器的运算核心。无论在 Mac 还是 PC 上运行时，Safari 都可提供极致愉悦的网络体验方式。

5．Opera 浏览器

Opera 浏览器是一款挪威 Opera Software ASA 公司制作的支持多页面标签式浏览的 Web 浏览器，采用 Presto 内核实现，它是跨平台浏览器，可以在 Windows、Mac 和 Linux 三个操作系统平台上运行。

注：浏览器内核负责对网页语法进行解释并渲染（显示）网页。通常所谓的浏览器内核也就是浏览器所采用的渲染引擎，渲染引擎决定了浏览器如何显示网页的内容以及页面的格式信息。

1.2.2 网页编辑器

网页编辑器是书写 HTML、CSS 等代码的工具软件。一般常用的网页编辑器有 Dreamweaver、Sublime Text、WebStorm、Hbulider 等，如图 1.8 所示为常用的网页编辑器的图标。本教材采用 Dreamweaver 网页编辑器，版本为 CS6。Dreamweaver 简称“DW”，具备完美的代码提示功能和强大的辅助操作，因此它非常容易上手，是一款适合初学者学习和使用的网页编辑器。

图 1.8 常用网页编辑器

接下来讲解如何使用 Dreamweaver 网页编辑器进行网页编程，软件的安装不再介绍，直接讲解软件安装后如何使用。

运行 DW 软件，进入软件界面，选择菜单栏中的【文件】→【新建】，打开【新建文档】窗口，如图 1.9 所示，在【文档类型】下拉列表中选择 HTML5，单击【创建】按钮，即可创建一个空白的 HTML 文档，如图 1.10 所示。

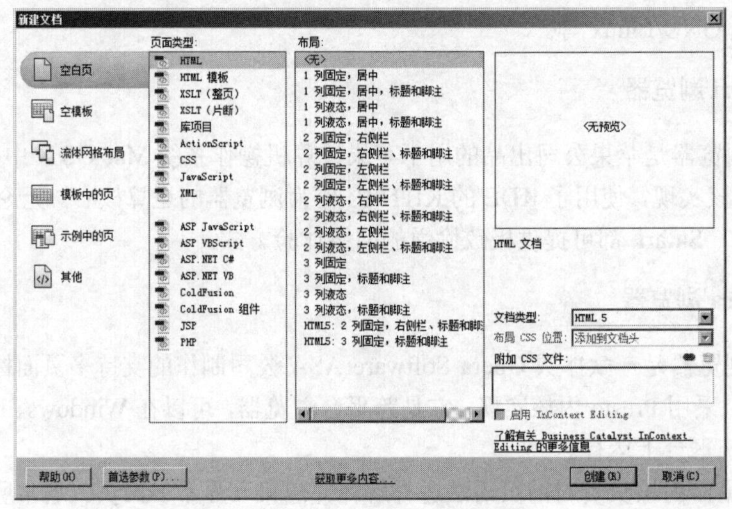

图 1.9 【新建文档】窗口

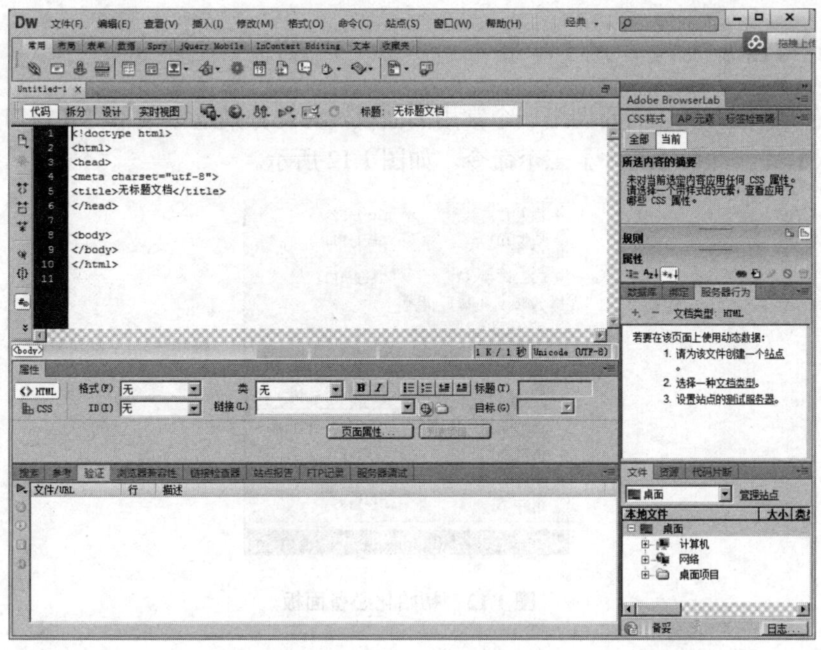

图 1.10　空白的 HTML 文档

为了让初学者更好地使用 DW 工具，需要对 DW 进行一些初始化设置，具体如下。

1. 工作区布局设置

运行 DW 软件，进入软件界面，在菜单栏中选择【窗口】→【工作区布局(w)】→【经典】命令，将布局设置成统一的模式，如图 1.11 所示。

图 1.11　初始化工作区布局

2．必备面板

设置经典模式后，需要调出三个常用的面板，为此分别选中菜单栏【窗口】菜单下的【插入】、【属性】、【文件】三个命令，如图 1.12 所示。

图 1.12 初始化必备面板

3．新建默认文档设置

选择菜单栏中【编辑】→【首选参数】(Ctrl+U)，选中左侧【分类】中的【新建文档】，右边就会出现相应的设置。选择最常用的 HTML 文档类型和编码类型，本书设置为 HTML5，如图 1.13 所示。

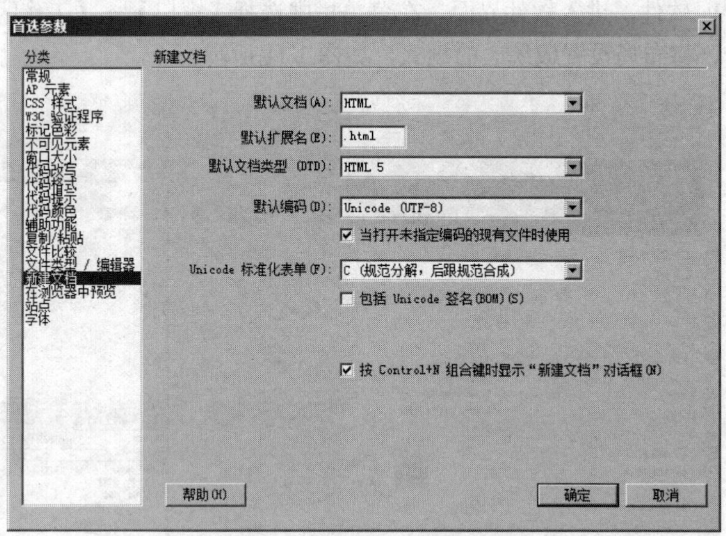

图 1.13 默认文档设置

新建文档的默认参数设置好以后，新建 HTML 文档时，DW 就会按照默认文档设置直接生成所需的代码。

4．浏览器设置

初学者计算机必备 IE 浏览器和 Chrome 浏览器，建议将 DW 的默认预览浏览器设置为“Chrome 浏览器”，快捷键 F12 是使用主浏览器预览网页，一般把 IE 浏览器设为次浏览器，按快捷键 Ctrl+F12，如图 1.14 所示。

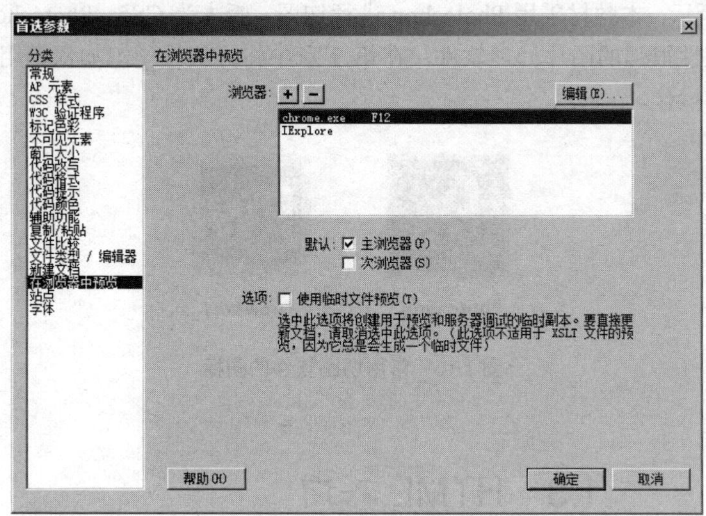

图 1.14 默认浏览器设置

5．代码提示

为了加快写代码的速度，会用到代码提示，DW 中就有强大的代码提示的功能，只需在【首选参数】对话框中设置代码提示，选择【代码提示】选项，然后选中【结束标签】选项中的第二项，单击【确定】按钮即可，代码提示设置如图 1.15 所示。

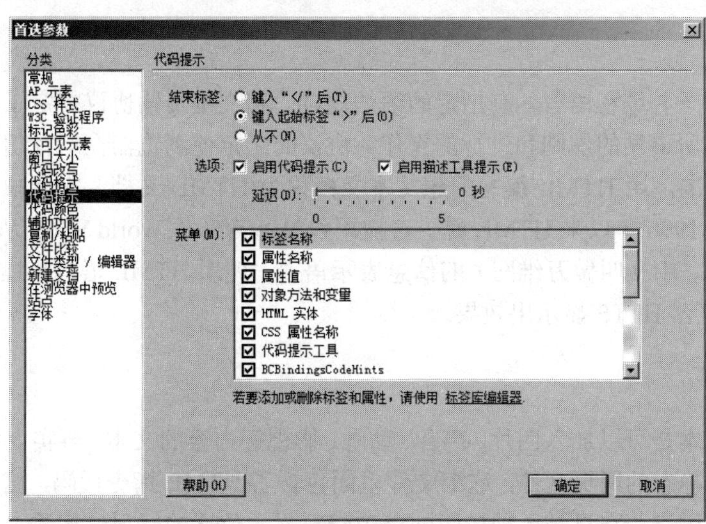

图 1.15 代码提示设置

1.2.3 切图软件

切图软件是对 UI 设计师设计出的效果图进行切图操作，也可以对网页中涉及到图片进行修改等处理。常用的切图软件有 Photoshop 和 Fireworks 两种。常用切图软件的图标如图 1.16 所示，本教材采用 Photoshop 进行切图，版本为 CS5。Photoshop 简称“PS”，它是一款专业性很强的图片处理软件，在第 9 章中将详细地学习如何利用 Photoshop 进行网页的切图操作。

图 1.16 常用切图软件的图标

1.3 HTML 入门

视频讲解

1.3.1 什么是 HTML

HTML 是 HyperText Markup Language 的缩写，即超文本标记语言，是一种用来制作超文本文档的简单标记语言。接下来将带领读者从语言、超文本、标记三个部分理解 HTML。

1．语言

HTML 是一种编程语言，有指定的语法规则。超文本传输协议规定了浏览器在运行 HTML 文档时所遵循的规则和进行的操作。协议的制定使浏览器在运行超文本时有了统一的规则和标准。用 HTML 编写的超文本文档称为 HTML 文档，它能独立于各种操作系统平台。自 1990 年以来 HTML 就一直被用作 WWW（是 World Wide Web 的缩写，也可简写为 Web、中文叫做万维网）的信息表示语言，使用 HTML 语言描述的文件，需要通过 Web 浏览器 HTTP 显示出效果。

2．超文本

所谓超文本是可以加入图片、声音、动画、影视等内容的文本。事实上每一个 HTML 文档都是一种静态的网页文件，这个文件里面包含了 HTML 指令代码，这些指令代码并不是一种程序语言，它只是一种排版网页中资料显示位置的标记结构语言，简单且易学易懂。

HTML 的普遍应用就是通过单击从一个主题跳转到另一个主题，从一个页面跳转到另一个页面与世界各地主机的文件链接，直接获取相关的主题。

（1）HTML 可以通过图片格式和文字格式的设计来实现丰富多彩的风格。

```
<IMG SRC="文件名">
<FONT SIZE="+5 " COLOR="#00FFFF">文字</FONT>
```

（2）通过 HTML 可以实现页面之间的跳转。

```
<A HREF="文件路径/文件名"></A>
```

（3）通过 HTML 可以展现多媒体的效果。

```
<EMBED SRC="音乐地址" AUTOSTART=true>
<EMBED SRC="视频地址" AUTOSTART=true>
```

以上演示的是使用 HTML 超文本文件时，需要用到的一些标签。

3．标记

对于刚刚接触超文本的读者来说，一些用“<”和“>”括起来的句子可能很难被理解，它们被称为标记，也称标签，是用来划分网页的元素，以形成文本的布局、文字的格式及五彩缤纷的画面。标签通过指定某块信息为段落或标题等来标识文档某个部件。

在 HTML 中每个用作标签的符号都是一条命令，它会告诉浏览器如何显示文本。这些标签均由“<”和“>”符号以及一个字符串组成。如<head>、<body>等。而浏览器的功能是对这些标记进行解释，显示出文字、图像、动画、播放声音。这些标签符号用“<标签名字 属性>”来表示。标签分为单标签和双标签两大类，具体介绍如下：

- 单标签指的是只存在一个标签的写法，如<meta>、<input>等。
- 双标签指的是存在一对标签的写法，如<head></head>、<body></body>等。注意在双标签中第一个标签称为起始标签，第二个标签称为结束标签，结束标签需要在左尖括号后添加一个关闭符“/”。

HTML 只是一个纯文本文件。创建一个 HTML 文档，需要 HTML 编辑器和 Web 浏览器两个工具。HTML 编辑器是用于生成和保存 HTML 文档的应用程序。Web 浏览器用来打开 Web 网页文件，提供查看 Web 资源的客户端程序。

1.3.2 HTML 基本结构

HTML 文档是由一系列的元素和标签组成。元素名不区分大小写，HTML 用标签来规定元素的属性和它在文件中的位置，HTML 文档分为头部和主体两部分，在文档头部对文档进行一些必要的定义，主体部分是文档要显示的信息。其基本结构如例 1-1 所示。

【例 1-1】 HTML 文档的基本结构。

```
<!DOCTYPE HTML>
```

```
<html>
<head>
    <meta charset="utf-8">
    <title>标题</title>
</head>
<body>
    内容
</body>
</html>
```

运行结果如图 1.17 所示。

图 1.17　HTML 文档的运行结果

一个 HTML 文档基本结构主要由文档声明（<!DOCTYPE HTML>）、HTML 文档（<html>）、文档头部（<head>）和文档主体（<body>）四部分组成。接下来将具体介绍这四个部分的内容。

1．文档声明

<!DOCTYPE>声明必须是 HTML 文档的第一行，位于 <html> 标签之前。<!DOCTYPE> 声明不是 HTML 标签，它用于向浏览器说明当前文档是属于哪种 HTML 或 XHTML 标准规范。必须在开头处使用<!DOCTYPE>为所有的 XHTML 文档指定 XHTML 版本和类型，这样浏览器才能将网页作为有效的 XHTML 文档，并按照指定文档类型进行解析。

<!DOCTYPE>声明与浏览器的兼容性相关，如果没有<!DOCTYPE>，就由浏览器决定如何展示 HTML 页面。这时，不同的浏览器可能会有多种显示效果，这样是不允许的。

2．HTML 文档

<html>标签位于<!DOCTYPE>声明之后，作用相当于在告知浏览器这是一个 HTML 文档，<html></html>标签限定了文档的开始点和结束点，其中<html>表示网页的开始，</html>表示网页结束，网页需要展示的所有内容都应该写到<html></html>标签的内部，<html>标签也被称为根标签，指最外层的意思。

3．文档的头部

<head></head>用于定义 HTML 文档头部信息。文档头部内的标签如图 1.17 所示。在<html>标签之后，用来封装其他位于文档头部的标签，如表 1.1 中的标签。一个 HTML

文档只能有一对<head></head>标签，绝大多数文档头部包含的数据都不会真正作为内容显示在页面中。

表 1.1 文档头部内的标签

标　签	描　述
<title>	定义了文档的标题
<base>	定义了页面链接标签的默认链接地址
<link>	定义了一个文档和外部资源之间的关系
<meta>	定义了 HTML 文档中的元数据
<script>	定义了客户端的脚本文件
<style>	定义了 HTML 文档的样式文件

例 1-1 中<meta charset="utf-8">指定网页的编码方式为 utf-8。utf-8 是一种网页编码规范，可以统一页面显示中文简体、繁体及其他语言（如英文、日文、韩文），这样网页就不会出现乱码的情况，属于国际通用编码方式。

4．文档的主体

<body></body>包含文档要展示的所有内容，也称主体标签，网页中显示的文本、超链接、图像、表格和列表等信息都必须在<body>内，如图 1.17 中的内容，就是<body>内的信息，这些内容最终都是要展示给用户的。

HTML 语言是不区分大小写的，但建议文档声明采用大写方式，其他部分都采用小写方式。

1.3.3 运行第一个 HTML 程序

（1）新建一个空白 HTML 文档，单击【代码】按钮，默认为 HTML 基本结构。代码视图如图 1.18 所示。

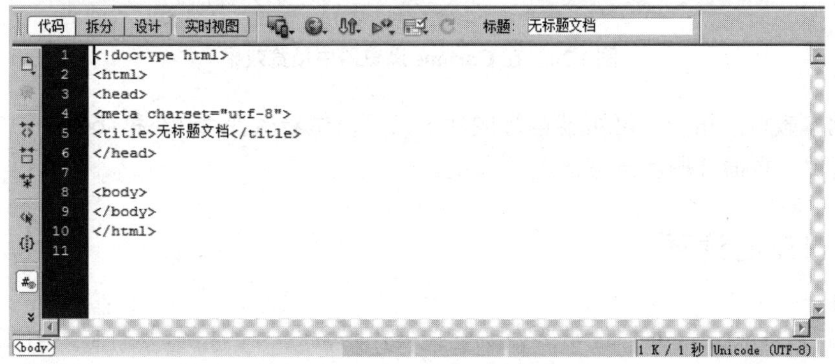

图 1.18 代码视图

（2）修改<title>和<body>中的内容，按 Ctrl+S 快捷键，进行文件的保存，文件后缀名为.html 格式，如图 1.19 所示。

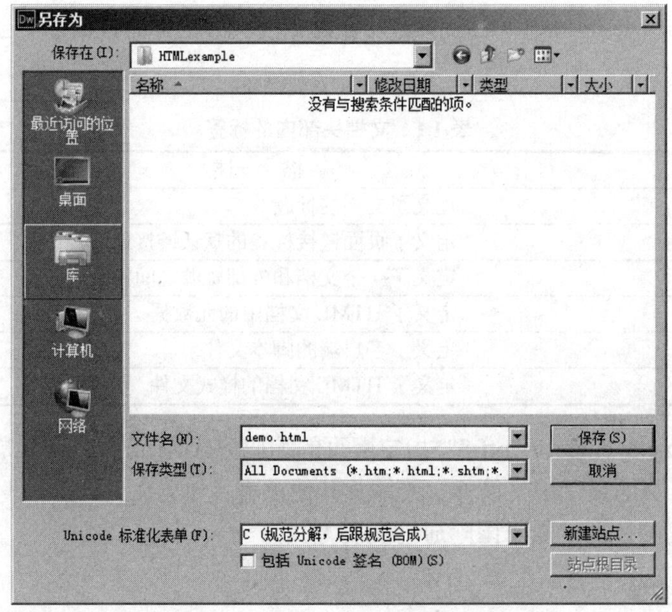

图 1.19 保存成.html 文件的对话框

（3）单击“在浏览器中预览/调试”按钮，选择“chrome.exe 浏览器”命令进行预览，或者通过双击.html 文件进行预览。在 Chrome 浏览器中预览效果如图 1.20 所示。

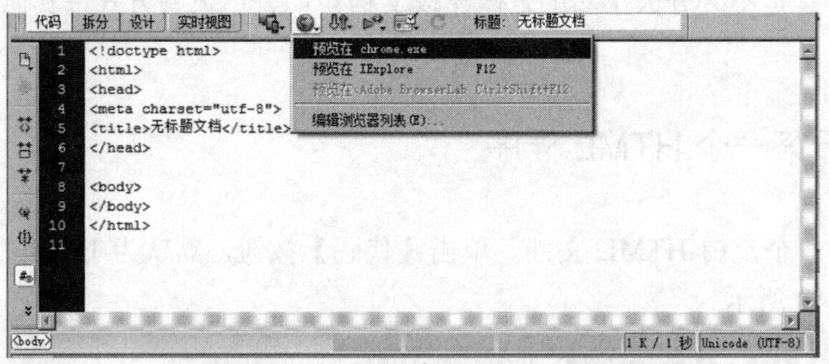

图 1.20 在 Chrome 浏览器中预览效果

到此本教材的第一个网页就运行成功了，可以试着改变<title>和<body>中的内容，然后重新保存页面并刷新浏览器进行预览。

1.3.4 HTML 注释

在编写 HTML 代码时，经常要在一些关键代码旁做一下注释，这样做的好处有很多，如：方便理解代码、方便查找相关代码或是方便项目组里的其他程序员来了解你所写的代码，还可以方便自己以后对代码的理解和修改。语法格式如下：

```
<!--注释的内容-->
```

“<!--”表示注释的开始，“-->”表示注释的结束。DW 中自带添加注释功能，如图 1.21 所示，也可手动添加注释。

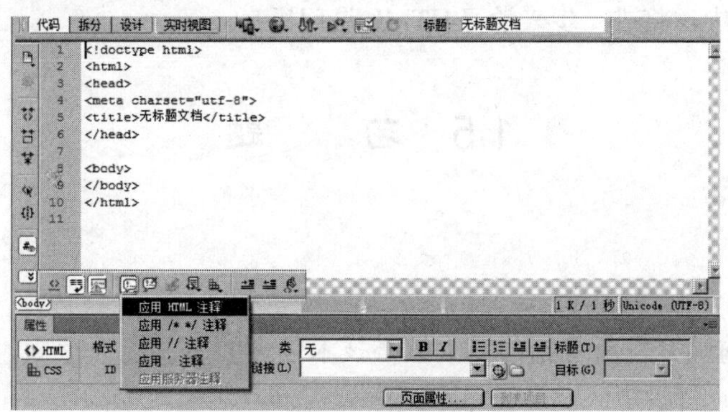

图 1.21　HTML 注释

1.3.5　HTML 属性

使用 HTML 制作网页时，如果想让网页的内容更加丰富，如设置显示文字的颜色为彩色，大小为 30。此时仅仅使用 HTML 标签默认显示样式已经不能满足需求，这就需要对 HTML 标签的属性加以设置，大多数标签都有自己的一些属性，属性要写在始标签内，属性用于进一步改变显示的效果，各属性之间无先后次序，可以省略而采用默认值。其语法格式如下：

```
<标签名字 属性 1 属性 2 属性 3 … >内容</标签名字>
```

在语法格式中，标签可以有多个属性，必须写在开始标签中，位于标签名之后。属性与标签之前需要一个空格隔开，多个属性之间也要用空格隔开。

作为一般的原则，大多数属性值不用加双引号。但是包括“空格”“%”“#”等特殊字符的属性值必须加入双引号。为了养成良好的习惯，提倡对属性值全部加双引号。具体示例如下。

```
<font color="#ff00ff" face="宋体" size="30">字体设置</font>
```

注意：

一定不要在“<”与标签名之间输入多余的空格，也不能在中文状态下输入这些标签及属性，否则浏览器不能正确地识别括号中的标志命令，从而无法正确地显示信息。后面还会学习到更多其他的 HTML 属性，这里读者只要记住 HTML 属性的基本格式就好。

1.4　本 章 小 结

通过本章的学习，初步了解了 Web 前端技术和相关行业信息。学习了 Web 前端开发工具的使用，而且还运行了第一个HTML语言的网页程序。本章中的学习重点是需要理解什么是HTML语言、HTML语言的基本格式、HTML语言的属性设置等相关知识点。在下一章节中，将进一步来学习HTML这门语言。

1.5 习　　题

1．填空题

（1）Web 前端开发所包括的三大核心技术包含__________、__________、JavaScript 语言。

（2）超文本标记语言是指__________。

（3）HTML 文档包括__________和__________两部分。

（4）HTML 多个属性之间分隔用__________。

（5）__________用于向浏览器说明当前文档属于哪种HTML或XHTML标准规范。

2．选择题

（1）下列选项中，不属于网站开发四大职位的是（　　）。

A．Web 前端开发工程师　　B．数据库开发工程师
C．测试开发工程师　　D．Web 后端开发工程师

（2）下面不属于 HTML 基本结构的是（　　）。

A．<meta>　　B．<head>　　C．<body>　　D．<html>

（3）下面不属于五大浏览器的是（　　）。

A．Firefox 浏览器　　B．Chrome 浏览器
C．Safari 浏览器　　D．360 浏览器

（4）下面哪个标签限定了文档的开始点和结束点？（　　）

A．<! DOCTYPE >　　B．<html>　　C．<head>　　D．<body>

（5）下面哪个用来定义文档标题的标签（　　）。

A．<style>　　B．<link>　　C．<script>　　D．<title>

3．思考题

（1）请简述什么是超文本标记语言。

（2）请简述 HTML、CSS、JavaScript 三者的关系及职能划分。

第2章 chapter 2

HTML 详解

本章学习目标

- 了解 HTML 语法的发展历史；
- 了解 HTML 语义化；
- 掌握 HTML 常用标签的基本使用。

第 1 章已经介绍过 HTML 是一门超文本标记语言，通过 HTML 标记对网页中的文本、图片、声音等信息进行描述。但是具体如何使用 HTML 标记对网页中的信息进行控制，没有介绍，本章将从 HTML 的历史、语义化、常用标签三个方面详细讲解 HTML。

2.1 HTML 历史

视频讲解

俗话说“了解历史，才能明白当下，进而展望未来”，所以了解 HTML 的历史，有利于更好的掌握 HTML 这门语言。

2.1.1 HTML 历史版本

和大多数软件、硬件一样，HTML 发展至今，都经历了几个版本演进，新增了许多 HTML 标记，同时也淘汰了一些标记，接下来介绍 HTML 在不同时期所对应的一些重要版本，具体如下。

- 超文本标记语言（第一版）——在 1993 年 6 月作为互联网工程工作小组（IETF）工作草案发布（并非标准）。
- HTML 2.0——1995 年 11 月，IETF 推荐标准。
- HTML 3.2——1997 年 1 月 14 日，W3C 推荐标准。
- HTML 4.0——1997 年 12 月 18 日，W3C 推荐标准。
- HTML 4.01——1999 年 12 月 24 日，W3C 推荐标准。
- HTML 5——2014 年 10 月 28 日，W3C 推荐标准。

HTML 没有 1.0 版本，最早的 HTML 官方规范，是由 IETF（Internet Engineering Task Force，因特网工程任务组）发布的 HTML 2.0。之后 W3C 成为 HTML 语言标准的制定者，发布了 3.2、4.0、4.01 和 5 等多个后续重要版本。通常所说的 HTML5 指的就是“5”

这个最新的版本。

本教材涉及的所有规范及语法，都是严格按照 HTML5 标准进行讲解的，在后面的章节中还会详细地介绍 HTML5 及相关内容。

2.1.2 HTML 与 XHTML 关系

在 HTML 语法上很宽松，如标签和属性可以是大写、小写，或者任意大小写字母的组合，标签可以不闭合等。有些设备很难兼容这些松散的语法，如手机、打印机等，这并不符合标准的发展趋势，因此 1999 年 12 月 W3C 推出了 HTML4.01 版本后解散了 HTML 工作组。转而开发 XHTML，2000 年 1 月 26 日发布 XHTML1.0。

XHTML 是更严谨、纯净的 HTML 版本，XHTML 比 HTML 语法更加规范和严谨，目的是为了实现 HTML 向 XML 过渡，让作者按照统一的风格来编写标签，HTML 中标签和属性不区分大小写，而有效的 XHTML 文档则要求所有标签和属性必须一律小写，当然还有一些其他的规范和要求，这里不再赘述。XML 虽然数据转换能力强，完全可以替代 HTML，但是面对互联网上大量基于 HTML 编写的网站，直接采用 XML 还为时过早，因此在 HTML4.0 的基础上，用 XML 的语法规则对其进行扩展，得到了 XHTML。

注：XML 指可扩展标记语言（EXtensible Markup Language），用来传输和存储数据。XML 语言也可以作为很多语言的基础语言，例如：XHTML、SVG 等。

HTML 的不同版本对<!DOCTYPE>写法也有不同，具体如下：

（1）HTML4.01 中<!DOCTYPE>写法

```
<!DOCTYPE HTML PUBLIC "-//W3C//DTD HTML 4.01 Transitional//EN"
"http://www.w3.org/TR/html4/loose.dtd">
```

（2）XHTML1.01 中<!DOCTYPE>写法

```
<!DOCTYPE html PUBLIC "-//W3C//DTD XHTML 1.0 Transitional//EN"
"http://www.w3.org/TR/xhtml1/DTD/xhtml1-transitional.dtd">
```

（3）HTML5 中<!DOCTYPE>写法

```
<!DOCTYPE HTML>
```

因为 HTML 4.01 和 XHTML1.0 基于 SGML，所以 DOCTYPE 需要对 DTD 进行引用。HTML 5 不基于 SGML，因此不需要对 DTD 进行引用，因此 HTML5 的 DOCTYPE 写法相当简单。这里建议读者都采用最新的 HTML5 版本<!DOCTYPE>写法，第 1 章已经介绍过在 DW 工具中默认设置不同类型的文档声明。

2.2 什么是 HTML 语义化

视频讲解

HTML 语义化指的是根据网页中内容的结构，选择适合的 HTML

标签进行编写。HTML 语义化的意义主要有以下四点。

- 在没有 CSS 的情况下，页面也能呈现出很好的内容结构、代码结构。
- 有利于 SEO，让搜索引擎爬虫更好地理解网页，从而获取更多的有效信息，提升网页的权重。
- 方便其他设备（如屏幕阅读器、盲人阅读器、移动设备）解析，以语义的方式来渲染网页。
- 便于团队开发和维护，语义化的 HTML 可以让开发者更容易理解，从而提高团队的效率和协调能力。

HTML 标签都具备语义化，根据网页展示的内容结构，选择正确的 HTML 标签进行解析与编码。

注：SEO 是指在了解搜索引擎自然排名机制的基础上，对网站进行内部及外部的调整优化，改进网站在搜索引擎中关键词的自然排名，获得更多的展现量，吸引更多目标客户单击访问网站，从而达到互联网营销及品牌建设的目的。

2.3 HTML 常用标签

视频讲解

HTML 标签非常多，有些由于历史问题已经废弃，有些属于 HTML5 中新添加的，这部分 HTML5 新标签会在 HTML5 章节中给读者讲解，本章主要讲解一些 HTML 中常用标签的使用。

2.3.1 标题标签

当浏览新闻类网页时，经常能看见文章的标题，如图 2.1 所示。

千锋郑州《我是演说家心态篇》落幕：结束亦

时间：2017-06-19 16:08:06　　来源：郑州千锋教育　作者：Y

千锋郑州校园文化活动之《我是演说家心态篇》正式落幕，其中有欢笑也有汗

讲不仅是对心态的阐述，更是自己对于人生的一种探索。此次活动虽然结束，但它

过这次活动，学员们会对自己的职业规划有个更好的认识，而千锋也在向世人展示

的培养，还重视学员的表达能力培养，培养的是全面发展的高端人才。

图 2.1　千锋教育新闻标题

千锋教育新闻标题如图 2.1 所示，是用 HTML 中的标题标签来实现的，HTML 中使用<h1>、<h2>、<h3>、<h4>、<h5>、<h6>等标签来定义标题部分，其语法格式如下所示。

```
<hn 属性="属性值">标题文本</hn>
```

接下来通过案例来演示标题标签，如例 2-1 所示。

【例 2-1】 创建标题标签的演示案例。

```
<!doctype html>
<html>
<head>
<meta charset="utf-8">
<title>定义标题</title>
</head>
<body>
<h1>这是一级标题</h1>
<h2>这是二级标题</h2>
<h3>这是三级标题</h3>
<h4>这是四级标题</h4>
<h5>这是五级标题</h5>
<h6>这是六级标题</h6>
</body>
</html>
```

运行结果如图 2.2 所示。

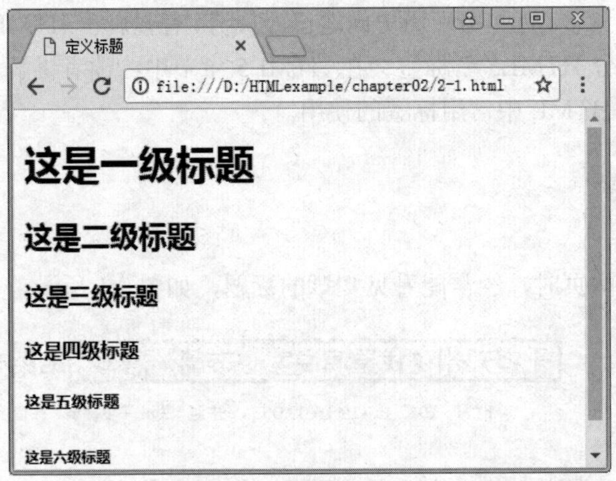

图 2.2 标题标签显示效果

从上例运行结果可以看出，默认情况下标题文字的显示方式是加粗左对齐，并且从<h1>到<h6>字号递减。如果想改变标题的对齐方式，需要用到 align 属性，其取值如表 2.1 所示。

表 2.1 align 取值表

属 性 值	对 齐 方 式
left	左对齐
center	居中对齐
right	右对齐

接下来通过案例来演示标题标签对齐方式的设置及效果，如例 2-2 所示。

【例 2-2】 标题标签对齐方式的设置及效果的演示案例。

```
<!doctype html>
<html>
<head>
<meta charset="utf-8">
<title>定义标题对齐方式</title>
</head>
<body>
<h1>这是一级标题</h1>
<h2 align="left">这是二级标题</h2>
<h3 align="center">这是三级标题</h3>
<h4 align="right">这是四级标题</h4>
</body>
</html>
```

运行结果如图 2.3 所示。

定义标题对齐方式
file:///D:/HTMLexample/chapter02/2-2.html
这是一级标题
这是二级标题
这是三级标题
这是四级标题

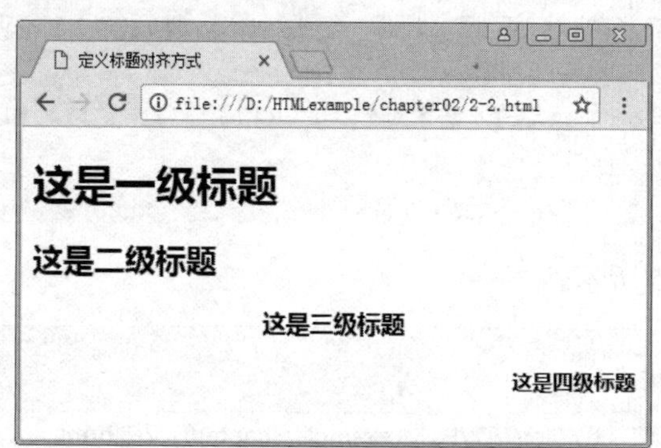

图 2.3　标题对齐方式显示效果

标题有利于网页搜索引擎的优化，其中<h1>标题的重要性最高，<h6>标题的重要性最低，一般一个页面只能有一个<h1>，而<h2>~<h6>可以有多个。

2.3.2　段落标签

浏览新闻类网页时，经常能看见文章的段落，千锋教育新闻段落如图 2.4 所示。

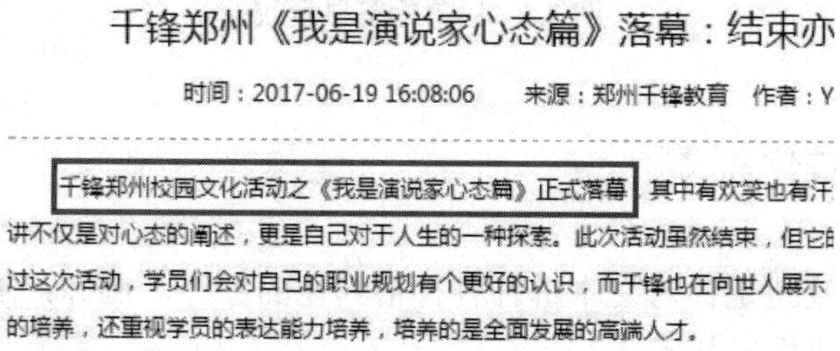

千锋郑州《我是演说家心态篇》落幕：结束亦
时间：2017-06-19 16:08:06　　来源：郑州千锋教育　作者：Y
千锋郑州校园文化活动之《我是演说家心态篇》正式落幕　其中有欢笑也有汗
讲不仅是对心态的阐述，更是自己对于人生的一种探索。此次活动虽然结束，但它的
过这次活动，学员们会对自己的职业规划有个更好的认识，而千锋也在向世人展示
的培养，还重视学员的表达能力培养，培养的是全面发展的高端人才。

图 2.4　千锋教育新闻段落

图 2.4 中的段落在 HTML 中是通过使用<p>标签实现，用于在网页中把文字有条理地显示出来，其语法格式如下：

```
<p 属性="属性值">段落文本</p>
```

接下来通过案例来演示段落标签，如例 2-3 所示。

【例 2-3】 创建段落标签的演示案例。

```
<!doctype html>
<html>
<head>
<meta charset="utf-8">
<title>段落标签</title>
</head>
<body>
<h1 align="center">扣丁学堂</h1></h1>
<p align="left">扣丁学堂是中国 IT 培训教育品牌领导者,拥有最新最全的 IT 培训视
频课程,专注于发布和更新 iOS 培训、Android 培训、HTML5 培训、UI 培训、PHP 培训视
频教程,着力于培养移动互联网人才。</p>
<p align=right>遇到 IT 技术难题，就上扣丁学堂学堂。</p>
</body>
</html>
```

运行结果如图 2.5 所示。

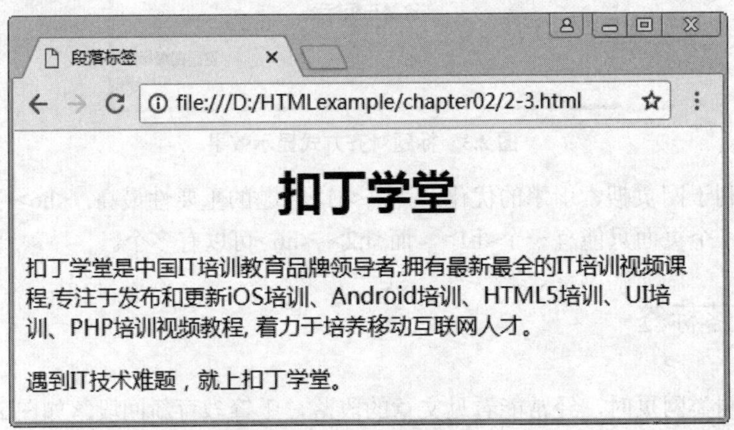

图 2.5　段落标签显示效果

2.3.3　文本格式化标签

文本格式化标签就是针对文本进行各种格式化的标签，例如：加粗、斜体、上标、下标等。文本格式化标签如表 2.2 所示。

表 2.2　文本格式化标签

标　　签	文字显示效果
<strong>	强调加粗
<em>	强调斜体
<sub>	下标文本
<sup>	上标文本
<del>	加删除线方式
<ins>	加下画线方式

表 2.2 中列出了对文本格式化的四种标签，下面将详细介绍这四种标签的使用和效果。

1．<strong>标签

<strong>标签将文本定义为语气更强的强调内容，展示效果为加粗。接下来通过案例演示<strong>标签，如例 2-4 所示。

【例 2-4】 <strong>标签运行的演示案例。

```
<!doctype html>
<html>
<head>
<meta charset="utf-8">
<title>文本格式化</title>
</head>
<body>
<strong>用良心做教育！</strong>
</body>
</html>
```

运行结果如图 2.6 所示。

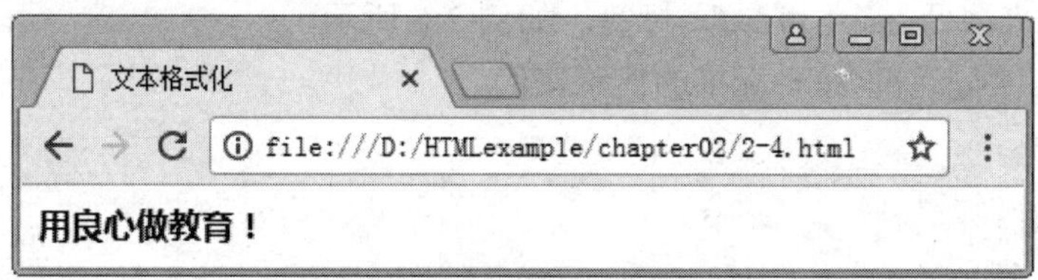

图 2.6　strong 标签显示效果

注意：

<b>标签的展示效果与<strong>完全相同，但是<b>标签不具备语义化强调的作用，只是显示加粗效果。

2．<em>标签

<em>标签也是将文本定义为强调的内容，只不过比<strong>标签强调的稍弱些，展示效果为斜体，接下来通过案例来演示<em>标签，如例 2-5 所示。

【例 2-5】 <em>标签的演示案例。

```
<!doctype html>
<html>
<head>
<meta charset="utf-8">
<title>文本格式化</title>
</head>
<body>
<em>用良心做教育！</em>
</body>
</html>
```

运行结果如图 2.7 所示。

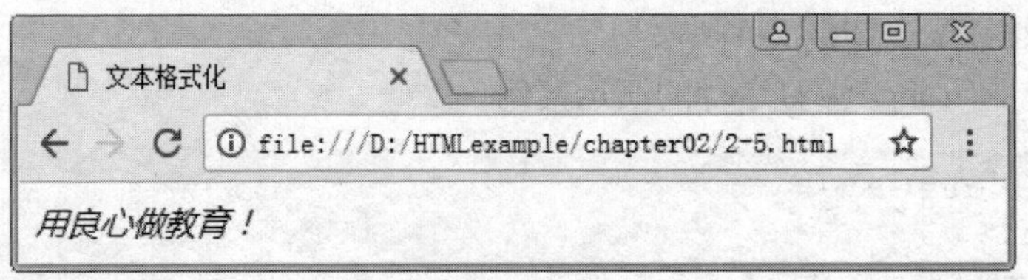

图 2.7　<em>标签显示效果

注意：

<i>标签的展示效果跟<em>完全相同，但是<i>标签不具备语义化强调的作用，只是显示斜体效果。

3．<sup>和<sub>标签

<sup>标签用于将文本定义为上标文本，<sub>标签用于将文本定义为下标文本，接下来通过案例来演示<sup>和<sub>标签，如例 2-6 所示。

【例 2-6】 <sup>和<sub>标签的演示案例。

```
<!doctype html>
<html>
<head>
<meta charset="utf-8">
<title>文本格式化</title>
</head>
<body>
<p>a<sup>2</sup>+b<sup>2</sup>=c<sup>2</sup></p>
<p>H<sub>2</sub>O</p>
</body>
</html>
```

运行结果如图 2.8 所示。

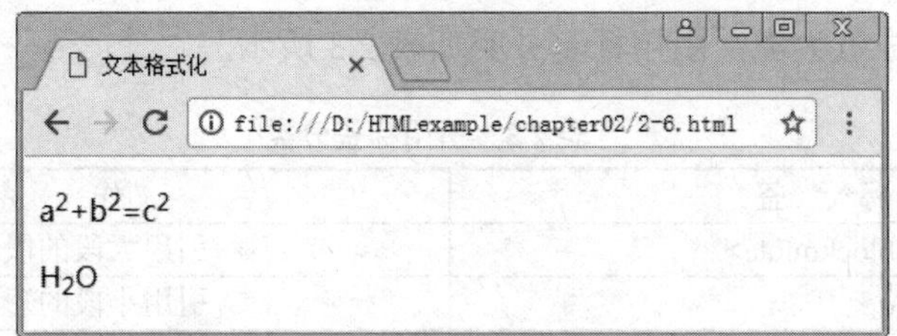

图 2.8　<sup>和<sub>标签显示效果

4．<del>和<ins>标签

<del>标签可用于定义已被删除的文本，<ins>标签可用于定义已经被插入的文本，<del>标签与<ins>标签配合使用来描述文档中的更新和修正。接下来通过案例来演示<del>标签和<ins>标签，如例 2-7 所示。

【例 2-7】 <del>和<ins>标签的演示案例。

```
<!doctype html>
<html>
<head>
<meta charset="utf-8">
<title>文本格式化</title>
</head>
<body>
<p><del>删除文本加删除线</del></p>
<p><ins>插入文本加下画线</ins></p>
</body>
</html>
```

运行结果如图 2.9 所示。

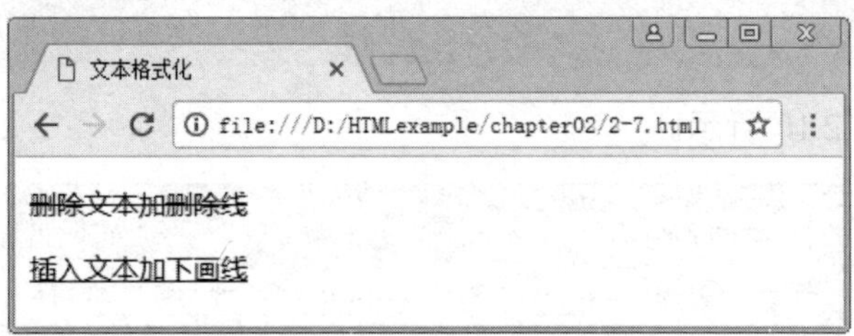

图 2.9　<del>标签和<ins>标签显示效果

文本格式化标签，一定要根据它们的语义来记忆，至于它们的默认样式，后续可以通过 CSS 方式进行修改。

2.3.4　引用标签

引用标签就是针对文本进行各种引用的标签，例如：缩略词、短语解释、著作、地址等。主要划分成五大类，引用标签分类如表 2.3 所示。

表 2.3　引用标签分类

标　签	作　用
<blockquote>	引用大段的段落解释
<q>	引用小段的短语解释
<abbr>	缩写或首字母缩略词
<address>	引用文档地址信息
<cite>	引用著作的标题

表 2.3 中列出了引用标签的五种分类，下面进行详细介绍。

1．<blockquote>和<q>标签

<blockquote>和<q>标签都是对文本的解释引用，<blockquote>标签引用是用大段的段落进行解释，而<q>标签引用是小段的短语进行解释，接下来通过案例来演示<blockquote>和<q>标签，如例 2-8 所示。

【例 2-8】 <blockquote>和<q>标签的演示案例。

```
<!doctype html>
<html>
<head>
<meta charset="utf-8">
<title>文本格式化</title>
</head>
<body>
<p>"死而后已"一语出自诸葛亮《出师表》：<blockquote>“凡事如是，难可逆见，
    臣鞠躬尽瘁，死而后已，至于成败利钝，非臣之明所能逆睹也。"</blockquote></p>
<p>WWF 的目标是：<q>构建人与自然和谐共存的世界。</q></p>
</body>
</html>
```

运行结果如图 2.10 所示。

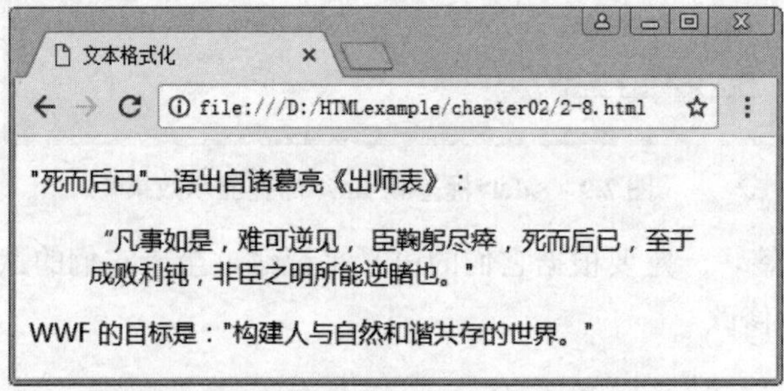

图 2.10　<blockquote>标签和<q>标签显示效果

由例 2-8 中可以看出，<blockquote>标签左右会空出一些距离，<q>标签会自动地加

上引号。

2．<abbr>标签

<abbr>标签用来引用缩写或首字母缩略语，接下来通过案例来演示<abbr>标签，如例 2-9 所示。

【例 2-9】 <abbr>标签的演示案例。

```
<!doctype html>
<html>
<head>
<meta charset="utf-8">
<title>引用标签</title>
</head>
<body>
<p><abbr title="World Health Organization">WHO</abbr>
   成立于 1948 年。</p>
</body>
</html>
```

运行结果如图 2.11 所示。

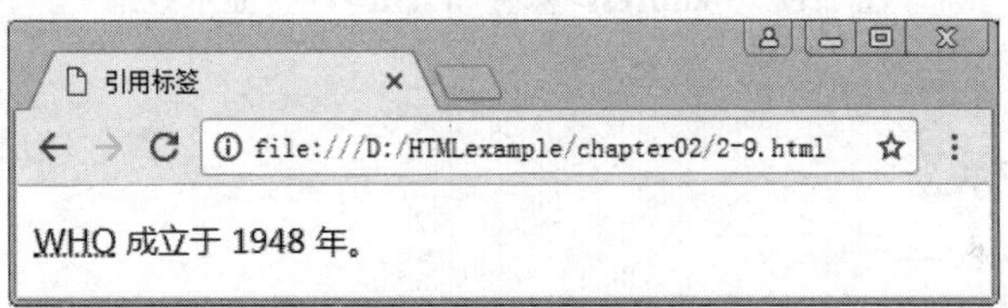

图 2.11　<abbr>标签显示效果

例 2-9 中可以看到一个 title 属性，当鼠标移入到设置 title 的区域时，就会显示提示信息。

3．<address>和<cite>标签

<address>标签用来引用地址信息，<cite>标签用来引用著作的标题，展示效果为斜体，接下来通过一个案例来演示<address>标签和<cite>标签，如例 2-10 所示。

【例 2-10】 <address>标签和<cite>标签的演示案例。

```
<!doctype html>
<html>
<head>
<meta charset="utf-8">
<title>引用标签</title>
</head>
<body>
```

```
<address>
 <p>网易北京公司</p>
<p>地址:北京市海淀区西北旺东路 10 号院</p>
<p>邮编:100084</p>
 </address>
<p><cite>资治通鉴</cite>由北宋司马光主编的一部多卷本编年体史书</p>
</body>
</html>
```

运行结果如图 2.12 所示。

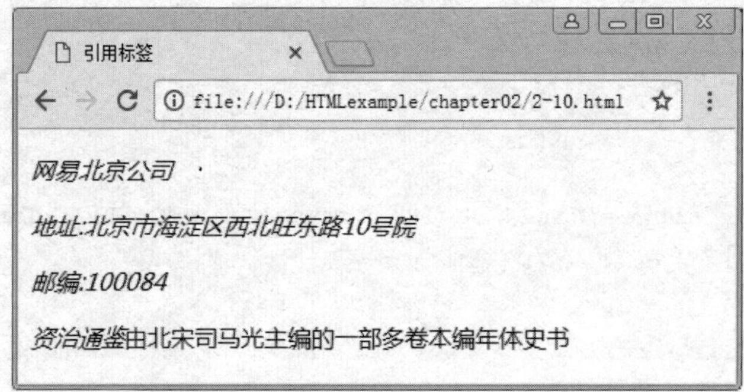

图 2.12　<address>标签和<cite>标签显示效果

2.3.5　水平线标签

有时为了使文档结构清晰、层次分明，常常需要在网页中添加一些水平线将段落与段落之间分隔开，HTML 使用<hr>标签来创建横跨网页的水平线。另外<hr>属于单标签，在网页中输入一个<hr>标签，就添加了一条默认样式的水平线，<hr>标签的常用属性如表 2.4 所示。

表 2.4　水平线标签属性

属 性 名	含　义	属 性 取 值
align	设置水平线对齐方式	可选择 left、right、center 三个值，默认为 center，居中对齐
size	设置水平线粗细	以像素为单位，默认为 2 像素
width	设置水平线宽度	确定的像素值或浏览器窗口的百分比（默认为 100%）
color	设置水平线颜色	可用颜色名称、十六进制#RGB、rgb（r,g,b）设置颜色值

接下来通过案例来演示水平线标签，如例 2-11 所示。

【例 2-11】 水平线标签的演示案例。

```
<!doctype html>
<html>
<head>
<meta charset="utf-8">
```

```
5   <title>水平线标签</title>
6   </head>
7   <body>
8   <p align="center">扣丁学堂</p>
9   <hr color="#003399" width="100" size="5">
10  <p align="left">遇到 IT 难题，就上扣丁学堂。</p>
11  <hr>
12  <p>遇到问题，在线解答。</p>
13  </body>
14  </html>
```

运行结果如图 2.13 所示。

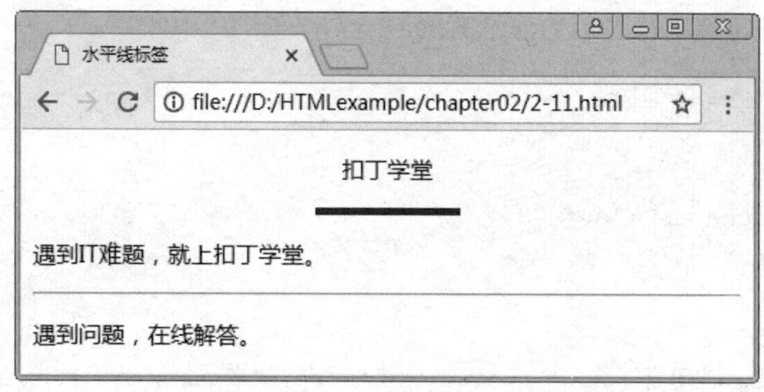

图 2.13　<hr>标签显示效果

例 2-11 中，第 9 行定义水平线标签，同时还设置了 color、width、size 属性，而并没有设置 align 属性，可以发现 align 属性默认居中对齐，第 11 行定义水平线标签，其属性都是默认值，可发现 width 属性默认的是浏览器窗口的 100%。

2.3.6　特殊符号

在编写一些文本时，经常会遇到输入法无法输入的字符，如®（注册商标）、©（版权符）等，还有往一段文字中加入多个空格时，页面并不会解析出多个空格。这些无法输入的字符和空格的字符都是特殊字符，在 HTML 中，为这些特殊字符准备了专门的代码，特殊字符代码如表 2.5 所示。

表 2.5　特殊字符代码

特 殊 字 符	含　义	特殊字符代码
	空格符	
©	版权	©
®	注册商标	®
<	小于号	<
>	大于号	>
&	和号	&

续表

特殊字符	含　义	特殊字符代码
¥	人民币	¥
°	摄氏度	°
±	正负号	±
×	乘号	×
÷	除号	÷
¹	上标 1	¹
²	上标 2	²
³	上标 3	³

接下来通过案例来演示这些特殊字符表示代码，如例 2-12 所示。

【例 2-12】 特殊字符表示的演示案例。

```
<!doctype html>
<html>
<head>
<meta charset="utf-8">
<title>特殊符号</title>
</head>
<body>
<p>&reg;注册商标 &copy;版权 空格 &lt; 小于号 &gt;大于号</p>
<p>&amp;和号 &yen;人民币 &deg;摄氏度 &plusmn;正负号 &times;乘号</p>
<p> &divide;除号 &sup1;上标 1 &sup2;上标 2 &sup3;上标 3</p>
</body>
</html>
```

运行结果如图 2.14 所示。

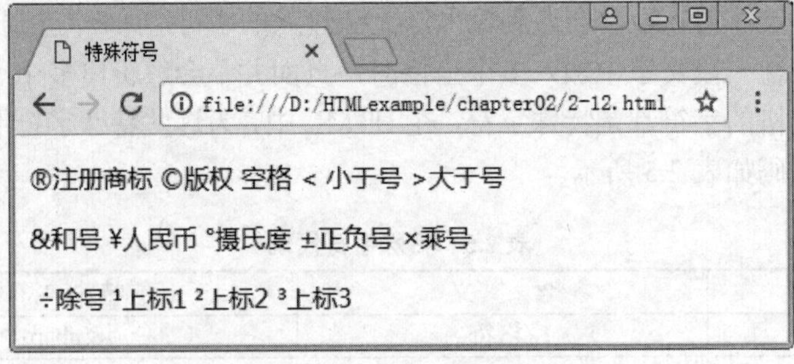

图 2.14　难输入符号显示效果

在 DW 中，只要输入一个&符号，就可以看到相关特殊符号的提示信息。DW 中特殊符号提示功能如图 2.15 所示。

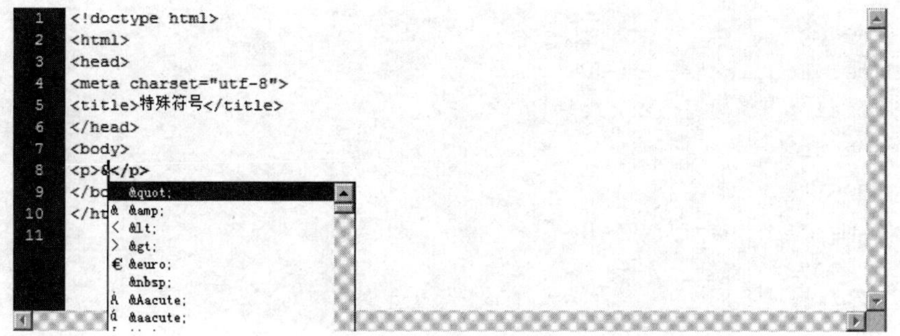

图 2.15　DW 中特殊符号提示功能

2.3.7　图像标签

每一张网页都离不开图片元素，在网页中添加图片是非常重要的操作，图片效果展示如图 2.16 所示。

图 2.16　图片效果展示

1．src 属性

HTML 中使用<img>标签来添加图片，<img>属于单标签，其语法格式如下：

```
<img src="图像 URL"/>
```

其中 src 是用于指定图像文件的路径和文件名的属性，是<img>标签的必需属性。接下来用案例来简单演示<img>标签的使用。如例 2-13 所示。

【例 2-13】 创建<img>标签的演示案例。

```
<!doctype html>
<html>
```

```
<head>
<meta charset="utf-8">
<title>图像标签</title>
</head>
<body>
<img src="qianfeng.jpg"/>
</body>
</html
```

运行结果如图 2.17 所示。

图 2.17　图像标签显示效果

src 属性引用的是当前图片的地址，图片的名为 qianfeng，图片的格式为.jpg，接下来针对图片的地址和图片的格式进行详细讲解。

（1）图片的地址

src 属性引用的是当前图片的地址，所谓地址就是一个文件的路径。读者在网页中可以通过地址来找到相应位置的元素。地址分为相对地址与绝对地址，相对地址即被引入的文件相对于当前页面的地址；绝对地址即文件在网络或本地的绝对位置。

① 相对地址有以下三种写法，具体如下所示：

```
<img src="qianfeng.jpg"/>
<img src="img/qianfeng.jpg"/>
<img src="../img/qianfeng.jpg"/>
```

第一个相对地址说明当前页面和图片在同一个目录下。第二个相对地址说明图片在页面同级的 img 文件夹中。第三个相对地址说明图片在页面上一级的 img 文件夹中。

② 绝对地址有以下两种写法，具体如下所示：

```
<img src="file:///D|/qf/2017/book/2/qianfeng.jpg"/>
<img src="http://www.mobiletrain.org//images/index/qianfeng.jpg"/>
```

第一个绝对地址在本地 D 盘的相应文件夹下，第二个绝对地址在网络中的相应文件夹下。

当前网页和图片文件同时移动到其他位置时，相对地址是不会出问题的，因为两个文件的相对位置并没有发生变化；而绝对地址则会有问题，因为地址是唯一的路径，所以在开发网页时，建议读者尽量采用相对地址。

（2）图片格式

网页中加载图像如果太大，则会造成网页加载速度变慢、太小的图片会显示不清晰，在网页中选择合适的图片格式加载就显得尤为重要。常用的图片格式主要有 jpg、png 和 gif 三种格式，接下来将对其分别进行详细讲解。

① jpg 格式

jpg 格式的图片是一种有损压缩的图像格式，即每次修改图片都会造成一些图像数据的丢失。jpg 是特别为照片图像设计的文件格式，可以很好地处理大面积色调的图像，一般在网页中用来展示色彩丰富的图像。jpg 格式图片显示效果如图 2.18 所示。

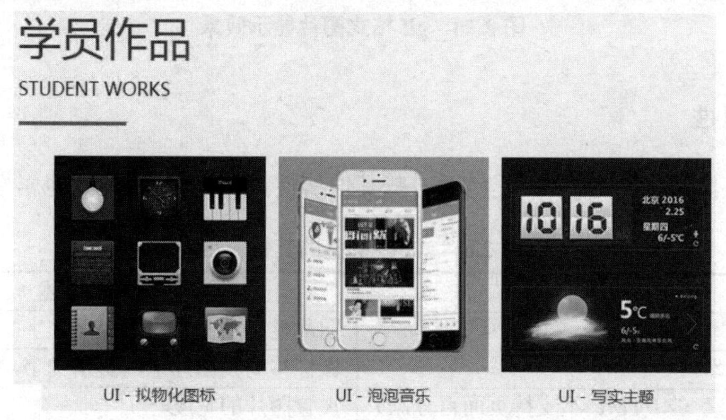

图 2.18　jpg 格式图片显示效果

② png 格式

png 格式的图片相对于 jpg、gif 格式最大的优点是体积小，支持 alpha 透明（全透明、半透明、全不透明），可以很好地处理透明方式的图片，比如：网页中的 logo 图片可以在不同的背景底色下完美展现。png 格式图片显示效果如图 2.19 所示，但 png 格式的图片不支持动画。另外需要注意的是 IE6 浏览器可以支持 png-8，但是在处理 png-24 的透明时会显示为灰色。通常，图片保存为 png-8 会在同等质量下获得比 gif 更小的体积，而半透明的图片只能使用 png-24。

图 2.19　png 格式图片显示效果

③ gif格式

gif格式图片最重要的特点是支持动画，可以很好地处理动画效果的图片，如网页中的广告图片。gif格式图片显示效果如图2.20所示。同时gif是一种无损的图像格式，修改图片几乎不会造成图像数据的丢失。而且gif也支持透明（全透明和全不透明），因此很适合在网页中使用。但gif只能处理256种颜色，在网页制作中，常用于logo、小图标及其他色彩相对单一的图像。

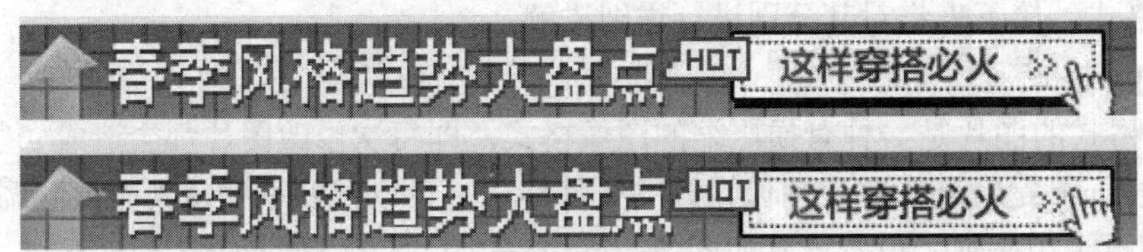

图2.20 gif格式图片显示效果

2. 其他属性

<img>标签除了src属性外，还包括一些其他属性，<img>标签的其他属性如表2.6所示。

表2.6 <img>标签的其他属性

属　　性	属 性 值	描　　述
alt	文本	图片显示不出来时的提示文字
title	文本	鼠标移动到图片上的提示文字
width	像素（XHTML不支持页面百分比）	设置图片的宽度
height	像素（XHTML不支持页面百分比）	设置图片的高度
border	数字	设置图片边框的宽度
vspace	像素	设置图片顶部和底部的空白（垂直边距）
hspace	像素	设置图片左侧和右侧的空白（水平边距）
align	left	将图片对齐到左边
	right	将图片对齐到右边
	top	将图片的顶端和文本的第一行文字对齐，其他文字位于图片下方
	middle	将图片的水平中线和文本的第一行文字对齐，其他文字位于图片下方
	bottom	将图片的底部和文本的第一行文字对齐，其他文字位于图片的下方

表2.6中简单描述了<img>标签中常用的属性，为了使初学者更好地理解和应用这些属性，下面将对其进行详细讲解。

（1）alt属性

alt属性是图片显示不出来时的提示文字。当设置了alt属性后，如果图片正常显示，是看不到任何效果的，只有当图片地址出问题导致图片不显示时，才可以看到alt的提示信息。接下来通过案例来演示alt属性，如例2-14所示。

【例 2-14】 alt 属性的演示案例。

```
<!doctype html>
<html>
<head>
<meta charset="utf-8">
<title>图像标签</title>
</head>
<body>
<img src="qianfeng.jpg">
<img src="qianfengError.jpg" alt="千锋教育">
</body>
</html>
```

运行结果如图 2.21 所示。

图 2.21 alt 属性显示效果

（2）title 属性

title 属性是鼠标移到图片上的提示文字。当设置了 title 属性后，如果鼠标移入到图片上时，就会显示 title 的提示信息。接下来通过案例来演示 title 属性，如例 2-15 所示。

【例 2-15】 title 属性的演示案例。

```
<!doctype html>
<html>
<head>
<meta charset="utf-8">
<title>图像标签</title>
</head>
<body>
<img src="qianfeng.jpg" title="千锋教育">
</body>
</html>
```

运行结果如图 2.22 所示。

图 2.22　title 属性显示效果

alt 属性和 title 属性都是有利于 SEO 搜索引擎的优化和用户体验的提升，只是它们展示的方式不一样。

2.3.8　链接标签

单个网页不能容纳网站需要的所有信息，需要多个网页构成，这时单击链接就可以从一张网页跳转到另一张网页，链接效果展示如图 2.23 所示。

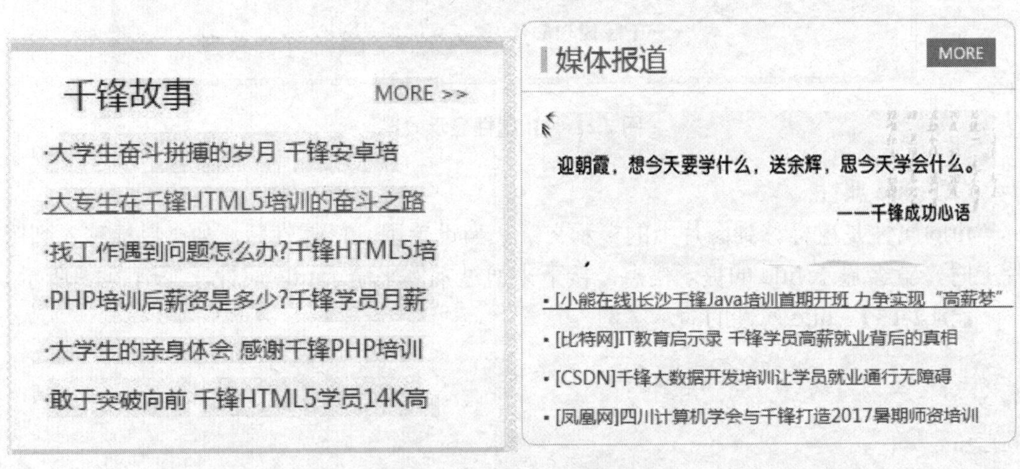

图 2.23　链接效果展示

HTML 中使用<a></a>标签来定义链接部分实现网页的跳转，其语法格式如下：

```
<a href="链接页面地址" target="链接打开的方式">链接对象</a>
```

接下来通过案例来演示链接标签，如例 2-16 所示。

【例 2-16】 链接标签的演示案例。

```
<!doctype html>
<html>
<head>
<meta charset="utf-8">
<title>链接标签</title>
</head>
<body>
<a href="2-15.html">打开一个新的网页</a>
<a href="http://www.mobiletrain.org">千锋官网</a>
<a href="../照片.rar">下载压缩包文件</a>
</body>
</html>
```

运行结果如图 2.24 所示。

图 2.24　链接标签显示效果

链接和图像一样，地址可以是相对地址，也可以是绝对地址。链接除了可以链接地址外，还可以链接其他的元素（如压缩包、Word 文档、PPT 文档等）。例 2-16 中第一个链接打开的是一个本地中的相对地址，第二个链接打开的是一个网络上的绝对地址，第三个链接单击后会下载一个压缩包文件。

链接可以针对文字，也可以针对图片，当单击图片时会打开一个新的网页，接下来通过案例来演示，如例 2-17 所示。

【例 2-17】 链接的演示案例。

```
<!doctype html>
<html>
<head>
<meta charset="utf-8">
<title>链接标签</title>
</head>
<body>
<a href="2-15.html">
<img src="qianfeng.jpg">
</a>
</body>
</html>
```

运行结果如图 2.25 所示。

图 2.25　链接图片的显示效果

例2-16和例2-17中<a>标签只定义了href属性，<a>标签除了href属性外还包含target和name两个重要属性，下面就来分别介绍<a>标签的这三个属性。

（1）href 属性

href属性就是来指定链接目标的url地址，为<a>标签定义href属性后，它就有了链接的功能。

（2）name 属性

有些网页的内容较多、页面过长，如百度百科千锋教育，只能不断地拖动滚动条来浏览网页，查看所需要的内容，这样操作的效率较低，而且很不方便，这时可以通过<a>标签的name属性实现站内跳转，这种站内的跳转的方式也称为锚点操作，接下来通过案例来演示name属性的作用，如例2-18所示。

【例 2-18】 name 属性的作用的演示案例。

```
<!doctype html>
<html>
<head>
<meta charset="utf-8">
<title>链接标签</title>
</head>
<body>
<a href="#h5Pos">HTML5</a>
<a href="#phpPos">PHP</a>
<p>单击上面的链接可跳转到指定的位置</p>
<a name="h5Pos">HTML5 的内容</a>
<p>HTML5</p>
<p>HTML5</p>
<p>HTML5</p>
<p>HTML5</p>
<p>HTML5</p>
<a name="phpPos">PHP 的内容</a>
<p>PHP</p>
```

```
<p>PHP</p>
<p>PHP</p>
<p>PHP</p>
<p>PHP</p>
</body>
</html>
```

运行结果如图 2.26 所示。

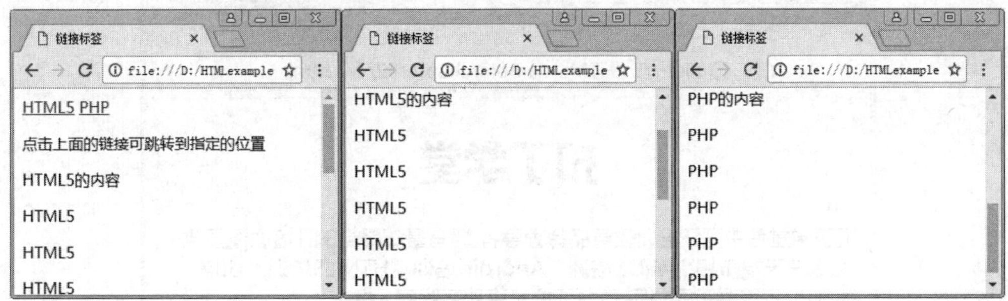

图 2.26 name 属性的显示效果

（3）target 属性

target 属性用于指定链接页面的打开方式，其取值如表 2.7 所示。

表 2.7 target 取值表

属 性 取 值	打 开 方 式
_self	在当前窗口打开链接，默认方式
_blank	在新的窗口中打开链接
_top	在顶层框架中打开链接
_parent	在当前框架的上一层打开链接

目前常用的取值有_self 和_blank 两种，接下来通过案例来演示这两种取值的功能，如例 2-19 所示。

【例 2-19】 _self 和_blank 两种取值的功能的演示案例。

```
<!doctype html>
<html>
<head>
<meta charset="utf-8">
<title>链接标签</title>
</head>
<body>
<a href="2-3.html" target="_self">当前窗口打开链接</a>
<a href="2-3.html" target="_blank">新窗口打开链接</a>
</body>
</html>
```

运行结果如图 2.27 所示。

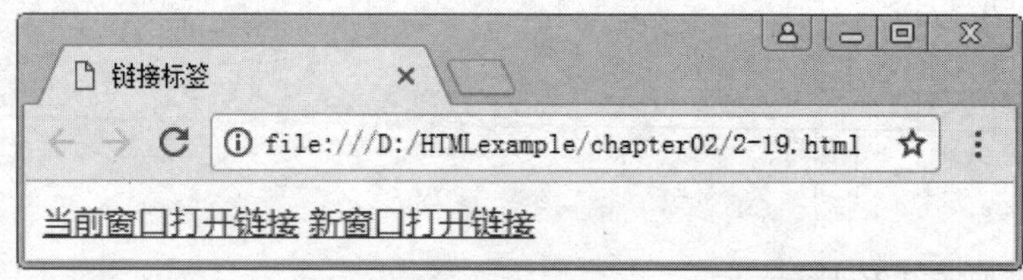

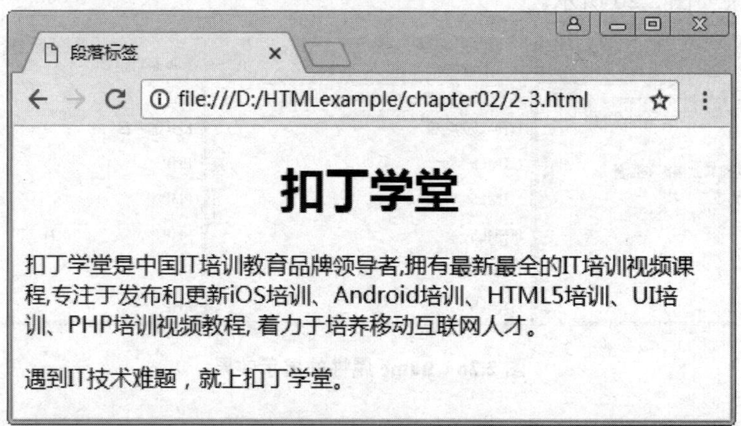

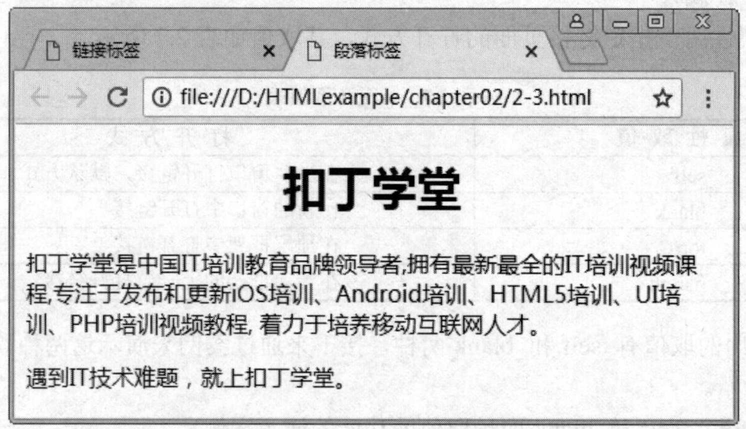

图 2.27　target 属性的显示效果

一般情况下，target 只用到“_self”和“_blank”这两个属性值，其他两个属性值不需要深入研究，因为其他两个属性值利用率极低。

2.3.9　列表标签

列表是网页中一种常用的数据排列方式，在网页中到处都可以看到列表的身影，列表展示效果如图 2.28 和图 2.29，都是网页中常见的列表。

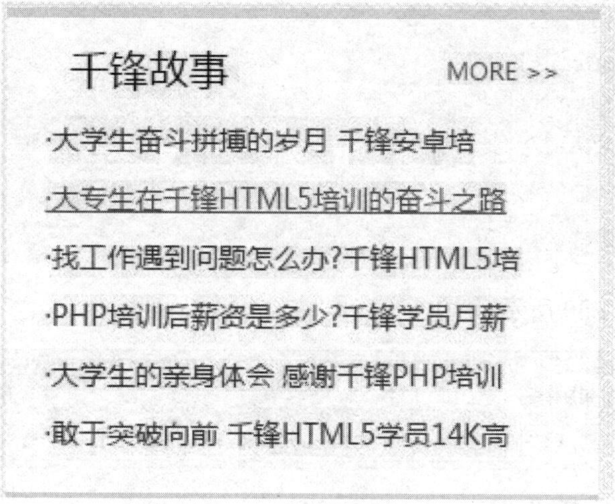

图 2.28 列表展示效果

图 2.29 列表展示效果

HTML 中列表分为有序列表、无序列表和定义列表三种。

1. 有序列表

在 HTML 中用<ol>标签表示有序列表，列表项目用<li>标签表示，列表项目有先后顺序之分，因此称为有序列表。接下来通过案例来了解有序列表，如例 2-20 所示。

【例 2-20】 有序列表的演示案例。

```
<!doctype html>
<html>
<head>
<meta charset="utf-8">
<title>链接标签</title>
</head>
<body>
<ol>
<li>HTML</li>
```

```
<li>CSS</li>
<li>JavaScript</li>
<li>PHP</li>
<li>JAVA</li>
</ol>
</body>
</html>
```

运行结果如图 2.30 所示。

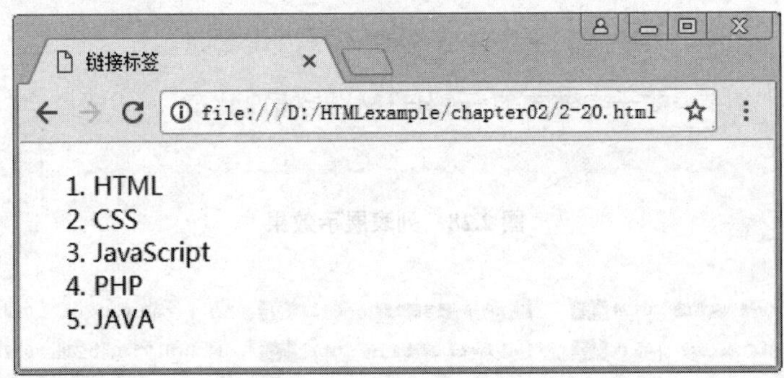

图 2.30　有序列表展示效果

图 2.30 中可以看到前面的阿拉伯数字是默认效果，可以通过有序列表的 type 属性来设置不同的显示效果，有序列表 type 属性取值表取值如表 2.8 所示。

表 2.8　有序列表 type 属性取值表

属 性 取 值	显 示 效 果
1（默认值）	数字(1、2、3……)
a	小写英文字母(a、b、c……)
A	大写英文字母(A、B、C……)
i	小写罗马数字(i、ii、iii……)
I	大写罗马数字(I、II、III……)

接下来通过案例来演示 type 属性的用法，如例 2-21 所示。

【例 2-21】 type 属性用法的演示案例。

```
<!doctype html>
<html>
<head>
<meta charset="utf-8">
<title>列表标签</title>
</head>
<body>
<ol type="a">
<li>HTML</li>
<li>CSS</li>
```

```
<li>JavaScript</li>
<li>PHP</li>
<li>Java</li>
</ol>
</body>
</html>
```

运行结果如图 2.31 所示。

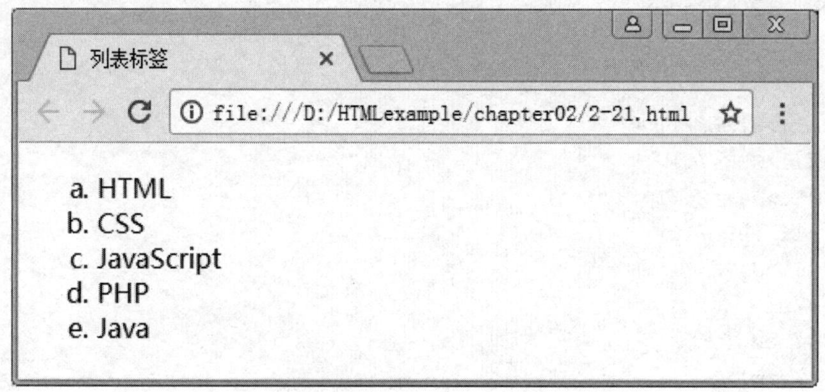

图 2.31　有序列表展示效果

在有序列表中，除了 type 属性之外，还可以为<ol>定义 start 属性用于规定项目符号的起始值，为<li>定义 value 属性用来规定项目符号的数字。

以上的效果都是 HTML 自带效果，如果效果上有更多的需求，可以配合 CSS 来完成，例如 CSS 美化有序列表如图 2.32 所示，读者可以在学习完 CSS 后再来实现。

排名	球队	场次	胜	平	负
1	皇家马德里	27	20	5	2
2	巴塞罗那	28	19	6	3
3	塞维利亚	28	17	6	5
4	马德里竞技	28	16	7	5
5	比利亚雷亚尔	28	13	9	6
6	皇家社会	28	15	3	10
7	毕尔巴鄂	28	13	5	10

图 2.32　CSS 美化有序列表

2．无序列表

在 HTML 中用<ul>标签表示无序列表，列表项目用<li>标签表示，列表项目没有先后顺序之分，因此称为无序列表。接下来通过案例来演示无序列表，如例 2-22 所示。

【例 2-22】 无序列表的演示案例。

```
<!doctype html>
<html>
<head>
<meta charset=”utf-8”>
<title>列表标签</title>
</head>
<body>
<ul>
<li>HTML</li>
<li>CSS</li>
<li>JavaScript</li>
<li>PHP</li>
<li>JAVA</li>
</ul>
</body>
</html>
```

运行结果如图 2.33 所示。

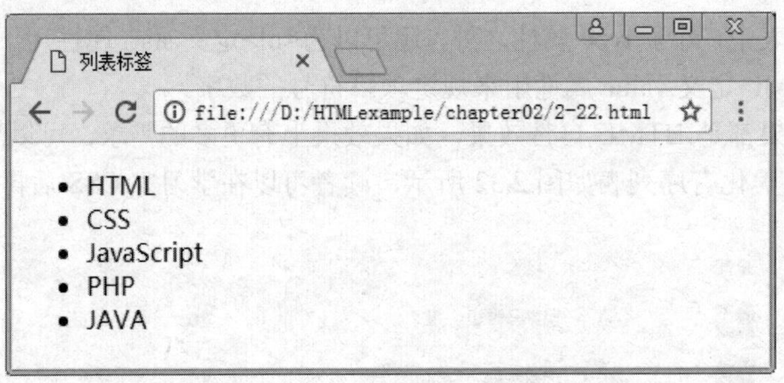

图 2.33　无序列表展示效果

与有序列表类似，读者可以看到，在默认情况下无序列表前面会有一个黑色的小圆点，这同样可以通过 type 属性修改其显示效果，无序列表 type 属性取值如表 2.9 所示。

表 2.9　无序列表 type 属性取值表

属 性 取 值	显 示 效 果
disc（默认值）	实心圆（●）
circle	空心圆（○）
square	实心正方形（■）

接下来通过案例来演示无序列表 type 属性取值，如例 2-23 所示。

【例 2.23】 无序列表 type 属性取值的演示案例。

```
<!doctype html>
<html>
<head>
<meta charset="utf-8">
<title>列表标签</title>
</head>
<body>
<ul type="circle">
<li>HTML</li>
<li>CSS</li>
<li>JavaScript</li>
<li>PHP</li>
<li>JAVA</li>
</ul>
</body>
</html>
```

运行结果如图 2.34 所示。

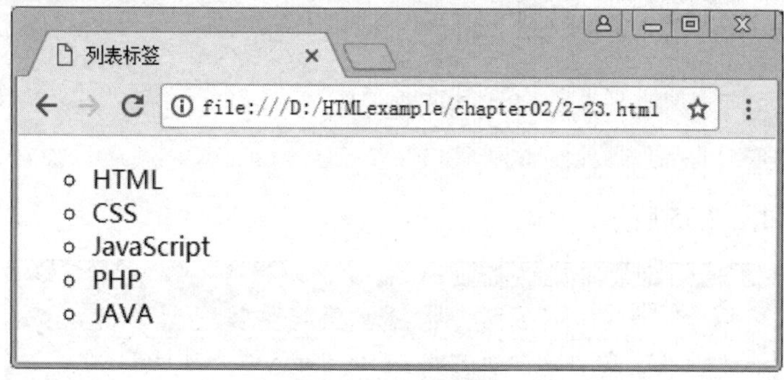

图 2.34　无序列表展示效果

<li></li>之间相当于一个容器，可以容纳所有的元素。但是<ul></ul>中只能嵌套<li></li>，不允许直接在<ul></ul>标记中输入文字。

3．定义列表

定义列表通常用于对专业术语或名词进行解释和描述，与有序列表和无序列表不同，定义列表项目前没有任何项目符号。其语法如下：

```
<dl>
    <dt>定义名词</dt>
    <dd>名词解释和描述</dd>
    ......
</dl>
```

上面的语法中，<dl></dl>标签用于定义列表，<dt></dt>和<dd></dd>并列嵌套于

<dl></dl>中，其中<dt></dt>标签用于定义专业术语或名词，<dd></dd>标签用于对名词进行解释和描述。一对<dt></dt>可以对应多对<dd></dd>，即一个名词可以有多个解释和描述。接下来通过案例来演示定义列表，如例 2-24 所示。

【例 2-24】 定义列表的演示案例。

```
<!doctype html>
<html>
<head>
<meta charset="utf-8">
<title>列表标签</title>
</head>
<body>
<dl>
        <dt>HTML</dt>
    <dd>超文本标记语言</dd>
    <dt>CSS</dt>
    <dd>层叠样式表</dd>
    <dt>JavaScript</dt>
    <dd>网页脚本语言</dd>
</dl>
</body>
</html>
```

运行结果如图 2.35 所示。

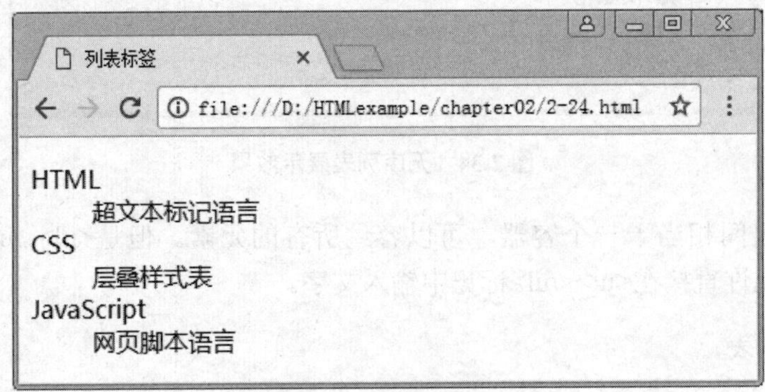

图 2.35　定义列表展示效果

定义列表在实际开发中不常用，大多数情况还是使用有序列表和无序列表，后面章节中还会详细讲解 HTML 标签使用规范。

2.3.10　<div>与<span>

div 全称为 division，表示“分割、分区”之意，<div>标签用来划分一个区域，相当于一块区域容器，可以容纳段落、标题、表格、图像等各种网页元素。即 HTML 中大多数的标签都可以嵌套在<div>标签中，<div>中还可以嵌套多层<div>，用来将网页分割成独立的、不同的部分，来实现网页的规划和布局。图 2.36 为阿里汽车和潮电影网站的布局。这些都是使用<div>标签来实现的。

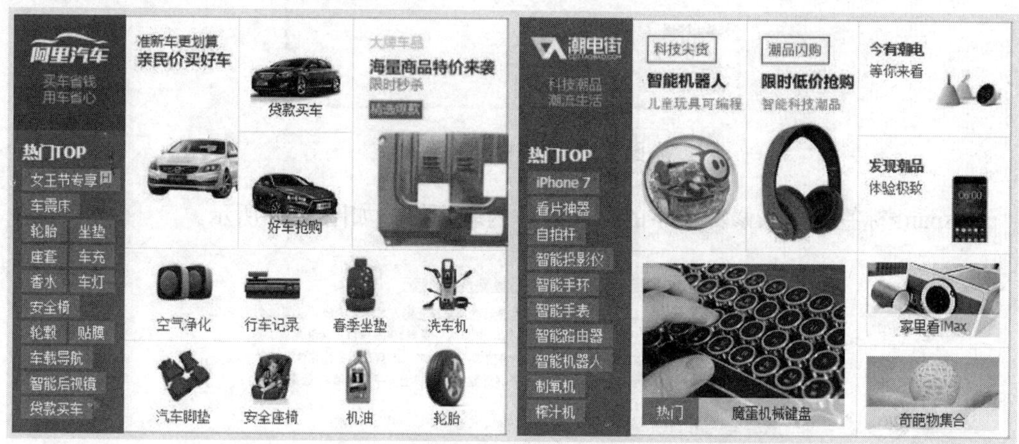

图 2.36　淘宝网区块展示效果

接下来通过案例来简单演示<div>标签的使用，如例 2-25 所示。

【例 2-25】 <div>标签使用的演示案例。

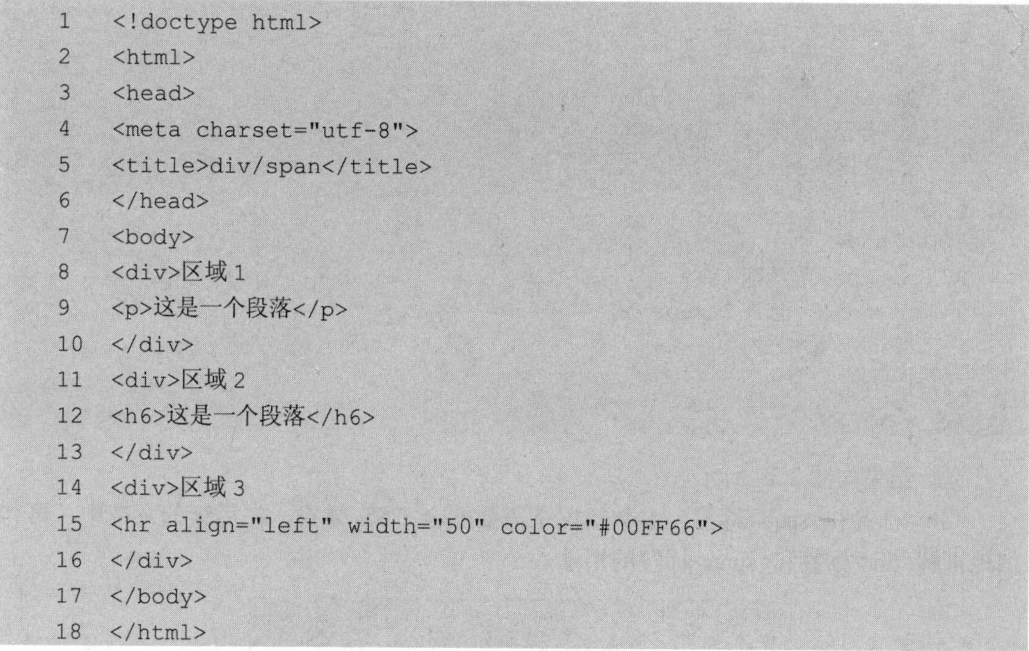

```
<!doctype html>
<html>
<head>
<meta charset="utf-8">
<title>div/span</title>
</head>
<body>
<div>区域 1
<p>这是一个段落</p>
</div>
<div>区域 2
<h6>这是一个段落</h6>
</div>
<div>区域 3
<hr align="left" width="50" color="#00FF66">
</div>
</body>
</html>
```

运行结果如图 2.37 所示。

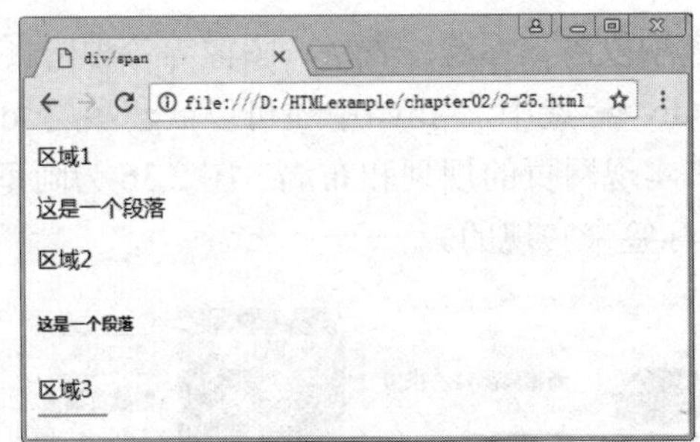

图 2.37　div 标签展示效果

<span>标签是用来修饰文字的，也叫作内联标签，如图 2.38 所示。

图 2.38　千锋教育文字修饰效果

接下来通过案例来演示<span>标签，如例 2-26 所示。

【例 2-26】 <span>标签的演示案例。

```
<!doctype html>
<html>
<head>
<meta charset="utf-8">
<title>div/span</title>
</head>
<body>
<span>文字修饰 1</span>
<span>文字修饰 2</span>
<span>文字修饰 3</span>
</body>
</html>
```

运行结果如图 2.39 所示。

<div>标签和<span>标签，多数情况下需要配合 CSS 样式，在后续的章节中，再详细地讲解<div>标签和<span>标签的用法。

图 2.39　span 标签展示效果

2.4 本章小结

通过本章的学习，首先介绍 HTML 语法的发展历史和 HTML 语义化的含义，然后对 HTML 常用标签进行了讲解，如标题、段落、列表等。通过本章的学习，能掌握 HTML 常用标签，能初步编写基本的 HTML 网页。

2.5 习 题

1．填空题

（1）网页加载时常用图片的格式为____________、____________、____________。

（2）图像标签的属性 src 用于指定图像____________和____________的属性。

（3）文件的路径可以分为____________和____________两种。

（4）<strong>标签强调文本____________。

（5）____________是为了实现 HMTL 向 XML 过渡，让作者按照统一的风格来编写标签。

2．选择题

（1）在一个网页中，只能出现一次的标题标签是（　　）。

A．<h1>　　B．<h2>　　C．<h3>　　D．<h4>

（2）a 标签的 target 属性中是在一个全新的空白窗口中打开链接的是（　　）。

A．_self　　B．_blank　　C．_top　　D．_parent

（3）定义列表不包括下面哪个标签？（　　）

A．<dl>　　B．<dt>　　C．<dd>　　D．<ol>

（4）强调字体是斜体的标签是（　　）。

A．<sup>　　B．<del>　　C．<em>　　D．<strong>

（5）设置水平线对齐方式的属性是（　　）。

A．size　　B．align　　C．width　　D．color

3．思考题

（1）请简述什么是 HTML 语义化。

（2）请简述有序列表与无序列表之间的区别。

第3章 chapter 3

HTML 表格与表单

本章学习目标

- 掌握 HTML 表格的基本使用；
- 掌握 HTML 表单的基本使用；
- 了解前端与后端如何交互与通信。

表格主要用途是以网格的形式显示二维数据，HTML 早期版本中，常用表格来控制页面的内容布局，表单是 HTML 中获取用户输入的手段。它对于 Web 应用系统极其重要。表单的出现则使网页从单向的信息传递发展到能够与用户进行交互对话。本章将对表格和表单的相关知识进行详细讲解。

3.1 HTML 表格

视频讲解

生活中，经常使用表格来统计数据和信息，这样可以更清晰地显示数据或信息，同理在制作网页时，为了有条理地显示网页中的元素，可以使用表格对网页进行布局和规划，从而可以给浏览者展示大量且清晰的排列数据。表格在网页中应用得极其广泛，下面先来看下网页中表格的展示效果，如图 3.1 和图 3.2 所示。

编号	学号	姓名	学历	模拟面试	是否工作	薪水	入职单位	就业地点
2	BK170813016	张*生	本科	通过	是	15000	数**银科创	北京
3	BK171413054	黄*琪	本科	通过	是	8000	长**限公司	长沙市
4	BK170813024	肖*伟	专科	通过	是	14000	财易达	北京
6	BK170813010	芦*	专科	通过	是	13500	科莱特	北京
7	BK171413034	平*华	本科	通过	是	14000	中软	杭州市
9	BK171613004	张*维	本科	通过	是	15000	云族佳	杭州市

图 3.1　网页中表格的展示效果

东部排名

排名	球队	胜	负	胜场差	胜率	主场	客场	东部	得分	失分	净胜	连胜/负
01	猛龙	59	23	0.0	72%	34- 7	25- 16	40- 12	111.7	103.7	8.0	1连负
02	凯尔特人	55	27	4.0	67%	27- 14	28- 13	33- 19	103.9	100.5	3.4	1连胜
03	76人	52	30	7.0	63%	30- 11	22- 19	34- 16	109.6	105.4	4.2	16连胜
04	骑士	50	32	9.0	61%	29- 12	21- 20	35- 17	111.0	109.9	1.1	1连负
05	步行者	48	34	11.0	58%	27- 14	21- 20	32- 20	105.6	104.2	1.4	1连负

图 3.2　网页中表格的展示效果

3.1.1 表格基本结构

每个表格有三个必须的标签，<table>、<tr>和<td>三个标签，用来创建表格，其语法格式如下：

```
<table>
    <tr>
        <td>单元格内容</td>
            ……
    </tr>
</table>
```

上面三个标签是创建表格的基本标签，其中<table></table>标签用于定义一个表格。<tr>标签用于定义表格中的一行，必须嵌套在<table></table>标签中，在<table></table>标签中包含几对<tr></tr>，表示该表格有几行。<td></td>标签用于定义表格中的单元格，必须嵌套在<tr></tr>标签中，一对<tr></tr>包含几对<td></td>，表示该行中有多少个单元格（列）。

接下来通过案例来演示定义表格标签，如例 3-1 所示。

【例 3-1】 定义表格标签的演示案例。

```
<!doctype html>
<html>
<head>
<meta charset="utf-8">
<title>HTML 表格</title>
</head>
<body>
<table>
    <tr>
        <td>单元格 1</td>
        <td>单元格 2</td>
    </tr>
    <tr>
        <td>单元格 1</td>
        <td>单元格 2</td>
    </tr>
</table>
</body>
</html>
```

运行结果如图 3.3 所示。

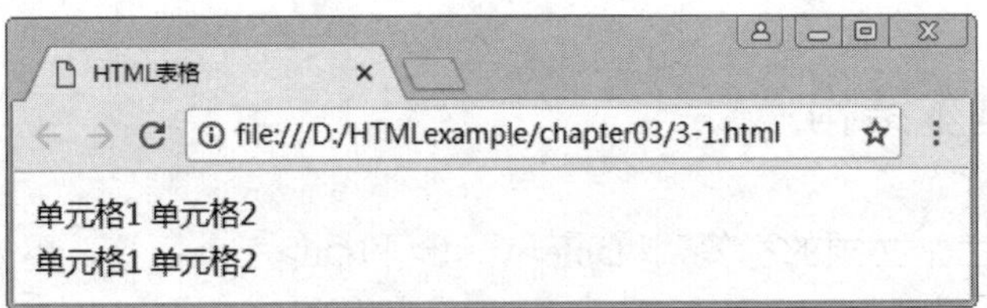

图 3.3　表格标签展示效果

表格内除了可以添加文本外，还可以添加其他标签元素，如：图片、列表、段落等。接下来通过案例来演示，如例 3-2 所示。

【例 3-2】 在表格内添加其他标签元素的演示案例。

```
<!doctype html>
<html>
<head>
<meta charset="utf-8">
<title>HTML 表格</title>
</head>
<body>
<table>
    <tr>
        <td><img src="tianqi_1.png"></td>
        <td><p>今天天气晴，温度适宜，适合出行。</p></td>
    </tr>
    <tr>
        <td><img src="tianqi_2.png"></td>
        <td>今天有雨，出门记得带伞。</td>
    </tr>
</table>
</body>
</html>
```

运行结果如图 3.4 所示。

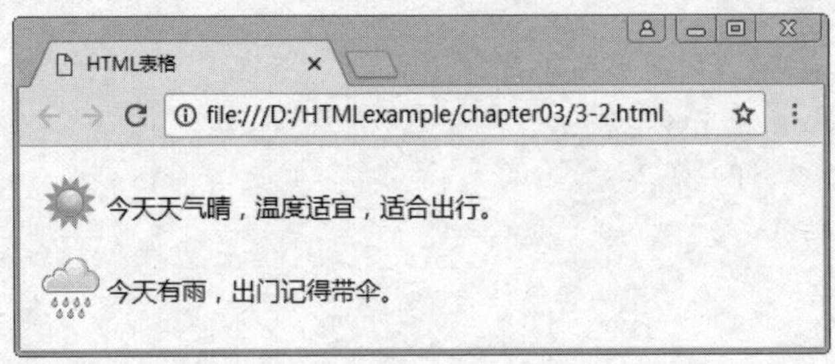

图 3.4　带图片和段落的表格展示效果

例 3-1 和例 3-2 在默认情况下表格是没有边框的。如果想要给表格添加边框，可以设置表格的 border 属性，数值为边框的宽度。接下来通过案例来演示，如例 3-3 所示。

【例 3-3】 设置表格边框的演示案例。

```
<!doctype html>
<html>
<head>
<meta charset="utf-8">
<title>HTML 表格</title>
</head>
<body>
<table border="1">
    <tr>
         <td><img src="tianqi_1.png"></td>
         <td><p>今天天气晴，温度适宜，适合出行。</p></td>
    </tr>
    <tr>
        <td><img src="tianqi_2.png"></td>
        <td>今天有雨，出门记得带伞。</td>
    </tr>
</table>
</body>
</html>
```

运行结果如图 3.5 所示。

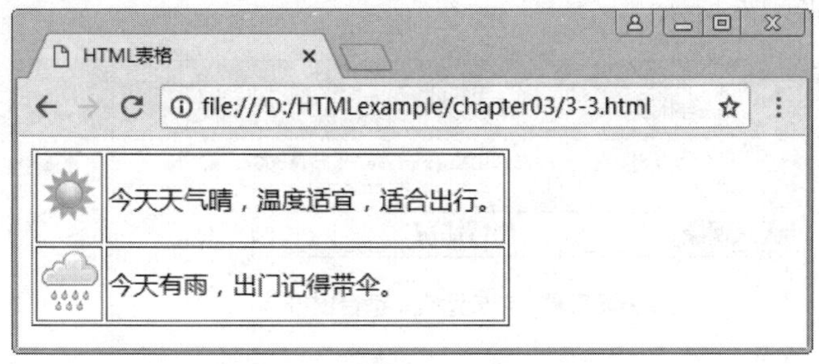

图 3.5　带边框的表格展示效果

3.1.2　表头与标题

为了使表格的格式更清晰方便读者查阅，应用表格时经常需要为表格设置表头，表头<th>是<td>单元格的一种标题，其本质还是一种单元格，一般位于表格的第一行或第一列，用来表明这一行或列的内容类别。浏览器会将表头默认以粗体居中的样式显示在网页中。接下来通过案例来演示表格的表头，如例 3-4 所示。

【例 3-4】 设置表格的表头的演示案例。

```
<!doctype html>
<html>
<head>
<meta charset="utf-8">
<title>表头与标题</title>
</head>
<body>
<table border="1">
    <tr>
        <th>天气现象</th>
        <th>出行情况</th>
    </tr>
    <tr>
        <td><img src="tianqi_1.png"></td>
        <td><p>今天天气晴，温度适宜，适合出行。</p></td>
    </tr>
    <tr>
        <td><img src="tianqi_2.png"></td>
        <td>今天有雨，出门记得带伞。</td>
    </tr>
</table>
</body>
</html>
```

运行结果如图 3.6 所示。

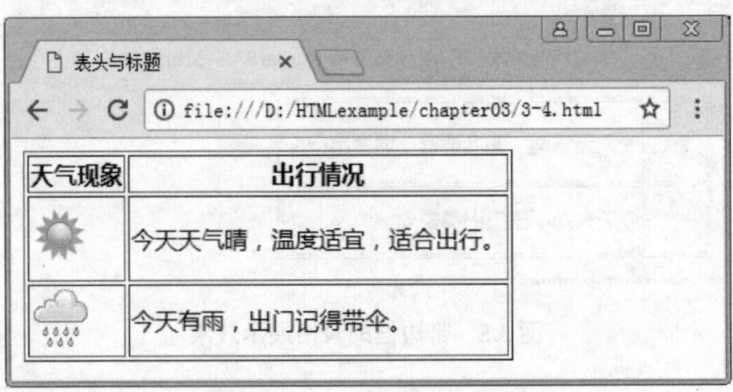

图 3.6　带表头的表格展示效果

<th>标签和<td>在本质上都是单元格，但这两种不可以互换使用。th，即"table header（表头单元格）"。而 td，即"table data（单元格）"。

表格一般都有一个标题，用来表明表格的内容，一般位于整个表格的第一行，使用<caption>标签。一个表格只能含有一个表格标题。接下来通过案例来演示表格标题，如例 3-5 所示。

【例 3-5】 设置表格标题的演示案例。

```
<!doctype html>
<html>
<head>
<meta charset="utf-8">
<title>表头与标题</title>
</head>
<body>
<table border="1">
    <caption>天气预报</caption>
    <tr>
        <th>天气现象</th>
        <th>出行情况</th>
    </tr>
    <tr>
        <td><img src="tianqi_1.png"></td>
        <td><p>今天天气晴，温度适宜，适合出行。</p></td>
    </tr>
    <tr>
         <td><img src="tianqi_2.png"></td>
         <td>今天有雨，出门记得带伞。</td>
    </tr>
</table>
</body>
</html>
```

运行结果如图 3.7 所示。

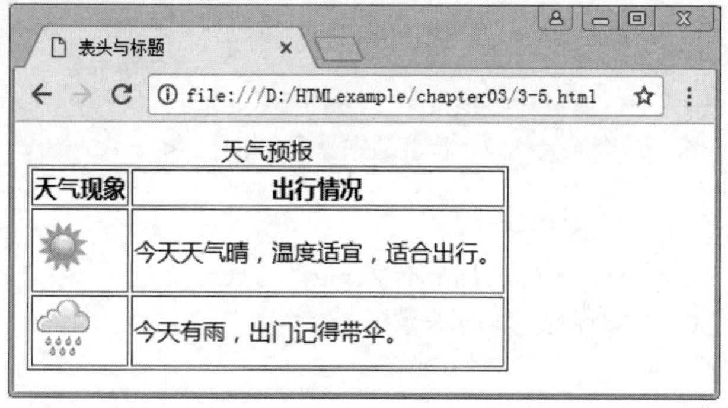

图 3.7　带标题的表格展示效果

3.1.3　表格语义化

为了使网页内容更好地被搜索引擎理解，在使用表格进行布局时，HTML 中引入了<thead>、<tbody>和<tfoot>这三个语义化标签，用来将表格划分为头部、主体和页脚三部分。用这三个部分来定义网页中不同的内容，三个标签的详细理解如下。

- <thead></thead>标签：用于定义表格的头部，位于<table></table>标签中，一般包含网页的 logo 和导航等头部信息。
- <tfoot></tfoot>标签：用于定义表格的页脚，位于<table></table>标签中。<thead></thead>标签之后，一般包含网页底部的企业信息等。
- <tbody></tbody>标签：用于定义表格的主体，位于<table></table>标签中。<tfoot></tfoot>标签之后，一般包含网页中除头部和底部以外的其他内容。

接下来通过案例来演示表格语义化的三个标签，如例 3-6 所示。

【例 3-6】 定义表格语义化的三个标签的演示案例。

```
<!doctype html>
<html>
<head>
<meta charset="utf-8">
<title>表格语义化</title>
</head>
<body>
<table border="1">
    <caption>天气预报</caption>
    <thead>
      <tr>
        <th>天气现象</th>
        <th>出行情况</th>
      </tr>
    </thead>
    <tbody>
    <tr>
        <td><img src="tianqi_1.png"></td>
        <td><p>今天天气晴，温度适宜，适合出行。</p></td>
    </tr>
    <tr>
        <td><img src="tianqi_2.png"></td>
        <td>今天有雨，出门记得带伞。</td>
    </tr>
    </tbody>
    <tfoot>
    </tfoot>
</table>
</body>
</html>
```

运行结果如图 3.8 所示。

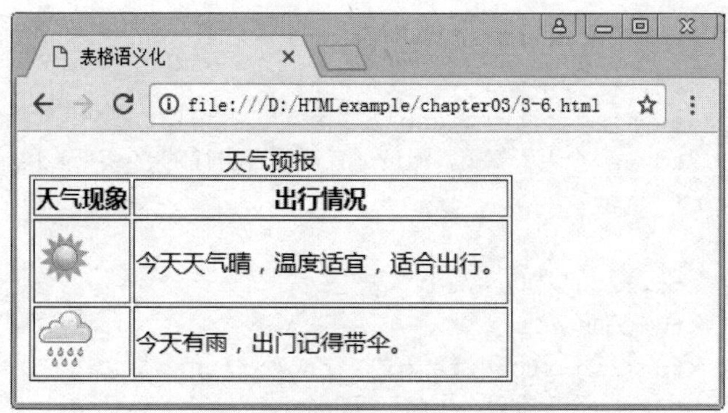

图 3.8　语义化的表格展示效果

由例 3-6 可以发现，语义化表格效果上并没有什么变化，<thead>、<tbody>和<tfoot>三个标签不带任何效果，只是更好地提供了语义化的功能，根据表格的需求尽量添加相应的语义化标签。需要注意<thead>、<tfoot>这两个标签在一个<table>标签中只能出现一次，而<tbody>标签可以出现多次。

3.1.4　合并行与列

在 Word 中设计表格时，有时需要将两个或多个的相邻单元格组合成一个单元格，即合并单元格的操作。在 HTML 中，也需要用到“表格合并行”和“表格合并列”。 合并行使用<td>标签的 rowspan 属性，而合并列则用到<td>标签的 colspan 属性。接下来通过案例来演示表格合并列，如例 3-7 所示。

【例 3-7】 设置表格合并列的演示案例。

```
<!doctype html>
<html>
<head>
<meta charset="utf-8">
<title>合并行与列</title>
</head>
<body>
<table border="1">
     <caption>天气预报</caption>
     <thead>
     <tr>
         <th colspan="2">日期</th>
         <th>天气现象</th>
         <th>出行情况</th>
     </tr>
     </thead>
     <tbody>
     <tr>
```

```
19            <td>22 日星期五</td>
20            <td>白天</td>
21            <td><img src="tianqi_1.png"></td>
22            <td><p>今天天气晴，温度适宜，适合出行。</p></td>
23        </tr>
24        <tr>
25            <td>22 日星期五</td>
26            <td>夜间</td>
27            <td><img src="tianqi_2.png"></td>
28            <td><p>今天有雨，出门记得带伞。</p></td>
29        </tr>
30        </tbody>
31        <tfoot>
32        </tfoot>
33    </table>
34    </body>
35    </html>
```

运行结果如图 3.9 所示。

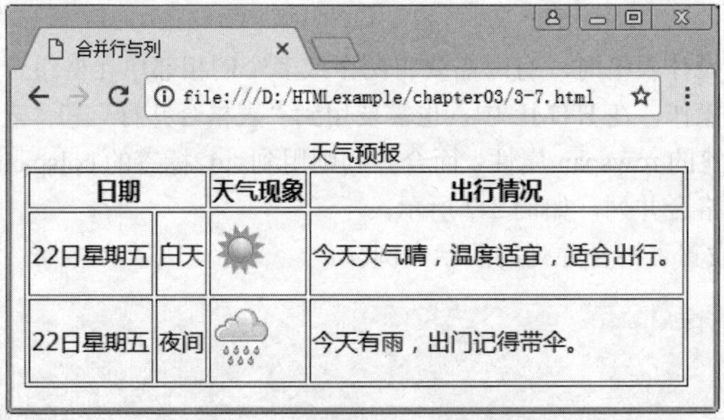

图 3.9　和并列的表格展示效果

例 3-7 中，第 12 行设置 colspan 属性值为 2，用来合并表格中的两列单元格。接下来通过案例来演示合并行，如例 3-8 所示。

【例 3-8】 设置合并行的演示案例。

```
<!doctype html>
<html>
<head>
<meta charset="utf-8">
<title>合并行与列</title>
</head>
<body>
<table border="1">
```

```
9          <caption>天气预报</caption>
10         <thead>
11         <tr>
12             <th colspan="2">日期</th>
13             <th>天气现象</th>
14             <th>出行情况</th>
15         </tr>
16         </thead>
17         <tbody>
18         <tr>
19             <td rowspan="2">22 日星期五</td>
20             <td>白天</td>
21             <td><img src="tianqi_1.png"></td>
22             <td><p>今天天气晴，温度适宜，适合出行。</p></td>
23         </tr>
24         <tr>
25             <td>夜间</td>
26             <td><img src="tianqi_2.png"></td>
27             <td><p>今天有雨，出门记得带伞。</p></td>
28         </tr>
29         </tbody>
30         <tfoot>
31         </tfoot>
32     </table>
33     </body>
34     </html>
```

运行结果如图 3.10 所示。

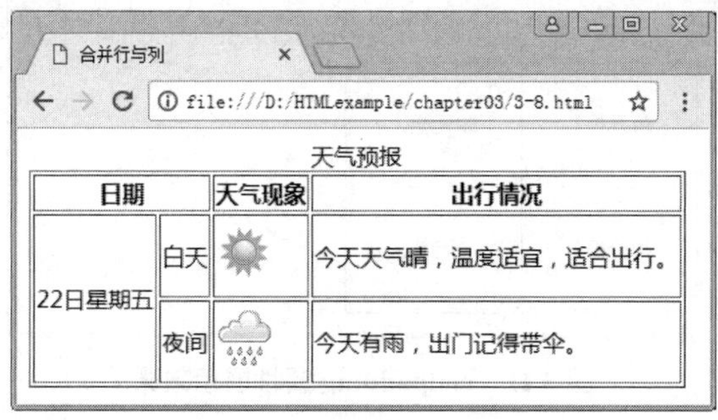

图 3.10　合并行的表格展示效果

在例 3-8 中，第 19 行设置 rowspan 属性值为 2，即合并表格中的两行单元格。

3.1.5　单元格边距与间距

表格还有用于控制单元格边距与间距的属性，即 cellpadding 和 cellspacing 属性。

cellpadding 属性用于设置单元格内容与单元格边框之间的空白间距，默认为 1px；cellspacing 属性用于设置单元格与单元格边框之间的空白间距，默认为 2px。接下来通过案例来演示 cellpadding 属性，如例 3-9 所示。

【例 3-9】 设置 cellpadding 属性的演示案例。

```
1   <!doctype html>
2   <html>
3   <head>
4   <meta charset="utf-8">
5   <title>单元格边距与间距</title>
6   </head>
7   <body>
8   <table border="1" cellpadding="30">
9       <tr>
10          <td>单元格 1</td>
11          <td>单元格 2</td>
12      </tr>
13      <tr>
14          <td>单元格 1</td>
15          <td>单元格 2</td>
16      </tr>
17  </table>
18  </body>
19  </html>
```

运行结果如图 3.11 所示。

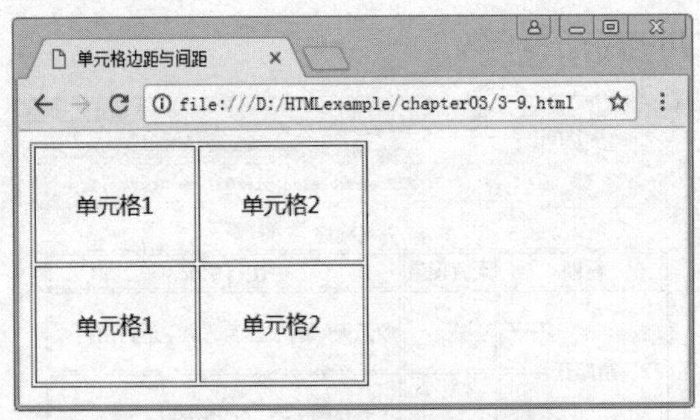

图 3.11　cellpadding 属性展示效果

例 3-9 中，第 8 行将 cellpadding 属性设置为 30，即单元格内容和单元格边框之间的空白间距为 30。

3.1.6　表格其他属性

HTML 为表格提供了一系列的属性，用于控制表格的显示样式，除上面<table>标签的属性，还有很多控制单元格和单元格内容的属性，具体如表 3.1 所示。

表 3.1 <table>标签常用属性

属 性 名	含 义	属 性 值
width	设置表格的宽度	像素值
height	设置表格的高度	像素值
align	设置单元格内容的水平对齐方式	left（左对齐）、enter（居中对齐）、right（右对齐）
valign	设置单元格内容的垂直对齐方式	baseline（基线对齐）、top（上对齐）、middle（居中对齐）、bottom（下对齐）

1. width 属性

width 属性可以设置单元格的宽度，当一列有多个不同 width 属性值时，取最大值作为这一列的宽度。接下来通过案例来演示 width 属性，如例 3-10 所示。

【例 3-10】 设置 width 属性的演示案例。

```
<!doctype html>
<html>
<head>
<meta charset="utf-8">
<title>表格其他属性</title>
</head>
<body>
<table border="1">
    <tr>
        <td width="200">单元格 1</td>
        <td>单元格 2</td>
    </tr>
    <tr>
        <td width="100">单元格 1</td>
        <td>单元格 2</td>
    </tr>
</table>
</body>
</html>
```

运行结果如图 3.12 所示。

图 3.12 带宽度值的表格展示效果

2．height 属性

height 属性可以设置单元格的高度，当一行有多个不同 height 属性值时，取最大值作为这一行的高度。接下来通过案例来演示 height 属性，如例 3-11 所示。

【例 3-11】 设置 height 属性的演示案例。

```
<!doctype html>
<html>
<head>
<meta charset="utf-8">
<title>表格其他属性</title>
</head>
<body>
<table border="1">
    <tr>
        <td height="100">单元格 1</td>
        <td>单元格 2</td>
    </tr>
    <tr>
        <td height="50">单元格 1</td>
        <td>单元格 2</td>
    </tr>
</table>
</body>
</html>
```

运行结果如图 3.13 所示。

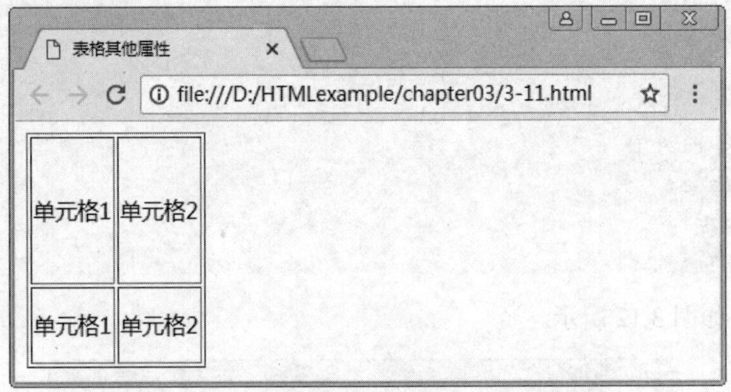

图 3.13　带高度值的表格展示效果

3．align 属性

align 属性可以设置单元格的内容左右对齐方向，<th>标签的 align 属性默认为 center，

<td>标签的 align 属性默认为 left。<table>标签也有 align 属性，用来设置表格在网页中的水平对齐方式。接下来通过案例来演示，如例 3-12 所示。

【例 3-12】 单元格和单元格内容使用 align 属性的显示效果的演示案例。

```
<!doctype html>
<html>
<head>
<meta charset="utf-8">
<title>表格其他属性</title>
</head>
<body>
<table border="1">
    <tr>
        <td width="200" align="center">单元格 1</td>
        <td>单元格 2</td>
    </tr>
    <tr>
        <td width="100" align="right">单元格 1</td>
        <td>单元格 2</td>
    </tr>
</table>
</body>
</html>
```

运行结果如图 3.14 所示。

图 3.14 带左右对齐的表格展示效果

4. valign 属性

valign 属性可以设置单元格的内容垂直对齐的方向，默认为 center(居中对齐)。接下来通过案例来演示 valign 属性的使用，如例 3-13 所示。

【例 3-13】 valign 属性使用的演示案例。

```
<!doctype html>
<html>
<head>
<meta charset="utf-8">
```

```
<title>表格其他属性</title>
</head>
<body>
<table border="1">
    <tr>
        <td height="200" valign="top">单元格 1</td>
        <td height="100" valign="bottom">单元格 2</td>
    </tr>
    <tr>
        <td>单元格 1</td>
        <td>单元格 2</td>
    </tr>
</table>
</body>
</html>
```

运行结果如图 3.15 所示。

图 3.15　带上下对齐的表格展示效果

到此已经学习了 HTML 表格的常用标签与属性，如果想要做出一些更加漂亮或是更多需求的表格，还需要配合 CSS 才能完成，这里不作讲解，后续章节中会详细介绍如何来实现效果。

3.2　HTML 表单

视频讲解

表单是网页中常用的一种展示效果，如登录页面中的用户名和密码的输入、登录按钮等都是用表单相关的标签定义的。表单是

HTML 中获取用户输入的手段，它的主要功能是收集用户的信息，并将这些信息传递给后台服务器，实现网页与用户的交流。本节将详细讲解表单使用，先来观察微博登录、注册页面表单的展示效果，如图 3.16 所示。

视频讲解

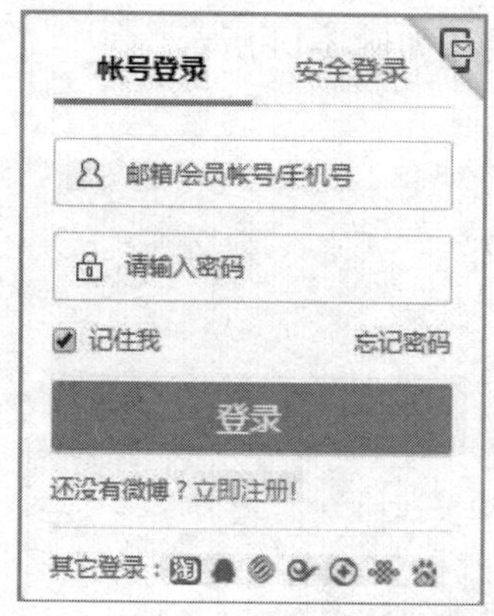

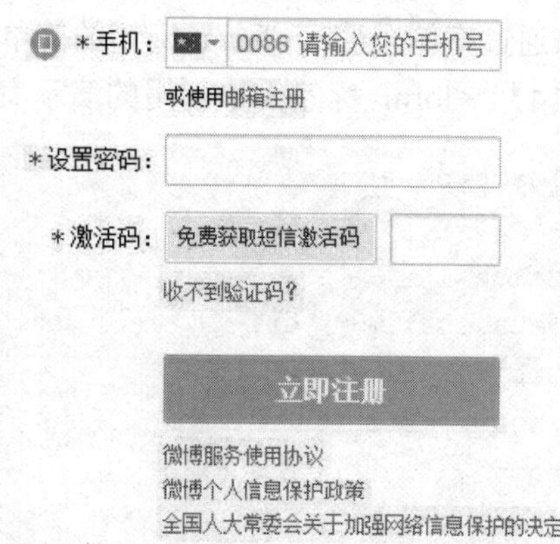

图 3.16　微博登录、注册展示效果

HTML 中，一个完整的表单通常由表单元素、提示信息和表单域三个部分组成，下面将详细介绍这三个部分。

- 表单元素：包含表单的具体功能项，如文本输入框、下拉列表框、复选框、密码输入框、登录按钮等。
- 提示信息：表单中通常还需包含一些说明性的文字，提示用户要进行的操作。
- 表单域：用来容纳表单控件和提示信息，可以通过它定义处理表单数据所用程序的 URL 地址，以及数据提交到服务器的方法。如果未定义表单域，表单中的数据就无法传送到后台服务器。

表单元素是表单的核心，常用的表单元素如表 3.2 所示。

表 3.2　表单元素

表 单 元 素	含　义
<input>	表单输入框（可定义多种表单项）
<textarea>	定义多行文本框
<select>	定义一个下拉列表（必须包含列表项）
<label>	定义表单辅助项

这里先简单了解一下常用的表单元素，后面的小节将会进行详细讲解。

3.2.1　<form>标签

为了实现网页与用户的交流，需要让表单中的数据传送给后台服务器，这就必须定义表单域。定义表单域用<table>标签定义表格类似，HTML 中<form>标签用于定义表单域，即创建一个表单，用来实现用户信息的收集和传递，<form></form>标签中的所有内容都会被提交给服务器。其语法格式如下：

```
<form 属性 属性值>
    表单元素和提示信息
</form>
```

接下来通过案例来演示<form>标签的简单使用，如例 3-14 所示。

【例 3-14】 <form>标签简单使用的演示案例。

```
<!doctype html>
<html>
<head>
<meta charset="utf-8">
<title>HTML 表单</title>
</head>
<body>
<form>
    姓名:<input type="text">
    性别：<input type="radio"> 男<input type="radio">女
    <input type="submit" value="提交">
</form>
</body>
</html>
```

运行结果如图 3.17 所示。

图 3.17 <form>标签展示效果

由图 3.17 可以看出，<form>标签默认情况下并没有什么效果，当输入完姓名和选择完性别后，单击提交按钮，就可以把填写好的数据提交给后台服务器，服务器经过处理后，将数据存储进网站的数据库，这样数据就可以得到保存。

HTML 表单将数据发送给后台服务器，用到<form>的 action、method、enctype 和 target 属性，下面详细介绍这四个属性。

1．action 属性

action 属性是用来定义表单数据的提交地址，即一个 URL。HTML 表单要想和后台服务器进行连接，就需要在 action 属性上设置一个 URL。比如两人打电话，双方要通话就必须要知道对方的电话号码，URL 就相当于电话号码。action 属性用于指定接收并处理表单数据的服务器的 URL 地址。具体示例如下。

```
<form action="qianfeng_action.asp"
```

表示提交表单时，表单数据会传送到 qianfeng_action.asp 的页面处理。

action 属性值可以是相对路径或绝对路径，还可以是接收数据的 E-mail 邮箱地址。具体示例如下。

```
<form action=qianfeng@1000phone.com>
```

表示提交表单时，表单数据以电子邮件的形式传递出去。

2．method 属性

method 属性是用来定义表单数据的提交方式，常用的有 get（默认）和 post 两种方式。提交方式类似于通信方式，可以打电话、发短信或发邮件。一般情况下，获取一些数据用 get 方式，这种方式提交的数据将显示在浏览器的地址栏中，保密性差，且有数据量的限制。post 方式的保密性好，而且无数据量的限制，使用 method="post"可以大量提交数据。

3．enctype 属性

enctype 属性是用来定义表单数据的提交内容形式，常用的有 application/x-www-form-urlencoded（默认）和 multipart/form-data 两种方式。提交内容可以是网页中的文本，也可以是图片或视频等非文本的内容，因此需要对 enctype 属性选择不同的设置。

4．target 属性

target 属性是用来定义提交地址的打开方式，常用的有_self（默认）和_blank 两种方式。打开方式可以选择当前页打开，也可以在新页面打开，<form>标签中的 target 属性跟<a>标签中的 target 属性一样，这里不再赘述。

接下来通过案例来演示<form>标签的四个常用属性，如例 3-15 所示。

【例 3-15】 <form>标签的四个常用属性的演示案例。

```
<!doctype html>
<html>
<head>
<meta charset="utf-8">
<title>HTML 表单</title>
</head>
<body>
<form action="demo.html" method="post" enctype="multipart/form-data"
    target="_blank">
      姓名:<input type="text">
    性别: <input type="radio"> 男<input type="radio">女
    <input type="submit" value="提交">
</form>
```

```
</body>
</html>
```

运行结果如图 3.18 所示。

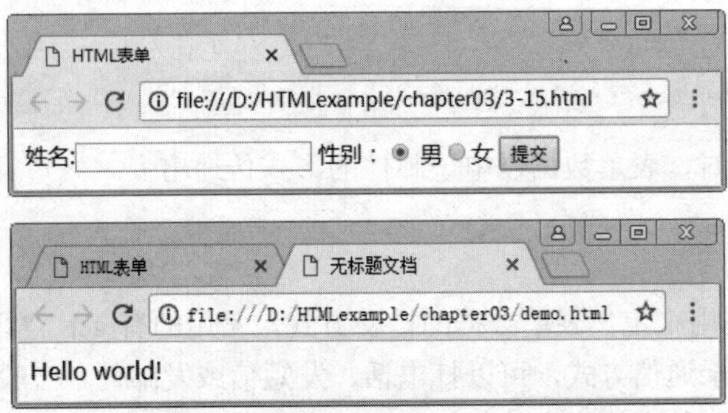

图 3.18 <form>标签展示效果

例 3-15 中对这些属性并没有做过多的解释与演示，对后端有一定的了解后，才能更好地掌握<form>标签的属性，这里先了解一下这些属性，然后再学习一些后端知识，那么这些内容就非常容易理解了。

3.2.2 <input>标签

网页中经常会包含有单行文本框、单选按钮、复选框、提交按钮等，要想定义这些表单元素需要使用<input>标签，其基本语法格式如下：

```
<input type="元素类型">
```

1. type 属性

<input>标签通过 type 属性取值不同，可以展示出不同的表单类型，其属性取值如表 3.3 所示。

表 3.3 type 属性取值

表 单 元 素	含 义
text	单行文本框
password	密码文本框
radio	单选框
checkbox	复选框
button	按钮
submit	提交按钮
reset	重置按钮
hidden	隐藏域
image	图像形式的按钮
file	文件上传按钮

表 3.3 中列出了 type 属性的取值及含义，下面将分别讲解这些属性。

（1）text、password

text 值用来展示单行文本框，password 值用来展示密码文本框，一般用于登录界面，接下来通过案例来演示这两个属性值，如例 3-16 所示。

【例 3-16】 text 和 password 的演示案例。

```
<!doctype html>
<html>
<head>
<meta charset="utf-8">
<title>HTML 表单</title>
</head>
<body>
<form>
    用户名:<input type="text">
    密码：<input type="password">
</form>
</body>
</html>
```

运行结果如图 3.19 所示。

图 3.19 text、password 展示效果

可以往输入框内输入内容，password 值中的字符会被做掩码处理（显示为星号或实心圆），如图 3.20 所示。

图 3.20 text、password 输入展示效果

（2）radio、checkbox

radio 值用来展示单选框，checkbox 值用来展示复选框，一般在调查问卷中使用，接下来通过案例来演示这两个属性，如例 3-17 所示。

【例 3-17】 radio 和 checkbox 的演示案例。

```
<!doctype html>
```

```
2   <html>
3   <head>
4   <meta charset="utf-8">
5   <title>HTML 表单</title>
6   </head>
7   <body>
8   <form>
9       性别：<input type="radio" name="gender">男
10            <input type="radio" name="gender">女
11      爱好：<input type="checkbox">音乐
12            <input type="checkbox">体育
13            <input type="checkbox">舞蹈
14  </form>
15  </body>
16  </html>
```

运行结果如图 3.21 所示。

图 3.21　radio、checkbox 展示效果

例 3-17 中，第 9 行和第 10 行单选框加了一个 name 属性，并且两个单选框中的 name 属性值相同，目的是让多个单选框之间建立关系，这样就可以对单选框进行切换操作，因此在属性值为单选框时一定要加 name 属性，否则单选框不能切换状态。可以选择单选框和复选框，其效果如图 3.22 所示。

图 3.22　radio、checkbox 展示效果

（3）button、submit、reset

button 值用来设置普通按钮，submit 值用来设置提交按钮，reset 值用来设置重置按钮。接下来通过案例来演示这三个属性值，如例 3-18 所示。

【例 3-18】 button、submit、reset 三个属性值的演示案例。

```
<!doctype html>
<html>
<head>
```

```
4   <meta charset="utf-8">
5   <title>HTML 表单</title>
6   </head>
7   <body>
8   <form>
9       <input type="button" value="普通按钮">
10      <input type="submit" value="提交按钮">
11      <input type="reset" value="重置按钮">
12  </form>
13  </body>
14  </html>
```

运行结果如图 3.23 所示。

图 3.23　button、submit、reset 展示效果

例 3-18 中，第 9 行、第 10 行和第 11 行中的 value 属性的作用是设置按钮上文本的内容。

普通按钮没有任何行为，常用于在用户单击按钮时启动 JavaScript 程序。提交按钮可以看成一种具有特殊功能的普通按钮，单击提交按钮可以实现将表单内容提交给后台服务器处理。重置按钮也可以看成一种具有特殊功能的普通按钮，单击重置按钮可以清除用户在页面表单中输入的信息。接下来通过案例来演示这三个按钮的展示效果，如例 3-19 所示。

【例 3-19】 button、submit、reset 三个按钮展示效果的演示案例。

```
<!doctype html>
<html>
<head>
<meta charset="utf-8">
<title>HTML 表单</title>
</head>
<body>
<form action="data.php">
    <input type="text">
    <input type="button" value="普通按钮" onclick="alert('hello')">
    <input type="submit" value="提交按钮">
    <input type="reset" value="重置按钮">
</form>
</body>
</html>
```

运行结果如图 3.24 所示。

图 3.24　button、submit、reset 展示效果

单击普通按钮时，会弹出一个对话框，里面的内容为“hello”。单击提交按钮，会跳转到 data.php 页面（这需要了解后端技术才可理解）。当往输入框中输入一些内容，然后再单击重置按钮，发现内容被清空。

（4）hidden

hidden 值用于隐藏那些只是往后台服务器发送一些数据，但又不影响页面布局的表单控件。接下来通过案例来演示 hidden 属性值，如例 3-20 所示。

【例 3-20】 hidden 属性值的演示案例。

```
1   <!doctype html>
2   <html>
3   <head>
4   <meta charset="utf-8">
5   <title>HTML 表单</title>
6   </head>
7   <body>
8   <form action="data.php">
9       <input type="hidden" name="gender" value="男">
10      <input type="submit" value="提交按钮">
11  </form>
12  </body>
13  </html>
```

运行结果如图 3.25 所示。

图 3.25　hidden 展示效果

第 9 行 type 属性值设置为 hidden，隐藏域在网页中并没有显示出来，单击提交按钮，就可以把 value=“男”提交给 data.php 这个后台服务器。

（5）image

image 值用来设置图像形式的按钮，src 属性用来引入图像的地址，目的是替换 submit

的默认样式，从而完成更加美观的展示。接下来通过案例来演示 image 属性值，如例 3-21 所示。

【例 3-21】 image 属性值的演示案例。

```
<!doctype html>
<html>
<head>
<meta charset="utf-8">
<title>HTML 表单</title>
</head>
<body>
<form action="data.php">
    <input type="hidden" name="gender" value="男">
    <!--<input type="submit" value="提交按钮">-->
    <input type="image" src="login.jpg">
</form>
</body>
</html>
```

运行结果如图 3.26 所示。

图 3.26 image 展示效果

（6）file

file 值用来设置文件上传的按钮，文件上传是网站中常见的功能，例如网盘文件上传和邮箱文件上传。设置 file 值时，<form>标签的 method 属性必须设置成 post，enctype 属性必须设置成 multipart/form-data。接下来通过案例来演示 file 值，如例 3-22 所示。

【例 3-22】 file 值的演示案例。

```
<!doctype html>
<html>
<head>
<meta charset="utf-8">
<title>HTML 表单</title>
</head>
<body>
<form action="data.php" method="post"
  enctype="multipart/form-data">
```

```
        <input type="file">
</form>
</body>
</html>
```

运行结果如图 3.27 所示。

图 3.27　file 展示效果

网页中经常能看到一些漂亮的上传按钮，这些按钮都是通过 CSS 来实现的，后面的章节将会详细讲解。

2．其他属性

<input>标签除了 type 属性，还有一些常用的属性，如表 3.4 所示。

表 3.4　<input>标签其他属性

属　性	属 性 值	含　义
name	自定义	元素的名称
value	自定义	元素的值
maxlength	正整数	元素允许输入的最多字符数
disabled	disabled	第一次加载页面时禁用该元素（显示为灰色）
readonly	readonly	元素内容为只读（不能修改编辑）
checked	checked	定义选择元素默认被选中的项

表 3.4 中列出了<input>标签中其他常用的属性，下面进行详细讲解。

（1）name、value 属性

name 属性用来规定 input 元素的名称，value 属性用来规定 input 元素的值。在前面的案例中，已经接触过 name 和 value 这两个属性，其中 name 值和 value 值配合成一对来使用，这样后台服务器就可以通过 name 值来找到对应的 value 值。接下来通过案例来演示这两个属性，如例 3-23 所示。

【例 3-23】 name、value 属性的演示案例。

```
<!doctype html>
<html>
<head>
<meta charset="utf-8">
<title>HTML 表单</title>
</head>
```

```
<body>
<form action="data.php">
    姓名：<input type="text" name="myName" value="myValue">
    性别：<input type="radio" name="gender" value="man">男
          <input type="radio" name="gender" value="woman">女
</form>
</body>
</html>
```

运行结果如图 3.28 所示。

图 3.28 name、value 属性展示效果

（2）maxlength 属性

maxlength 属性规定输入内容允许的最大字符数，如设置 maxlength 属性，则输入控件不会接受超过其所允许字符数。接下来通过案例来演示 maxlength 属性，如例 3-24 所示。

【例 3-24】 maxlength 属性的演示案例。

```
<!doctype html>
<html>
<head>
<meta charset="utf-8">
<title>HTML 表单</title>
</head>
<body>
<form>
    <input type="text" maxlength="10" minlength="3">最多输入 10 个字符
</form>
</body>
</html>
```

运行结果如图 3.29 所示。

图 3.29 maxlength 属性展示效果

（3）disabled、readonly 属性

disabled属性规定输入内容是禁用的，被禁用的元素是不可用和不可单击的。readonly 属性规定输入内容为只读（不能修改，但是能获取当前只读的内容）。接下来通过案例来演示这两个属性，如例 3-25 所示。

【例 3-25】 disabled、readonly 属性的演示案例。

```
<!doctype html>
<html>
<head>
<meta charset="utf-8">
<title>HTML 表单</title>
</head>
<body>
<form>
    <input type="text" value="HTML" disabled>
    <input type="text" value="HTML" readonly>
    <input type="checkbox" disabled>
</form>
</body>
</html>
```

运行结果如图 3.30 所示。

图 3.30 disable、readonly 属性展示效果

（4）checked 属性

checked 属性规定在页面加载时应该预先选定的 input 元素。checked 属性与<input type="checkbox">或<input type="radio">配合使用。接下来通过案例来演示 checkd 属性，如例 3-26 所示。

【例 3-26】 checked 属性的演示案例。

```
<!doctype html>
<html>
<head>
<meta charset="utf-8">
<title>HTML 表单</title>
</head>
<body>
```

```
<form>
    性别：<input type="radio" name="gender" checked>男
          <input type="radio" name="gender">女
    爱好：<input type="checkbox" checked>音乐
          <input type="checkbox" checked>体育
          <input type="checkbox">舞蹈
</form>
</body>
</html>
```

运行结果如图 3.31 所示。

图 3.31　checked 属性展示效果

在后面的章节中，还会学习<input>标签新的 type 属性值和<input>标签其他新的属性，本节只对 input 中常用的元素进行讲解。

3.2.3　<textarea>标签

单行文本框只能输入一行信息，而多行文本框可以输入多行信息。多行文本框使用的是<textarea>标签，而<input>标签只能设置单行文本框。接下来通过案例来演示<textarea>标签，如例 3-27 所示。

【例 3-27】 <textarea>标签的演示案例。

```
<!doctype html>
<html>
<head>
<meta charset="utf-8">
<title>HTML 表单</title>
</head>
<body>
<form>
    <textarea rows="10" cols="30">多行文本框内容</textarea>
</form>
</body>
</html>
```

运行结果如图 3.32 所示。

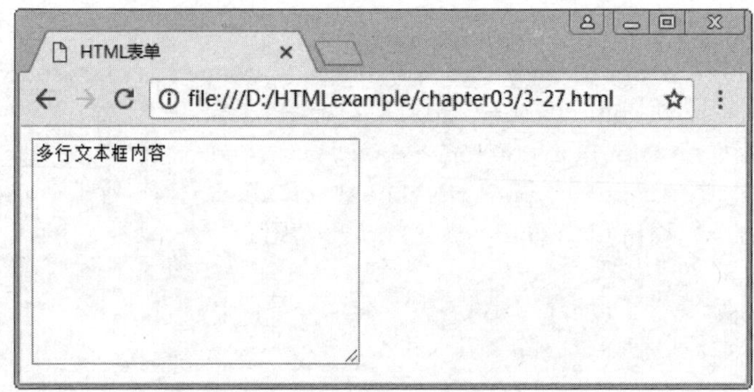

图 3.32　textarea 标签展示效果

例 3-27 中，rows 属性可以设置多行文本框的行数，cols 属性可以设置多行文本框的列数。这样就可以定义多行文本框的尺寸，更好的办法是使用 CSS 的 height 和 width 属性来定义多行文本输入框的宽高。

3.2.4　<select>标签

网页中经常会看到包含多个选项的下拉菜单，如选择城市、日期、科目、校区选择等。HTML 中用<select>标签设置下拉列表，其需要与<option>标签配合使用，这个特点和列表一样，如无序列表是由<ul>标签和<li>标签配合使用。为了更好地理解，可以把下拉列表看作一个特殊的无序列表。

下拉列表是一种最节省页面空间的选择方式，因为在正常状态下只显示一个选项，单击下拉菜单打开菜单后才会看到全部的选项。接下来通过案例来演示<select>标签，如例 3-28 所示。

【例 3-28】 <select>标签的演示案例。

```
<!doctype html>
<html>
<head>
<meta charset="utf-8">
<title>HTML 表单</title>
</head>
<body>
<form>
   <select>
       <option>HTML</option>
       <option>CSS</option>
       <option>JavaScript</option>
       <option>PHP</option>
   </select>
</form>
```

```
</body>
</html>
```

运行结果如图 3.33 所示。

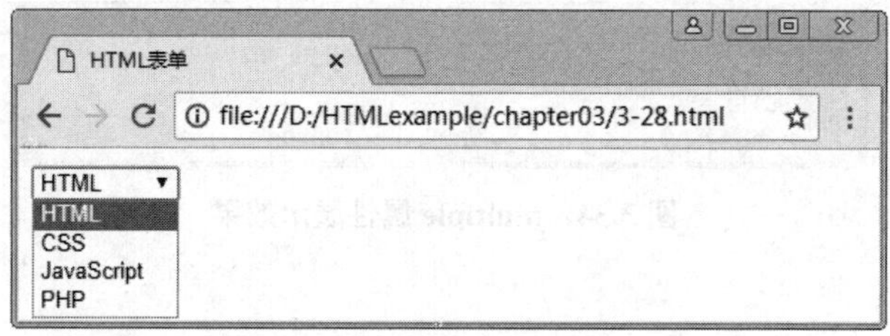

图 3.33 selelct 标签点开展示效果

和其他标签一样，<select>标签也有其常用的属性，如表 3.5 所示。

表 3.5 type 属性取值

属　性	含　义
multiple	多选操作
size	下拉列表可见选项的数目
selected	选中项

1. multiple 属性

multiple 属性可以设置多选下拉列表，默认下拉列表只能选择一项，而设置 multiple 属性后就可以选择多项了（使用“Ctrl+鼠标左键”进行多选操作）。接下来通过案例来演示 multiple 属性，如例 3-29 所示。

【例 3-29】 multiple 属性的演示案例。

```
<!doctype html>
<html>
<head>
<meta charset="utf-8">
<title>HTML 表单</title>
</head>
<body>
<form>
    <select multiple>
        <option>HTML</option>
        <option>CSS</option>
        <option>JavaScript</option>
      <option>PHP</option>
    </select>
</form>
</body>
</html>
```

运行结果如图 3.34 所示。

图 3.34 multiple 属性展示效果

2. size 属性

size 属性可以设置下拉列表可见选项的数目，默认情况下单选下拉菜单显示一项。接下来通过案例来演示 size 属性，如例 3-30 所示。

【例 3-30】 size 属性的演示案例。

```
<!doctype html>
<html>
<head>
<meta charset="utf-8">
<title>HTML 表单</title>
</head>
<body>
<form>
   <select size="2">
      <option>HTML</option>
      <option>CSS</option>
      <option>JavaScript</option>
      <option>PHP</option>
   </select>
</form>
</body>
</html>
```

运行结果如图 3.35 所示。

图 3.35 size 属性展示效果

3. selected 属性

selected 属性表示选中项，与单选框的 checked 属性类似，注意 selected 属性是设置到<option>标签上的。接下来通过案例来演示 selected 属性，如例 3-31 所示。

【例 3-31】 selected 属性的演示案例。

```
<!doctype html>
<html>
<head>
<meta charset="utf-8">
<title>HTML 表单</title>
</head>
<body>
<form>
    <select>
        <option>HTML</option>
        <option selected>CSS</option>
        <option>JavaScript</option>
        <option>PHP</option>
    </select>
</form>
</body>
</html>
```

运行结果如图 3.36 所示。

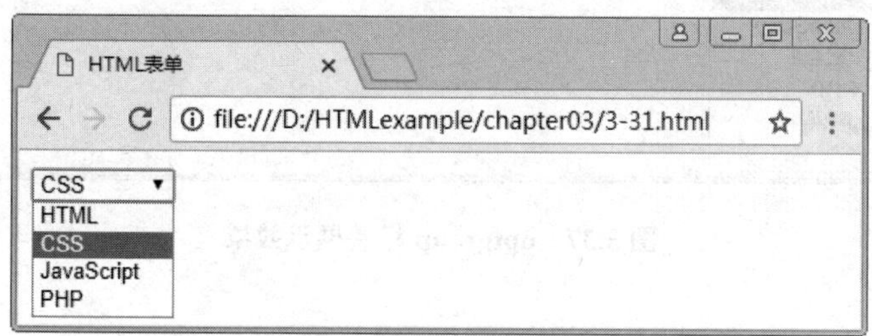

图 3.36 selected 属性展示效果

<select>标签中使用<optgroup>标签进行分组项操作，把相关的选项组合在一起。<optgroup>标签的 label 属性来设置分组项的标题。接下来通过案例来演示<optgroup>标签，如例 3-32 所示。

【例 3-32】 <optgroup>标签的演示案例。

```
<!doctype html>
<html>
<head>
<meta charset="utf-8">
<title>HTML 表单</title>
</head>
<body>
<form>
```

```
    <select>
        <optgroup label="前端技术">
        <option>HTML</option>
        <option selected>CSS</option>
        <option>JavaScript</option>
        </optgroup>
        <optgroup label="后端技术">
        <option>PHP</option>
        <option>JAVA</option>
    </select>
</form>
</body>
</html>
```

运行结果如图 3.37 所示。

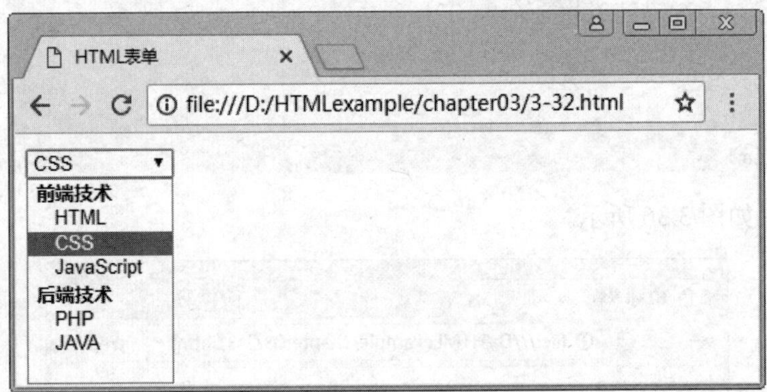

图 3.37 optgroup 标签展示效果

3.2.5 <label>标签

<label>标签用来辅助表单元素，可以更好地提高用户体验。当用户选择<label>标签内文本进行单击时，会自动将焦点转到和标签相关的表单控件上。接下来通过案例来演示<label>标签，如例 3-33 所示。

【例 3-33】 <label>标签的演示案例。

```
<!doctype html>
<html>
<head>
<meta charset="utf-8">
<title>HTML 表单</title>
</head>
<body>
```

```
<form>
    性别：<input type="radio" name="gender" id="man">
      <label for="man">男</label>
    <input type="radio" name="gender" id="woman">
      <label for="woman">女</label>
</form>
</body>
</html>
```

运行结果如 3.38 所示。

图 3.38　label 标签展示效果

当单击<label>标签中的文本（男、女），也可以对单选框进行切换，从而使用户体验得到提升。其中<label>标签中的 for 属性值一定要和<input>标签中的 id 属性值相同才能找到对应控件。

3.3 本章小结

通过本章的学习，能够掌握 HTML 表格和 HTML 表单的基本使用，了解前端与后台服务器之间如何交互与通信。

3.4 习　题

1．填空题

（1）创建表格必备的三个标签为____________、____________、____________。

（2）为表格添加边框，需要设置的属性为____________。

（3）____________用于创建表格的标题。

（4）valign 属性可以设置单元格的内容____________的方向。

（5）表单由____________、____________、____________三个部分组成。

2．选择题

（1）在 HTML 中，下列的哪个可以产生单选框？（　　）

A．<input type="radio">　　B．<input type="check">

C．<input type="checkbox">　　D．<radio><radio>

（2）下列的 HTML 中哪个可以产生文本域？（　　）

A．<textarea></textarea>　　B．<input type="textarea">

C．<text></text>　　D．<textarea type="text">

（3）以下元素不是 table 元素子元素的有（　　）。

A．<th>　　B．<tbody>

C．<thead>　　D．<td>

（4）以下标签不能体现表格语义化的是（　　）。

A．<tfoot></tfoot>　　B．<thead></thead>

C．<table></table>　　D．<tbody></tbody>

（5）以下标签中作用与<form>标签类似的是（　　）。

A．<table>　　B．<th>

C．<input>　　D．<label>

3．思考题

（1）请简述<label>标签的作用。

（2）请简述<select>标签中 multiple 属性的作用。

第4章 chapter 4

CSS入门

本章学习目标

- 了解CSS的历史；
- 掌握CSS的基本结构；
- 掌握CSS的常用属性。

前面的章节已经讲解了使用HTML中标签的属性对网页进行修饰布局，但是这种方式不太利于代码的阅读和维护。使用CSS对网页进行布局，能使网页更美观、大方，实现结构和表现的分离，用CSS布局的网页升级轻松、维护更方便。本章将带领大家进入CSS，分别从背景样式、边框样式、文字样式、段落样式、复合样式进行详细讲解。

4.1 CSS简介

视频讲解

随着HTML的发展，为了满足页面设计者的要求，HTML添加了很多显示功能，但是随着这些功能的增加，使得HTML变得越来越杂乱，HTML页面也越来越臃肿，CSS便诞生了。CSS是用于简化HTML标签，把关于样式部分的内容提取出来，进行单独地控制，使结构与样式分离式开发。

CSS全称为“Cascading Style Sheet”，中文解释为“层叠样式表”，它是以HTML为基础，设置网页的外观显示样式，如字体、颜色、背景的控制及整体的布局等，还可以针对不同的浏览器设置不同的样式。和学习HTML语言一样，首先来了解一下CSS的历史。

4.1.1 CSS的历史版本

CSS这门语言是由W3C组织创建和维护的，也是W3C组织推荐的Web相关标准。下面列出了CSS在不同时期所对应的一些重要版本。

- CSS1.0——1996年12月，W3C推荐标准。
- CSS2.0——1998年5月，W3C推荐标准。
- CSS2.1——2004年6月，W3C推荐标准。
- CSS3.0——还没有发布正式版本（日期到本教材结稿时）。

1996 年末发布了 CSS1.0，这个版本只提供一些简单的功能，并没有得到广泛的应用。直到 CSS2.0 的诞生才真正地把结构与样式进行分离，从而得到快速的发展。CSS2.1 版本是 CSS2.0 版本的修正版，也是目前最稳定的一个版本。

随着互联网的高速发展，网页样式也有更多的需求，CSS3 在 CSS2.1 的基础上提供了更多实用且强大的功能。目前 CSS3 还没有发布正式版本，但是它的很多功能已经可以得到很好的支持与展示。在后面章节中将会专门对 CSS3 进行详细讲解。

4.1.2 CSS 的基本结构

给 HTML 标签添加 CSS 样式总共有行间样式、内部样式和外部样式三种方式。

为了让大家更好地理解和掌握 CSS，本章只介绍如何通过行间样式来添加 CSS。内部样式和外部样式两种引入方式会在下一章中进行讲解。

行间样式是在 HTML 标签中添加 style 属性来设置 CSS。其基本格式如下：

```
语法：style="属性 1:值 1; 属性 2:值 2; 属性 3:值 3;"
```

CSS 样式由属性和值两部分组成，通过冒号的方式进行链接。多组 CSS 样式之间用分号（;）进行分割。一般在分号后面加一个空格，这样可以更容易阅读代码。接下来通过案例来演示 CSS 的基本结构，如例 4-1 所示。

【例 4-1】 CSS 的基本结构的演示案例。

```
<!doctype html>
<html>
<head>
<meta charset="utf-8">
<title>CSS 简介</title>
</head>
<body>
<div style="width:100px; height:100px; background-color:red;"></div>
</body>
</html>
```

运行结果如图 4.1 所示。

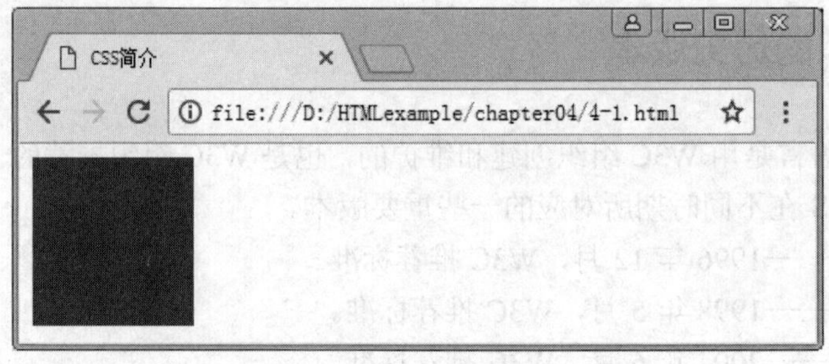

图 4.1 <div>标签设置 CSS 样式

例 4-1 中，为<div>标签设置 width、height、background-color 这三个 CSS 属性。下面就讲解这三个基本属性。

1. 宽、高

CSS 中通过 width、height 这两个属性来设置 HTML 标签的尺寸大小，即元素的宽、高。CSS 中的尺寸单位有很多，比较重要的两个单位是像素单位和百分比单位，后面还会介绍其他的尺寸单位。

（1）像素单位

像素单位用 px 表示，全称“pixel”（像素）。px 就是一张图片中最小的点，或者是计算机屏幕最小的点。如将新浪正常图标（如图 4.2 所示）放大 *N* 倍后的图标大小如图 4.3 所示。

图 4.2 正常图标大小

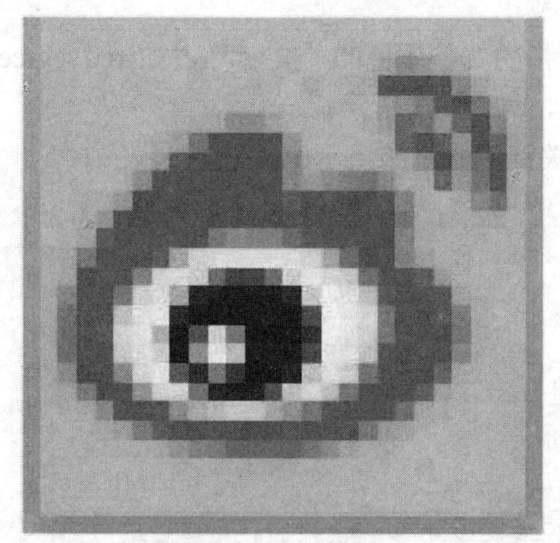

图 4.3 放大 *N* 倍图标大小

观察图 4.2 和图 4.3 可以发现，一张图片是由很多的小方点组成的，每一个小方点其实就是一个像素（px）。一台计算机的分辨率是 1366px×768px 指的就是“计算机宽是 1366 个小方点，高是 768 个小方点”。具体示例如下。

```
1   <body>
2       <div style="width:100px; height:100px;></div>
3   </body>
```

第 2 行为<div>标签设置宽 100 像素，高 100 像素。但是当在浏览器上进行预览效果时，会发现并没有什么特殊变化。其原因是<div>标签只是具备了容器大小，并没有添加背景色或边框样式。

（2）百分比单位

百分比单位是一个相对单位，经常在嵌套标签中使用。假如给子标签（也叫内层标签）设置百分比单位，那么这个单位就是相对于父标签（也叫外层标签）的尺寸大小。具体示例如下。

```
1 <body>
2     <div style="width:200px;">
3         <div style="width:50%;"></div>
4     </div>
5 </body>
```

第 2 行为父<div>标签的宽设置了 200px，第 3 行为子<div>标签的宽设置了 50%，因此子<div>标签的尺寸大小为 100px。

2．背景色

在 CSS 中用 background-color 属性来设置背景色。在 CSS 中常用表示颜色的方法有关键字颜色、十六进制颜色和 RGB 颜色三种。下面将详细讲解这三种表示颜色的方法。

（1）关键字颜色

关键字颜色指的就是颜色的英文名称，如 red、green、blue 等。接下来通过案例来演示关键字颜色，如例 4-2 所示。

【例 4-2】 关键字颜色的演示案例。

```
<!doctype html>
<html>
<head>
<meta charset="utf-8">
<title>背景色</title>
</head>
<body>
<div style="width:200px; height:50px; background-color:red;"></div>
<div style="width:200px; height:50px; background-color:green;"></div>
<div style="width:200px; height:50px; background-color:blue;"></div>
</body>
</html>
```

运行结果如图 4.4 所示。

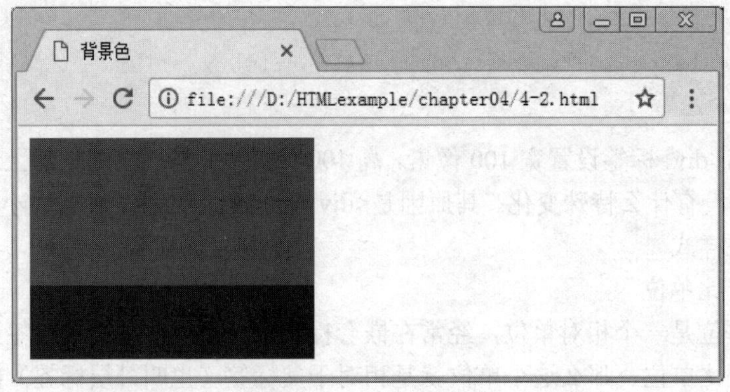

图 4.4　关键字颜色展示效果

（2）十六进制颜色

十六进制颜色值规定为#RRGGBB，其中的 RR（红色）、GG（绿色）、BB（蓝色），十六进制划分了颜色的成分，所有值必须介于 0～FF 之间。例如，#0000ff 值显示为蓝色，这是因为蓝色成分被设置为最高值（ff），而其他成分被设置为 0。当颜色值为#AABBCC 这种两两重复的写法时，也可以简写成#ABC 的方式。接下来通过案例来演示用十六进制颜色的方法表示红、绿、蓝，如例 4-3 所示。

【例 4-3】 用十六进制颜色的方法表示红、绿、蓝的演示案例。

```
<!doctype html>
<html>
<head>
<meta charset="utf-8">
<title>背景色</title>
</head>
<body>
<div style="width:200px; height:50px; background-color:#ff0000;"></div>
<div style="width:200px; height:50px; background-color:#00ff00;"></div>
<div style="width:200px; height:50px; background-color:#0000ff;"></div>
</body>
</html>
```

运行结果如图 4.5 所示。

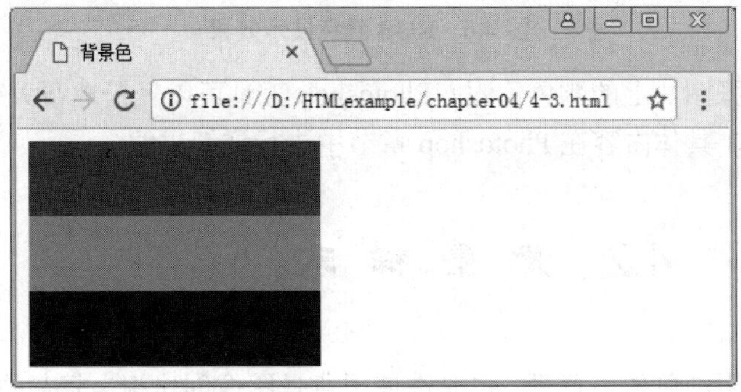

图 4.5 十六进制颜色展示效果

（3）RGB 颜色

RGB 颜色值规定为 rgb(red, green, blue)。每个参数（red、green 和 blue）定义颜色的强度，可以是介于 0～255 的整数。例如，rgb(0,0,255) 值显示为蓝色，这是因为 blue 参数被设置为最高值（255），而其他被设置为 0。接下来通过案例来演示用 RGB 方法表示红、绿、蓝三种颜色，如例 4-4 所示。

【例 4-4】 用 RGB 方法表示红、绿、蓝三种颜色的演示案例。

```
<!DOCTYPE HTML>
<html>
<head>
```

```
<meta charset="utf-8">
<title>CSS 简介</title>
</head>
<body>
<div style="width:200px; height:50px; background-color:rgb(255,0,0);">
</div>
<div style="width:200px; height:50px; background-color:rgb(0,255,0);">
</div>
<div style="width:200px; height:50px; background-color:rgb(0,0,255);">
</div>
</body>
</html>
```

运行结果如图 4.6 所示。

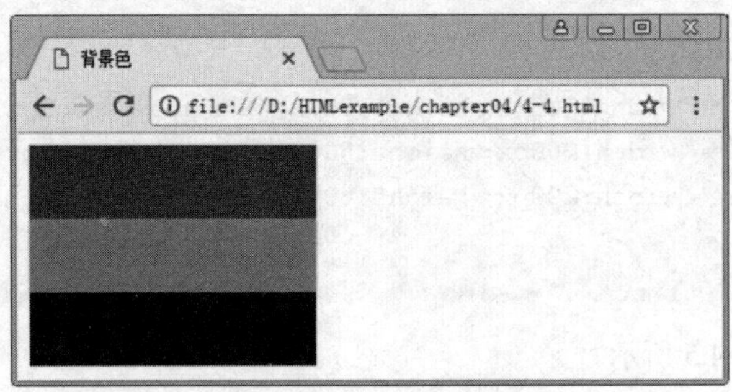

图 4.6　RGB 颜色展示效果

如何提取一张图片上的颜色值呢？Photoshop 工具可以轻松地帮大家解决这个问题，但这里不做介绍，具体内容在 Photoshop 章节中进行详细讲解。

4.2 背景样式

视频讲解

CSS 允许应用纯色作为背景，也允许使用背景图像创建相当复杂的效果。设置背景样式的属性，如表 4.1 所示。

表 4.1　设置背景样式的属性

属　性	含　义
background-color	设置背景色
background-image	设置背景图片
background-repeat	设置背景图片的平铺方式
background-position	设置背景图片的位置
background-attachment	设置背景图随滚动条的移动方式

表 4.1 列出了设置背景样式的属性，下面将进行详细介绍。

1. background-color

background-color 属性是用来设置背景色的，在前面小节中已经学习了如何使用，这里不再赘述。

2. background-image

background-image 属性用来设置背景图片，接下来通过案例来演示，如例 4-5 所示。

【例 4-5】 用 background-image 属性设置背景图片的演示案例。

```
<!doctype html>
<html>
<head>
<meta charset="utf-8">
<title>背景样式</title>
</head>
<body>
<div style="width:400px; height:200px;
     background-color:yellow; background-image:url(logo.png);"></div>
</body>
</html>
```

运行结果如图 4.7 所示。

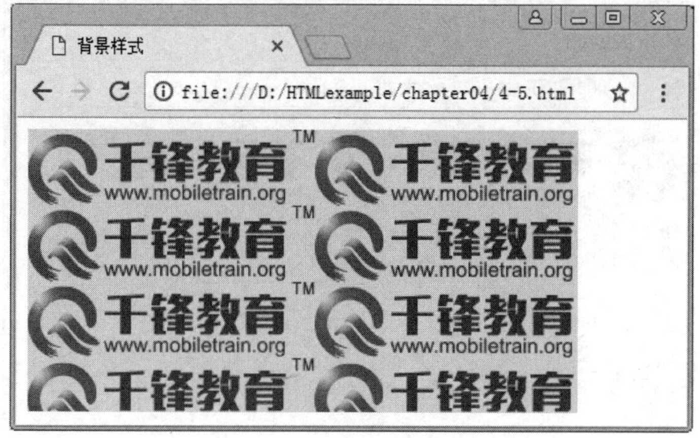

图 4.7 背景图片展示效果

图 4.7 中可以看出，背景图片在水平垂直方向上都是重复平铺的。

3. background-repeat

background-repeat 属性用来设置背景图片的平铺方式，属性的取值有 repeat、repeat-x、repeat-y 和 no-repeat 四种，设置不同的属性值，背景图片的平铺方式不一样，下面将详细介绍在属性取不同值时，背景图片的平铺方式。

（1）repeat

repeat 值表示水平垂直方向上都是重复平铺的，也是默认值。在例 4-5 中已经提及，这里不再演示。

（2）repeat-x

repeat-x 值表示只是水平方向重复平铺，垂直方向不重复平铺。接下来通过案例来演示，如例 4-6 所示。

【例 4-6】 设置背景图片水平方向重复平铺的演示案例。

```
<!doctype html>
<html>
<head>
<meta charset="utf-8">
<title>背景样式</title>
</head>
<body>
<div style="width:400px; height:200px;
     background-color:yellow; background-image:url(logo.png);
     background-repeat:repeat-x;"></div>
</body>
</html>
```

运行结果如图 4.8 所示。

图 4.8　背景图片水平方向重复平铺展示效果

（3）repeat-y

repeat-y 值表示只是垂直方向重复平铺，水平方向不重复平铺。接下来通过案例来演示，如例 4-7 所示。

【例 4-7】 设置背景图片垂直方向重复平铺，水平方向不重复平铺的演示案例。

```
<!doctype html>
<html>
```

```
<head>
<meta charset="utf-8">
<title>背景样式</title>
</head>
<body>
<div style="width:400px; height:200px;
     background-color:yellow; background-image:url(logo.png);
     background-repeat:repeat-y;"></div>
</body>
</html>
```

运行结果如图 4.9 所示。

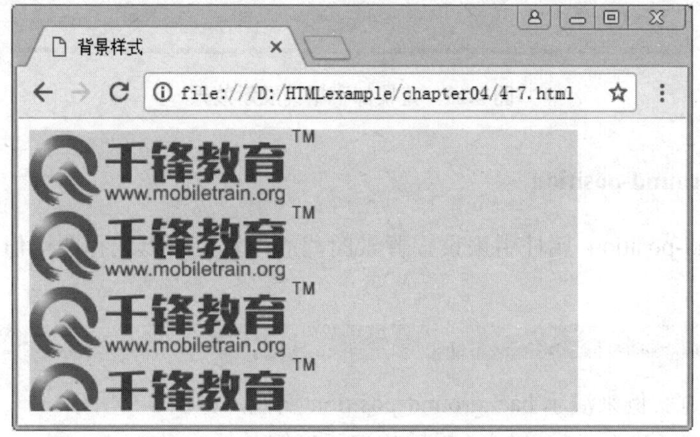

图 4.9　背景垂直方向重复平铺展示效果

（4）no-repeat

no-repeat 值表示水平和垂直方向上都不进行重复平铺。接下来通过案例来演示，如例 4-8 所示。

【例 4-8】 水平和垂直方向上都不进行重复平铺的演示案例。

```
<!doctype html>
<html>
<head>
<meta charset="utf-8">
<title>背景样式</title>
</head>
<body>
<div style="width:400px; height:200px;
     background-color:yellow; background-image:url(logo.png);
     background-repeat:no-repeat;"></div>
</body>
</html>
```

运行结果如图 4.10 所示。

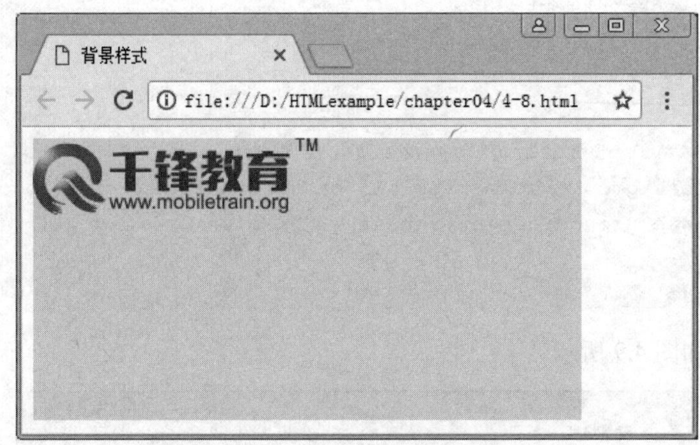

图 4.10　背景都不平铺展示效果

4．background-position

background-position 属性用来设置背景图片的位置，可以选择两个值，其基本语法格式如下：

```
background-position:x 轴坐标 y 轴坐标;
```

接下来通过案例来演示 background-position 属性，如例 4-9 所示。

【例 4-9】 background-position 属性的演示案例。

```
<!doctype html>
<html>
<head>
<meta charset="utf-8">
<title>背景样式</title>
</head>
<body>
<div style="width:400px; height:200px;
     background-color:yellow; background-image:url(logo.png);
     background-repeat:no-repeat; background-position:100px 50px;"></div>
</body>
</html>
```

运行结果如图 4.11 所示。

图 4.11 中可以看出，x 轴、y 轴的默认坐标为（0 0），即标签的左上角。当 x 轴数值为正，表示水平向右移动相应数值；当 x 轴数值为负，表示水平向左移动相应数值。当 y 轴数值为正，表示垂直向下移动相应数值；当 y 轴数值为负，表示垂直向上移动相应数值。

图 4.11 背景定位展示效果

background-position 属性值除了可以设置具体数值外，还可以设置成关键字，具体如下：

- *x* 轴关键字 left/center/right；
- *y* 轴关键字 top/center/bottom。

接下来通过案例来演示将背景图片调整到右下角位置，如例 4-10 所示。

【例 4-10】 将背景图片调整到右下角位置的演示案例。

```
<!doctype html>
<html>
<head>
<meta charset="utf-8">
<title>背景样式</title>
</head>
<body>
<div style="width:400px; height:200px; background-color:yellow;
     background-image:url(logo.png); background-repeat:no-repeat;
     background-position:right bottom;"></div>
</body>
</html>
```

运行结果如图 4.12 所示。

图 4.12 背景定位关键字展示效果

当只写 left 或 right 时，y 轴默认为 center。当只写 top 或 bottom 时，x 轴默认为 center。

5. background-attachment

background-attachment 属性用来设置背景图片随滚动条的移动方式。background-attachment 属性只有两个属性值。scroll 表示背景图像随对象滚动而滚动，是默认选项；fixed 表示背景图像固定在页面不动，只有其他的内容随滚动条滚动。接下来通过案例来演示，如例 4-11 所示。

【例 4-11】 用 background-attachment 属性设置背景图片随滚动条的移动方式的演示案例。

```
<!doctype html>
<html>
<head>
<meta charset="utf-8">
<title>背景样式</title>
</head>
<body>
<div style="width:400px; height:200px; background-color:yellow;
    background-image:url(logo.png); background-repeat:no-repeat;
    background-attachment:fixed;"></div>
</body>
</html>
```

运行结果如图 4.13 所示。

图 4.13　背景移动方式展示效果

为了让浏览器出现滚动条，给<body>标签加上了高度。当给 background-attachment 属性设置了 fixed 值时，滚动条滚动不会对背景图进行滚动操作。这里要注意一下，当设置 background-attachment 值为 fixed 时，background-position 值不再相对于当前标签，而是<body>标签的位置。

4.3 边框样式

视频讲解

边框样式在网页中使用广泛，它是划分区域的重要标志。CSS 中设置边框有以下属性，如表 4.2 所示。

表 4.2 设置边框样式的属性

边框相关属性	描　述
border-color	定义边框颜色
border-width	定义边框大小
border-style	定义边框样式
border-left-*	定义左边框
border-right-*	定义右边框
border-top-*	定义上边框
border-bottom-*	定义下边框

表 4.2 中列出了设置边框样式的属性，下面将选择其中的颜色、大小、边框样式三个重要属性进行详细讲解，其他属性了解即可。

1. border-color

border-color 属性用来设置边框颜色。具体示例如下所示。

```
<body>
<div style="width:400px; height:200px; border-color:red;"></div>
</body>
```

在浏览器中预览后并没有看到任何变化，因此还要设置其他两个属性。

2. border-width

border-width 属性是用来设置边框大小的，具体示例如下所示。

```
<body>
<div style="width:400px; height:200px;
    border-color:red; border-width:5px;"></div>
</body>
```

同样还是看不到任何效果，需要再设置一个属性。

3. border-style

border-style 属性用来设置边框样式，常用的边框样式有 solid（实线）、dashed（虚线）和 dotted（点线）三种样式。接下来通过案例来演示边框样式的设置，如例 4-12 所示。

【例 4-12】 用 border-style 属性设置边框样式的演示案例。

```
<!doctype html>
<html>
<head>
<meta charset="utf-8">
<title>边框样式</title>
</head>
<body>
<div style="width:200px; height:50px; border-color:red;
    border-width:5px; border-style:solid;"></div>
<div style="width:300px; height:50px; border-color:green;
    border-width:5px; border-style:dashed;"></div>
<div style="width:400px; height:50px; border-color:blue;
    border-width:5px; border-style:dotted;"></div>
</body>
</html>
```

运行结果如图 4.14 所示。

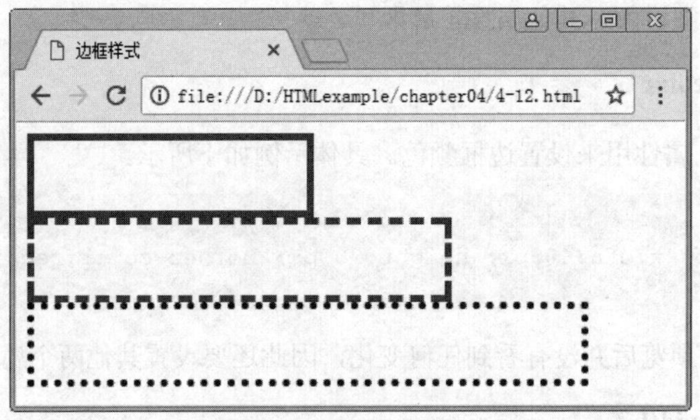

图 4.14 边框样式展示效果

针对某一个方向上的边框设置，可以在边框属性之间加一个方向，如 border-left-*（左边框）、boder-right-*（右边框）、boder-top-*（上边框）和 border-bottom-*（下边框）。接下来通过案例来演示单独设置右边框，如例 4-13 所示。

【例 4-13】 单独设置右边框的演示案例。

```
<!doctype html>
<html>
<head>
<meta charset="utf-8">
<title>边框样式</title>
</head>
<body>
```

```
<div style="width:400px; height:200px; background-color:yellow;
    border-right-color:red; border-right-width:5px;
    border-right-style:solid;"></div>
</body>
</html>
```

运行结果如图 4.15 所示。

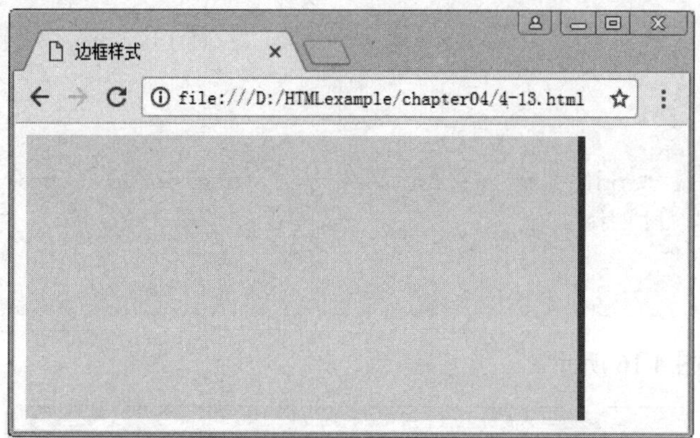

图 4.15　右边框展示效果

4.4　文字样式

视频讲解

在制作 HTML 页面中，最先考虑的就是页面的文字样式属性，文字样式属性往往包括字体、大小、粗细、颜色等各方面。下面讲解 CSS 中与文字样式相关的属性，如表 4.3 所示。

表 4.3　设置文字样式的属性

字体相关属性	描　述
font-family	定义字体类型
font-size	定义字体大小
font-weight	定义字体粗细
font-style	定义字体样式
color	定义字体颜色

表 4.3 中列出了设置文字样式的属性，下面将对这些属性进行详细讲解。

1．font-family

font-family 属性用来设置字体类型，其语法格式如下：

```
font-family : 字体 1,字体 2,字体 3;
```

font-family 可指定多种字体，多个字体将按优先顺序排列，以逗号隔开。接下来通过案例来演示，如例 4-14 所示。

【例 4-14】 用 font-family 设置字体类型的演示案例。

```
1   <!doctype html>
2   <html>
3   <head>
4   <meta charset="utf-8">
5   <title>文字样式</title>
6   </head>
7   <body>
8   <p style="font-family:tahoma,arial,'microsoft yahei';">
9       这是一段文字</p>
10  </body>
11  </html>
```

运行结果如图 4.16 所示。

图 4.16　字体类型展示效果

font-family 属性会按照顺序在计算机系统内查找相应字体类型，如果前一个字体类型没有找到，就会继续查找下一个字体类型，如第 8 行中 tahoma 字体没找到，就会去找 arial 字体。以此类推，如果所列出的字体，都无法满足需要，则让操作系统自行决定使用哪种字体，Windows 系统下默认为宋体。

常用字体类型有，英文字体：Arial、tahoma、sans-serif、Times New Roman；中文字体：SimSun（宋体）、FangSong（仿宋）、Microsoft yahei（微软雅黑）、SimHei（黑体）、KaiTi（楷体）。

属性值用中文或英文都可以，如微软雅黑或 Microsoft yahei 都可以，也可以都写。此外，中文字体的中文名称，以及由多个单词组成的英文名称，均需要放在双引号内。接下来通过案例来演示，如例 4-15 所示。

【例 4-15】 设置字体类型的演示案例。

```
<!doctype html>
<html>
<head>
<meta charset="utf-8">
<title>文字样式</title>
</head>
```

```
<body>
<p>我是默认（默认为宋体）</p>
<p style="font-family:'microsoft yanhei';">我是微软雅黑</p>
<p style="font-family:SimSun;">我是宋体</p>
<p style="font-family:SimHei;">我是黑体</p>
<p style="font-family:KaiTi;">我是楷体</p>
</body>
</html>
```

运行结果如图 4.17 所示。

下面来了解下衬线体和无衬线体。所谓衬线体（Serif），指的是笔画的末端带有衬线的字体。就像英文字体一样，中文字体也可以分成衬线体和无衬线体（San-serif）。如'Microsoft yahei'（微软雅黑）是无衬线体，SimSun（宋体）是衬线体。衬线体和无衬线体如图 4.18 所示。

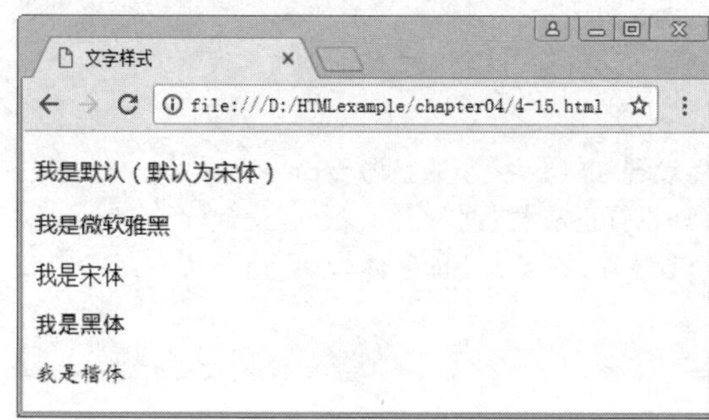

图 4.17　字体类型展示效果

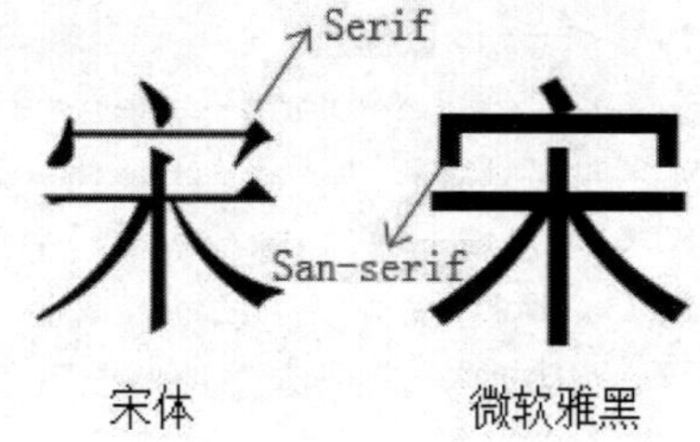

图 4.18　衬线体和无衬线体

一般来说，衬线体装饰性强，往往用于标题；无衬线体清晰度好，往往用于正文。根据这些规则，在文字样式设置中优先指定英文字体，然后再指定中文字体，这样显示效果更好。建议多采用无衬线体（San-serif）。具体示例如下：

```
font-family:tahoma,arial,'microsoft yahei';
```

当然这也不是完全绝对的，根据项目的需求不同，可进行适当的调整。

2．font-size

font-size 属性用来设置字体大小，font-size 的属性值可以使用关键字和像素作为字体大小的单位。

（1）关键字

采用关键字作为字体大小的单位，font-size 取值如表 4.4 所示。

表 4.4　关键字作为单位，font-size 属性取值

属 性 取 值	字 体 大 小
xx-small	最小
x-small	较小

续表

属性取值	字体大小
small	小
medium	正常（默认值）
large	大
x-large	较大
xx-large	最大

接下来通过案例来演示关键字作为字体大小的单位，如例 4-16 所示。

【例 4-16】 关键字作为字体大小的单位的演示案例。

```
<!doctype html>
<html>
<head>
<meta charset="utf-8">
<title>文字样式</title>
</head>
<body>
<p style="font-size:small;">设置 small 大小的字体</p>
<p style="font-size:medium;">设置正常大小的字体</p>
<p style="font-size:large;">设置 large 大小的字体</p>
</body>
</html>
```

运行结果如图 4.19 所示。

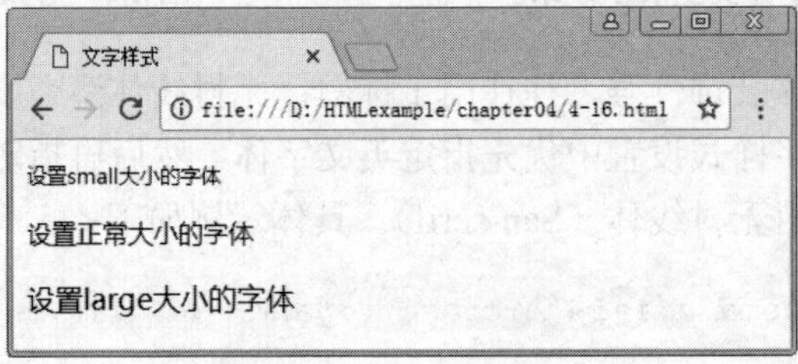

图 4.19 字体大小展示效果

在实际开发中，比较少使用这种方式来表达字体大小，一般都是采用像素作为单位的数值。

（2）像素

采用 px 作为字体大小的单位，默认情况下浏览器字体大小为 16px。font-size 的取值一般对字体大小都会设置成偶数的数值，如 14px、16px、18px 等。接下来通过案例来演示用像素作为字体大小的单位，如例 4-17 所示。

【例 4-17】 用像素作为字体大小的单位的演示案例。

```
<!doctype html>
<html>
```

```
<head>
<meta charset="utf-8">
<title>文字样式</title>
</head>
<body>
<p style="font-size:14px">设置 14px 大小的字体</p>
<p style="font-size:16px;">设置 16px 大小的字体</p>
<p style="font-size:18px;">设置 18px 大小的字体</p>
</body>
</html>
```

运行结果如图 4.20 所示。

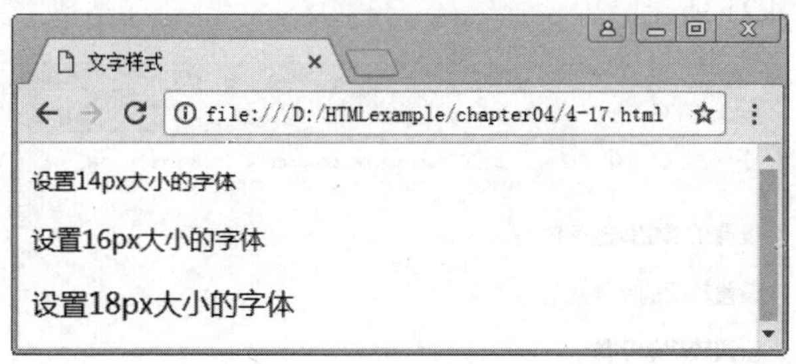

图 4.20　字体大小展示效果

3．font-weight

font-weight 属性是用来设置字体粗细的，粗细值可以取关键字和 100～900 的数值。font-weight 属性取值关键字如表 4.5 所示。

表 4.5　font-weight 属性取值关键字

关　键　字	字 体 粗 细
normal	正常体（默认）
lighter	较细
bold	较粗
bolder	很粗

字体粗细 font-weight 属性值还可以取 100、200、…、900 这九个值。400 相当于正常字体 normal，700 相当于 bold。100～900 分别表示字体的粗细，是对字体粗细的一种量化方式，值越大就表示越粗，值越小就表示越细。接下来通过案例来演示 font-weight 属性，如例 4-18 所示。

【例 4-18】 font-weight 属性的演示案例。

```
<!doctype html>
<html>
<head>
<meta charset="utf-8">
```

```
<title>文字样式</title>
</head>
<body>
<p style="font-weight:normal;">设置正常粗细的字体</p>
<p style="font-weight:lighter;">设置较细的字体</p>
<p style="font-weight:bold;">设置较粗的字体</p>
<p style="font-weight:bolder;">设置很粗的字体</p>
<p style="font-weight:100;">设置 100 粗细的字体</p>
<p style="font-weight:900;">设置 900 粗细的字体</p>
</body>
</html>
```

运行结果如图 4.21 所示。

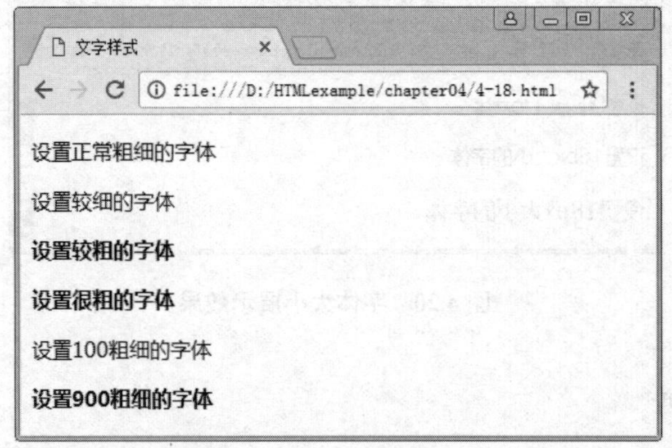

图 4.21 字体粗细展示效果

网页中 font-weight 属性一般仅用到 bold、normal 这两个属性值，粗细值不建议使用数值（100～900）。

4．font-style

font-style 属性是用来设置字体样式的，一般可用来设置文字的斜体效果。其取值有 normal（正常体（默认））、italic（斜体）和 oblique（斜体）三种，在没有斜体变量（itallic）的特殊字体，要应用 oblique。接下来通过案例来演示 font-style 属性，如例 4-19 所示。

【例 4-19】 font-style 属性的演示案例。

```
<!doctype html>
<html>
<head>
<meta charset="utf-8">
<title>文字样式</title>
</head>
<body>
<p style="font-style:normal;">设置正常样式的字体</p>
```

```
<p style="font-style:italic;">设置 italic 斜体样式的字体</p>
<p style="font-style:oblique;">设置 oblique 斜体样式的字体</p>
</body>
</html>
```

运行结果如图 4.22 所示。

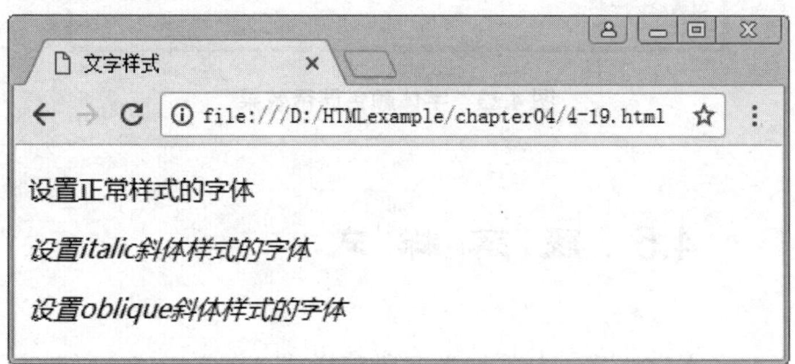

图 4.22　字体样式展示效果

图 4.22 中可以看出 italic 和 oblique 显示效果一样，一般情况下都用 italic，但 italic 是字体的一个属性，但并非所有字体都有 italic 属性，因此如果没有 italic 属性的字体，则使用 oblique 将该字体设置为斜体。也可以这样理解，有些文字有斜体属性，也有些文字没有斜体属性。italic 是使用文字的斜体，oblique 是让没有斜体属性的文字倾斜。

5．color

color 属性是用来设置字体颜色的，与背景色类似，其值可以是关键字颜色、十六进制颜色、RGB 颜色等。接下来通过案例来演示 color 属性，如例 4-20 所示。

【例 4-20】 color 属性的演示案例。

```
<!doctype html>
<html>
<head>
<meta charset="utf-8">
<title>文字样式</title>
</head>
<body>
<p style="color:red;">设置红色字体</p>
<p style="color:#00ff00;">设置绿色字体</p>
<p style="color:rgb(0,0,255);">设置蓝色字体</p>
</body>
</html>
```

运行结果如图 4.23 所示。

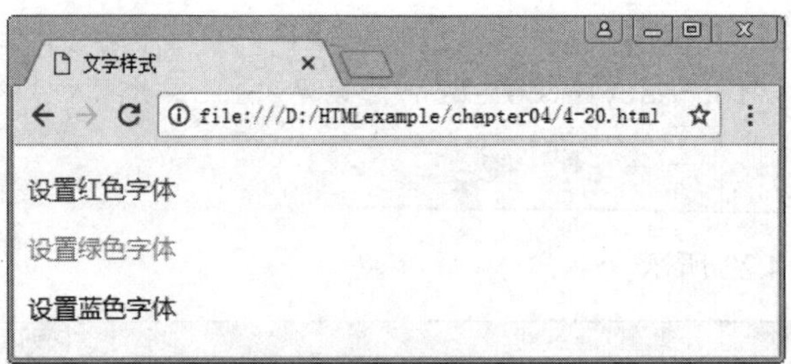

图 4.23　字体颜色展示效果

4.5　段落样式

视频讲解

在上一节学习了文字样式，本节将学习段落样式。文字样式主要涉及文字本身的型体效果，而段落样式主要涉及多个文字的排版效果，即整个段落的排版效果。文字样式注重个体，段落样式注重整体。下面来看下段落样式有哪些相关属性，设置段落样式相关属性如表 4.6 所示。

表 4.6　设置段落样式相关属性

段落相关属性	描　述
text-decoration	定义文本装饰
text-transform	定义文本大小写
text-indent	定义文本缩进
text-align	定义文本对齐方式
line-height	定义行高
letter-spacing	定义字间距
word-spacing	定义词间距

表 4.6 中列出了设置段落样式的相关属性，下面将详细介绍这些属性的取值和效果。

1．text-decoration

text-decoration 属性用来设置文本装饰，可以给段落添加下画线、删除线和顶画线等效果，text-decoration 取值如表 4.7 所示。

表 4.7　text-decoration 取值

取　值	效　果
none	无装饰线（默认）
underline	下画线
line-through	删除线
overline	顶画线
blink	文本闪烁

接下来通过案例来演示 text-decoration 属性，如例 4-21 所示。

【例 4-21】 text-decoration 属性的演示案例。

```
<!doctype html>
<html>
<head>
<meta charset="utf-8">
<title>段落样式</title>
</head>
<body>
<p style="text-decoration:none;">这是一段文本内容</p>
<p style="text-decoration:underline;">这是一段文本内容</p>
<p style="text-decoration:line-through;">这是一段文本内容</p>
<p style="text-decoration:overline;">这是一段文本内容</p>
<p style="text-decoration:blink;">这是一段文本内容</p>
</body>
</html>
```

运行结果如图 4.24 所示。

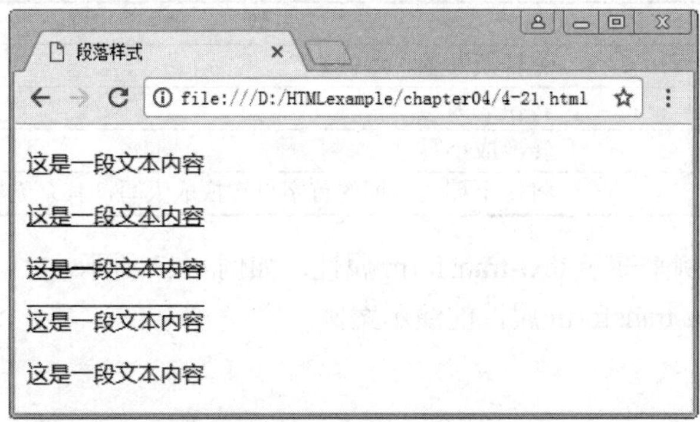

图 4.24　文本装饰展示效果

一般情况下，text-decoration 属性常用 none、underline、line-through 这三个值，而 overline 和 blink 用得很少，而且 blink 闪烁效果目前浏览器都不支持。

text-decoration 属性还可同时设置多个值，用空格进行分割，如例 4-22 所示。

【例 4-22】 用 text-decoration 属性同时设置多个值并用空格进行分割的演示案例。

```
<!doctype html>
<html>
<head>
<meta charset="utf-8">
<title>段落样式</title>
</head>
<body>
<p style="text-decoration:underline line-through overline">
```

```
        这是一段文本内容</p>
</body>
</html>
```

运行结果如图 4.25 所示。

图 4.25　文本装饰展示效果

2．text-transform

text-transform 属性用来设置文本大小写，这个是针对英文而言，因为中文不存在大小写之分，其取值如表 4.8 所示。

表 4.8　text-transform 取值表

取　值	效　果
none	无转换发生（默认）
uppercase	转换成大写
lowercase	转换成小写
capitalize	将每个英文单词的首字母转换成大写，其余无转换发生

接下来通过案例来演示 text-transform 属性，如例 4-23 所示。

【例 4-23】 text-transform 属性的演示案例。

```
<!doctype html>
<html>
<head>
<meta charset="utf-8">
<title>段落样式</title>
</head>
<body>
<p style="text-transform:none;">This is a text content</p>
<p style="text-transform:uppercase;">This is a text content</p>
<p style="text-transform:lowercase;">THIS IS A TEXT CONTENT</p>
<p style="text-transform:capitalize;">This is a text content</p>
</body>
</html>
```

运行结果如图 4.26 所示。

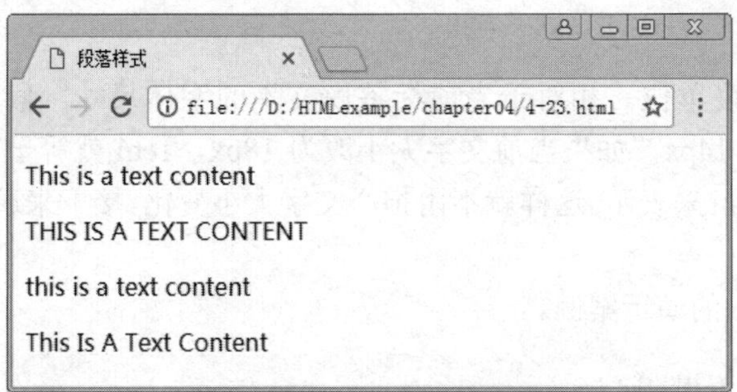

图 4.26 文本大小写展示效果

3. text-indent

text-indent 属性用来设置文本缩进，最常见的用途是将段落的首行进行缩进。接下来通过案例来演示 text-indent 属性，如例 4-24 所示。

【例 4-24】 text-indent 属性设置文本缩进的演示案例。

```
<!doctype html>
<html>
<head>
<meta charset="utf-8">
<title>段落样式</title>
</head>
<body>
<p style="width:300px; font-size:14px; text-indent:28px;">
    千锋教育隶属于北京千锋互联科技有限公司，一直秉承“用良心做教育”的理念，
    是中国 IT 职业教育领先品牌，全力打造互联网技术型研发人才服务优质平台。</p>
</body>
</html>
```

运行结果如图 4.27 所示。

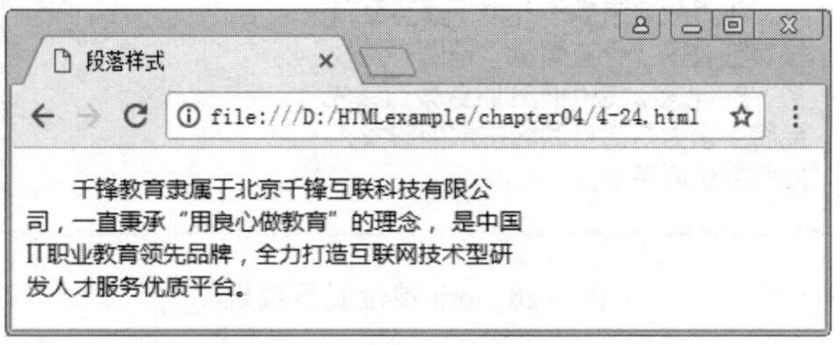

图 4.27 段落缩进展示效果

图 4.27 中可以看到当文字大小为 14px 时，要缩进两个文字，text-indent 值就可设置为 28px。但是当文字大小改变成 18px 时，要缩进两个文字，text-indent 值也要发生相应的变化（即 36px）。这样确实比较复杂，下面来学习一个新的尺寸单位 em，可使需求变

得简单。

em 是相对长度单位。相对于当前标签内文本的字体尺寸。假设当前文字大小为 14px，1em 就等于 14px，如果当前文字大小改为 18px，1em 就等于 18px，因此段落首行缩进就可以用 2em 来表示。这样就不用担心文字大小变化。接下来通过案例来演示 em，如例 4-25 所示。

【例 4-25】 em 的演示案例。

```
<!doctype html>
<html>
<head>
<meta charset="utf-8">
<title>段落样式</title>
</head>
<body>
<p style="width:300px; font-size:14px; text-indent:2em;">
    千锋教育隶属于北京千锋互联科技有限公司，一直秉承“用良心做教育”的理念，
    是中国 IT 职业教育领先品牌，全力打造互联网技术型研发人才服务优质平台。</p>
<p style="width:300px; font-size:18px; text-indent:2em;">
    千锋教育隶属于北京千锋互联科技有限公司，一直秉承“用良心做教育”的理念，
    是中国 IT 职业教育领先品牌，全力打造互联网技术型研发人才服务优质平台。</p>
</body>
</html>
```

运行结果如图 4.28 所示。

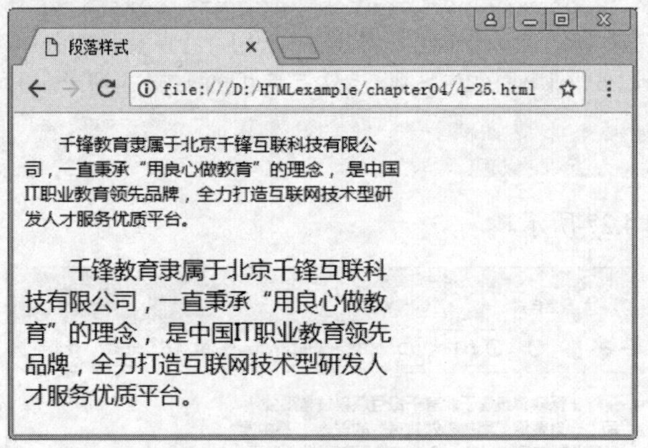

图 4.28　em 单位展示效果

4．text-align

text-align 属性用来设置文本的水平方向的对齐方式，一般情况下有左对齐（left）、右对齐（right）、居中对齐（center）和左右对齐（justify）。接下来通过案例来演示 text-align 属性，如例 4-26 所示。

【例 4-26】 text-align 属性的演示案例。

```
<!doctype html>
<html>
<head>
<meta charset="utf-8">
<title>段落样式</title>
</head>
<body>
<p style="width:300px; text-align:left;">Qianfeng education  belongs to
    Beijing Qianfeng Internet Technology Co. Ltd., has been adhering to
    the "conscience education" concept.</p>
<p style="width:300px; text-align:center;">Qianfeng education belongs to
    Beijing Qianfeng Internet Technology Co. Ltd., has been adhering to
    the "conscience education" concept.</p>
<p style="width:300px; text-align:right;">Qianfeng education belongs to
    Beijing Qianfeng Internet Technology Co. Ltd., has been adhering to
    the "conscience education" concept.</p>
<p style="width:300px; text-align:justify;">Qianfeng education belongs to
    Beijing Qianfeng Internet Technology Co. Ltd., has been adhering to
    the "conscience education" concept.</p>
</body>
</html>
```

运行结果如图 4.29 所示。

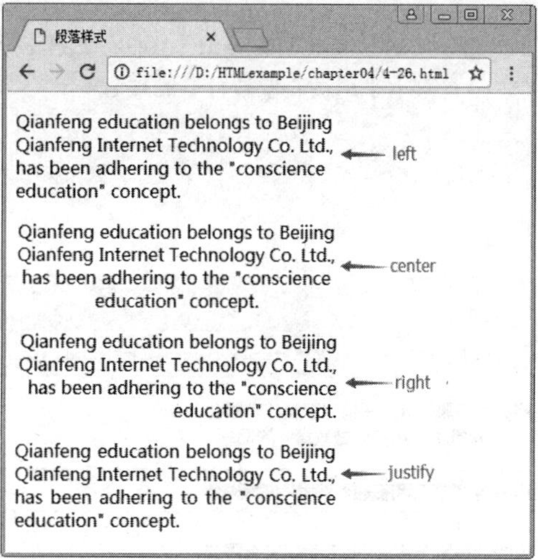

图 4.29 文本对齐展示效果

5. line-height

line-height 属性用来设置行高，所谓行高就是“一行的高度”，指的是文本大小加上行与行之间的间距，行高中的上间距和下间距是等值关系。行高基本结构如图 4.30 所示。

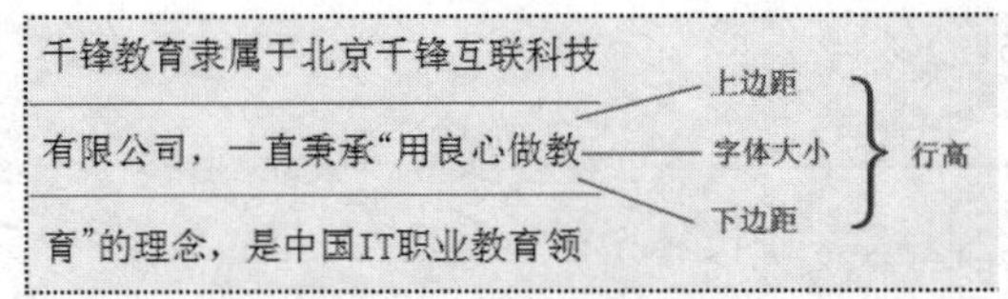

图 4.30　行高基本结构

默认情况下段落是有行高的，根据文字大小的不同，默认行高也不相同。接下来通过案例来演示设置行高的具体情况，如例 4-27 所示。

【例 4-27】 设置行高的演示案例。

```
<!doctype html>
<html>
<head>
<meta charset="utf-8">
<title>段落样式</title>
</head>
<body>
<p style="width:300px;">千锋教育隶属于北京千锋互联科技有限公司，
    一直秉承“用良心做教育”的理念</p>
<hr>
<p style="width:300px; line-height:0;">千锋教育隶属于北京千锋互联科技有
    限公司，一直秉承“用良心做教育”的理念</p>
<hr>
<p style="width:300px; line-height:30px;">千锋教育隶属于北京千锋互联科
    技有限公司，一直秉承“用良心做教育”的理念</p>
</body>
</html>
```

运行结果如图 4.31 所示。

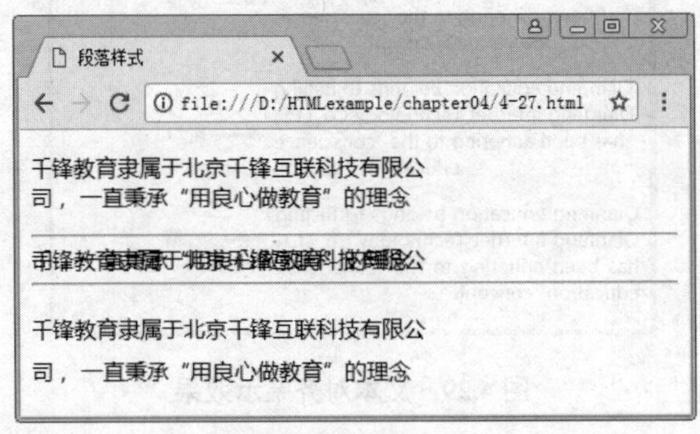

图 4.31　行高展示效果

当行高为 0 时，行与行之间会重叠在一起；当行高值越大时，行与行之间的距离就越大。利用行高的这个原理，可以解决一个开发中常见的让一行文字在容器中上下居中的问题。千锋故事效果图如图 4.32 所示。

图 4.32　千锋故事效果图

可以看到“千锋故事”四个字在容器中上下居中。想要实现这种效果，只需给 height 和 line-height 设置相同值即可，接下来通过案例来演示，如例 4-28 所示。

【例 4-28】 给 height 和 line-height 设置相同值的演示案例。

```
<!doctype html>
<html>
<head>
<meta charset="utf-8">
<title>段落样式</title>
</head>
<body>
<div style="border-color:red; border-width:1px;
      border-style:solid; width:200px; height:50px;
      line-height:50px;">千锋故事</div>
</body>
</html>
```

运行结果如图 4.33 所示。

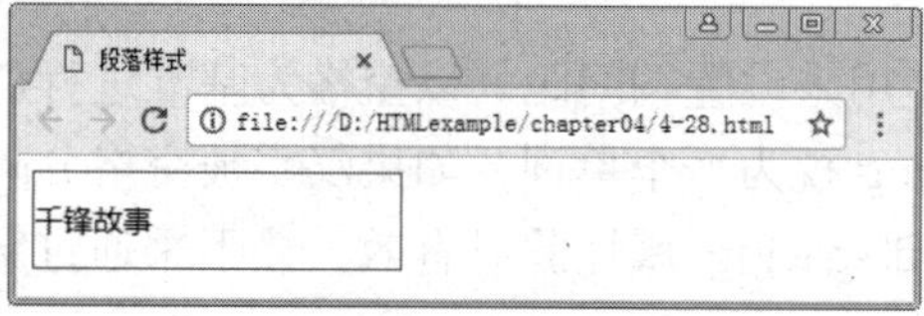

图 4.33　文字上下居中展示效果

6. letter-spacing

letter-spacing 属性用来设置字间距。letter-spacing 控制的是字间距，每一个中文文字作为一个“字”，而每一个英文字母也作为一个“字”。接下来通过案例来演示 letter-spacing 属性，如例 4-29 所示。

【例 4-29】 letter-spacing 属性的演示案例。

```
<!doctype html>
<html>
<head>
<meta charset="utf-8">
<title>段落样式</title>
</head>
<body>
<p style="width:200px;">This is a text content 这是一段文本内容</p>
<p style="width:200px; letter-spacing:3px;">
    This is a text content 这是一段文本内容</p>
<p style="width:200px; letter-spacing:10px;">
    This is a text content 这是一段文本内容</p>
</body>
</html>
```

运行结果如图 4.34 所示。

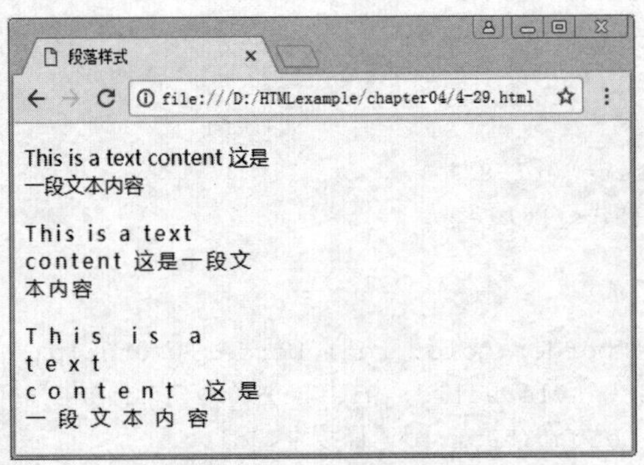

图 4.34 字间距展示效果

7．word-spacing

word-spacing 属性是用来设置词间距。以空格为基准进行调节，如果多个单词被连在一起，则被 word-spacing 视为一个单词；如果汉字被空格分隔，则分隔的多个汉字就被视为不同的单词，word-spacing 属性此时有效。接下来通过案例来演示 word-spacing 属性，如例 4-30 所示。

【例 4-30】 word-spacing 属性的演示案例。

```
<!doctype html>
<html>
<head>
```

```
<meta charset="utf-8">
<title>段落样式</title>
</head>
<body>
<p style="width:200px;">This is a text content 这是一段文本内容</p>
<p style="width:200px; word-spacing:3px;">
    This is a text content 这是一段文本内容</p>
<p style="width:200px; word-spacing:10px;">
    This is a text content 这是一段文本内容</p>
</body>
</html>
```

运行结果如图 4.35 所示。

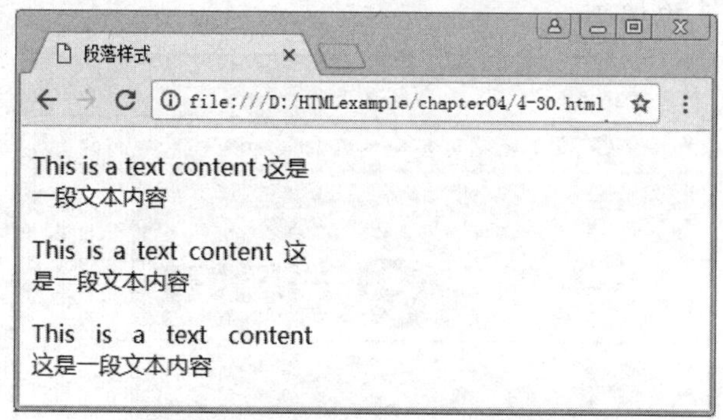

图 4.35　词间距展示效果

4.6 复合样式

视频讲解

4.6.1 复合写法特点

复合样式也叫复合写法，是一种用来简化单一样式的写法。本章中涉及的背景（background）、边框（border）、文字（font）等属性都具备复合写法，下面就从这三个方面进行详细讲解。

1. background

background 属性是背景样式的复合写法。接下来通过案例来演示，如例 4-31 所示。

【例 4-31】 background 属性的演示案例。

```
<!doctype html>
<html>
<head>
```

```
<meta charset="utf-8">
<title>段落样式</title>
</head>
<body>
<div style="width:400px; height:100px; background-color:yellow;
    background-image:url(logo.png); background-repeat:no-repeat;
    background-position:right bottom;"></div>
<hr>
<div style="width:400px; height:100px;
    background:yellow url(logo.png) no-repeat right bottom;"></div>
</body>
</html>
```

运行结果如图 4.36 所示。

图 4.36　背景复合样式展示效果

图 4.36 中可以看出以上两段代码展示效果完全相同，但复合写法使用起来更加简单方便，因此推荐大家平时多用复合样式去写代码。背景的多组样式用空格隔开，且不分先后顺序，如背景图可以在背景色前出现，也可以在背景色后出现，但需注意背景定位的两个值不要分开。

2. border

border 属性是边框样式的复合写法。接下来通过案例来演示，如例 4-32 所示。

【例 4-32】 border 属性的演示案例。

```
<!doctype html>
<html>
<head>
<meta charset="utf-8">
<title>复合样式</title>
</head>
<body>
```

```
<div style="width:400px; height:100px; border-color:red;
    border-width:5px; border-style:solid"></div>
<hr>
<div style="width:400px; height:100px; border:5px red solid;"></div>
</body>
</html>
```

运行结果如图 4.37 所示。

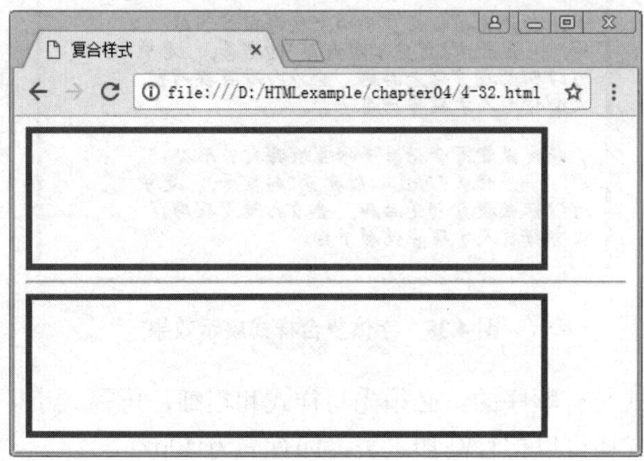

图 4.37 边框复合样式展示效果

同背景一样，边框复合样式也不区分先后顺序，只通过空格隔开即可。单独针对某一方向的边框，可以采用复合样式，例如右边框复合样式：

```
border-right: 5px blue dashed;
```

3．font

font 属性是字体样式的复合写法。接下来通过案例来演示，如例 4-33 所示。

【例 4-33】 font 属性的演示案例。

```
<!doctype html>
<html>
<head>
<meta charset="utf-8">
<title>复合样式</title>
</head>
<body>
<p style="width:400px; font-family:KaiTi; font-size:20px;
     font-style:italic; font-weight:bold;">
    千锋教育隶属于北京千锋互联科技有限公司，一直秉承"用良心做教育"的理念，
    是中国 IT 职业教育领先品牌，全力打造互联网技术型研发人才服务优质平台。</p>
<p style="width:400px; font:italic bold 20px KaiTi">
     千锋教育隶属于北京千锋互联科技有限公司，一直秉承"用良心做教育"的理念，
```

```
    是中国IT职业教育领先品牌，全力打造互联网技术型研发人才服务优质平台。</p>
</body>
</html>
```

运行结果如图 4.38 所示。

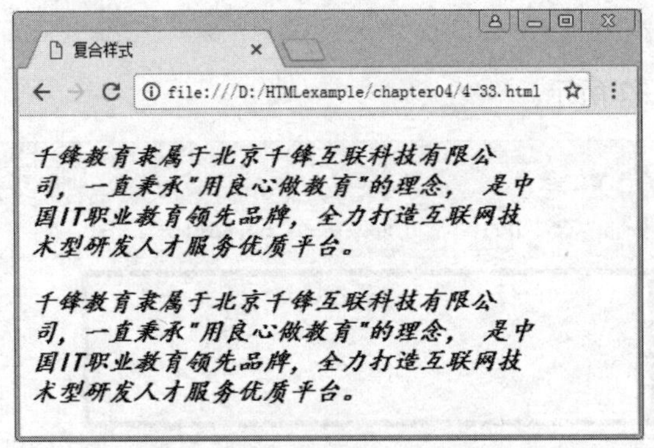

图 4.38　字体复合样式展示效果

字体的复合样式是有顺序的，必须先写样式和粗细，再写大小，最后才能写文字类型。字体的复合样式还可以把行高加进去，如行高为 40px：

```
font : italic bold 20px/40px KaiTi;
```

4.6.2　复合写法注意事项

推荐读者尽量采用复合样式书写 CSS。尽量避免复合样式与单一样式混写。如果混写要注意先写复合样式，后写单一样式，否则可能会出问题，因为后写的样式会覆盖先写的样式。接下来通过案例来演示，如例 4-34 所示。

【例 4-34】 复合样式与单一样式混写的演示案例。

```
<!doctype html>
<html>
<head>
<meta charset="utf-8">
<title>复合样式</title>
</head>
<body>
<div style="width:400px; height:100px; background-color:yellow;
     background:url(logo.png) no-repeat right bottom;"></div>
<hr>
<div style="width:400px; height:100px; background:url(logo.png)
     no-repeat right bottom; background-color:yellow;"></div>
</body>
</html>
```

运行结果如图 4.39 所示。

图 4.39 复合样式与单一样式混写展示效果

可以发现第一个<div>标签并没有加上背景颜色，原因就是它被后写的复合样式所覆盖，复合样式中包含了对背景色的设定。

4.7 本章小结

通过本章的学习，对 CSS 有了初步的了解与掌握，对一些常用的样式学会其使用，对背景样式、边框样式、文字样式、段落样式和复合样式有初步的了解。下面的章节将继续讲解 CSS 基础部分的内容，了解更多样式的使用和 CSS 的操作技巧。

4.8 习 题

1．填空题

（1）CSS 样式总共有行间样式、____________和外部样式三种方式。

（2）CSS 样式由____________和值两部分组成，通过冒号的方式进行链接。

（3）CSS 中的尺寸单位有很多，____________单位和____________单位是两个比较重要的单位。

（4）在 CSS 中常用表示颜色的方法有____________颜色、____________颜色和 RGB 颜色三种。

（5）用于段落缩进的相对长度单位为____________。

2．选择题

（1）下列选项中，不属于段落相关的样式的是（　　）。

A．text-indent　　B．text-decoration

C．line-height　　D．font-size

（2）font-family 属性写多个属性值时，下面说法错误的是（　　）。

A．属性值和属性值之间用空格隔开

B．中文字体用双引号“”括起来

C．当一个英文字体由多个单词组成的也用双引号“”括起来

D．属性值和属性值之间用“，”隔开

（3）background-attachment 属性的含义是（　　）。

A．设置背景色　　B．设置背景图片

C．设置背景图片的位置　　D．设置背景图随滚动条的移动方式

（4）定义字体类型的属性是（　　）。

A．font-size　　B．font-family

C．font-style　　D．color

（5）text-indent 属性的作用是（　　）。

A．定义文本大小写　　B．定义字间距

C．定义文本缩进　　D．定义词间距

3．思考题

（1）请简述什么是复合样式。

（2）请简述 background-position 属性中的值的意义。

第5章 chapter 5

CSS 基础

本章学习目标

- 了解 CSS 引入的三种方式；
- 掌握 CSS 的选择符；
- 掌握 CSS 的优先级。

在上一章节中已经提过，引入 CSS 的方式总共有三种。上一章主要讲解了通过 style 属性来设置的行间引入方式，本章将从内部引入和外部引入两种引入方式、选择符详解、样式的继承和样式的优先级讲解 CSS 基础内容。

5.1 CSS 引入方式

视频讲解

本节将详细介绍 CSS 内部引入方式、外部引入方式及三种方式对比使用。

5.1.1 内部引入方式

内部引入方式是通过<style>标签添加 CSS 样式，它与行间样式引入方式的区别是内部引入方式是通过<style>标签而不是 style 属性。<style>标签一般情况下都会添加到<head>标签当中。具体示例如下。

```
<!doctype html>
<html>
<head>
<meta charset="utf-8">
<title>内部引入方式</title>
<style>
     /* 这里添加 CSS 的内部样式 */
</style>
</head>
<body>
   内容
</body>
</html>
```

CSS 中通过/**/的形式添加注释，与 HTML 中添加注释的方式不一样。/*作为注释的起始，*/作为注释的结束。和 HTML 中添加注释一样，在 Dreamweaver 中也可以通过按钮选择添加 CSS 注释。Dreamweaver 中添加注释如图 5.1 所示。

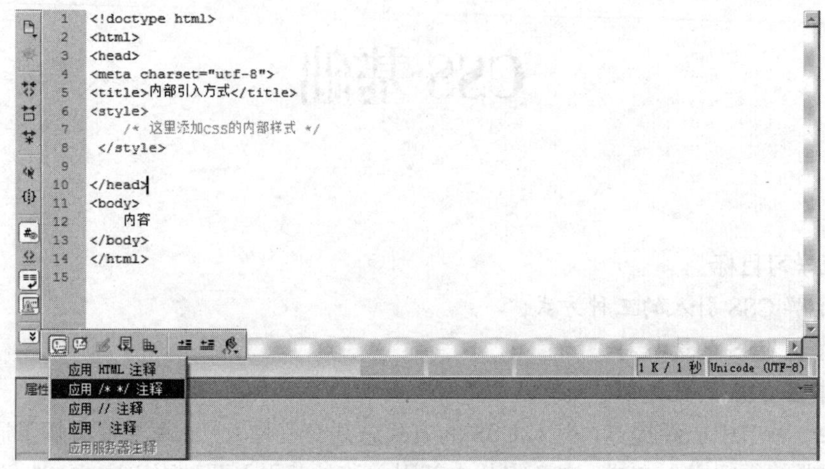

图 5.1　Dreamweaver 中添加注释

内部引入 CSS 样式，要遵从一定的 CSS 样式规范，其语法格式如下：

```
选择符{ 属性 1:值 1;属性 2:值 2; }
```

选择符是选择指定标签的方法，通过这种方法，可以选择到指定的 HTML 标签，并且给其添加 CSS 样式。例如页面中有三个<p>标签，具体示例如下。

```
<body>
      <p>第一个 p 标签</p>
      <p>第二个 p 标签</p>
      <p>第三个 p 标签</p>
</body>
```

如果想让中间的<p>标签添加文字颜色，而其他两个<p>标签不作任何处理，就需要用到选择符，下面先来简单讲解一下 id 选择符和 class 选择符。

1. id 选择符

id 选择符是可以给指定的标签设置一个 id 属性和一个 id 值，然后通过 id 选择符（即“#＋id 值”）找到对应的标签为其设置 id 值，即添加 CSS 样式。接下来通过案例来演示 id 选择符，具体如例 5-1 所示。

【例 5-1】 id 选择符的演示案例。

```
<!doctype html>
<html>
<head>
<meta charset="utf-8">
```

```
<title>内部引入方式</title>
<style>
     #elem{ color:red;}
</style>
</head>
<body>
<p>第一个 p 标签</p>
<p id="elem">第二个 p 标签</p>
<p>第三个 p 标签</p>
</body>
</html>
```

运行结果如图 5.2 所示。

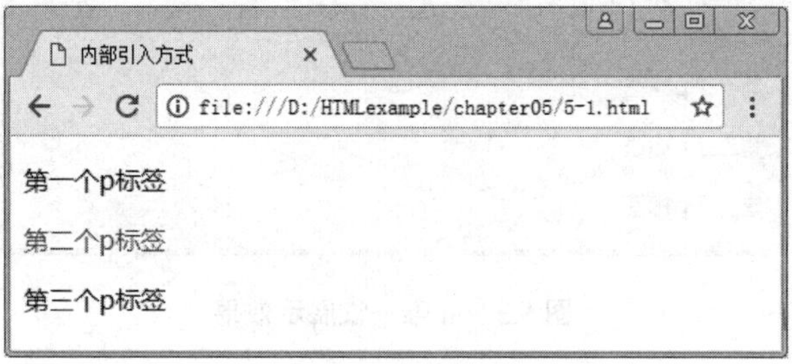

图 5.2　id 选择符展示效果

id 选择符的特点是，在同一个页面中，不允许出现两个相同的 id 值，就像每个人的身份证号都是唯一的一样，id 选择符也具有唯一性。

id 选择符的错误使用方式，具体示例如下。

```
<body>
<p id="elem">第一个 p 标签</p>
<p id="elem">第二个 p 标签</p>
<p id="elem">第三个 p 标签</p>
</body>
```

示例中将三个<p>标签的 id 选择符都设置为 elem 显然是 CSS 不允许的，编译会出错。接下来通过案例来演示 id 选择符的正确使用方式，具体如例 5-2 所示。

【例 5-2】 id 选择符的正确使用方式的演示案例。

```
<!doctype html>
<html>
<head>
<meta charset="utf-8">
<title>内部引入方式</title>
<style>
     #elem1{ color:red;}
     #elem2{ color:green;}
```

```
        #elem3{ color:blue;}
</style>
</head>
<body>
<p id="elem1">第一个 p 标签</p>
<p id="elem2">第二个 p 标签</p>
<p id="elem3">第三个 p 标签</p>
</body>
</html>
```

运行结果如图 5.3 所示。

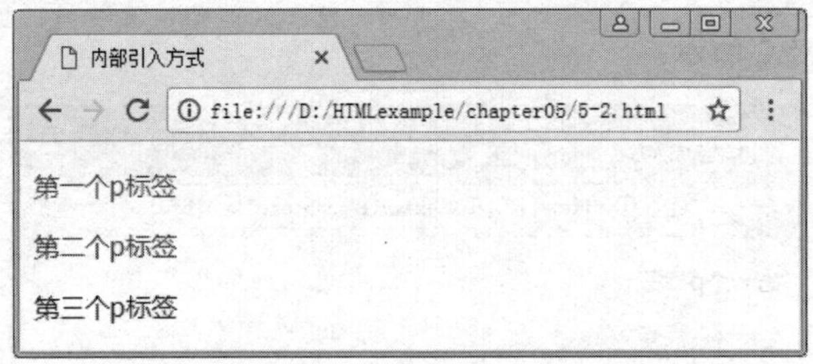

图 5.3 id 唯一性展示效果

2. class 选择符

class 选择符也叫“类”选择符，可以给指定的标签设置一个 class 属性和 class 值，然后通过 class 选择符（即“. + class 值”）找到对应的标签，为其设置 class 值，即添加 CSS 样式。接下来通过案例来演示 class 选择符的使用，具体如例 5-3 所示。

【例 5-3】 class 选择符的演示案例。

```
<!doctype html>
<html>
<head>
<meta charset="utf-8">
<title>内部引入方式</title>
<style>
    .elem{ color:red;}
</style>
</head>
<body>
<p>第一个 p 标签</p>
<p class="elem">第二个 p 标签</p>
<p class="elem">第三个 p 标签</p>
</body>
</html>
```

运行结果如图 5.4 所示。

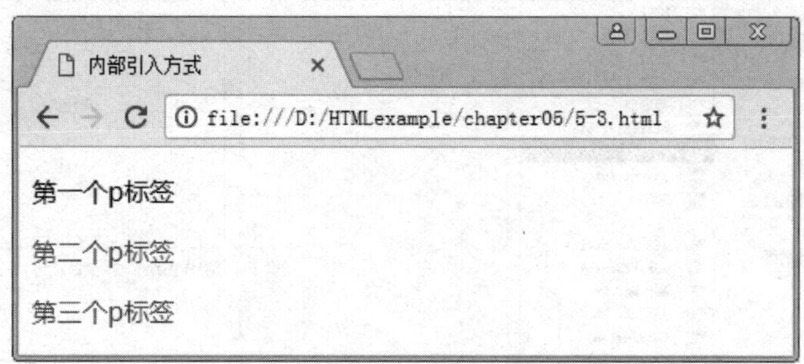

图 5.4　class 选择符展示效果

class 选择符的特点跟 id 选择符不同，在同一个页面中，class 值可以重复出现，即可以重复利用 CSS 样式。

5.1.2　外部引入方式

外部样式的写法与内部样式的写法完全一样，只是外部引入方式是将 CSS 代码保存在扩展名为.css 的样式表中，在 HTML 文件中引用扩展名为.css 的样式表。引入的方式用链接式和导入式两种方式。下面将详细讲解这两种外部引入 CSS 的方式。

1．链接式

链接式是将所有的样式放在一个或多个以“.css”为扩展名的外部样式表中，通过网页的<head></head>标签中使用<link>标记将外部样式表文件链接到 HTML 文档中。其语法格式如下：

```
<link href="mystyle.css" rel="stylesheet" type="text/css"/>
```

语法中必须指定<link>标记的三个属性，其中 href 是定义链接外部样式表文件的 url，可以是相对路径和绝对路径；rel 是定义当前文档与被链接文档之间的关系，这里指定为 stylesheet，表示被链接的文档是样式表文件；type 是定义链接文档的类型，这里类型指定为 text/css，表示链接的外部文件为 CSS 样式表。

这里面涉及三个属性，rel="stylesheet" 规定当前文档与被链接文档之间的关系。type="text/css" 规定被链接文档的 MIME 类型。href="mystyle.css"规定被链接文档的位置。只需要记住这个固定写法即可。

接下来通过案例分步骤演示如何通过链接式引入 CSS 样式表。

（1）首先打开 DW 软件，创建一个 HTML 文档，并在该文档中添加标题和段落文本。将 HTML 文档命名为 5-4.html，保存。

（2）创建 CSS 样式表，在 DW 选择菜单栏中单击【文件】→【新建】命令，弹出“新建文档”对话框，如图 5.5 所示。创建一个 CSS 样式表，弹出 CSS 文档编辑窗口，如图 5.6 所示。

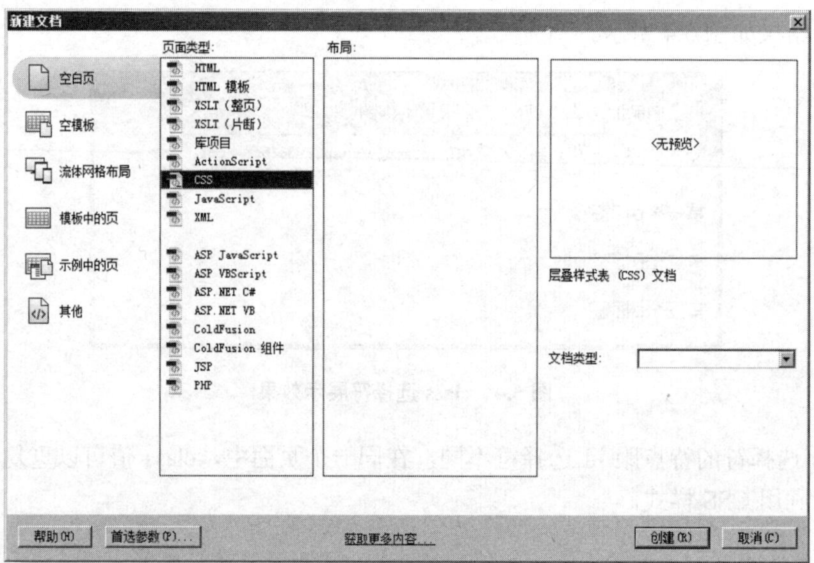

图 5.5　新建文档对话框

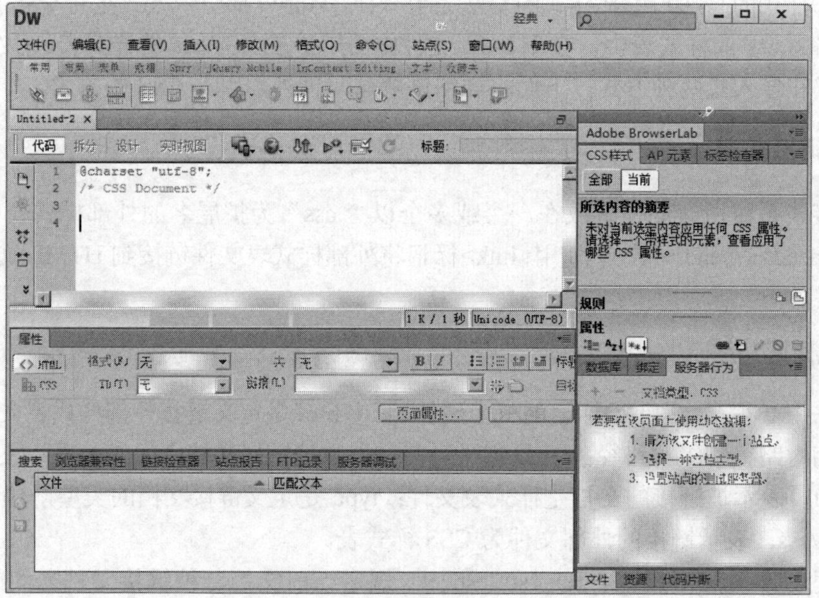

图 5.6　CSS 文档编辑窗口

（3）书写 CSS 样式，在图 5.6 中的文档编辑窗口中输入以下代码。

```
p{ font-size:18px; color:red; text-decoration:underline;}
/*定义文本修饰样式*/
```

（4）保存 CSS 演示表文件，选择【文件】→【保存】命令，弹出“另存为”对话框，如图 5.7 所示。

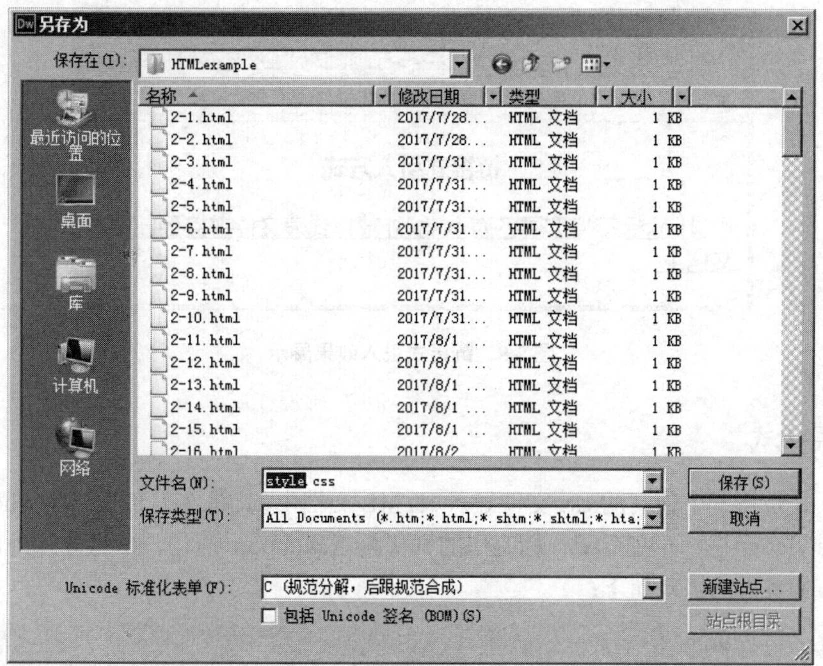

图 5.7 保存 CSS 样式表

在图 5.7 中，将文件命名为 style.css，保存在 5-4.html 文件所在的文件夹中。

（5）链接 CSS 样式表。在例 5-4 的<head>头部标签中，添加<link>语句，将 style.css 外部样式表文件链接到 5-4.html 文档中，一般<link>标签都会写在<meta>标签和<title>标签之间。具体如例 5-4 所示。

【例 5-4】 链接 CSS 样式表的演示案例。

```
<!doctype html>
<html>
<head>
<meta charset="utf-8">
<link href="style.css" rel="stylesheet" type="text/css">
<title>外部引入方式</title>
</head>
<body>
<h3 align="center">链接式引入方式</h3>
<p>通过 link 标签将扩展名为.css 的外部样式表文件链接到 HTML 文档中</p>
</body>
</html>
```

保存 5-4.html 文档，在浏览器中运行，运行结果如图 5.8 所示。

链接式引入同一个 CSS 样式表可以被不同的 HTML 文档链接使用，一个 HTML 文档也可以通过多个<link>标签链接多个 CSS 样式表，这是其最大的好处。

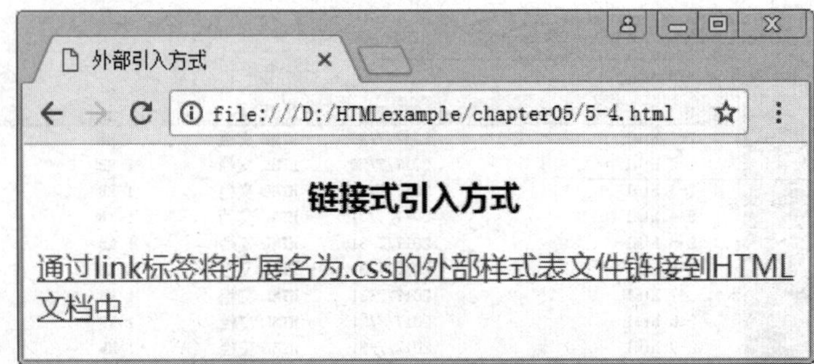

图 5.8　链接式引入效果展示

2．导入式

导入式是将一个独立的.css 文件导入 HTML 文档中，其是在 HTML 文档<head>标签中应用<style>标签，并在<style>标签中的开头处用@import 语句，即可导入外部样式表文件。其基本语法格式如下：

```
<style type="text/css">
    @import url(CSS 文件路径);或@import "CSS 文件路径"
    /*此处还可存放其他 CSS 样式*/
</style>
```

语法中，style 标签内还可以存放其他的内嵌样式，@import 语句需要位于其他内嵌样式的上面。

如果对例 5-4 使用导入式 CSS 演示，只需将 HTML 文档中的<link>语句替换成<style>标签即可，具体示例如下。

```
<style type="text/css">
    @import "style.css";
</style>
```

或者

```
<style type="text/css">
    @import url(style.css);
</style>
```

导入式会在整个网页加载完后再加载 CSS 文件，因此如果网页比较大则会出现先显示无样式的页面，然后再出现网页的样式。这是导入式固有的一个缺陷。

虽然导入式和链接式功能基本相同，但大多数网站都是采用链接式引入外部样式表，这是因为两者的加载时间和顺序不同。加载页面时，<link>标签引用的 CSS 样式表将同时被加载，而@import 引用的 CSS 样式表会等整个网页下载结束后再被加载。可能会显示无样式的页面，造成不好的用户体验。因此，大多数的网站采用链接式的引入方式。

链接式是使用频率最高、最实用的 CSS 样式表。它可以将 HTML 代码与 CSS 代码分离为两个或多个文件，实现类结构和表现的完全分离，使网页的前期制作和后期维护都变得十分方便。

5.1.3 三种方式的对比

前面学习了 CSS 的三种引入方式，在实际开发中，为了提升网站的性能和维护性，一般都是使用外部引入方式，下面通过对比来了解一下。

比如要给两个不同的标签添加相同的样式，首先查看使用行间引入方式，具体示例如下。

```
<body>
    <div style="color:red;">我是一个 div 标签</div>
    <p style="color:red;">我是一个 p 标签</p>
</body>
```

接下来查看内部引入方式，具体示例如下。

```
<style>
    .elem{ color : red; }
</style>
<body>
    <div class="elem">我是一个 div 标签</div>
    <p class="elem">我是一个 p 标签</p>
</body>
```

上面示例代码可以看出，使用行间引入方式，直接对每个标签应用样式有它的优点，但是这种引入方式需要逐个地对元素设置样式，而且软件更新时需要逐个地对标签进行样式调整，可维护性差，使用内部引入方式可以通过选择器来改变元素的样式，可以重复使用代码，这样做可以提升性能。如果修改样式，只需修改一次就可以对所有设置此样式的标签同时修改，可维护性好。

相比内部样式，外部样式有更好的提升性和维护性，这是因为可以在不同的页面引入同一个 CSS 样式文件，可以在多个页面之间复用 CSS 样式。实现结构和表现的完全分离，使得网页的前期开发和后期维护都变得十分方便。

5.2 选择符详解

视频讲解

上一小节中，简单地讲解了什么是选择符及常用的 id 选择符和 class 选择符，本节将详细讲解 id 选择符、class 选择符、tag 选择符、通配选择符、分组选择符、包含选择符和伪类选择符等不同选择符的使用。

5.2.1 id 选择符

视频讲解

上一节介绍了 id 选择符的基本使用，下面来了解选择符的命名规范，一般尽量采用语义化的英文单词，不能以数字或特殊字符开头。具体示例如下。

```
<style>
    #123elem{ color : red; }                /*命名错误*/
    #%@elem{ color : green; }               /*命名错误*/
    #container{ color : blue; }             /*命名正确*/
</style>
```

对于复杂一些的命名还可以采用驼峰命名方式或下画线方式。具体示例如下。

```
<style>
    #containerMailTop{ color : red; }   /*驼峰式命名*/
    #login_gray_icon{ color : green; }  /*下画线命名*/
</style>
```

5.2.2 class 选择符

同样上一节中讲解了 class 选择符的基本使用。下面介绍下 class 样式的多组值添加方式，多组值通过空格隔开。接下来通过案例来演示，具体如例 5-5 所示。

【例 5-5】 class 样式的多组值添加方式的演示案例。

```
<!doctype html>
<html>
<head>
<meta charset="utf-8">
<title>class 选择符</title>
<style>
    .boxSize{ width:200px; height:100px; }
    .boxColor{ background:red; }
    .boxBorder{ border:5px black solid; }
</style>
</head>
<body>
<div class="boxSize boxColor boxBorder"></div>
</body>
</html>
```

运行结果如图 5.9 所示。

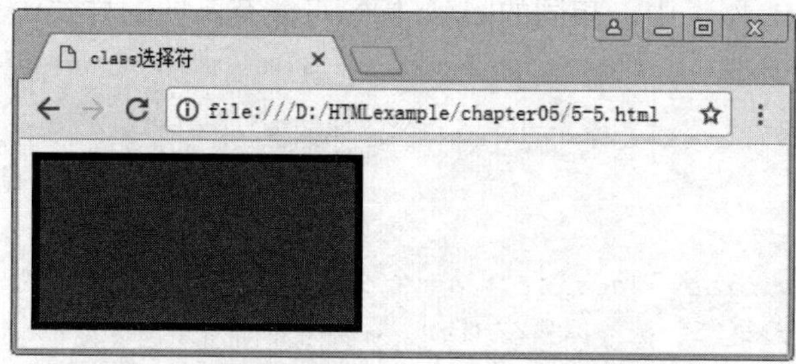

图 5.9 class 选择符多组值展示效果

5.2.3 tag 选择符

tag 选择符也叫标签选择符，可直接通过 HTML 标签的名字来设置样式。接下来通过案例来演示 tag 选择符的使用，具体如例 5-6 所示。

【例 5-6】 tag 选择符的演示案例。

```
<!doctype html>
<html>
<head>
<meta charset="utf-8">
<title>tag 选择符</title>
<style>
    div{ color:red; }
    p{ color:green; }
</style>
</head>
<body>
<div>第一个标签</div>
<div>第二个标签</div>
<p>第一个段落</p>
<p>第二个段落</p>
</body>
</html>
```

运行结果如图 5.10 所示。

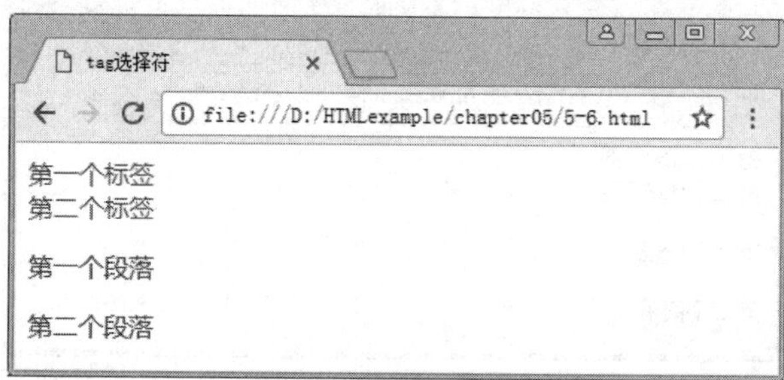

图 5.10 tag 选择符展示效果

在同一个 HTML 网页中，相同的 class 标签可能有不同的样式，具体示例如下。

```
<style>
    /* 带有 active 样式的 div 标签添加颜色 */
</style>
<body>
    <div class="active">第一个 div 标签</div>
    <div>第二个 div 标签</div>
    <p class="active">第一个 p 标签</p>
    <p>第二个 p 标签</p>
</body>
```

上面的示例代码中需要将带有 active 样式的<div>标签添加颜色，但是对同样带有 active 样式的<p>标签没有影响，这时就需要 tag 选择符和 class 选择符组合来设置选择符，使网页能够只选择<div>标签中带 active 的 class 样式，而不去选择其他标签中带 active 的 class 样式。接下来通过案例来演示，具体如例 5-7 所示。

【例 5-7】 tag 选择符和 class 选择符组合设置选择符的演示案例。

```
<!doctype html>
<html>
<head>
<meta charset="utf-8">
<title>tag 选择符</title>
<style>
    div.active{ color:red; }
</style>
</head>
<body>
<div class="active">第一个 div 标签</div>
<div>第二个 div 标签</div>
<p class="active">第一个段落</p>
<p>第二个段落</p>
</body>
</html>
```

运行结果如图 5.11 所示。

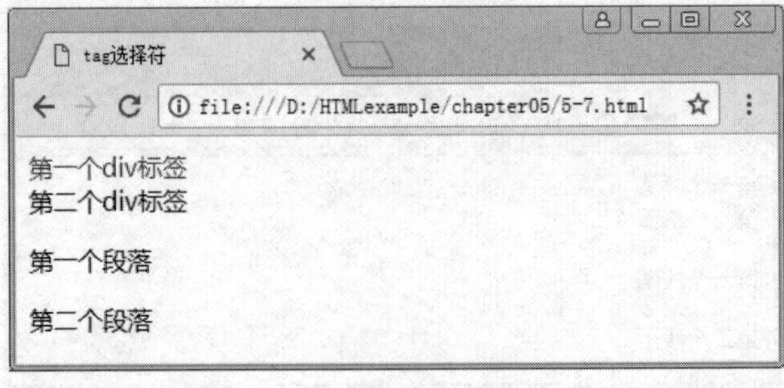

图 5.11　tag+class 选择符展示效果

例 5-7 中，tag 选择符和 class 选择符组合使用时，tag 与 class 之间是紧挨着的，无需空格隔开。

5.2.4 通配选择符

通配选择符可以把样式通用在所有的标签当中，通过星号（*）的方式来设置，要慎用通配选择符。接下来通过案例来演示通配选择符的使用，具体如例 5-8 所示。

【例 5-8】 通配选择符的演示案例。

```
<!doctype html>
<html>
<head>
<meta charset="utf-8">
<title>通配选择符</title>
<style>
     *{ color:red; }
</style>
</head>
<body>
<div>这是一个 div 标签</div>
<p>这是一个 p 标签</p>
<h1>这是一个 h1 标签</h1>
</body>
</html>
```

运行结果如图 5.12 所示。

图 5.12 通配选择符展示效果

5.2.5 分组选择符

分组选择符可以简化相同样式的操作，通过逗号（,）来进行分组设置。接下来通过案例来演示分组选择符的使用，具体如例 5-9 所示。

【例 5-9】 分组选择符的演示案例。

```
1   <!doctype html>
2   <html>
3   <head>
4   <meta charset="utf-8">
5   <title>分组选择符</title>
6   <style>
7       div,p,h1{ color:red; }
8   </style>
9   </head>
10  <body>
11  <div>这是一个 div 标签</div>
12  <p>这是一个 p 标签</p>
13  <h1>这是一个 h1 标签</h1>
14  <span>这是一个 span 标签</span>
15  </body>
16  </html>
```

运行结果如图 5.13 所示。

图 5.13　分组选择符展示效果

第 7 行将 div、p、h1 标签统一设置颜色，和把标签分开设置颜色效果相同，但是这种组合写法提供了可维护性。

5.2.6　包含选择符

包含选择符是指被选标签被其他标签所包含，从而通过筛选的方式进行操作，通过空格来进行包含设置。例如只需要 ul 中的 li 添加文本颜色，而 ol 中的 li 不做任何处理，这时就要用到包含选择符进行选择。接下来通过案例来演示包含选择符的使用，具体如例 5-10 所示。

【例 5-10】 包含选择符的演示案例。

```
<!doctype html>
<html>
<head>
<meta charset="utf-8">
<title>包含选择符</title>
<style>
     ul li{ color:red; }
</style>
</head>
<body>
<ul>
     <li>千锋教育</li>
     <li>扣丁学堂</li>
     <li>千问千知</li>
</ul>
<ol>
     <li>千锋教育</li>
     <li>扣丁学堂</li>
     <li>千问千知</li>
</ol>
</body>
</html>
```

运行结果如图 5.14 所示。

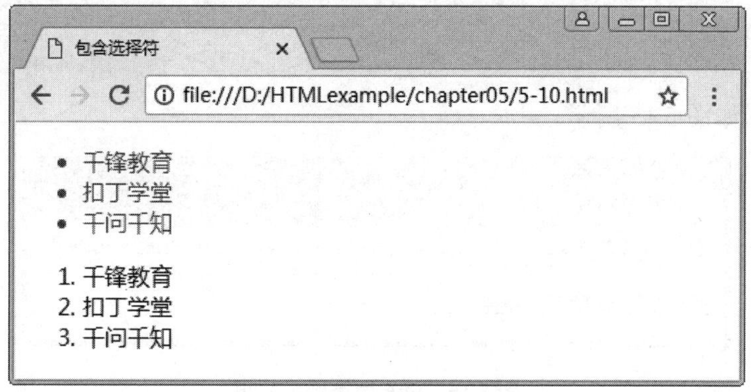

图 5.14 包含选择符展示效果

5.2.7 伪类选择符

为了提高用户体验，在定义超链接时，经常需要为超链接指定不同的状态，表示超链接在单击前、单击后和鼠标悬停时的不同的样式。在 CSS 中，通过链接伪类选择符可以实现不同的链接状态。伪类选择符用于向某些 HTML 标签添加特殊的效果。伪类选择符包含的内容很多，在 CSS 基础部分先学习 link、hover、active 和 visited 四个伪类选择符，其中的 link、visited 这两个伪类选择符只能用在<a>标签上，hover、active 这两个伪类选择符则可以用在所有的标签上。伪类选择符通过冒号（:）的方式来设置。下面将详细介绍这四个伪类选择符。

1．link 伪类

link 伪类是用来设置<a>标签“未访问”时的样式。接下来通过案例来演示，具体如例 5-11 所示。

【例 5-11】 link 伪类的演示案例。

```
<!doctype html>
<html>
<head>
<meta charset="utf-8">
<title>伪类选择符</title>
<style>
     .aLink{ color:red; }
     .aLink:link{ color: green; }
</style>
</head>
<body>
<a href="#" class="aLink">第一个 a 链接</a>
<a href="#">第二个 a 链接</a>
</body>
</html>
```

运行结果如图 5.15 所示。

图 5.15　link 伪类展示效果

图 5.15 中可以看出，link 伪类可以设置<a>链接“未访问”时的样式，而且能够覆盖<a>标签之前的样式。同时可以看到<a>标签默认“未访问”时的样式为蓝色。

2．hover 伪类

hover 伪类是用来设置 HTML 标签“鼠标划过”时的样式。接下来通过案例来演示，具体如例 5-12 所示。

【例 5-12】 hover 伪类的演示案例。

```
<!doctype html>
<html>
<head>
<meta charset="utf-8">
<title>伪类选择符</title>
<style>
      a:hover{ color : red; }
      p:hover{ color : green; }
</style>
</head>
<body>
<a href="#">这是一个 a 链接</a>
<p>这是一个 p 标签</p>
</body>
</html>
```

运行结果如图 5.16 所示。

图 5.16 hover 伪类展示效果

3. active 伪类

active 伪类是用来设置 HTML 标签“鼠标按下”时的样式。接下来通过案例来演示，具体如例 5-13 所示。

【例 5-13】 active 伪类的演示案例。

```
!doctype html>
<html>
<head>
<meta charset="utf-8">
<title>伪类选择符</title>
```

```
<style>
     a:active{ color:red; }
     p:active{ color:green; }
</style>
</head>
<body>
<a href="#">这是一个 a 链接</a>
<p>这是一个 p 标签</p>
</body>
</html>
```

运行结果如图 5.17 所示。

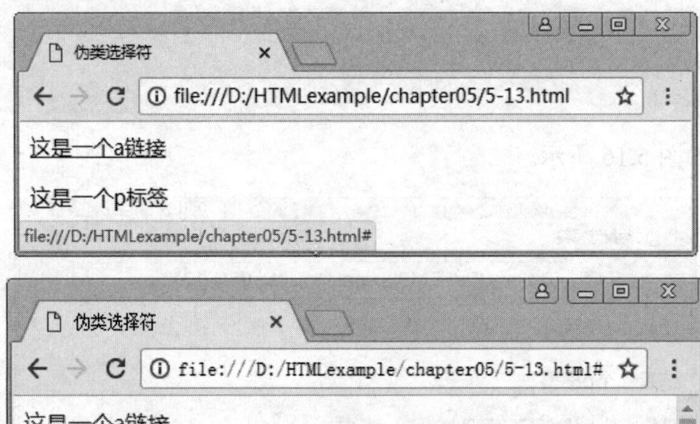

图 5.17　active 伪类展示效果

4. visited 伪类

visited 伪类是用来设置<a>标签“访问过后”时的样式。接下来通过案例来演示，具体如例 5-14 所示。

【例 5-14】 visited 伪类的演示案例。

```
<!doctype html>
<html>
<head>
<meta charset="utf-8">
<title>伪类选择符</title>
<style>
     .aLink{ color : red; }
     .aLink:visited{ color : green; }
</style>
</head>
```

```
<body>
<a href="#" class="aLink">第一个 a 链接</a>
<a href="#">第二个 a 链接</a>
</body>
</html>
```

运行结果如图 5.18 所示。

图 5.18 visited 伪类展示效果

5.3 样式的继承

视频讲解

样式的继承可以理解为子类的样式从父标签或祖先标签中继承过来。下面通过案例来演示，具体如例 5-15 所示。

【例 5-15】 样式的继承的演示案例。

```
<!doctype html>
<html>
<head>
<meta charset="utf-8">
<title>样式的继承</title>
<style>
   div{ font-size : 30px; color : red; }
</style>
</head>
<body>
<div>
     <p>我是一个段落</p>
</div>
</body>
</html>
```

运行结果如图 5.19 所示。

图 5.19 中可以看出，<p>标签显示的字体为红色，但代码中只是为<div>标签设置了演示，并未为<p>标签设置任何样式，因此<p>标签的样式继承自它的父标签<div>标签，但并非所有 CSS 属性均可继承。接下来通过案例来演示样式的继承，具体如例 5-16 所示。

图 5.19　样式继承展示效果

【例 5-16】 样式的继承的演示案例。

```
<!doctype html>
<html>
<head>
<meta charset="utf-8">
<title>样式的继承</title>
<style>
     div{ font-size : 30px; color : red; border : 1px #000 solid; }
</style>
</head>
<body>
<div>
     <p>这是一个段落</p>
</div>
</body>
</html>
```

运行结果如图 5.20 所示。

图 5.20　样式继承展示效果

图 5.20 中可以看出，当给<div>标签添加边框样式时，并没有被<p>标签继承。这里总结下，与元素外观（文字颜色、字体等）相关的样式会被继承；与元素在网页上的布局相关的样式不会被继承。在样式中使用 inherit 这个特别设立的值可以强行继承，明确指示浏览器在该属性上使用父元素样式中的值。接下来通过案例来演示，具体如例 5-17

所示。

【例 5-17】 样式中使用 inherit 值强行继承的演示案例。

```
1   <!doctype html>
2   <html>
3   <head>
4   <meta charset="utf-8">
5   <title>样式的继承</title>
6   <style>
7       div{ font-size : 30px; color : red; border : 1px #000 solid; }
8       p{ border : inherit; }
9   </style>
10  </head>
11  <body>
12  <div>
13      <p>这是一个段落</p>
14  </div>
15  </body>
16  </html>
```

运行结果如图 5.21 所示。

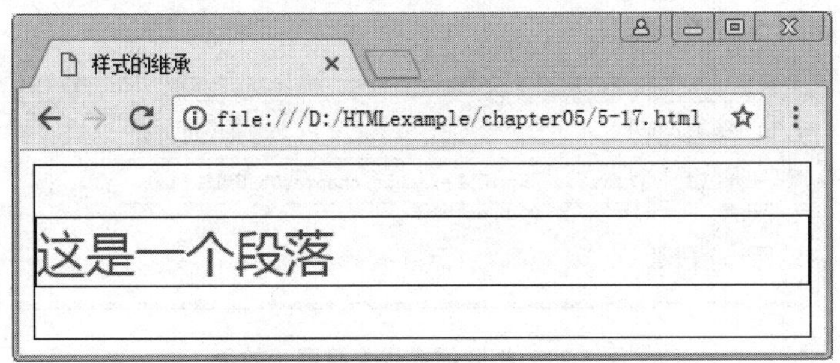

图 5.21 样式继承展示效果

第 8 行将<p>标签中的边框属性设置 inherit 值，即手动继承<div>标签的边框样式，因此，图 5.21 中<p>标签中显示出了边框。inherit 值的即继承操作，所有标签都具备这个值。

5.4 样式的优先级

视频讲解

在前面的小节中已经学习了很多选择符，可以给一个 HTML 标签同时作用多个选择符，当出现多样式的时候，就会出现它们的优先级问题，本节将从相同样式优先级、内部样式和外部样式、单一样式优先级、! important、标签+类与单类、分组优先级和包含优先级几种情况分别讲解样式的优先级及其使用。

1. 相同样式优先级

当设置相同样式时，后面的优先级较高，但不建议出现重复设置样式的情况。接下来通过案例来演示，具体如例 5-18 所示。

【例 5-18】 相同样式优先级的演示案例。

```
<!doctype html>
<html>
<head>
<meta charset="utf-8">
<title>样式的优先级</title>
<style>
     .content{ color : red; }
     .content{ color : green; }
</style>
</head>
<body>
<p class="content">这是一个段落</p>
</body>
</html>
```

运行结果如图 5.22 所示。

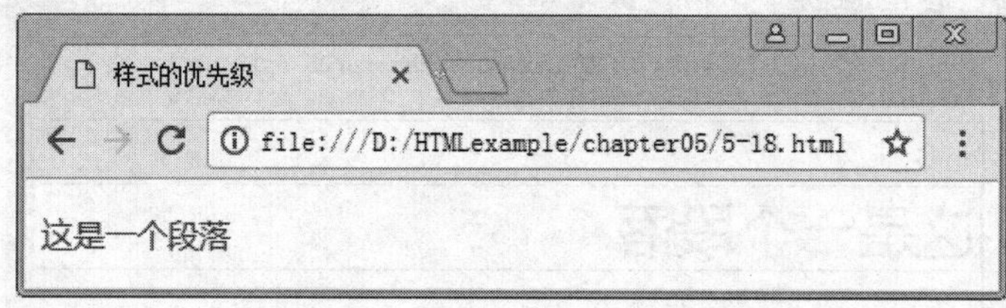

图 5.22　相同样式优先级展示效果

2. 内部样式与外部样式

内部样式与外部样式优先级相同，如果都设置了相同样式，那么后写的引入方式优先级高。接下来通过案例来演示，具体如例 5-19 所示。

【例 5-19】 内部样式与外部样式优先级的演示案例。

```
<!doctype html>
<html>
<head>
<meta charset="utf-8">
<title>样式的优先级</title>
<link rel="stylesheet" type="text/css" href="style.css">
<style>
```

```
    /*优先级高于 style.css 中的 content 样式*/
    .content{ color : green; }
</style>
</head>
<body>
<p class="content">这是一个段落</p>
</body>
</html>
```

运行结果如图 5.23 所示。

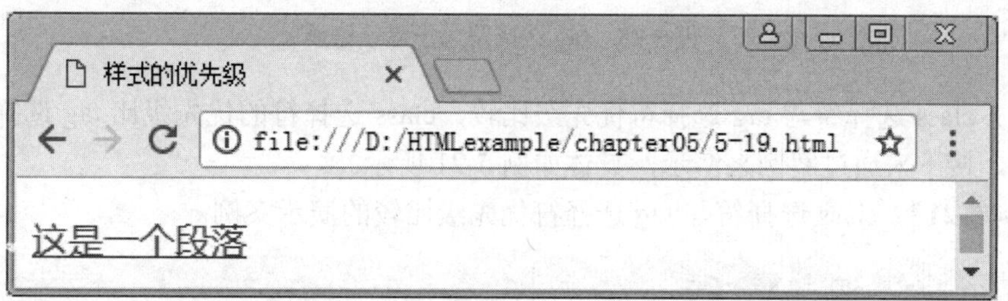

图 5.23　内部样式与外部样式优先级展示效果

3. 单一样式优先级

单一样式的优先级规则如图 5.24 所示。

style行间样式 > id选择符 > class选择符 > tag选择符 > 默认继承

图 5.24　单一样式的优先级规则

接下来通过分别比较不同选择符的优先级，来验证单一样式的优先级规则。

（1）tag 选择符与默认继承优先级比较，tag 选择符的优先级高于默认继承。接下来通过案例来演示，具体如例 5-20 所示。

【例 5-20】 tag 选择符与默认继承优先级比较的演示案例。

```
<!doctype html>
<html>
<head>
<meta charset="utf-8">
<title>样式的优先级</title>
<style>
    p{ color : green; }
</style>
</head>
<body>
<p class="content">这是一个段落</p>
```

```
</body>
</html>
```

运行结果如图 5.25 所示。

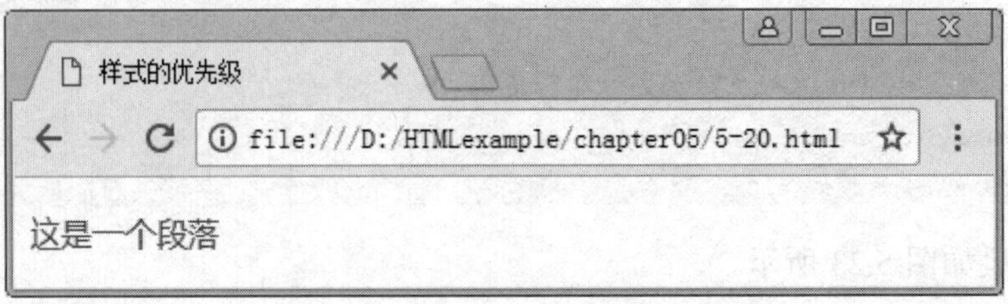

图 5.25　tag 选择符大于默认继承

（2）class 选择符与 tag 选择符优先级比较，class 选择符的优先级比 tag 选择符的优先级高。接下来通过案例来演示，具体如例 5-21 所示。

【例 5-21】 class 选择符与 tag 选择符优先级比较的演示案例。

```
<!doctype html>
<html>
<head>
<meta charset="utf-8">
<title>样式的优先级</title>
<style>
    p{ color : green; }
    .active{ color : blue; }
</style>
</head>
<body>
<p class="active">这是一个段落</p>
</body>
</html>
```

运行结果如图 5.26 所示。

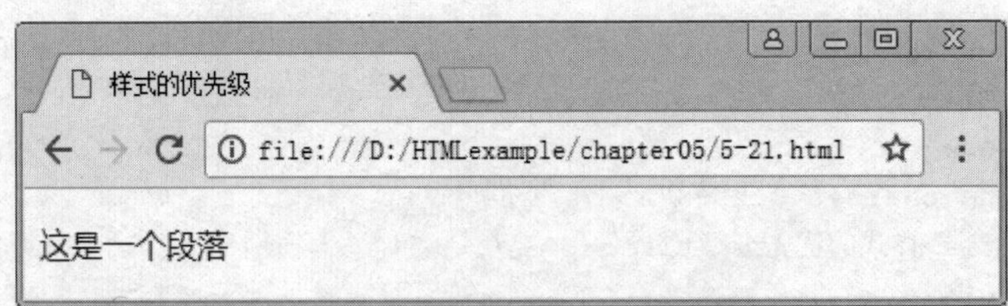

图 5.26　class 选择符大于 tag 选择符

（3）id 选择符与 class 选择符优先级比较。id 选择符的优先级比 class 选择符优先级高，接下来通过案例来演示，具体如例 5-22 所示。

【例 5-22】 id 选择符与 class 选择符优先级比较的演示案例。

```
<!doctype html>
<html>
<head>
<meta charset="utf-8">
<title>样式的优先级</title>
<style>
     p{ color : green; }
     .active{ color : blue; }
     #content{ color : yellow; }
</style>
</head>
<body>
<p id="content" class="active">这是一个段落</p>
</body>
</html>
```

运行结果如图 5.27 所示。

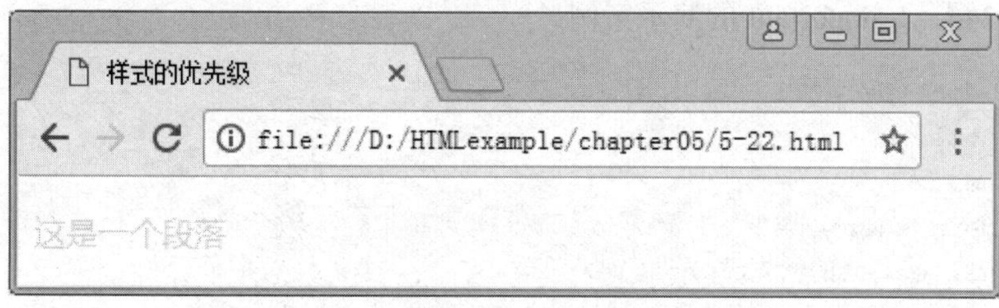

图 5.27　id 选择符大于 class 选择符

（4）style 行间样式与 id 选择符优先级比较，style 行间样式优先级比 id 选择符优先级高。接下来通过案例来演示，具体如例 5-23 所示。

【例 5-23】 style 行间样式与 id 选择符优先级比较的演示案例。

```
<!doctype html>
<html>
<head>
<meta charset="utf-8">
<title>样式的优先级</title>
<style>
     p{ color : green; }
     .active{ color : blue; }
     #content{ color : yellow; }
</style>
</head>
<body>
<p id="content" class="active" style="color:gray;">这是一个段落</p>
```

```
</body>
</html>
```

运行结果如图 5.28 所示。

图 5.28 style 行间样式大于 id 选择符

4. !important

!important 表示“重要的”，用来提升样式优先级。当给指定的样式添加!important 时，表示当前样式优先级最高，此时可以不用按照上一小节中的规则。（注意!important 对默认继承不起作用）。接下来通过案例来演示，具体如例 5-24 所示。

【例 5-24】 ! important 的演示案例。

```
<!doctype html>
<html>
<head>
<meta charset="utf-8">
<title>样式的优先级</title>
<style>
    div{ color:red; }
    p{ color:green !important; }
    .active{ color:blue; }
    #content{ color:yellow; }
</style>
</head>
<body>
<p id="content" class="active" style="color:gray;">这是一个段落</p>
</body>
</html>
```

运行结果如图 5.29 所示。

图 5.29 !important 优先级展示效果

第 8 行给 tag 选择符中的样式添加!important 后，其优先级高于 style 行间样式。这种方式应尽量避免使用，除非在极特殊情况下，因为这是一种非标准的写法。

5．标签+类与单类

标签+类的优先级要大于单类的优先级，接下来通过案例来演示，具体如例 5-25 所示。

【例 5-25】 标签+类与单类的优先级比较的演示案例。

```
<!doctype html>
<html>
<head>
<meta charset="utf-8">
<title>样式的优先级</title>
<style>
     p.active{ color:red; }
     .active { coor:green; }
</style>
</head>
<body>
<p class="active">这是一个段落</p>
</body>
</html>
```

运行结果如图 5.30 所示。

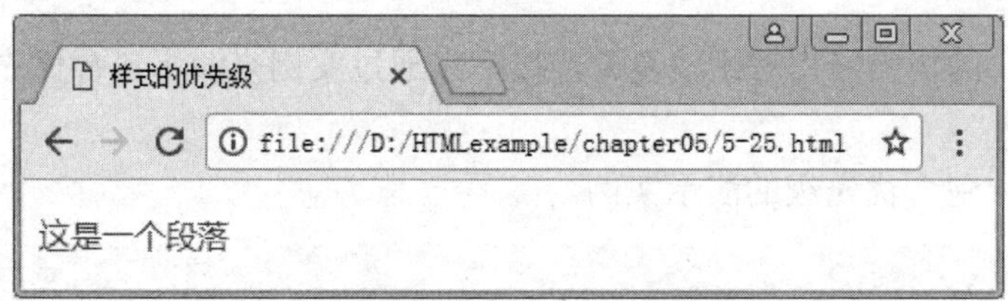

图 5.30　标签+类大于单类

6．分组优先级

分组选择符与单一选择符的优先级相同，靠后写的优先级高，接下来通过案例来演示，具体如例 5-26 所示。

【例 5-26】 分组选择符与单一选择符的优先级比较的演示案例。

```
<!doctype html>
<html>
<head>
<meta charset="utf-8">
<title>样式的优先级</title>
<style>
```

```
    p,h1{ color:red; }
    p{ color : green; }
</style>
</head>
<body>
<h1>这是一个标题</h1>
<p>这是一个段落</p>
</body>
</html>
```

运行结果如图 5.31 所示。

图 5.31　分组优先级展示效果

7．包含优先级

包含选择符的优先级相对比较复杂，接下来通过案例来演示包含优先级，具体如例 5-27 所示。

【例 5-27】 包含优先级的演示案例。

```
<doctype html>
<html>
<head>
<meta charset="utf-8">
<title>样式的优先级</title>
<style>
    ul #listLi .listDiv .listP{ color : red; }
    #list .listLi div p{ color : green; }
</style>
</head>
<body>
<ul id="list" class="list">
    <li id="listLi" class="listLi">
    <div id="listDiv" class="listDiv">
        <p id="listP" class="listP">这是一个段落</p>
    </div>
```

```
17         </li>
18     </ul>
19 </body>
20 </html>
```

运行结果如图 5.32 所示。

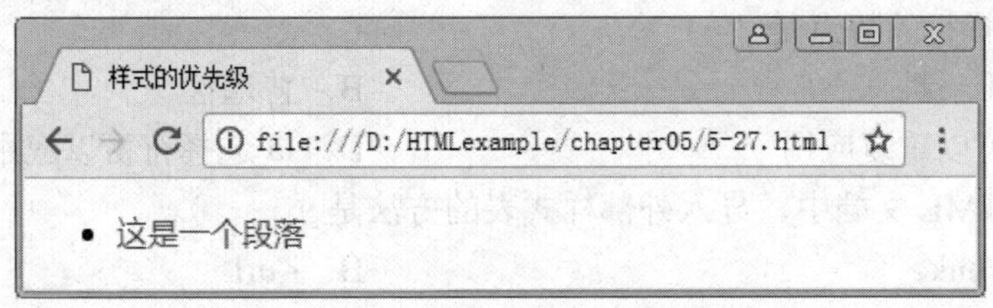

图 5.32 包含优先级展示效果

图 5.32 显示字体为红色，因此第 7 行优先级比第 8 行优先级高，可以利用“约分法”来比较包含选择符的优先级高低。“约分法”的做法是将相同类型的选择符进行约分处理，比如 id 选择符跟 id 选择符进行约分，class 选择符与 class 选择符进行约分，然后用最终约分后的结果来比较优先级高低。上例中的约分结果如图 5.33 所示。

```
ul #listLi .listDiv .listP{ color : red; }
#list .listLi div p{ color : green; }
```

图 5.33 “约分法”处理包含优先级

通过“约分法”处理后，第 7 行的 .listP（class 选择符）优先级高于第 8 行的 p（tag 选择符）优先级，因此最终文字颜色为红色。

5.5 本章小结

通过本章的学习，了解 CSS 样式的三种引入方式，同时掌握 CSS 的选择符和 CSS 的优先级，以及理解 CSS 的继承操作。本章都是 CSS 中的重要内容，希望读者多实践和记忆这些重要内容。在下一章中将学习 CSS 进阶部分，来了解更多 CSS 高级的知识点。

5.6 习　　题

1．填空题

（1）CSS 中添加注释的形式是＿＿＿＿＿＿。

（2）通配选择符使用＿＿＿＿＿＿来设置。

(3) 在实际开发中，最常用的 CSS 引入方式是__________。

(4) class 样式的多组值添加方式，多组值通过__________隔开。

(5) __________是直接通过 HTML 标签的名字来设置样式的选择符。

2．选择题

(1) id 选择符的特点是（　　）。

A．唯一性　　B．普遍性

C．可以重复应用　　D．id 选择符可以应用多个

(2) 在 HTML 文档中，导入外部样式表的方法是（　　）。

A．<link>　　B．<url>

C．src　　D．@impotant

(3) 以下代码正确的有（　　）。

A．<p style=font-size:12px;><p>　　B．<p id="id1　id2" ></p>

C．<p class="class1　class2"></p>　　D．<p id="id",class="class1" ></p>

(4) 以下选择符的优先级最高的是（　　）。

A．tag 选择符　　B．class 选择符

C．默认选择符　　D．id 选择符

(5) 以下哪个伪类选择符用来表示鼠标划过的样式？（　　）

A．link　　B．active

C．hover　　D．visited

3．思考题

(1) 请简述常见的 CSS 选择器有哪些。

(2) 请简述 CSS 优先级是如何规定的。

第6章 chapter 6

CSS 进阶

本章学习目标

- 理解 CSS 盒子模型与组成;
- 掌握块与内联的特点与区别;
- 掌握默认样式和重置样式方式。

在上一章已经讲解了 CSS 基础部分，本章将更深入地讲解 CSS 进阶内容，从用于控制网页中各个元素呈现效果的盒子模型、块与内联、默认样式、其他常用样式等进行讲解。

6.1 CSS 盒子模型

视频讲解

CSS 盒子模型是 HTML+CSS 中最核心的内容，理解这个重要的概念和掌握其各种规律和特征，才可以更好地控制网页中各个元素所呈现的效果，从而进行网页布局。

6.1.1 初识盒子模型

当浏览网页时，可以发现网页是由很多个矩形组成的。这些矩形就是 CSS 盒子模型，它是搭建布局的重要组成。CSS 盒子模型又称框模型（Box Model），它是由内容（content）、内边距（padding）、边框（border）、外边距（margin）等几个重要的 CSS 元素组成。

为了更好地理解盒子模型，用生活中常见的快递盒子来理解盒子模型和元素分工，快递中的物品为 CSS 盒子模型的内容（content）部分，快递的包装纸箱为 CSS 盒子模型的边框（border）部分，为了防止物品损坏，物品和包装箱之间可能有一些泡沫填充物，这些泡沫填充物为 CSS 盒子模型的内边距（padding）部分，多个快递之间的距离为 CSS 盒子模型的外边距（margin）部分。

下面用图来描述 CSS 盒子模型的元素组成，如图 6.1 所示。

接下来详细地对 CSS 盒子模型的每一部分进行讲解。

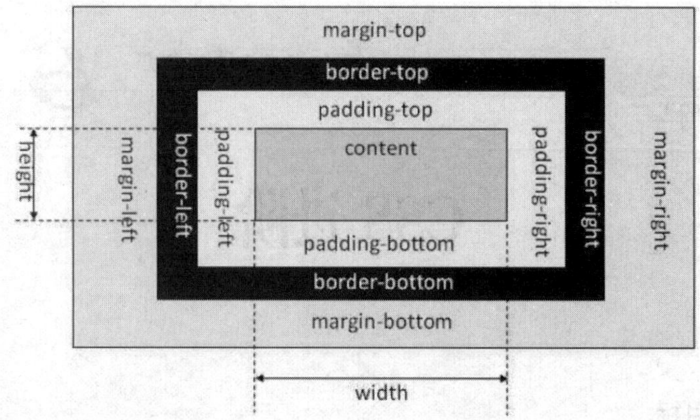

图 6.1　CSS 标准盒子模型

6.1.2　content 内容

content 内容部分由 CSS 宽、高两个属性决定。接下来通过案例来演示，具体如例 6-1 所示。

【例 6-1】 content 内容。

```
<!doctype html>
<html>
<head>
<meta charset="utf-8">
<title>CSS 盒子模型</title>
<style>
     #box{ width:200px; height:100px; background:blue; color:white; }
</style>
</head>
<body>
<div id="box">做真实的自己，用良心做教育！</div>
</body>
</html>
```

运行结果如图 6.2 所示。

图 6.2　content 内容展示效果

图 6.2 中，可以看到蓝色部分为 content 区域。

6.1.3 padding 内边距

内边距部分由 padding 样式来设置。padding 样式可以分成 padding-left、padding-right、padding-top、padding-bottom 和 padding 五个属性。接下来通过案例来演示四个方向设置内边距的写法，具体如例 6-2 所示。

【例 6-2】 padding 内边距。

```
<!doctype html>
<html>
<head>
<meta charset="utf-8">
<title>CSS 盒子模型</title>
<style>
    #box{ width:200px; height:100px; background:blue; color:white;
        padding-top : 20px; padding-right : 30px;
        padding-bottom : 40px; padding-left : 50px; }
</style>
</head>
<body>
<div id="box">做真实的自己，用良心做教育！</div>
</body>
</html>
```

运行结果如图 6.3 所示。

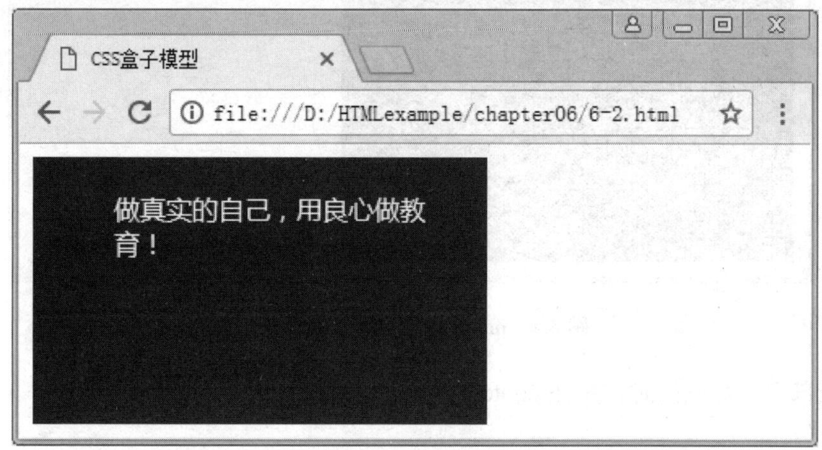

图 6.3 padding 内边距展示效果

padding 值可以通过复合写法设置成四个值或两个值或一个值，其基本格式如下所示。

```
padding:上边距 右边距 下边距 左边距;
padding:上下边距 左右边距;
padding:上下左右边距;
```

接下来通过案例来演示 padding 值的复合写法，具体如例 6-3 所示。

【例 6-3】 padding 值的复合写法。

```
<!doctype html>
<html>
<head>
<meta charset="utf-8">
<title>CSS 盒子模型</title>
<style>
     #box{  width:200px; height:100px; background:blue; color:white;
        padding:20px 30px 40px 50px; }
</style>
</head>
<body>
<div id="box">做真实的自己，用良心做教育！</div>
</body>
</html>
```

运行结果如图 6.4 所示。

图 6.4 padding 复合写法展示效果

背景部分是可以同时作用在 content 内容和 padding 内边距上的。

6.1.4 border 边框

在前面的章节中已经学习过 border 的基本使用，这里不再赘述。下面将介绍 border 在盒子模型中的使用。当不设置 padding 时，边框紧挨着 content 内容。接下来通过案例来演示，具体如例 6-4 所示。

【例 6-4】 不设置 padding 时，边框紧挨着 content 内容。

```
<!doctype html>
<html>
<head>
<meta charset="utf-8">
<title>CSS 盒子模型</title>
<style>
     #box{ width:200px; height:100px; background:blue; color : white;
         border:10px black solid; }
</style>
</head>
<body>
<div id="box">做真实的自己，用良心做教育！</div>
</body>
</html>
```

运行结果如图 6.5 所示。

图 6.5　border 边框展示效果

当设置 padding 时，边框紧挨着 padding 内边距。接下来通过案例来演示，具体如例 6-5 所示。

【例 6-5】 设置 padding 时，边框紧挨着 padding 内边距。

```
<!doctype html>
<html>
<head>
<meta charset="utf-8">
<title>CSS 盒子模型</title>
<style>
    #box{  width: 200px; height : 100px; background : blue; color : white;
```

```
        border : 10px black solid;
        padding : 20px 30px 40px 50px; }
</style>
</head>
<body>
<div id="box">做真实的自己，用良心做教育！</div>
</body>
</html>
```

运行结果如图 6.6 所示。

图 6.6　border 边框展示效果

6.1.5　margin 外边距

外边距指的是盒子与盒子之间的距离，用 margin 样式来定义，同样 margin 和 padding 类似，也分为 margin-left、margin-right、margin-top、margin-bottom、margin 五个属性。接下来通过案例演示分别为四个方向设置外边距值，为了更好地展示效果，给 body 加上一像素虚线框，具体如例 6-6 所示。

【例 6-6】 分别为四个方向设置外边距值。

```
<!doctype html>
<html>
<head>
<meta charset="utf-8">
<title>CSS 盒子模型</title>
<style>
    body{ border : 1px black dashed; }
    #box{ width:200px; height:100px; background:blue; color:white;
        border:10px black solid;
```

```
        padding:20px 30px 40px 50px;
        margin-top:20px; margin-right:30px;
        margin-bottom:40px; margin-left:50px; }
</style>
</head>
<body>
<div id="box">做真实的自己，用良心做教育！</div>
</body>
</html>
```

运行结果如图 6.7 所示。

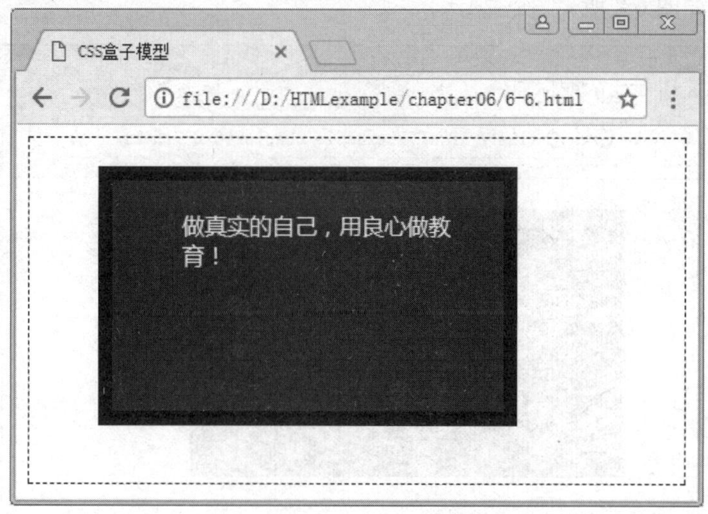

图 6.7　margin 外边距展示效果

margin 值也可以通过复合写法设置成四个值、两个值或一个值，其基本格式如下所示。

```
margin:上边距 右边距 下边距 左边距;
margin:上下边距 左右边距;
margin:上下左右边距;
```

接下来通过案例来演示 margin 复合写法，具体如例 6-7 所示。

【例 6-7】 margin 复合写法。

```
<!doctype html>
<html>
<head>
<meta charset="utf-8">
<title>CSS 盒子模型</title>
<style>
    body{ border : 1px black dashed; }
```

```
        #box{  width:200px; height:100px; background:blue; color:white;
            border : 10px black solid;
            padding : 20px 30px 40px 50px;
            margin : 20px 30px 40px 50px; }
</style>
</head>
<body>
<div id="box">做真实的自己，用良心做教育！</div>
</body>
</html>
```

运行结果如图 6.8 所示。

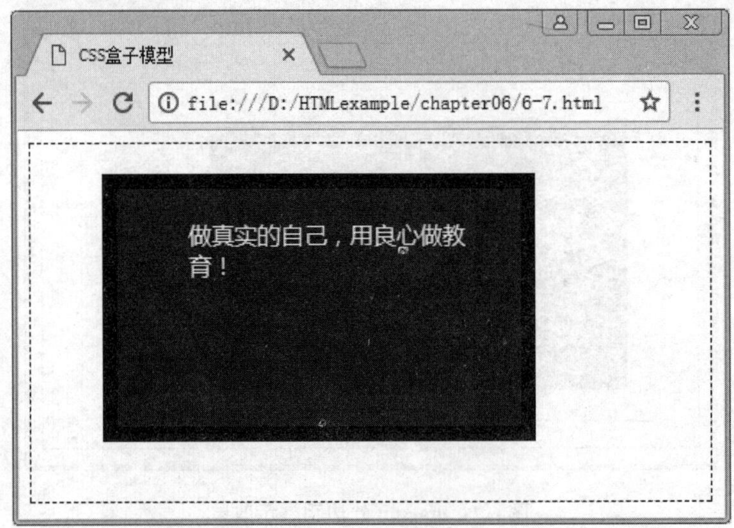

图 6.8　margin 复合写法展示效果

图 6.8 中可以看出，背景部分不会作用到 margin 外边距上。

6.1.6　margin 叠加和传递

在 margin 操作过程中，经常会遇到 margin 叠加和 margin 传递问题，下面将详细介绍这两种情况。

1．margin 叠加

当给两个盒子同时添加上下外边距时，就会出现叠加的问题，接下来通过案例来演示，具体如例 6-8 所示。

【例 6-8】 margin 叠加。

```
<!doctype html>
<html>
```

```
<head>
<meta charset="utf-8">
<title>CSS 盒子模型</title>
<style>
    #box1{ width:200px; height:100px; background:blue; color:white;
        margin-bottom:20px; }
    #box2{ width:200px; height:100px; background:blue; color:white;
        margin-top:30px; }
</style>
</head>
<body>
<div id="box1">做真实的自己，用良心做教育！</div>
<div id="box2">做真实的自己，用良心做教育！</div>
</body>
</html>
```

运行结果如图 6.9 所示。

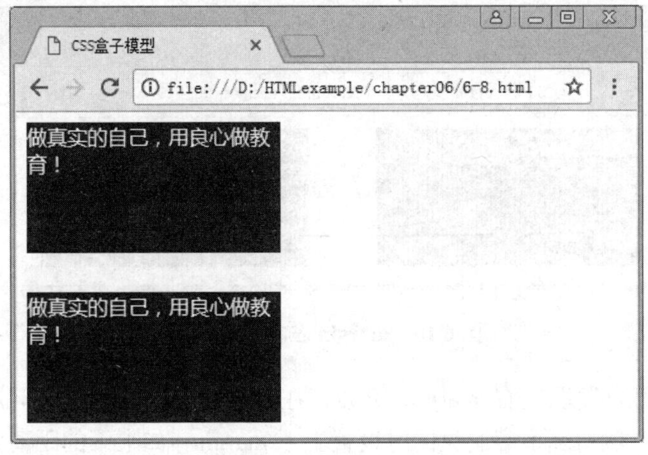

图 6.9　margin 叠加展示效果

例 6-8 中，第一个<div>标签设置了 margin-bottom 值为 20px，第二个<div>标签设置了 margin-top 值为 30px，理论上可能会认为它们之间的距离为 50px，但实际上它们之间的距离为 30px。这是因为 margin 上下值同时存在时，不是把上下值累加到一起，而是把上下值中较大的一个值作为它们之间的距离，因此为 30px。

上下 margin 会存在上下叠加问题，而左右 margin 不存在叠加问题。让盒子左右排列，会涉及 float 属性，这里不做过多介绍，只演示效果，下一章节中会详细地介绍 float 属性。接下来通过案例来演示盒子左右排列，具体如例 6-9 所示。

【例 6-9】 盒子左右排列。

```
<!doctype html>
<html>
```

```
<head>
<meta charset="utf-8">
<title>CSS 盒子模型</title>
<style>
    #box1{ width:200px; height:100px; background:blue; color:white;
        margin-right:20px; float:left; }
    #box2{ width:200px; height:100px; background:blue; color:white;
        margin-left:30px; float:left; }
</style>
</head>
<body>
<div id="box1">做真实的自己，用良心做教育！</div>
<div id="box2">做真实的自己，用良心做教育！</div>
</body>
</html>
```

运行结果如图 6.10 所示。

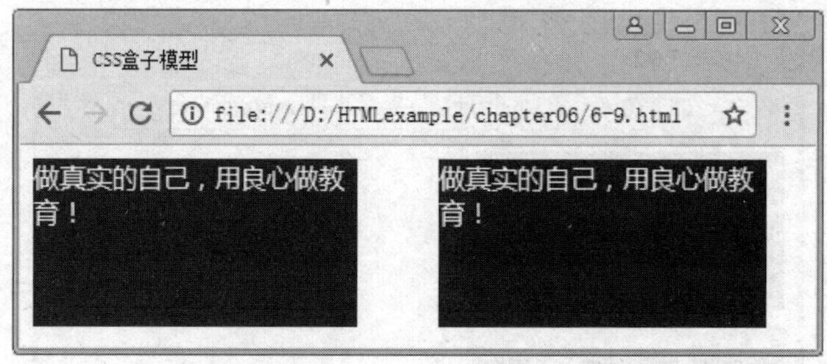

图 6.10　margin 左右展示效果

图 6.10 中可以发现左右 margin 不会存在叠加问题，因此这个问题只是针对上下 margin 而言的。一般情况下应避免同时设置上下 margin，如上下的距离为 50px，可以将第一个<div>标签设置 margin-bottom 值为 50px，或将第二个<div>标签设置 margin-top 值为 50px。接下来通过案例来演示，具体如例 6-10 所示。

【例 6-10】 避免同时设置上下 margin。

```
<!doctype html>
<html>
<head>
<meta charset="utf-8">
<title>CSS 盒子模型</title>
<style>
    #box1{ width:200px; height:100px; background:blue; color:white; }
    #box2{ width:200px; height:100px; background:blue; color:white;
        margin-top:50px; }
</style>
```

```
</head>
<body>
<div id="box1">做真实的自己，用良心做教育！</div>
<div id="box2">做真实的自己，用良心做教育！</div>
</body>
</html>
```

运行结果如图 6.11 所示。

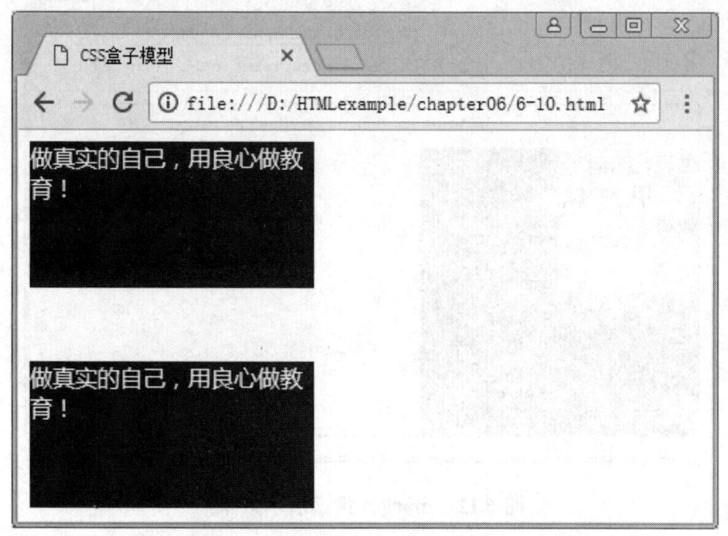

图 6.11 margin 上下展示效果

2．margin 传递

margin 传递的问题只会出现在嵌套的结构中，且只有 margin-top 会有传递的问题，其他三个方向是没有传递问题的。接下来通过案例来演示，具体如例 6-11 所示。

【例 6-11】 margin 传递。

```
<!doctype html>
<html>
<head>
<meta charset="utf-8">
<title>CSS 盒子模型</title>
<style>
    body{ border:1px black dashed; }
    #box1{ width:200px; height:200px; background:blue;  }
    #box2{ width:100px; height:100px; background:yellow;
        margin-top : 30px; }
</style>
</head>
<body>
```

```
<div id="box1">
<div id="box2">做真实的自己，用良心做教育！</div>
</div>
</body>
</html>
```

运行结果如图 6.12 所示。

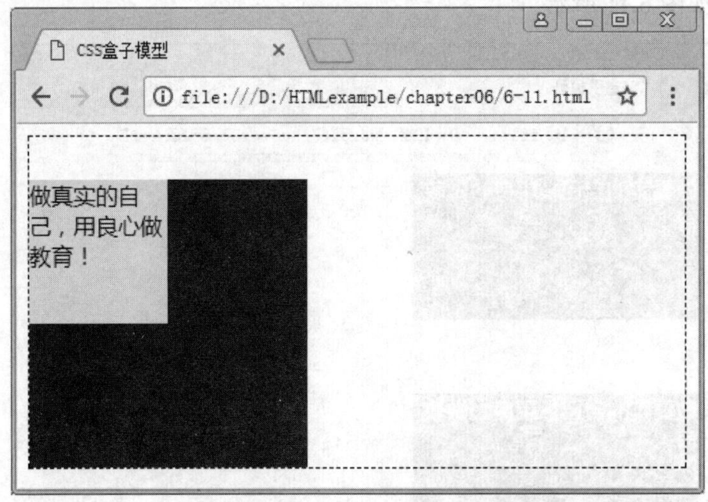

图 6.12　margin 传递展示效果

图 6.12 中可以看出，当子标签添加 margin-top 值时，会将值传递给父标签，但有时可能不想将此值传递给父标签，可以用父标签设置 padding-top 值来取代子标签的 margin-top 值。接下来通过案例来演示，具体如例 6-12 所示。

【例 6-12】 父标签设置 padding-top 值取代子标签的 margin-top 值。

```
<!doctype html>
<html>
<head>
<meta charset="utf-8">
<title>CSS 盒子模型</title>
<style>
     body{ border:1px black dashed; }
     #box1{ width:200px; height:200px; background:blue;
        padding-top:30px; }
    #box2{ width:100px; height:100px; background:yellow; }
</style>
</head>
<body>
<div id="box1">
<div id="box2">做真实的自己，用良心做教育！</div>
</div>
```

```
</body>
</html>
```

运行结果如图 6.13 所示。

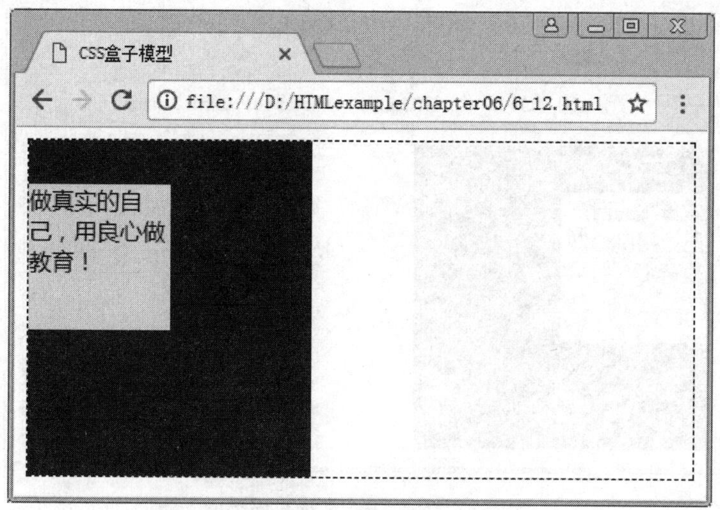

图 6.13　padding 方式处理传递问题

这种方式略显复杂，需要重新计算高度值，从而保证容器的大小。当然也可以直接解决 margin-top 的传递问题，例如给父容器添加边框或 overflow 属性（即溢出隐藏，下面小节会介绍）。接下来通过案例来演示为父容器添加边框来消除 margin 传递问题，具体如例 6-13 所示。

【例 6-13】 为父容器添加边框来消除 margin 传递问题。

```
<!doctype html>
<html>
<head>
<meta charset="utf-8">
<title>CSS 盒子模型</title>
<style>
     body{ border:1px black dashed; }
     #box1{ width:200px; height:200px; background:blue;
         border:1px black solid;  }
     #box2{  width:100px; height:100px; background:yellow;
       margin-top:30px; }
</style>
</head>
<body>
<div id="box1">
<div id="box2">做真实的自己，用良心做教育！</div>
</div>
```

```
</body>
</html>
```

运行结果如图 6.14 所示。

图 6.14　边框方式处理传递问题

接下来通过案例来演示为父标签添加 overflow 属性消除 margin 传递问题，具体如例 6-14 所示。

【例 6-14】 为父标签添加 overflow 属性消除 margin 传递问题。

```
<!doctype html>
<html>
<head>
<meta charset="utf-8">
<title>CSS 盒子模型</title>
<style>
     body{ border:1px black dashed; }
     #box1{ width:200px; height:200px; background:blue;
        overflow:hidden;  }
     #box2{ width:100px; height:100px; background:yellow;
        margin-top:30px; }
</style>
</head>
<body>
<div id="box1">
<div id="box2">做真实的自己，用良心做教育！</div>
</div>
</body>
</html>
```

运行结果如图 6.15 所示。

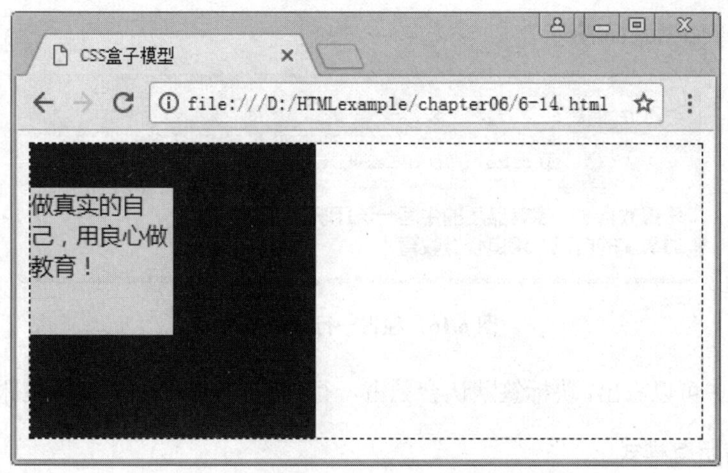

图 6.15 overflow 方式处理传递问题

通过添加边框或设置 overflow 属性可以解决 margin 传递问题，具体细节后面的章节进行讲解，这里了解即可。

6.2 块与内联

视频讲解

第二章中已经简单地介绍过<div>块标签和<span>内联标签，但并未详细地讲解，本节将详细讲解块与内联的特点和应用场景。

6.2.1 块特点

1．独占一行

块标签的特点是独占一行，当设置两个<div>标签时，可以发现默认为上下排列。接下来通过案例来演示，具体如例 6-15 所示。

【例 6-15】 块标签独占一行的特点。

```
<!doctype html>
<html>
<head>
<meta charset="utf-8">
<title>块与内联</title>
</head>
<body>
<div>千锋教育，一家有品质的中国一流 IT 职业教育机构。</div>
<div>做真实的自己，用良心做教育！</div>
</body>
</html>
```

运行结果如图 6.16 所示。

图 6.16　独占一行展示效果

图 6.16 中可以看出，块标签默认会独占一行，块标签不允许其他标签跟在它的后面。

2．支持所有样式

块标签支持所有样式，任何样式添加到块标签上都会起作用，包括盒子模型中的所有属性。

3．不设置宽时，其宽等于父标签宽

当块标签不设置宽时，其宽等于父标签的宽。接下来通过案例来演示，具体如例 6-16 所示。

【例 6-16】 块标签不设置宽时，宽等于父标签宽。

```
<!doctype html>
<html>
<head>
<meta charset="utf-8">
<title>块与内联</title>
<style>
    #box1{ background:red; color:white; }
    #box2{ width:300px; height:100px; background:green; color:white; }
    #box3{ background:blue; }
</style>
</head>
<body>
<div id="box1">千锋教育，一家有品质的中国一流 IT 职业教育机构。</div>
<div id="box2">
    <div id="box3">做真实的自己，用良心做教育！</div>
</div>
</body>
</html>
```

运行结果如图 6.17 所示。

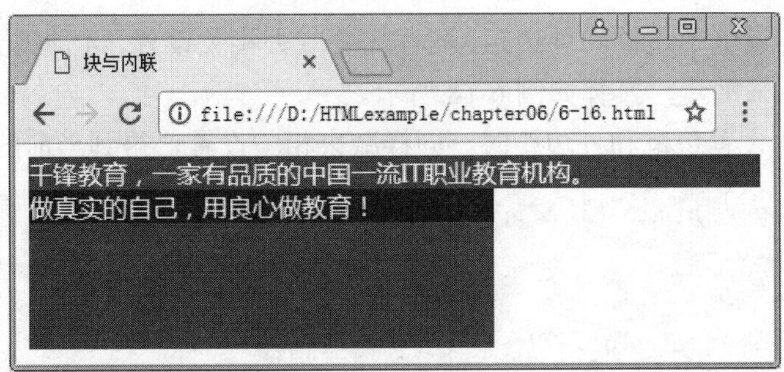

图 6.17　默认宽度展示效果

图 6.17 中可以看出，第一个<div>标签的默认宽与<body>标签的宽相同；子<div>标签的宽跟父<div>标签的宽相同。这里需要了解，块标签的默认高度与内容的高度相同。

在盒子模型中，当不设置宽，只设置内边距时，宽等于父标签宽减去子标签的内边距。接下来通过案例来演示，具体如例 6-17 所示。

【例 6-17】 不写宽，只设置内边距时，宽等于父标签减去子标签的内边距。

```
<!doctype html>
<html>
<head>
<meta charset="utf-8">
<title>块与内联</title>
<style>
     #box1{ width:300px; height:100px; background:green; color:white; }
     #box2{ background:blue; padding-left:50px; }
</style>
</head>
<body>
<div id="box1">
     <div id="box2">做真实的自己，用良心做教育！</div>
</div>
</body>
</html>
```

运行结果如图 6.18 所示。

图 6.18　默认宽在盒子模型中

如果同时还设置了边框和外边距，同样需要减去相关设置，才能得到当前的宽度值。接下来通过案例来演示，具体如例 6-18 所示。

【例 6-18】 设置边框和外边距时，同样减去相关设置，得到当前的宽度值。

```
<!doctype html>
<html>
<head>
<meta charset="utf-8">
<title>块与内联</title>
<style>
     #box1{ width:300px; height:100px; background:green; color:white; }
     #box2{ background:blue; padding-left:50px;
         border-left:10px black solid; margin-left:5px;}
</style>
</head>
<body>
<div id="box1">
     <div id="box2">做真实的自己，用良心做教育！</div>
</div>
</body>
</html>
```

运行结果如图 6.19 所示。

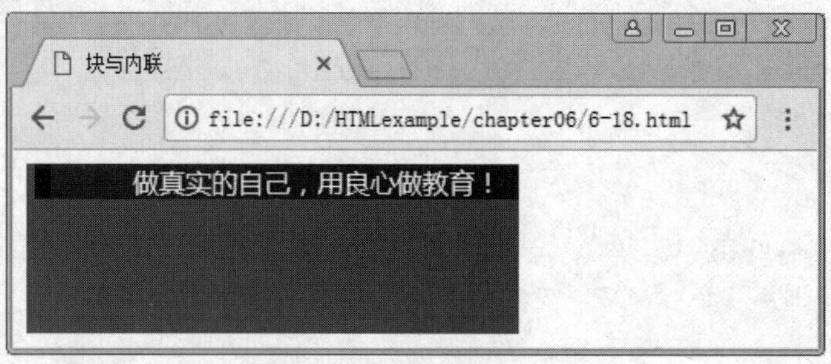

图 6.19 默认宽在盒子模型中

6.2.2 内联特点

1. 在一行显示

当设置两个<span>标签时，可以发现默认为显示在一行左右排列。接下来通过案例来演示，具体如例 6-19 所示。

【例 6-19】 内联标签在一行显示。

```
<!doctype html>
<html>
```

```
<head>
<meta charset="utf-8">
<title>块与内联</title>
</head>
<body>
<span>做真实的自己，</span>
<span>用良心做教育。</span>
</body>
</html>
```

运行结果如图 6.20 所示。

图 6.20 在一行显示展示效果

图 6.20 中可以看出，内联标签在一行显示，内联标签允许其他标签跟在它的后面。

2．不支持宽高，在 margin 和 padding 也有一些问题

<span>标签不支持宽高，即当给<span>标签设置宽高时，不起作用。接下来通过案例来演示，如例 6-20 所示。

【例 6-20】 <span>标签不支持宽高。

```
<!doctype html>
<html>
<head>
<meta charset="utf-8">
<title>块与内联</title>
<style>
    #box1{ width:100px; height:100px; background:blue; color:white; }
    #box2{ width:100px; height:100px; background:blue; color:white; }
</style>
</head>
<body>
<span id="box1">做真实的自己，</span>
<span id="box2">用良心做教育。</span>
</body>
</html>
```

运行结果如图 6.21 所示。

图 6.21　内联标签不支持宽高

<span>标签在 margin 和 padding 上也会有一些问题，当设置 margin 和 padding 边距时，上下内外边距显示可能会出现问题，左右内外边距显示没有问题。接下来通过案例来演示，具体如例 6-21 所示。

【例 6-21】 <span>标签在 margin 和 padding 上存在的一些问题。

```
<!doctype html>
<html>
<head>
<meta charset="utf-8">
<title>块与内联</title>
<style>
     #box1{ width:100px; height:100px; background:blue; color:white;
        padding:50px; margin-top:50px; }
     #box2{ width:100px; height:100px; background:blue; color:white; }
</style>
</head>
<body>
<span id="box1">做真实的自己，</span>
<span id="box2">用良心做教育。</span>
</body>
</html>
```

运行结果如图 6.22 所示。

图 6.22　内联标签不支持 margin-top 和 padding-top

3．宽度由内容撑开

前面讲到，内联标签不支持宽高。内联标签的宽由内容撑开，高也由内容决定。

4．代码换行会被解析

上面的案例中可以看出两个<span>标签之间会有一个小空隙，这是因为代码换行被解析。接下来通过案例来演示，具体如例 6-22 所示。

【例 6-22】 代码换行被解析。

```
<!doctype html>
<html>
<head>
<meta charset="utf-8">
<title>块与内联</title>
<style>
      #box1{ width:100px; height:100px; background:blue; color:white; }
      #box2{ width:100px; height:100px; background:blue; color:white; }
</style>
</head>
<body>
<span id="box1">做真实的自己，</span>
<span id="box2">用良心做教育。</span>
</body>
</html>
```

运行结果如图 6.23 所示。

图 6.23　内联标签之间的小空隙

当把两行定义<span>标签的代码写到一行时，空隙就会消失。接下来通过案例来演示，具体如例 6-23 所示。

【例 6-23】 两行定义<span>标签代码在一行，空隙消失。

```
<!doctype html>
<html>
<head>
<meta charset="utf-8">
<title>块与内联</title>
<style>
      #box1{ width:100px; height:100px; background:blue; color:white; }
      #box2{ width:100px; height:100px; background:blue; color:white; }
</style>
</head>
<body>
<span id="box1">做真实的自己，</span><span id="box2">用良心做教育。</span>
</body>
```

```
</html>
```

运行结果如图 6.24 所示。

图 6.24　取消内联标签之间的小空隙

6.2.3　块标签与内联标签的比较

1．区别

块标签的特点是独占一行、支持所有的样式和当块标签不设置宽时，等于父标签宽。内联标签的特点是在一行显示、不支持宽高，margin 和 padding 也有问题，宽度由内容撑开和代码换行会被解析。

2．分类

HTML 标签大致可划分为块与内联这两大类，其中具有块特点的标签有<ul>、<ol>、<li>、<dl>、<dt>、<dd>、<h1>、<h2>、<h3>、<h4>、<h5>、<h6>和<p>标签等。有内联特点的标签有<strong>、<em>、<sub>、<sup>、<del>、<ins>、<blockquote>、<q>、<abbr>、<address>、<cite>和<a>标签等。

3．适合场景

因为块标签支持所有样式，并且兼容性极好，因此非常适用于网页布局，而内联标签由于很多样式不支持，并且代码换行会被解析出小空隙，因此不适用于网页布局，一般只用于内容修饰和语义化。

6.3　默 认 样 式

视频讲解

有一些 HTML 标签在默认情况下有默认样式，但这些默认样式可能并不是网页开发中想要设置的样式，因此要去掉这些样式，让 CSS 样式还原回初始状态。

6.3.1　浏览器调试工具

可以利用浏览器调试工具查看 HTML 标签的默认值。在调试工具中可以查看到 HTML 结构和所添加的 CSS 样式，当然也可以查看到默认样式。下面分步骤讲解如何使用浏览器调试工具。

（1）打开 Chrome 浏览器，按下 F12 键，打开调试工具，如图 6.25 所示。

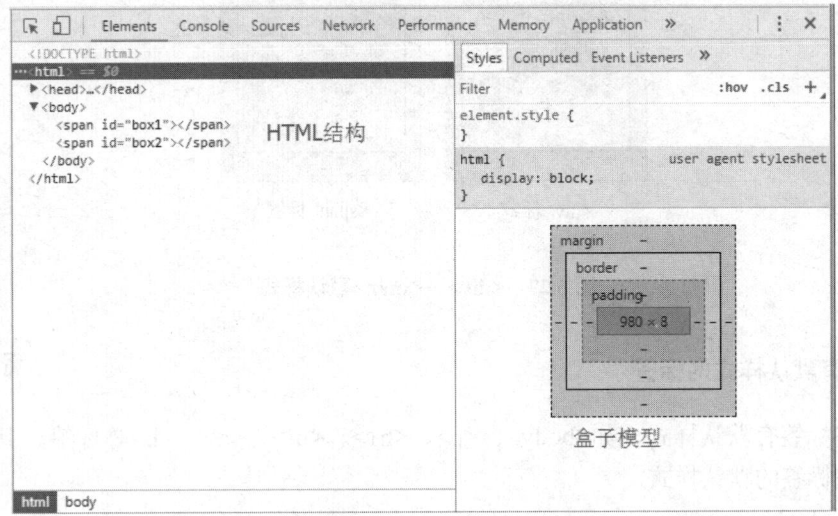

图 6.25 浏览器调试工具

（2）通过单击 HTML 结构可以展示对应的 CSS 样式和盒子模型，如图 6.26 所示。

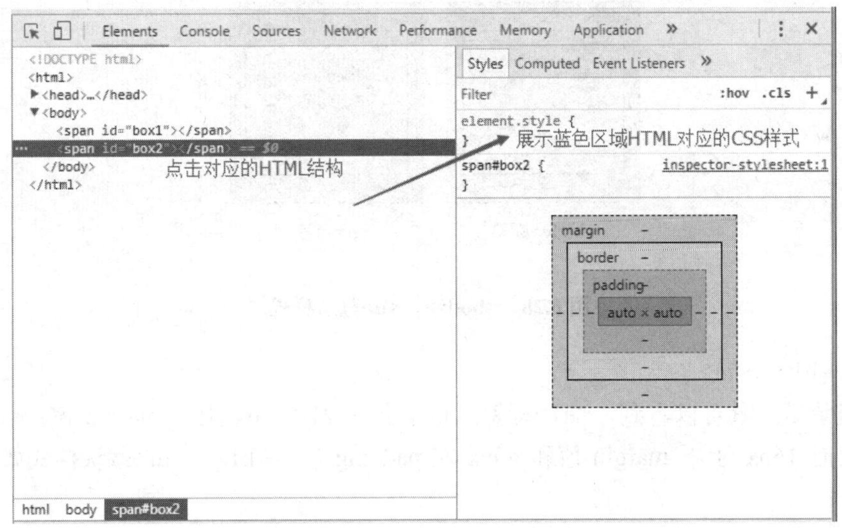

图 6.26 HTML 结构对应 CSS 样式

6.3.2 标签默认值

1. 没有默认样式的标签

有些标签没有默认样式，如<div>、<span>等。通过调试工具可以看到，这两个标签没有任何默认样式。<div>、<span>默认样式如图 6.27 所示。

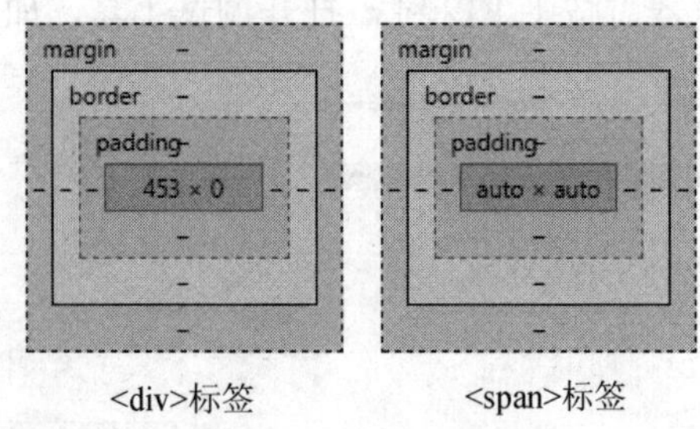

<div>标签　　<span>标签

图 6.27　<div>、<span>默认样式

2. 有默认样式的标签

有些标签有默认样式，如<body>、<p>、<h1>、<ul>、<a>、<li>等标签。下面分别介绍这些标签的默认样式。

（1）<body>、<p>

通过调试工具可以看到，<body>标签默认下会有 8px 的 margin 值，<p>标签默认下会有 16px 上下 margin 值。<body>、<p>默认样式如图 6.28 所示。

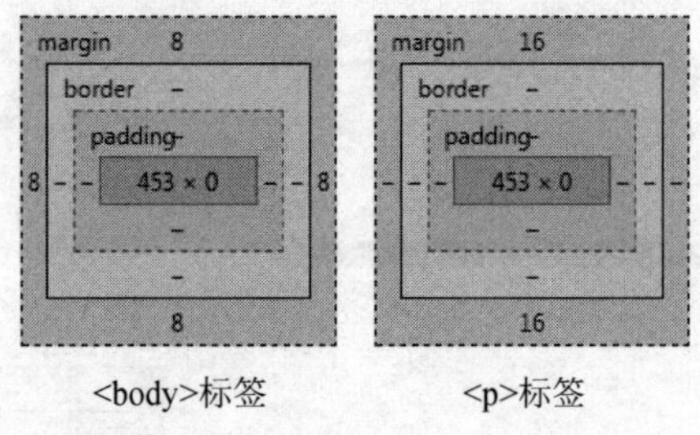

<body>标签　　<p>标签

图 6.28　<body>、<p>默认样式

（2）<h1>、<ul>

通过调试工具可以看到，<h1>标签默认下会有 21.440px 上下 margin 值；<ul>标签默认下会有 16px 上下 margin 值和 40px 左 padding 值。<h1>、<ul>默认样式如图 6.29 所示。

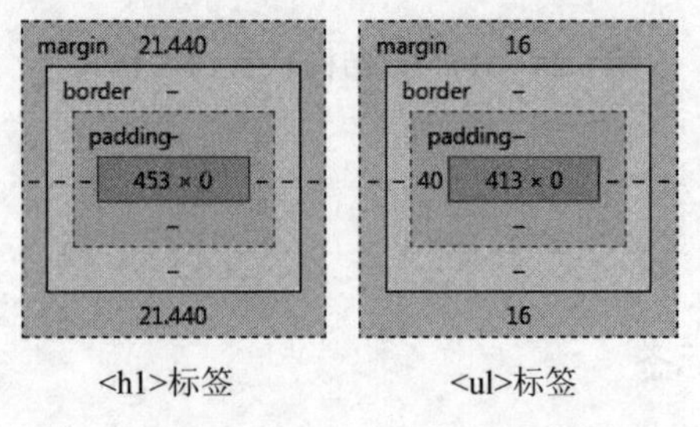

<h1>标签　　<ul>标签

图 6.29　<h1>、<ul>默认样式

（3）<a>、<li>

一些标签具备默认距离外，还有一些标签具备默认样式，如<a>标签有默认下画线，<li>标签前面有默认的装饰点。接下来通过案例来演示，具体如例 6-24 所示。

【例 6-24】 <a>、<li>默认样式。

```
<!doctype html>
<html>
<head>
<meta charset="utf-8">
<title>默认样式</title>
</head>
<body>
<ul>
     <li>列表</li>
 </ul>
<a href="#">链接</a>
</body>
</html>
```

运行结果如图 6.30 所示。

图 6.30 <li>、<a>默认样式

6.3.3 CSS reset

CSS reset 就是重置默认样式表的技术，把默认样式全部还原回初始值，并且根据项目的不同，CSS reset 的方案也会有些区别。

根据前面小节中的总结，来实现一个简单的 CSS reset 方案，具体示例如下。

```
<style>
     body,p,ul,ol,h1,h2,h3,h4,h5,h6{ margin : 0; padding :0; }
     li{ list-style : none; }
     a{ text-decoration : none; }
</style>
```

有时为了演示代码，可以设置一个通配选择符，但是在正式的项目中尽量不要用通配选择符。具体示例如下。

```
<style>
    *{ margin : 0; padding :0; }
    li{ list-style : none; }
    a{ text-decoration : none; }
</style>
```

接下来通过一个案例来演示图片有空隙展示效果，具体如例 6-25 所示。

【例 6-25】 图片有空隙展示效果。

```
<!doctype html>
<html>
<head>
<meta charset="utf-8">
<title>默认样式</title>
<style>
    *{ margin:0; padding:0; }
    li{ list-style:none; }
    a{ text-decoration:none; }
    div{ border:1px #000 solid; }
</style>
</head>
<body>
<div>
    <img src="qianfeng.jpg">
</div>
</body>
</html>
```

运行结果如图 6.31 所示。

图 6.31 图片有空隙展示效果

图 6.31 中界面的右边也会有空隙产生，是因为在垂直方向上也存在着对齐方式，而图片默认是对齐文字的基线，再把文字添加进去，最后把文字的字体放大。接下来通过一个案例来演示图片默认与文字基线对齐，具体如例 6-26 所示。

【例 6-26】 图片默认与文字基线对齐。

```
<!doctype html>
<html>
<head>
<meta charset="utf-8">
<title>默认样式</title>
<style>
    *{ margin:0; padding:0; }
    li{ list-style:none; }
    a{ text-decoration:none; }
    div{ border:1px #000 solid; font-size:50px; }
</style>
</head>
<body>
<div>
    <img src="qianfeng.jpg">xyz
</div>
</body>
</html>
```

运行结果如图 6.32 所示。

图 6.32 图片默认与文字基线对齐

图 6.32 中布局会受到影响，因此可以根据 vertical-align 属性来调节对齐方式。接下来通过案例来演示 vertical-align 属性的展示效果，具体如例 6-27 所示。

【例 6-27】 vertical-align 属性的展示效果。

```
<!doctype html>
<html>
<head>
<meta charset="utf-8">
<title>默认样式</title>
<style>
    *{ margin:0; padding:0; }
```

```
        li{ list-style:none; }
        a{ text-decoration:none; }
        div{ border:1px #000 solid; font-size:50px; }
        img{ vertical-align:bottom; }
</style>
</head>
<body>
<div>
        <img src="qianfeng.jpg">xyz
</div>
</body>
</html>
```

运行结果如图 6.33 所示。

图 6.33　vertical-align 属性展示效果

例 6-27 中，演示了 vertical-align 属性的展示效果，当然它还可以选择其他常用值。接下来通过一个案例来演示 vertical-align 属性选择 top、middle 常用值，具体如例 6-28 所示。

【例 6-28】 vertical-align 属性选择 top、middle 常用值。

```
<!doctype html>
<html>
<head>
<meta charset="utf-8">
<title>默认样式</title>
<style>
        *{ margin:0; padding:0; }
        li{ list-style:none; }
        a{ text-decoration:none; }
        div{ border:1px #000 solid; }
</style>
</head>
<body>
<div>
```

```
        <img src="qianfeng.jpg" style="vertical-align:top;">xyz
</div>
<div>
        <img src="qianfeng.jpg" style="vertical-align:middle">xyz
</div>
</body>
</html>
```

运行结果如图 6.34 所示。

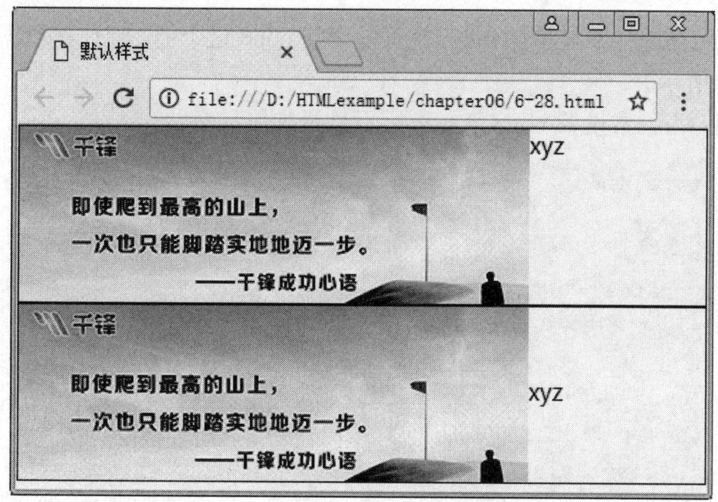

图 6.34　vertical-align 属性展示效果

最终给出一个简易的 CSS reset 方案，当然根据项目的需求，可能会添加更多的设置，具体示例如下。

```
<style>
    /* CSS reset start */
    *{ margin : 0; padding :0; }
    li{ list-style : none; }
    a{ text-decoration : none; }
    img{ vertical-align : top; }
    /* CSS reset end */
</style>
```

6.4　其他常用样式

视频讲解

本小节中，将继续讲解一些常用的 CSS 样式。掌握这些 CSS 样式，可以为后面的学习打下坚实的基础。

6.4.1 显示框类型

CSS 样式中通过 display 属性来设置显示框类型，显示框类型指的是对 HTML 标签的显示方式，属性常用的设置值有 none、block、inline 和 inline-block 四种。下面将分别讲解这四种取值的使用。

1．none

当对一个元素进行不显示操作时，就可以设置 none 这个值。接下来通过案例来演示，具体如例 6-29 所示。

【例 6-29】 为元素设置 none 值，进行不显示操作。

```
<!doctype html>
<html>
<head>
<meta charset="utf-8">
<title>其他常用样式</title>
<style>
     #box1{ width:200px; height:50px; background:red; }
     #box2{ width:200px; height:50px; background:green;
        display:none;}
     #box3{ width:200px; height:50px; background:blue; }
</style>
</head>
<body>
<div id="box1"></div>
<div id="box2"></div>
<div id="box3"></div>
</body>
</html>
```

运行结果如图 6.35 所示。

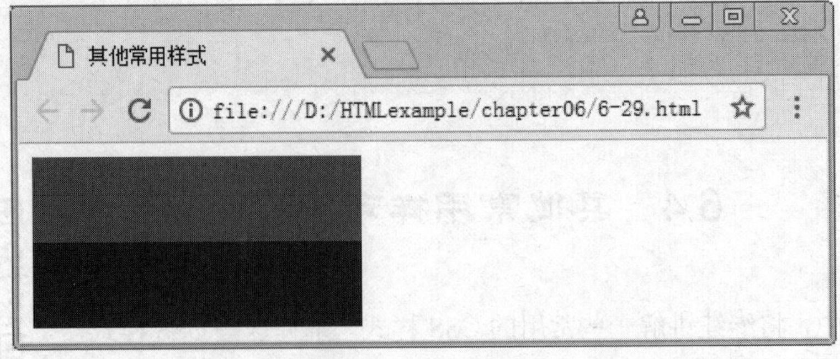

图 6.35 display 为 none 展示效果

图 6.35 中可以看出，设置 none 值后，元素会隐藏起来且不占用页面的空间。在 CSS 样式中还有对隐藏操作的样式，即 visibility 属性。接下来通过案例来演示 visibility 属性，具体如例 6-30 所示。

【例 6-30】 visibility 属性。

```
<!doctype html>
<html>
<head>
<meta charset="utf-8">
<title>其他常用样式</title>
<style>
     #box1{ width:200px; height:50px; background:red; }
     #box2{ width:200px; height:50px; background:green;
        visibility:hidden; }
     #box3{ width:200px; height:50px; background:blue; }
</style>
</head>
<body>
<div id="box1"></div>
<div id="box2"></div>
<div id="box3"></div>
</body>
</html>
```

运行结果如图 6.36 所示。

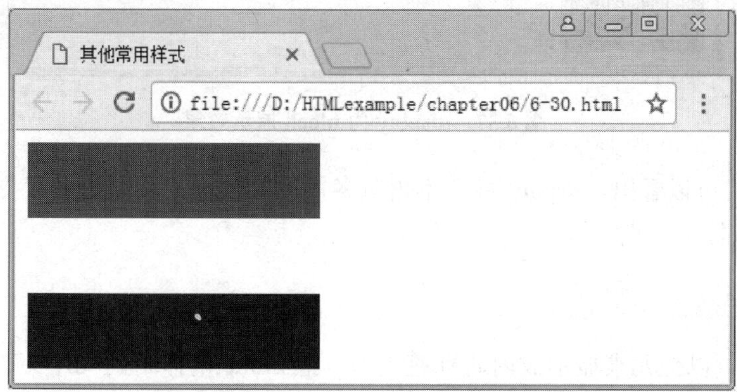

图 6.36　visibility 为 hidden 展示效果

图 6.36 中可以看出，当 visibility 为 hidden 值时，只是对元素进行了隐藏，但还会占据空间位置。

2．block

block 值可以把元素显示成块标签类型，把 block 值作用到<span>标签上，<span>标签就具备了块标签的特点。接下来通过案例来演示，具体如例 6-31 所示。

【例 6-31】 block 值作用在<span>标签上，<span>标签具备块标签特点。

```
<!doctype html>
<html>
<head>
<meta charset="utf-8">
<title>其他常用样式</title>
<style>
     span{ width:100px; height:50px; background:red; display:block; }
</style>
</head>
<body>
<span>做真实的自己</span>
<span>用良心做教育</span>
</body>
</html>
```

运行结果如图 6.37 所示。

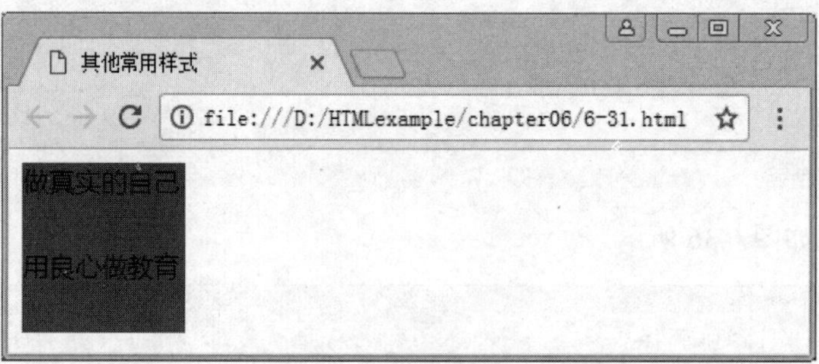

图 6.37　display 为 block 展示效果

图 6.37 中可以看出，<span>标签不再具备内联的特点，而是具备了支持宽高属性，独占一行的块标签特点。

3．inline

inline 值可以把元素显示成内联标签类型，把 inline 值作用到<div>标签上，<div>标签即具备了内联标签的特点。接下来通过案例来演示，具体如例 6-32 所示。

【例 6-32】 inline 值作用在<div>标签上，<div>标签具备了内联标签的特点。

```
<!doctype html>
<html>
<head>
<meta charset="utf-8">
<title>其他常用样式</title>
<style>
```

```
        div{ width:100px; height:50px; background:red; display:inline; }
</style>
</head>
<body>
<div>做真实的自己</div>
<div>用良心做教育</div>
</body>
</html>
```

运行结果如图 6.38 所示。

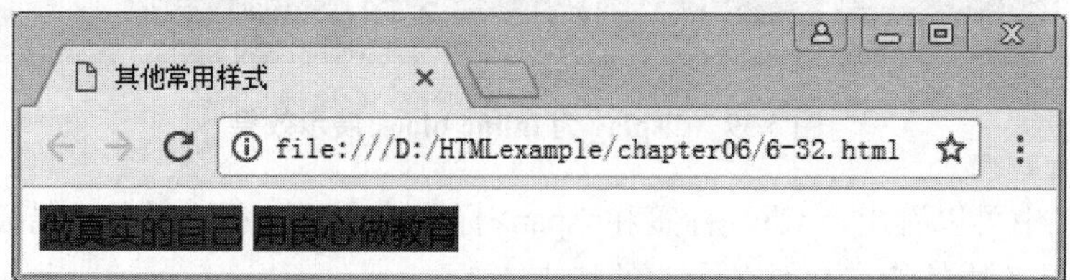

图 6.38　display 为 inline 展示效果

图 6.38 中可以看出，<div>标签不再具备块的特点，而是具备了在一行显示和不支持宽高属性的内联标签特点。

4．inline-block

inline-block 值可以把元素显示成既具备块的特点又具备内联的特点。接下来通过案例来演示，具体如例 6-33 所示。

【例 6-33】 inline-block 值可以将元素显示成既具备块的特点又具备内联的特点。

```
<!doctype html>
<html>
<head>
<meta charset="utf-8">
<title>其他常用样式</title>
<style>
    div{ width:100px; height:50px; background:red;
      display:inline-block; }
    span{width:100px; height:50px; background:red;
      display:inline-block; }
</style>
</head>
<body>
<div>做真实的自己</div>
<div>用良心做教育</div>
<span>做真实的自己</span>
<span>用良心做教育</span>
```

```
</body>
</html>
```

运行结果如图 6.39 所示。

图 6.39 display 为 inline-block 展示效果

图 6.39 中可以看出，<div>标签和<span>标签排在了一行，并且支持宽高属性。这说明它们既具备块的特点也具备内联的特点。

这里要注意，一般情况下不建议去改变 HTML 标签的默认显示框类型，除非在一些特殊的需求上，后面章节中会给大家举一些实际开发的例子。

6.4.2 溢出隐藏

CSS 样式中通过 overflow 属性来设置溢出隐藏，溢出隐藏指的是当内容溢出元素框时发生的操作。常用的设置值有 visible、hidden、scroll 和 auto 四种，下面将分别介绍四种取值的用法。

1. visible

visible 值是 overflow 属性的默认值，内容溢出不会被修剪，在元素框外显示。接下来通过案例来演示，具体如例 6-34 所示。

【例 6-34】 visible 值的使用。

```
<!doctype html>
<html>
<head>
<meta charset="utf-8">
<title>其他常用样式</title>
<style>
    #box{ width:300px; height:100px; border:1px black solid;
        overflow:visible; }
</style>
</head>
<body>
<divid="box">千锋教育隶属于北京千锋互联科技有限公司，一直秉承"用良心做教育"的理念，
```

```
    是中国 IT 职业教育领先品牌，全力打造互联网研发人才服务优质平台。公司总部位于北京，
    目前已在深圳、上海、郑州、广州、大连、武汉、成都、西安、杭州、青岛
    重庆、长沙、哈尔滨成立了分公司。</div>
</body>
</html>
```

运行结果如图 6.40 所示。

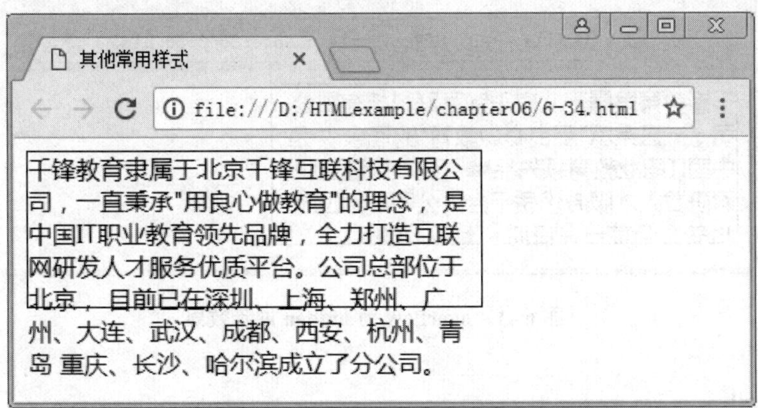

图 6.40　overflow 为 visible 展示效果

图 6.40 中可以看出，当内容超出元素框的范围，内容不做任何隐藏或修剪操作。

2．hidden

hidden 值可以对溢出的内容进行修剪，且修剪的内容不会被显示。接下来通过案例来演示，具体如例 6-35 所示。

【例 6-35】 hidden 值的使用。

```
<!doctype html>
<html>
<head>
<meta charset="utf-8">
<title>其他常用样式</title>
<style>
     #box{ width:300px; height:100px; border:1px black solid;
         overflow:hidden; }
</style>
</head>
<body>
<divid="box">千锋教育隶属于北京千锋互联科技有限公司，一直秉承"用良心做教育"的理念，
    是中国 IT 职业教育领先品牌，全力打造互联网研发人才服务优质平台。公司总部位于北京，
    目前已在深圳、上海、郑州、广州、大连、武汉、成都、西安、杭州、青岛
```

```
    重庆、长沙、哈尔滨成立了分公司。</div>
</body>
</html>
```

运行结果如图 6.41 所示。

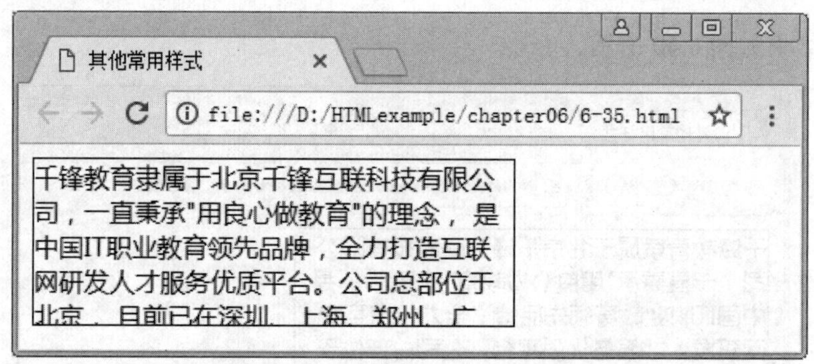

图 6.41　overflow 为 hidden 展示效果

3．scroll

scroll 值可以对元素设置滚动条，当内容溢出时，可通过拖曳滚动条来查看溢出的内容。接下来通过案例来演示，具体如例 6-36 所示。

【例 6-36】 scroll 值的作用。

```
<!doctype html>
<html>
<head>
<meta charset="utf-8">
<title>其他常用样式</title>
<style>
    #box{ width:300px; height:100px; border:1px black solid;
        overflow:scroll; }
</style>
</head>
<body>
<divid="box">千锋教育隶属于北京千锋互联科技有限公司,一直秉承"用良心做教育"的理念,
    是中国 IT 职业教育领先品牌,全力打造互联网研发人才服务优质平台。公司总部位于北京,
    目前已在深圳、上海、郑州、广州、大连、武汉、成都、西安、杭州、青岛
    重庆、长沙、哈尔滨成立了分公司。</div>
</body>
</html>
```

运行结果如图 6.42 所示。

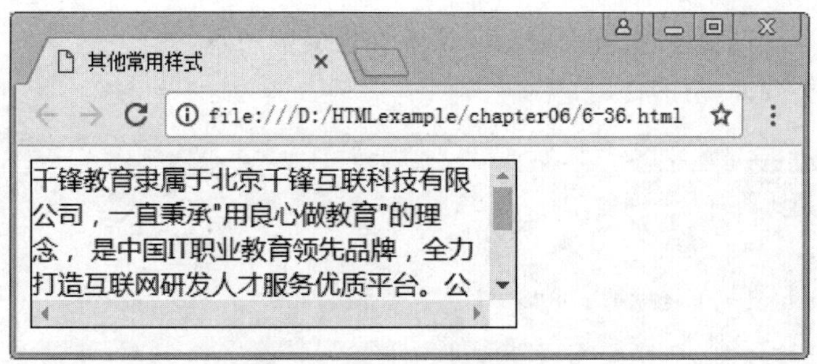

图 6.42　overflow 为 scroll 展示效果

这里要注意，当内容没有溢出时，也会自动添加滚动条样式。接下来通过案例来演示，具体如例 6-37 所示。

【例 6-37】 当内容无溢出时，自动添加滚动条样式。

```
<!doctype html>
<html>
<head>
<meta charset="utf-8">
<title>其他常用样式</title>
<style>
     #box{ width:300px; height:100px; border:1px black solid;
        overflow:scroll; }
</style>
</head>
<body>
<div id="box"></div>
</body>
</html>
```

运行结果如图 6.43 所示。

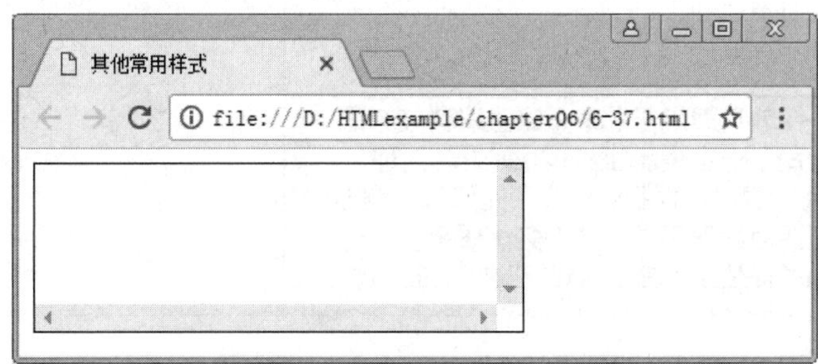

图 6.43　overflow 为 scroll 展示效果

4．auto

auto 值是“自适应”的意思，当内容没有溢出时不添加滚动条，当内容有溢出时再添加滚动条。接下来通过案例来演示，具体如例 6-38 所示。

【例 6-38】 auto 值的作用。

```
<!doctype html>
<html>
<head>
<meta charset="utf-8">
<title>其他常用样式</title>
<style>
     #box{ width:300px; height:100px; border:1px black solid;
        overflow:auto; }
</style>
</head>
<body>
<div id="box"></div>
<div id="box">千锋教育隶属于北京千锋互联科技有限公司，一直秉承"用良心做教育"的理念，
    是中国 IT 职业教育领先品牌，全力打造互联网研发人才服务优质平台。公司总部位于北京，
    目前已在深圳、上海、郑州、广州、大连、武汉、成都、西安、杭州、青岛
    重庆、长沙、哈尔滨成立了分公司。</div>
</body>
</html>
```

运行结果如图 6.44 所示。

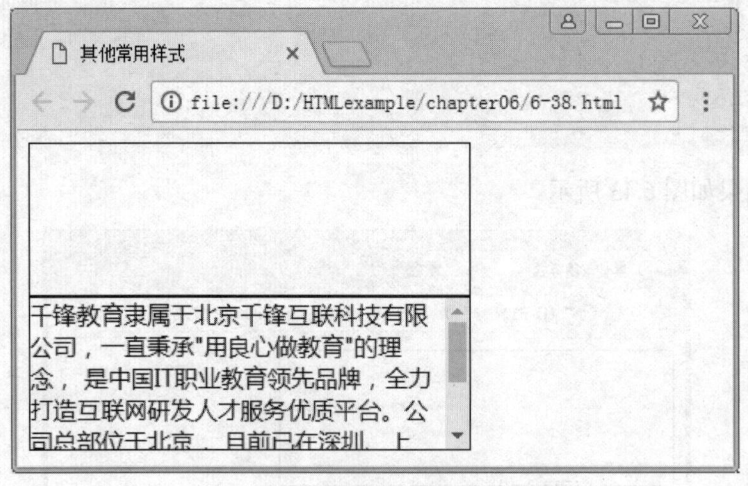

图 6.44 overflow 为 auto 展示效果

如果只针对水平或垂直方向单独设置滚动条，可以通过 overflow-x 属性或 overflow-y 属性来针对某一个方向设置滚动条。接下来通过案例来演示，具体如例 6-39 所示。

【例 6-39】 通过 overflow-x 属性或 overflow-y 属性针对某一个方向设置滚动条。

```
<!doctype html>
<html>
<head>
<meta charset="utf-8">
<title>其他常用样式</title>
<style>
     #box{ width:300px; height:100px; border:1px black solid;
         overflow-y : scroll; }
</style>
</head>
<body>
<div id="box"></div>
</body>
</html>
```

运行结果如图 6.45 所示。

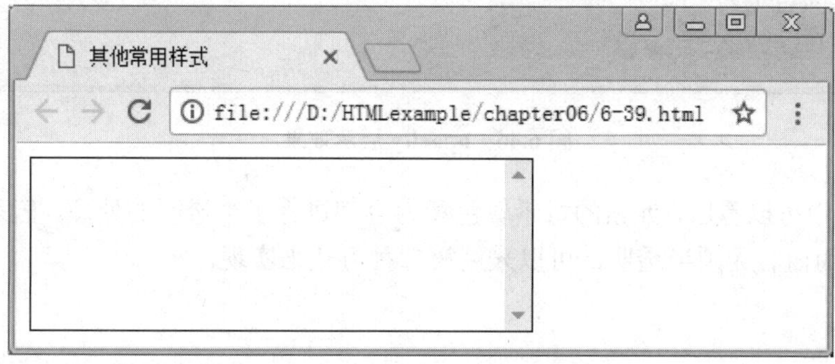

图 6.45 overflow-y 展示效果

6.4.3 透明度

对 HTML 标签进行透明度设置是网页开发中的常用方式。透明度设置分为 opacity 和 rgba 两种方式。下面将详细讲解这两种方式。

1．opacity

opacity 值可用来设置元素的透明度，opacity 取值范围为 0～1，0 表示完全透明，1 表示不透明，半透明就可以设置为 0.5。接下来通过案例来演示，具体如例 6-40 所示。

【例 6-40】 opacity 值设置元素透明度。

```
<!doctype html>
<html>
<head>
<meta charset="utf-8">
```

```
<title>其他常用样式</title>
<style>
    #box{ width:200px; height:50px; background:red; opacity:0.5; }
</style>
</head>
<body>
<div id="box">做真实的自己，用良心做教育。</div>
</body>
</html>
```

运行结果如图 6.46 所示。

图 6.46　opacity 展示效果

图 6.46 中可以看出，元素的背景颜色和内容都进行了半透明的处理，但是有时只需背景半透明而内容无须半透明，可以采用第二种方式来实现。

2．rgba

前面章节中，介绍过 rgb 的颜色设置，而 rgba 除设置颜色外还可以设置透明度。rgba 的取值范围也是 0～1。接下来通过案例来演示，具体如例 6-41 所示。

【例 6-41】 rgba 值设置透明度。

```
<!doctype html>
<html>
<head>
<meta charset="utf-8">
<title>其他常用样式</title>
<style>
    #box{ width:200px; height:50px; background:rgba(255,0,0,0.5); }
</style>
</head>
<body>
<div id="box">做真实的自己，用良心做教育。</div>
</body>
</html>
```

运行结果如图 6.47 所示。

图 6.47 rgba 展示效果

图 6.47 中可以看出，当设置 rgba 值时，背景色呈半透明，而内容不透明。如果想让内容半透明，可针对 color 属性再次设置 rgba。这种方式比较灵活。

6.5 本章小结

通过本章的学习，掌握 CSS 盒子模型的概念和用法，对后续的布局操作有很大的帮助。本章讲解块与内联的特点和默认样式。在下一章中，将学习 CSS 中两个特别重要的样式，浮动与定位，这属于 CSS 语法中的核心部分。

6.6 习题

1．填空题

（1）盒子模型包括__________、__________、__________、__________等重要的 CSS 元素。

（2）定义显示框样式的属性是__________。

（3）盒子与盒子之间的距离称为__________。

（4）设置两个块标签时，默认的排列顺序是__________。

（5）透明度设置分为__________和__________两种方式。

2．选择题

（1）CSS 样式 padding 属性书写不正确的是（　　）。

A．两个值代表的填充顺序为上下填充、左右填充

B．一个值代表的填充为四边填充

C．三个值代表的填充顺序为左填充、上下填充、右填充

D．四个值代表的填充顺序为上填充、右填充、下填充、左填充

（2）下列哪种 HTML 标签不属于块标签类型？（　　）

A．<div>　　B．<span>

C．<p>　　D．<h1>

（3）在 CSS 中关于 margin 属性描述正确的是（　　）。

A．margin 只能取一个值

B．margin 属性值不可为 auto

C．margin 属性参数值不能全部设置成 0

D．margin 属性参数有 margin-left,margin-right,margin-bottom,margin-top

（4）下面不属于块标签特点的是（　　）。

A．独占一行　　B．宽等于父标签宽

C．宽度由内容撑开　　D．支持所有类型

（5）下列标签中没有默认样式的是（　　）。

A．<div>　　B．<body>

C．<p>　　D．<h1>

3．思考题

（1）请简述 CSS 盒模型都包含哪些样式元素。

（2）请简述内联标签与块标签的区别。

第7章 chapter 7

CSS 浮动与定位

本章学习目标

- 掌握 CSS 浮动的原理和清除浮动的处理;
- 掌握 CSS 定位的四种模式;
- 了解 BFC 概念。

前面的章节中已经学习过如何使用内联元素实现标签在网页中左右排列的布局，但内联元素不适合做布局处理，只适合对内容进行修饰操作。因此想要在网页中实现左右排列布局，可以在 CSS 中对块元素设置浮动实现左右排列。本章将通过讲解浮动原理和 CSS 定位来对网页进行丰富、合理的布局。

7.1 浮动原理

视频讲解

CSS 浮动是网页布局中重要的组成元素。“浮”指元素可以脱离文档流，漂浮到网页上面；“动”指元素可以偏移位置，挪动到指定位置。下面就来讲解浮动的原理。

7.1.1 脱离文档流

文档流是元素在页面中出现的先后顺序。元素在没有任何 CSS 样式修饰的情况下，元素的排列方式就属于正常文档流，即窗体自上而下分成一行行，并在每行中按从左到右的顺序排放元素。接下来通过案例来演示正常文档流，具体如例 7-1 所示。

【例 7-1】 正常文档流。

```
<!doctype html>
<html>
<head>
<meta charset="utf-8">
<title>浮动原理</title>
</head>
<body>
<div>div1</div>
```

```
<div>div2</div>
<div>div3</div>
</body>
</html>
```

运行结果如图 7.1 所示。

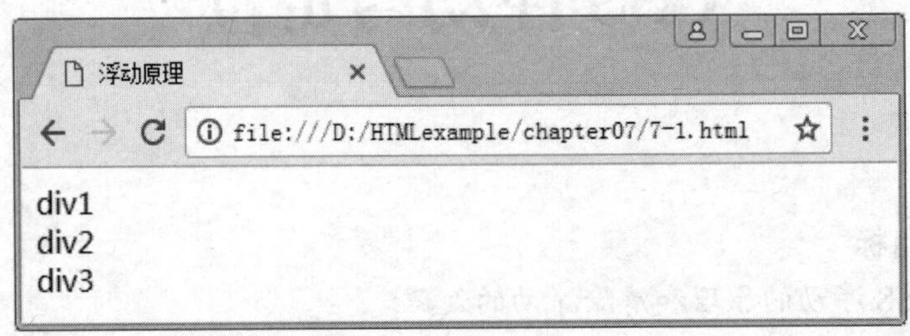

图 7.1　正常文档流展示效果

所谓的脱离文档流就是利用 CSS 样式使元素在 HTML 结构中的顺序和展示出来的顺序不一致。脱离文档流展示效果如图 7.2 所示，它是相对于正常文档流而言的。

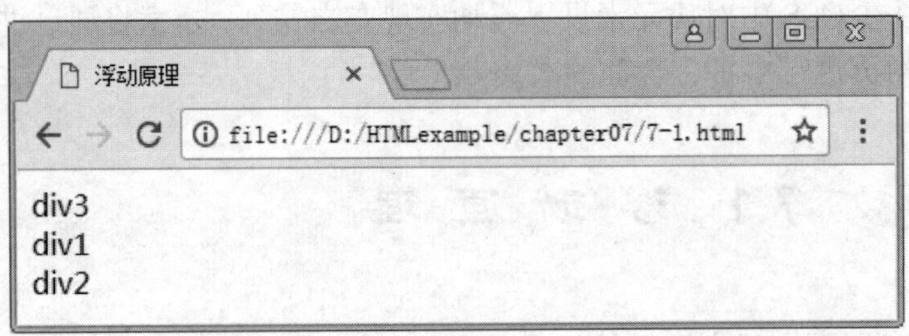

图 7.2　脱离文档流展示效果

7.1.2　float 属性

CSS 中利用 float 属性来设置浮动操作。当被设置成浮动的元素时，会按照一个指定的方向移动，直至到达父容器的边界或者另外一个浮动元素浮动停止，其值有 none、left 和 right 三个。下面介绍不同取值和含义。

1．none

none 值为默认值，表示不进行浮动操作，元素处于正常文档流。

2．left

left 值表示对元素进行左浮动，元素会沿着父容器靠左排列且脱离文档流。接下来通过案例来演示 float 属性值为 left 时的使用，具体如例 7-2 所示。

【例 7-2】 float 属性为 left 时的使用。

```
<!doctype html>
<html>
<head>
<meta charset="utf-8">
<title>浮动原理</title>
<style>
     #box1{ width:150px; height:150px; background:red; }
     #box2{ width:50px; height:50px; background:green; float:left; }
     #box3{ width:80px; height:80px; background:blue; }
</style>
</head>
<body>
<div id="box1">
   <div id="box2"></div>
   <div id="box3"></div>
</div>
</body>
</html>
```

运行结果如图 7.3 所示。

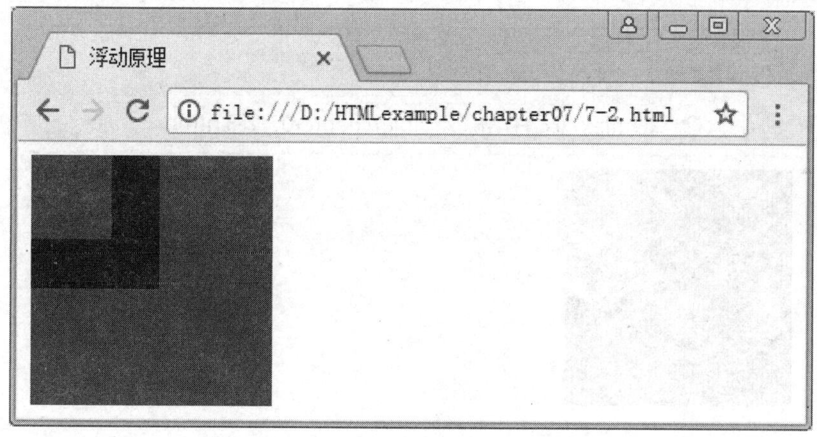

图 7.3　box2 设置左浮动效果

图 7.3 中可以看出，box2 脱离了文档流，浮在 box3 的上面（因为 box2 不再具备正常文档流的空间，因此 box3 会向上移动），而且 box2 沿着它的父容器 box1 靠左侧进行排列。

3．right

right 值表示对元素进行右浮动，元素会沿着父容器靠右排列，并且脱离文档流。接下来通过案例来演示 float 属性值为 right 时的使用，具体如例 7-3 所示。

【例 7-3】 float 属性值为 right 时的使用。

```
<!doctype html>
<html>
<head>
<meta charset="utf-8">
<title>浮动原理</title>
<style>
    #box1{ width:150px; height:150px; background:red; }
    #box2{ width:50px; height:50px; background:gray; float:right; }
    #box3{ width:80px; height:80px; background:blue; }
</style>
</head>
<body>
<div id="box1">
    <div id="box2"></div>
   <div id="box3"></div>
</div>
</body>
</html>
```

运行结果如图 7.4 所示。

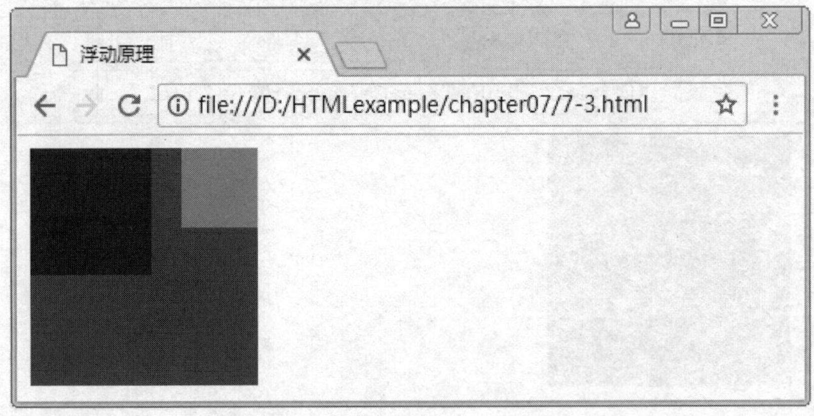

图 7.4　box2 设置右浮动效果

图 7.4 中可以看到，box2 沿着它的父容器 box1 靠右侧进行排列。

当给 box2 和 box3 都添加浮动时，它们都会脱离文档流。它们处于同一平台，所以会紧挨在一起，从而实现左右排列的布局方案。还可以同时靠左、靠右或是左右分开排列。

（1）靠左排列

box2 和 box3 的 float 属性同时设置为靠左排列，两个元素会紧挨在一起，排列在左侧。接下来通过案例来演示，具体如例 7-4 所示。

【例 7-4】 靠左排列。

```
<!doctype html>
<html>
<head>
<meta charset="utf-8">
<title>浮动原理</title>
<style>
     #box1{ width:150px; height:150px; background:red; }
     #box2{ width:50px; height:50px; background:gray; float:left; }
     #box3{ width:80px; height:80px; background:blue; float:left; }
</style>
</head>
<body>
<div id="box1">
     <div id="box2"></div>
     <div id="box3"></div>
</div>
</body>
</html>
```

运行结果如图 7.5 所示。

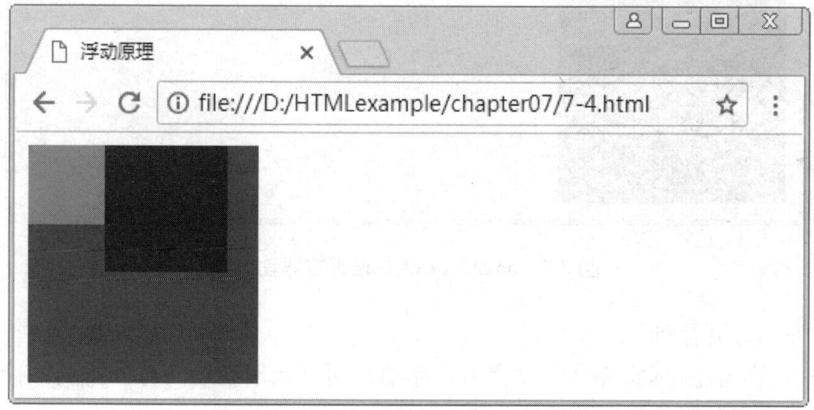

图 7.5 box2、box3 都设置左浮动效果

（2）靠右排列

box2 和 box3 的 float 属性同时设置为靠右排列，两个元素会紧挨在一起，排列在右侧。接下来通过案例来演示，具体如例 7-5 所示。

【例 7-5】 靠右排列。

```
<!doctype html>
<html>
<head>
<meta charset="utf-8">
<title>浮动原理</title>
```

```
<style>
    #box1{ width:150px; height:150px; background:red; }
    #box2{ width:50px; height:50px; background:gray; float:right; }
    #box3{ width:80px; height:80px; background:blue; float:right; }
</style>
</head>
<body>
<div id="box1">
    <div id="box2"></div>
    <div id="box3"></div>
</div>
</body>
</html>
```

运行结果如图 7.6 所示。

图 7.6　box2、box3 都设置右浮动效果

（3）左右分开排列

box2 设置为左浮动，box3 设置为右浮动，两个元素会左右分开排列。接下来通过案例来演示左右分开排列，具体如例 7-6 所示。

【例 7-6】 左右分开排列。

```
<!doctype html>
<html>
<head>
<meta charset="utf-8">
<title>浮动原理</title>
<style>
    #box1{ width:150px; height:150px; background:red; }
    #box2{ width:50px; height:50px; background:gray; float:left; }
    #box3{ width:80px; height:80px; background:blue; float:right; }
</style>
```

```
</head>
<body>
<div id="box1">
    <div id="box2"></div>
    <div id="box3"></div>
</div>
</body>
</html>
```

运行结果如图 7.7 所示。

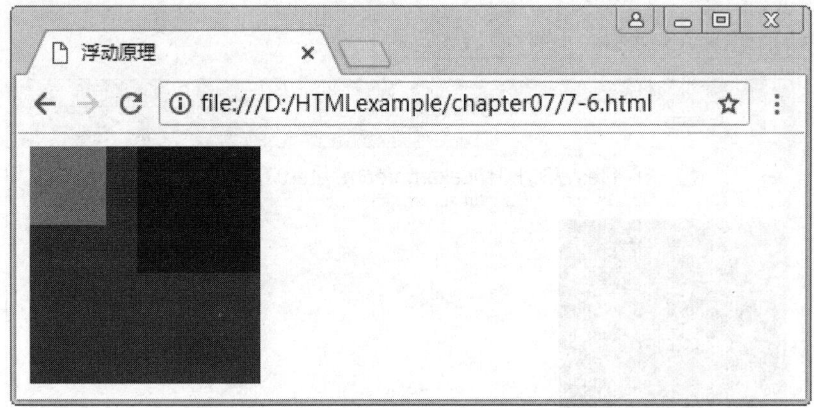

图 7.7　box2 设置左浮动，box3 设置右浮动效果

7.1.3　float 的注意点

CSS 中的 float 属性比较复杂，有很多需要注意的点，下面依次进行讲解。

1．只会影响后面的元素

float 属性只会影响到后面元素的布局，而对之前的元素不会造成任何的影响。如为 box3 元素添加浮动，不会影响到前面的 box2 元素。接下来通过案例来演示，具体如例 7-7 所示。

【例 7-7】 只会影响后面的元素。

```
<!doctype html>
<html>
<head>
<meta charset="utf-8">
<title>浮动原理</title>
<style>
    #box1{ width:150px; height:150px; background:red; }
    #box2{ width:50px; height:50px; background:gray;  }
```

```
    #box3{ width:80px; height:80px; background:blue; float:right; }
</style>
</head>
<body>
<div id="box1">
    <div id="box2"></div>
    <div id="box3"></div>
</div>
</body>
</html>
```

运行结果如图 7.8 所示。

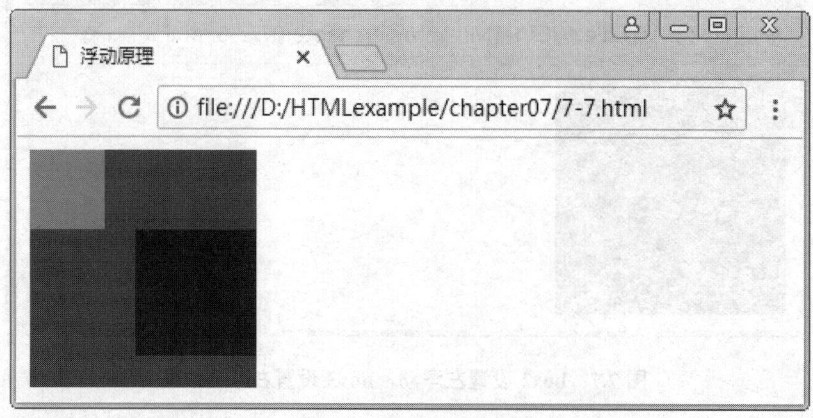

图 7.8　box3 设置右浮动效果

2．内容默认提升半层

正常文档流位于页面的底层，而脱离文档流位于页面的上层，那么当有内容存在时，内容默认在底层与上层之间的位置。接下来通过案例来演示，具体如例 7-8 所示。

【例 7-8】 内容默认提升半层。

```
<!doctype html>
<html>
<head>
<meta charset="utf-8">
<title>浮动原理</title>
<style>
    #box1{ width:150px; height:150px; background:red; }
    #box2{ width:50px; height:50px; background:green; float:left;}
    #box3{ width:80px; height:80px; background:blue; color:white; }
</style>
</head>
<body>
```

```
<div id="box1">
    <div id="box2"></div>
    <div id="box3">内容</div>
</div>
</body>
</html>
```

运行结果如图 7.9 所示。

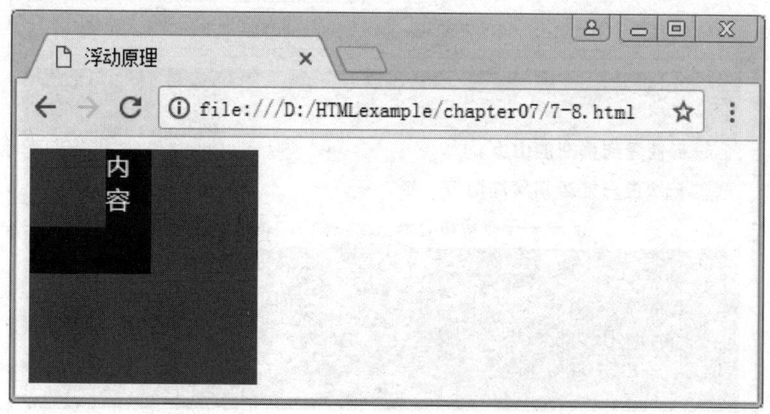

图 7.9　内容默认提升半层效果

图 7.9 中可以看出，内容并没有在浮动元素的下面，而是在外面，其实这就是内容默认会提升半层。可以利用这个特点，来实现图文混排的效果。接下来通过案例来演示图文混排，具体如例 7-9 所示。

【例 7-9】 图文混排。

```
<!doctype html>
<html>
<head>
<meta charset="utf-8">
<title>浮动原理</title>
<style>
    #box{ width:500px; background:red; }
    #box img{ float:left;}
</style>
</head>
<body>
<div id="box">
  <img src="qianfeng.jpg">千锋教育隶属于北京千锋互联科技有限公司，一直秉承"
  用良心做教育"的理念，是中国 IT 职业教育领先品牌，全力打造互联网研发人才服务优质
  平台。公司总部位于北京，目前已在深圳、上海、郑州、广州、大连、武汉、成都、西安、
  杭州、青岛、重庆、长沙、哈尔滨成立了分公司。拥有全国的移动互联网教学就业保障团队，
```

```
        做到了毕业学员业内高薪水，成为学员信赖的 IT 培训机构。
</div>
</body>
</html>
```

运行结果如图 7.10 所示。

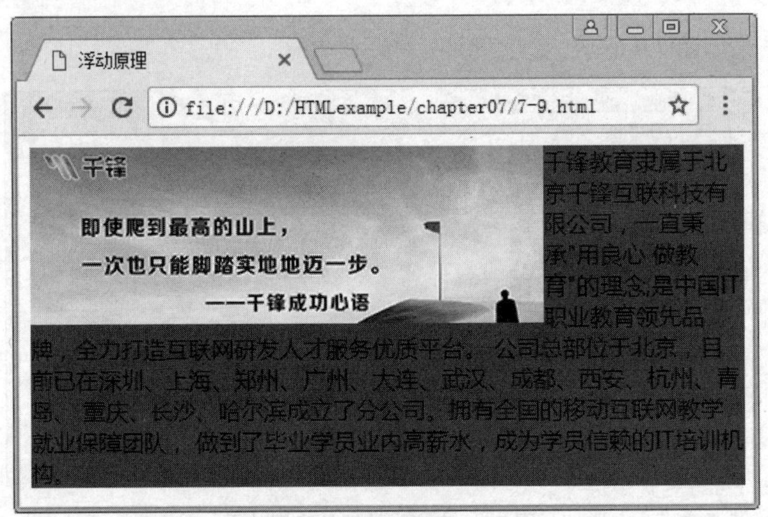

图 7.10　图文混排展示效果

3．默认宽根据内容确定

当未给浮动的元素设置宽度时，浮动元素的宽与内容的宽相同。浮动的元素改变了块标签的特点。接下来通过案例来演示，具体如例 7-10 所示。

【例 7-10】 默认宽根据内容确定。

```
<!doctype html>
<html>
<head>
<meta charset="utf-8">
<title>浮动原理</title>
<style>
    #box1{ width:300px; height:100px; background:red; }
    #box2{ background:green; float:left; color:white; }
</style>
</head>
<body>
<div id="box1">
    <div id="box2">这是一个浮动的元素</div>
</div>
```

```
</body>
</html>
```

运行结果如图 7.11 所示。

图 7.11　默认宽展示效果

4. 换行排列

当多个元素设置浮动时，它们会水平排列，但是如果父容器放不下这些浮动元素时，会自动换行进行排列。接下来通过案例来演示，具体如例 7-11 所示。

【例 7-11】 换行排列。

```
<!doctype html>
<html>
<head>
<meta charset="utf-8">
<title>浮动原理</title>
<style>
     #box1{ width:120px; height:150px; background:red; }
     #box2{ width:50px; height:50px; background:gray; float:left; }
     #box3{ width:80px; height:80px; background:blue; float:left; }
</style>
</head>
<body>
<div id="box1">
     <div id="box2"></div>
     <div id="box3"></div>
</div>
</body>
</html>
```

运行结果如图 7.12 所示。

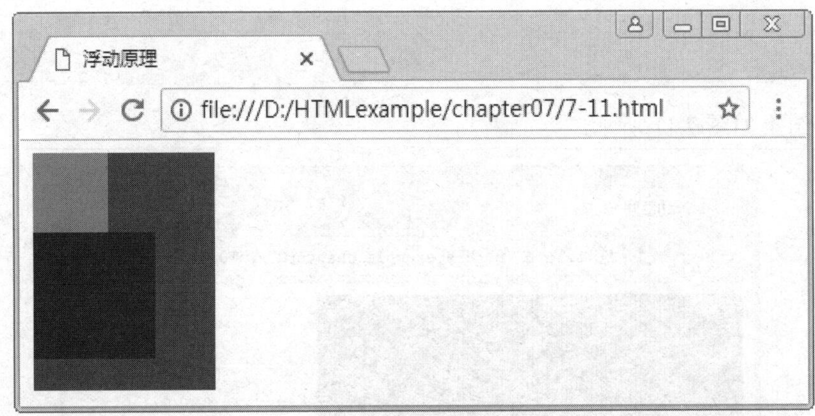

图 7.12　换行排列展示效果

7.1.4　clear 属性

有时不希望浮动的元素影响到后面元素的布局，就可以给后面的元素添加清除浮动的操作。在 CSS 样式中通过 clear 属性，来设置清除浮动的操作，其有 left、right 和 both 三个属性值。

1．left

left 值用来清除左浮动。接下来通过案例来演示 clear 属性值为 left 的使用，具体如例 7-12 所示。

【例 7-12】 clear 属性值为 left 的使用。

```
<!doctype html>
<html>
<head>
<meta charset="utf-8">
<title>浮动原理</title>
<style>
     #box1{ width:150px; height:150px; background:red; }
     #box2{ width:50px; height:50px; background:gray; float:left; }
     #box3{ width:80px; height:80px; background:blue; clear:left; }
</style>
</head>
<body>
<div id="box1">
     <div id="box2"></div>
     <div id="box3"></div>
</div>
```

```
</body>
</html>
```

运行结果如图 7.13 所示。

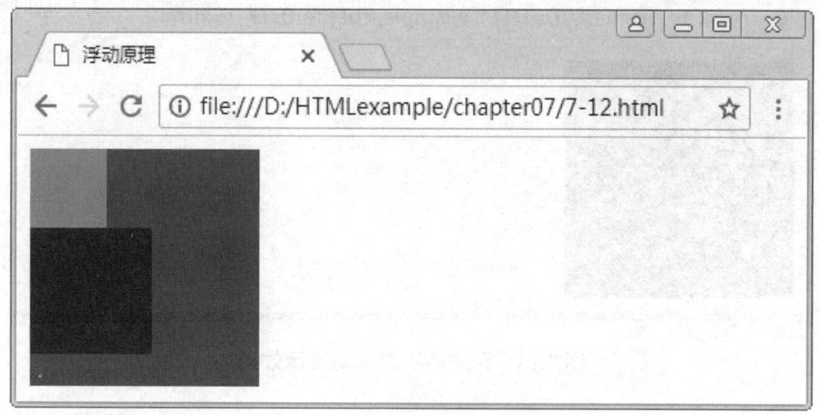

图 7.13 清除左浮动展示效果

可以看到，由于 box3 设置了清除左浮动，box2 元素产生的浮动就不会对 box3 产生影响。这里要注意，当 clear 属性为 left 值时，只能清除之前元素的左浮动，而对右浮动不起作用。具体如例 7-13。

【例 7-13】 clear 属性为 left 值时，对右浮动不起作用。

```
<!doctype html>
<html>
<head>
<meta charset="utf-8">
<title>浮动原理</title>
<style>
     #box1{ width:150px; height:150px; background:red; }
     #box2{ width:50px; height:50px; background:gray; float:right; }
     #box3{ width:80px; height:80px; background:blue; clear:left; }
</style>
</head>
<body>
<div id="box1">
     <div id="box2"></div>
     <div id="box3"></div>
</div>
</body>
</html>
```

运行结果如图 7.14 所示。

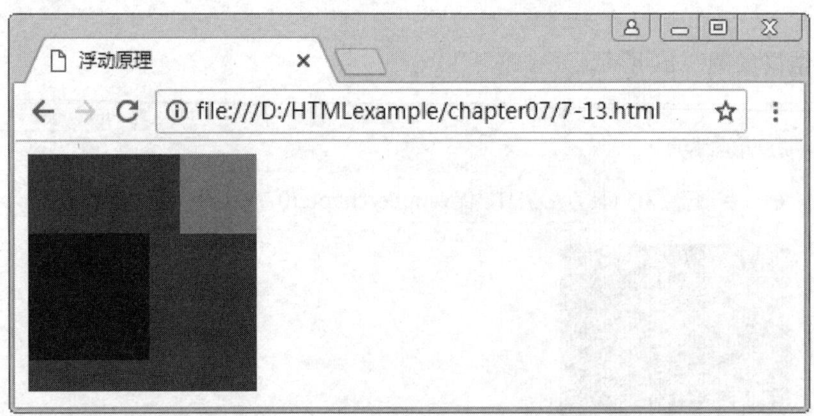

图 7.14　无法清除右浮动展示效果

可以看到，当 float 为 right 值时，无法用 clear 为 left 值清除浮动效果。那么就需要 clear 为 right 值才行。

2．right

right 值是用来清除右浮动的，接下来通过案例来演示，具体如例 7-14 所示。

【例 7-14】 right 值消除右浮动。

```
<!doctype html>
<html>
<head>
<meta charset="utf-8">
<title>浮动原理</title>
<style>
     #box1{ width:150px; height:150px; background:red; }
     #box2{ width:50px; height:50px; background:gray; float:right; }
     #box3{ width:80px; height:80px; background:blue; clear:right; }
</style>
</head>
<body>
<div id="box1">
     <div id="box2"></div>
     <div id="box3"></div>
</div>
</body>
</html>
```

运行结果如图 7.15 所示。

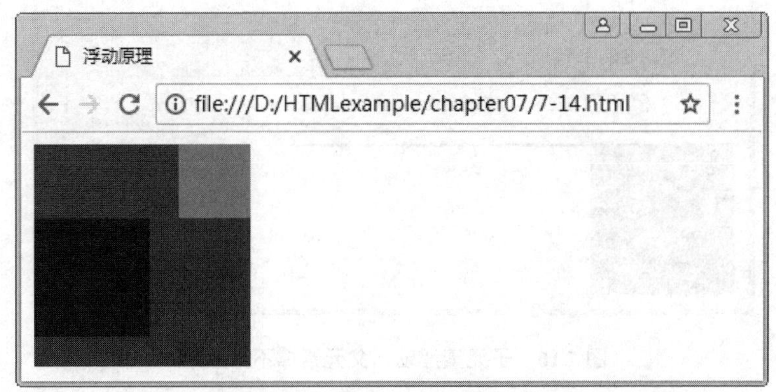

图 7.15　清除右浮动展示效果

3．both

both 值的作用是左右浮动一起清除，因此一般情况下，都采用 both 值，这样就不用担心之前元素究竟设置了左浮动还是右浮动。

7.1.5　清除嵌套中浮动

元素嵌套中，如果父元素不设置高度，而子元素 box2 添加浮动，则子元素浮动使其脱离文档流，导致子元素和父元素不在同一个层面上，这时父元素内没有任何内容，无法撑开。接下来通过案例来演示，具体如例 7-15 所示。

【例 7-15】 父元素不设置高度，子元素添加浮动，无法撑开父元素。

```
<!doctype html>
<html>
<head>
<meta charset="utf-8">
<title>嵌套中的清除浮动</title>
<style>
    #box1{ width:300px; border:1px black solid; }
    #box2{ width:100px; height:100px; background:red; float:left;}
</style>
</head>
<body>
<div id="box1">
    <div id="box2"></div>
</div>
</body>
</html>
```

运行结果如图 7.16 所示。

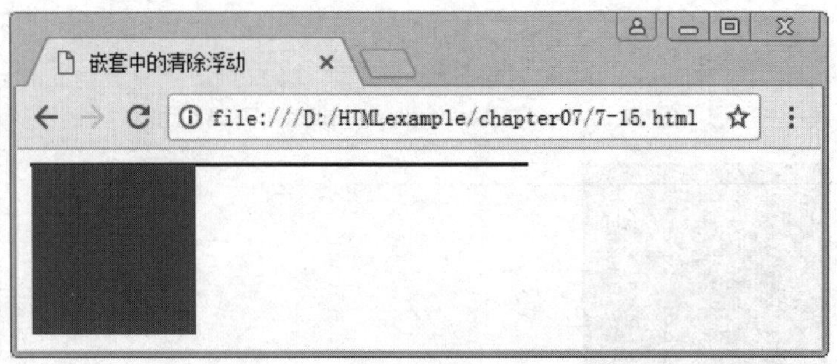

图 7.16 子元素浮动，父元素撑不开效果

图 7.16 中可以看出子元素无法撑开父元素的容器。这会影响到后面元素的布局，想要在子元素浮动的情况下，使父元素保持原有位置大小，就涉及清除嵌套中浮动的操作，下面将讲解在嵌套中清除浮动的方法。

1．父元素固定宽高

通过给父元素设定固定的高度方式清除嵌套中浮动，这种方式其实是把父元素高度固定，进而对容器大小进行了限制。这样对于内容的扩展不是很方便，因此这种方式是不建议使用。在上述案例的基础上，为父元素固定宽高，具体 CSS 代码如下。

```
#box1{ width:300px; height:100px; border:1px black solid; }
#box2{ width:100px; height:100px; background:red; float:left; }
```

保存 HTML 文件，刷新页面，运行结果如图 7.17 所示。

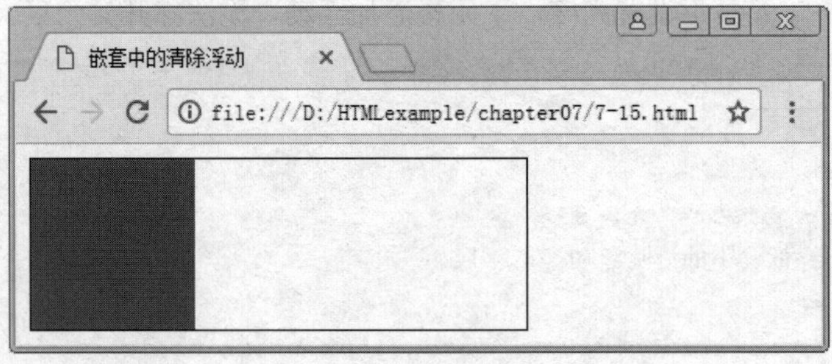

图 7.17 父元素固定宽高效果

2．父元素浮动

通过给父元素设置浮动操作方式清除嵌套中浮动，这种方式可以保证子元素与父元素处于同一平面上，父元素可以被撑开，但这种方式存在父元素浮动会影响后面元素布局的问题，因此也不推荐使用。在上述案例的基础上，为父元素设置浮动，具体 CSS 代码如下。

```
#box1{ width:300px; border:1px black solid; float:left; }
```

```
#box2{ width:100px; height:100px; background:red; float:left; }
```

保存 HTML 文件，刷新页面，运行结果同图 7.17。

3．父元素 overflow 属性

通过将父元素 overflow 属性值设置为 hidden 或 scroll 方式清除嵌套中浮动，但 overflow 会对溢出的元素进行隐藏或添加滚动条，因此也是不推荐使用的方式。在上述案例基础上，将父元素 overflow 属性值设置为 hidden，具体 CSS 代码如下。

```
#box1{ width:300px; border:1px black solid; overflow:hidden; }
#box2{ width:100px; height:100px; background:red; float:left; }
```

保存 HTML 文件，刷新页面，运行结果同图 7.17。

4．父元素设置 display 属性

通过将父元素 display 属性值设置为 inline-block 方式清除嵌套中浮动，但 inline-block 值会使元素具备块和内联的特点，对布局有影响，因此也是不推荐使用的方式。在上述案例基础上，将父元素 display 属性值设置为 inline-block，具体 CSS 代码如下。

```
#box1{ width:300px; border:1px black solid; display:inline-block; }
#box2{ width:100px; height:100px; background:red; float:left; }
```

保存 HTML 文件，刷新页面，运行结果同图 7.17。

5．设置空标签

通过在父元素中添加一个空标签清除嵌套中浮动，利用这个空标签来撑开父元素，具体 CSS 代码如下。

```
.clear{ clear : both; }
```

保存 HTML 文件，刷新页面，运行结果同图 7.17。

给空标签添加清除浮动操作，使得空标签保持在正常位置上，同时空标签和父元素在同一个层面上，因此父元素被空标签所撑开。这种方式非常巧妙，但需要多添加一个标签元素，也不是很方便，因此不建议在实际工作中使用。

6．after 伪类

after 伪类方式是优化空标签方式的一种做法，也是目前最流行的处理方式。下面先来了解 after 伪类的用法。

它可以通过 CSS 方式给 HTML 标签添加内容，内容会被添加到 HTML 标签内的最后位置。接下来通过案例来演示 after 伪类的使用，具体如例 7-16 所示。

【例 7-16】 after 伪类的使用。

```
<!doctype html>
<html>
```

```
<head>
<meta charset="utf-8">
<title>嵌套中的清除浮动</title>
<style>
    #box:after{ content : "_css"; }
</style>
</head>
<body>
<div id="box">hello</div>
</body>
</html>
```

运行结果如图 7.18 所示。

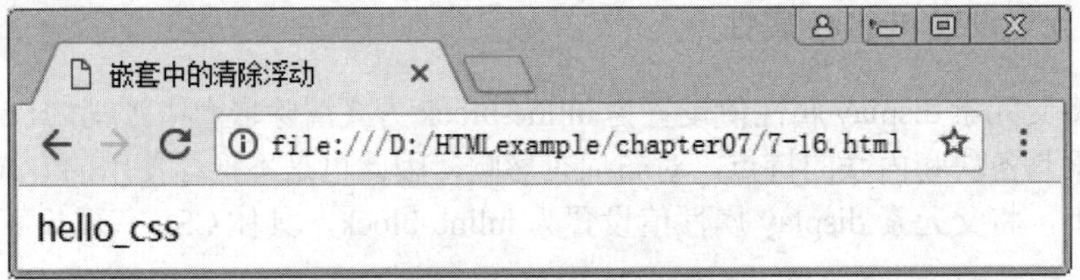

图 7.18　after 伪类展示效果

图 7.18 中可以看出，after 伪类通过 content 属性来添加内容，并且把内容加到了 hello 内容的后面。

通过 after 伪类的方式在 box1 中添加一个空内容，相当于添加一个空标签，默认是内联特点，因此通过将 display 属性值设置为 block 转化成块的特点，然后就可以通过清除浮动的方式，使父元素被撑开。接下来通过案例来演示，具体如例 7-17 所示。

【例 7-17】 通过 after 伪类方式，将父元素撑开。

```
<!doctype html>
<html>
<head>
<meta charset="utf-8">
<title>嵌套中的清除浮动</title>
<style>
    #box1{ width:300px; border:1px black solid; }
    #box2{ width:100px; height:100px; background:red; float:left; }
    .clear:after{ content : ""; display : block; clear : both; }
</style>
</head>
<body>
<div id="box1" class="clear">
    <div id="box2"></div>
</div>
```

```
</body>
</html>
```

运行结果如图 7.19 所示。

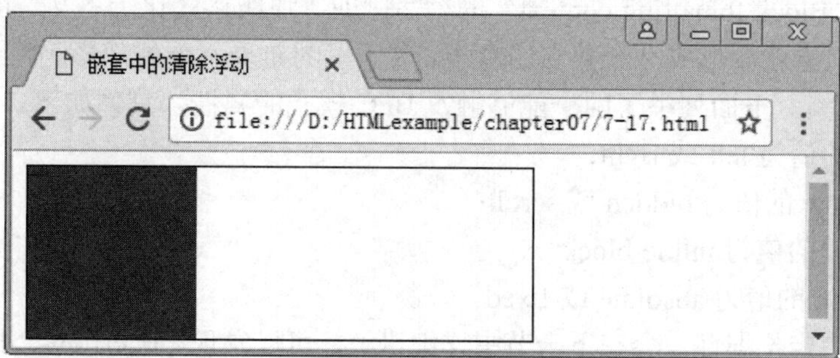

图 7.19　after 伪类清除浮动效果

与 after 伪类类似的还有一个 before 伪类，它是把内容添加到 hello 内容的前面。接下来通过案例来演示 before 伪类，具体如例 7-18 所示。

【例 7-18】 before 伪类的使用。

```
<!doctype html>
<html>
<head>
<meta charset="utf-8">
<title>嵌套中的清除浮动</title>
<style>
    #box:after{ content:"_css"; }
    #box:before{ content:"say:"; }
</style>
</head>
<body>
<div id="box">hello</div>
</body>
</html>
```

运行结果如图 7.20 所示。

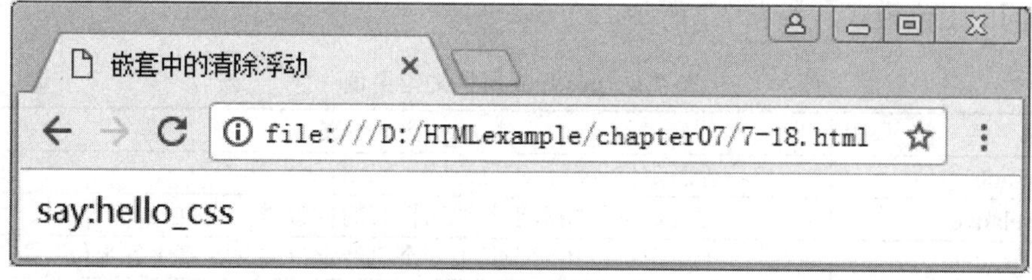

图 7.20　before 伪类展示效果

清除嵌套结构的浮动方法，after 是最优化的一种方式，推荐使用。

7．BFC 模式

BFC 是“Block fomatting context”的缩写，即“块级格式化上下文”的意思。当创建了 BFC 的元素就会形成一个独立的盒子。盒子里的布局不受外部影响，当然也不会影响到外面的元素。下面列举了四个能够触发 BFC 模式的属性，具体如下。

- float 的值为 left 或 right；
- overflow 的值为 hidden 或 scroll；
- display 的值为 inline-block；
- position 的值为 absolute 或 fixed。

position 为定位属性，会在下一节中详细讲解。可以发现，overflow、display 等属性可以清除浮动是因为它们不会影响周围的布局，而成为独立的盒子。前面章节中讲过的盒子模型中 margin 传递的问题，也可以通过设置 BFC 模式来解决。

7.2 CSS 定位

视频讲解

在 CSS 中，通过 CSS 定位（CSS position）可以实现网页元素的精确定位。CSS 定位和 CSS 浮动类似，也是控制网页布局的操作，CSS 定位更加灵活，可以针对更多个性化的布局方案来使用。在网页布局实战中，灵活使用这两种布局方式，能够创建多种高级而精确的布局。本节将对元素的定位属性及常用的几种定位方式进行详细地讲解。

7.2.1 定位属性

制作网页时，CSS 可以使用定位属性将一个元素精确地放在页面上指定位置。元素的定位属性由定位模式和位置属性两部分构成。

1．定位模式

在 CSS 中，position 属性用来定义元素的定位模式，其常用的属性值有四个，分别表示不同的定位模式，如表 7.1 所示。

表 7.1 position 属性的常用值

属 性 值	含 义
static	静态定位（默认定位方式）
relative	相对定位，相对于其原文档流的位置进行定位
absolute	绝对定位，相对于其上一个已经定位的父元素进行定位
fixed	固定定位，相对于浏览器窗口进行定位

表 7.1 中静态定位就是默认的方式，当 position 属性值为 static 时，可以将元素定位

于静态位置。静态位置就是各个元素在 HTML 文档流中默认的位置。

在默认状态下任何元素都会以静态定位来确定位置。因此，当元素未设置 position 属性时，会遵循默认值显示为静态位置。

2．位置属性

定位模式仅仅定义了元素的定位方式，而并不能确定元素的具体位置。在 CSS 中，位置属性用来精确定义定位元素的位置，其取值为不同单位的数值或百分比，定位属性包括 top、bottom、left 和 right，其具体含义如表 7.2 所示。

表 7.2　位置属性含义

边偏移属性	含　义
top	顶部偏移量
bottom	底部偏移量
left	左侧偏移量
right	右侧偏移量

7.2.2　相对定位

相对定位是元素相对于它在原文档流中的位置来进行定位，position 属性的取值为 relative。接下来通过案例来演示直接在 box2 上添加 position 属性值，将其设置为 relative，具体如例 7-19 所示。

【例 7-19】 直接在 box2 上添加 position 属性值，将其设置为 relative。

```
<!doctype html>
<html>
<head>
<meta charset="utf-8">
<title>CSS 定位</title>
<style>
     #box1{ width:50px; height:50px; background:red; }
     #box2{ width:50px; height:50px; background:green;
       position:relative; }
     #box3{ width:50px; height:50px; background:blue; }
</style>
</head>
<body>
<div id="box1"></div>
<div id="box2"></div>
<div id="box3"></div>
</body>
```

```
</html>
```

运行结果如图 7.21 所示。

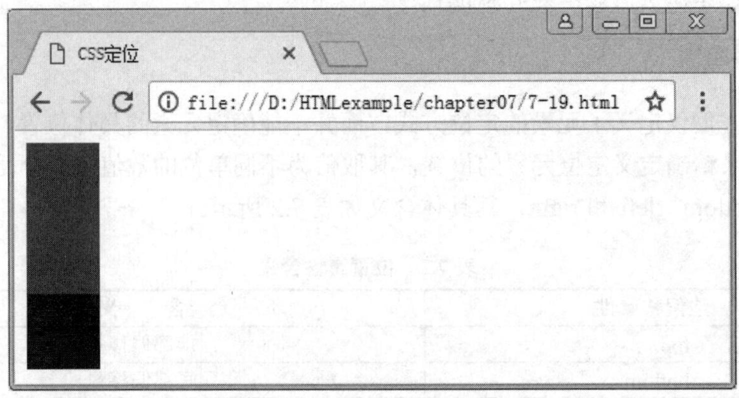

图 7.21　添加相对定位展示效果

由图 7.21 可以看出，给元素只添加 relative 值，对元素本身并没有任何影响，只是设置其相对定位，因此还需要通过定位属性来改变元素的位置，但它在文档流中的位置仍然保留。具体如例 7-20 所示。

【例 7-20】 通过定位属性改变元素位置，使其在文档流中的位置保留。

```
<!doctype html>
<html>
<head>
<meta charset="utf-8">
<title>CSS 定位</title>
<style>
     #box1{ width:50px; height:50px; background:red; }
     #box2{ width:50px; height:50px; background:green;
         position:relative; left:50px; top:50px; }
     #box3{ width:50px; height:50px; background:blue; }
</style>
</head>
<body>
<div id="box1"></div>
<div id="box2"></div>
<div id="box3"></div>
</body>
</html>
```

运行结果如图 7.22 所示。

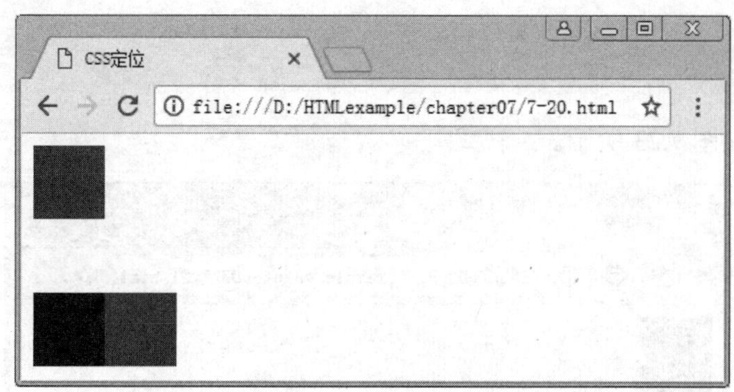

图 7.22 位置属性展示效果

元素在设置 left 值 50px 和 top 值 50px 条件下，可以移动到指定的位置。相对定位是相对于元素本身的左上角进行偏移操作的。相对定位的偏移并没有影响到其他元素的位置。

需要注意一点，定位模式和位置属性是配合在一起使用的，如果只定义一种，则对元素不起任何作用。

7.2.3 绝对定位

绝对定位是元素相对于已经定位（相对、绝对或固定定位）的父元素进行定位。若所有父元素都没有定位，则依据浏览器窗口左上角进行定位。当 position 属性值为 absolute 时，可以将元素的定位模式设置为绝对定位。接下来通过案例来演示直接将 box2 元素的 position 属性值设置为 absolute，具体如例 7-21 所示。

【例 7-21】 直接将 box2 元素的 position 属性值设置为 absolute。

```
<!doctype html>
<html>
<head>
<meta charset="utf-8">
<title>CSS 定位</title>
<style>
     #box1{ width:50px; height:50px; background:red; }
     #box2{ width:50px; height:50px; background:green;
        position:absolute; }
     #box3{ width:50px; height:50px; background:blue; }
</style>
</head>
<body>
<div id="box1"></div>
<div id="box2"></div>
<div id="box3"></div>
```

```
</body>
</html>
```

运行结果如图 7.23 所示。

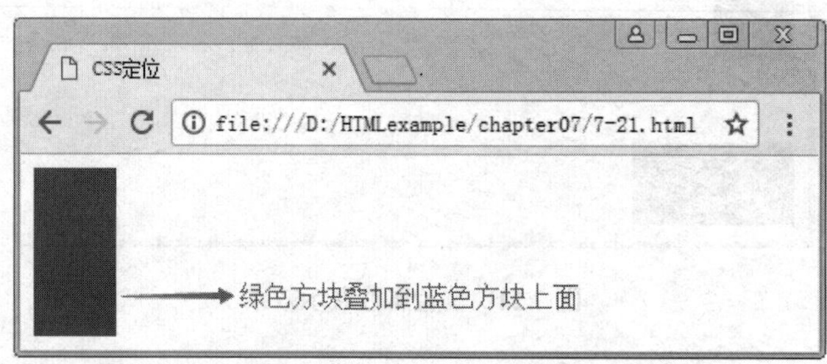

图 7.23　相对定位展示效果

绝对定位展示效果如图 7.23 所示，box2 叠加到 box3 的上面，这说明绝对定位会脱离文档流。例 7-21 中 box2 没有父元素，因此其定位将根据浏览器窗口左上角进行偏移。接下来将介绍绝对定位的另外两个特点。

（1）与浮动类似，块元素添加绝对定位后，默认宽与内容的宽相同。接下来通过案例来演示，具体如例 7-22 所示。

【例 7-22】 块元素添加绝对定位后，默认宽与内容的宽相同。

```
<!doctype html>
<html>
<head>
<meta charset="utf-8">
<title>CSS 定位</title>
<style>
     div{ background:red; position:absolute;}
</style>
</head>
<body>
<div>这是一个标签</div>
</body>
</html>
```

运行结果如图 7.24 所示。

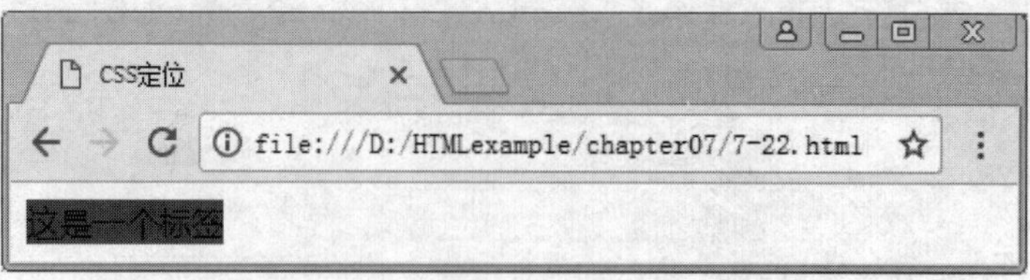

图 7.24　绝对定位默认宽展示效果

（2）嵌套结构中的绝对定位。当父元素或祖先元素中有相对定位或绝对定位时，子元素的绝对定位将相对于父元素或祖先元素进行定位。当父元素或祖先元素都没有定位属性时，子元素将相对于浏览器窗口进行偏移。接下来通过案例来演示，具体如例 7-23 所示。

【例 7-23】 嵌套结构中的绝对定位。

```
<!doctype html>
<html>
<head>
<meta charset="utf-8">
<title>CSS 定位</title>
<style>
     #box1{ width:50px; height:50px; background:red;
        margin-left:50px; position:relative; }
     #box2{ width:50px; height:50px; background:green;
        position:absolute; top:50px; left:50px; }
</style>
</head>
<body>
<div id="box1">
     <div id="box2"></div>
</div>
</body>
</html>
```

运行结果如图 7.25 所示。

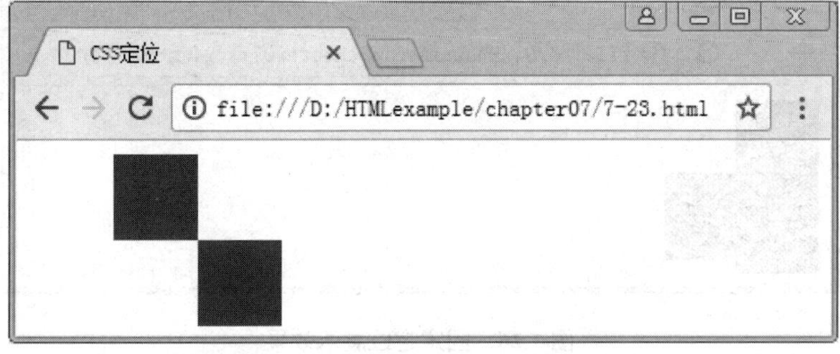

图 7.25 嵌套结构中的绝对定位

7.2.4 固定定位

固定定位通过将 position 属性值设置为 fixed 来实现。固定定位与绝对定位类似，也是脱离文档流。二者的不同点是当元素的 position 属性设置为 fixed 时，元素将被固定，即不会随着滚动条的拖动而改变位置。在视野中，固定定位的元素的位置不会改变。接下来通过案例来演示，具体如例 7-24 所示。

【例 7-24】 固定定位。

```
<!doctype html>
<html>
<head>
<meta charset="utf-8">
<title>CSS 定位</title>
<style>
     body{ height:1000px;}
     #box1{ width:50px; height:50px; background:red; }
     #box2{ width:50px; height:50px; background:green;
        position:fixed; top:50px; left:50px; }
     #box3{ width:50px; height:50px; background:blue; }
</style>
</head>
<body>
<div id="box1"></div>
<div id="box2"></div>
<div id="box3"></div>
</body>
</html>
```

运行结果如图 7.26 所示。

图 7.26　固定定位展示效果

固定定位与绝对定位还有一个不同点是固定定位永远都是相对浏览器窗口左上角进行偏移。网页中的回到顶部按钮就是用固定定位实现的。接下来通过案例来演示，具体如例 7-25 所示。

【例 7-25】 回到顶部按钮。

```
<!doctype html>
<html>
```

```
<head>
<meta charset="utf-8">
<title>CSS 定位</title>
<style>
     body{ height:1000px;}
     #top{ width:35px; background:#bbbbbb; color:white;
         font-size:12px; text-align:center;
         letter-spacing:1px; line-height:16px;
         position:fixed; bottom:4px; right:4px; }
</style>
</head>
<body>
<div id="top">回到顶部</div>
</body>
</html>
```

运行结果如图 7.27 所示。

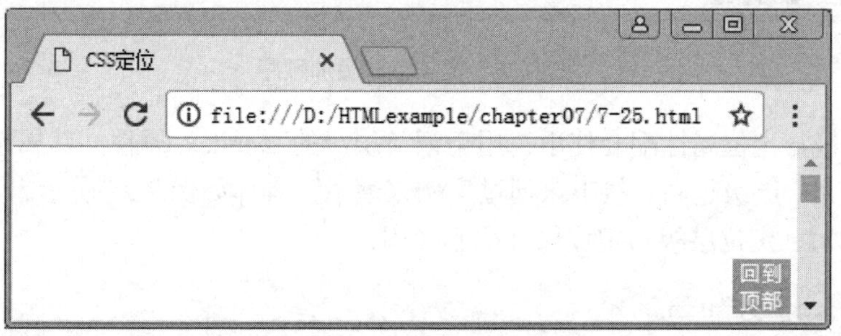

图 7.27　回到顶部展示效果

7.2.5　定位的层级

当多个元素添加定位操作时，可能会出现叠加情况，即在默认的情况下输出的 HTML 结构层级就会越高。接下来通过案例来演示，具体如例 7-26 所示。

【例 7-26】 HTML 结构层级。

```
<!doctype html>
<html>
<head>
<meta charset="utf-8">
<title>CSS 定位</title>
<style>
     #box1{ width:50px; height:50px; background:red;
         position:absolute; left:0; top:0;  }
     #box2{ width:50px; height:50px; background:green;
```

```
        position:absolute; left:25px; top:25px; }
</style>
</head>
<body>
<div id="box1"></div>
<div id="box2"></div>
</body>
</html>
```

运行结果如图 7.28 所示。

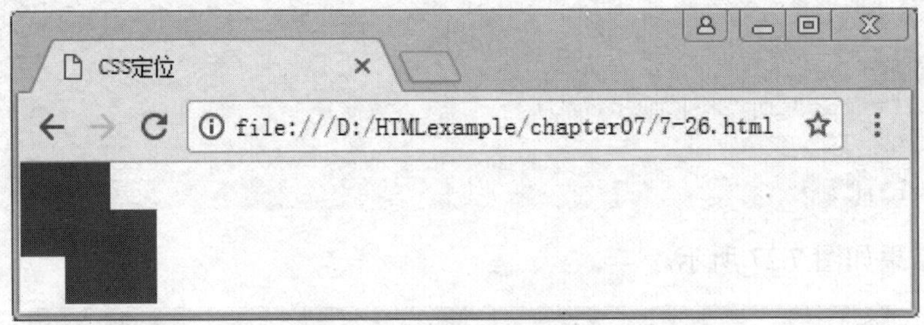

图 7.28　定位默认叠加顺序

定位层级与定位属性配套使用，用于调节层级的 z-index 属性，其属性值用数字表示，数字越大，层级越高。接下来通过案例来演示，具体如例 7-27 所示。

【例 7-27】 定位层级与定位属性配套使用。

```
<!doctype html>
<html>
<head>
<meta charset="utf-8">
<title>CSS 定位</title>
<style>
     #box1{ width:50px; height:50px; background:red;
        position:absolute; left:0; top:0; z-index:2;  }
     #box2{ width:50px; height:50px; background:green;
       position:absolute; left:25px; top:25px; z-index:1; }
</style>
</head>
<body>
<div id="box1"></div>
<div id="box2"></div>
</body>
</html>
```

运行结果如图 7.29 所示。

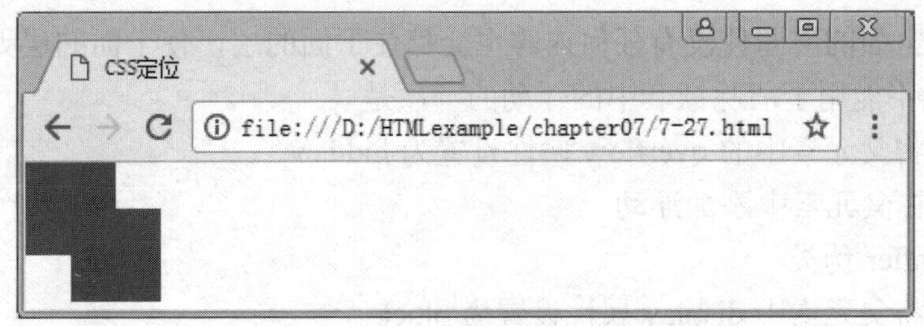

图 7.29 z-index 属性展示效果

7.3 本章小结

本章首先介绍了 CSS 中元素的浮动、浮动的方向与其所呈现的效果，以及清除浮动的方法，然后讲解了 CSS 中元素的定位及几种常见的定位模式。通过本章的学习，能够掌握浮动的使用方法和以定位的方式对网页进行布局的操作，以及能够掌握清除浮动的几种常用方法，为后续学习网页布局相关知识打下基础。

7.4 习　题

1．填空题

（1）利用 CSS 样式中的____________可以使元素在 HTML 结构中的顺序和所展现的顺序不一致。

（2）clear 属性的取值有____________、____________和____________三种。

（3）____________用来定义元素的定位模式。

（4）定位模式分为____________、相对定位、绝对定位和____________四种。

（5）用____________属性，来调整重叠定位元素的层级。

2．选择题

（1）下面关于 float 的描述，错误的是（　　）。

　　A．float:left　　B．float:center

　　C．float:right　　D．float:none

（2）关于 z-index 属性，叙述正确的一项是（　　）。

　　A．此属性必须与 position 属性一起使用才能起作用，此时 position 取任何值都可以

　　B．此值越大，层的顺序越往下

　　C．一般情况下，后添加的元素，其 z-index 值越小

D．上面的层即使没有任何内容也会挡住下面的层，使下面的层无法显示

（3）下面不能用于清除嵌套中的浮动的一项是（　　）。

A．将父元素中的 overflow 属性设置为 hidden

B．在父元素中添加浮动

C．after 伪类

D．将父元素中 display 属性设置为 block

（4）下面哪项不能被设置为 float 属性值。（　　）

A．none　　B．left

C．top　　D．right

（5）当 z-index 值为下列值时，哪个层级最高。（　　）

A．3　　B．2

C．1　　D．4

3．思考题

（1）请简述哪种清除浮动是最优的方案。

（2）请简述绝对定位与相对定位的区别。

第 8 章 chapter 8

HTML&CSS 扩展

本章学习目标

- 了解 HTML 标签规范;
- 了解 HTML 扩展标签;
- 掌握 CSS 扩展样式。

通过前面几章的学习，能够掌握 HTML 和 CSS 的基本原理和使用技巧，但 HTML 在书写时需要注意一些规范，以及在实际制作网页的过程中，有时需要添加更多的标签和样式。本章将讲述标签规范，及扩展 HTML 标签和 CSS 样式的内容，以满足制作网页的需要。

8.1 标签规范

视频讲解

在书写 HTML 结构时，需要使用符合 W3C 标准规定的标签规范。使用不正确的 HTML 结构，将可能会导致一些错误。下面总结了一些常见的标签规范。

8.1.1 嵌套问题

HTML 标签规范对结构嵌套的方式有着较为严格的要求，其要求分为固定嵌套规则和限制嵌套规则两类。下面将详细介绍这两种嵌套规则。

1. 固定嵌套规则

有些标签是固定的嵌套规则，具体如下所述。

（1）<ul>、<ol>标签只能嵌套<li>标签，不可嵌套其他标签，错误示例代码如下所示。

```
<ul>
    <div></div>
</ul>
<ol>
    <p></p>
</ol>
```

上述代码中<ul>标签嵌套了<div>标签，<ol>嵌套了<p>标签的操作不符合固定嵌套规则，这是一种错误的嵌套方式。

（2）<dl>标签只能嵌套<dt>、<dd>标签，不允许嵌套其他标签，错误示例代码如下所示。

```
<dl>
    <h2></h2>
    <div></div>
</dl>
```

上述代码中<dl>标签嵌套了<h2>和<div>标签，这是错误的嵌套方式。

（3）<table>标签只能嵌套<tr>、<caption>、<thead>、<tbody>、<tfoot>标签，不可嵌套其他标签。示例代码如下。

```
<table>
    <div>
        <p></p>
    </div>
</table>
```

代码中<table>标签中嵌套了<div>和<p>标签，是错误的嵌套方式。

2．限制嵌套规则

有些标签在进行互相嵌套时，是有限制规则的，具体如下。

（1）<p>、<dt>、<h1>…<h6>标签不允许嵌套任何块标签。示例代码如下。

```
<p>
    <div></div>
</p>
<dt>
    <div></div>
</dt>
<h1>
    <div></div>
</h1>
```

代码中<p>标签、<dt>标签和<h1>标签都嵌套了<div>标签，这些都是错误的嵌套方式。

（2）<a>标签不允许嵌套<a>标签。示例代码如下。

```
<a>
    <a></a>
</a>
```

代码中<a>标签嵌套了<a>标签，这种嵌套方式是不正确的。

（3）块标签可以嵌套内联标签，但是内联标签不能嵌套块标签，示例代码如下。

```
<span>
    <div></div>
</span>
<strong>
    <ul></ul>
</strong>
```

代码中<span>和<strong>都是有内联特点的标签，嵌套了<div>和<ul>有块标签特点的标签。内联标签不能嵌套块标签，因此这种嵌套方式是错误的。

下面来看一个实际的应用场景，给一段文字或图片加链接的操作很简单，那么如何给一个区域加链接呢？假设想要给 box1 加一个<a>链接，接下来通过案例来演示，具体如例 8-1 所示。

【例 8-1】 为一个区域加链接。

```
<!doctype html>
<html>
<head>
<meta charset="utf-8">
<title>标签规范</title>
<style>
    #box1{ width : 100px; height : 100px; background : red; }
</style>
</head>
<body>
<a href="#">
    <div id="box1"></div>
</a>
</body>
</html>
```

例 8-1 不能成功地给一个区域加连接，因为<a>标签属于内联标签，嵌套了<div>块标签，这样做法是不正确的。那么该如何实现呢？修改 8-1 代码如下。

```
<!doctype html>
<html>
<head>
<meta charset="utf-8">
<title>标签规范</title>
<style>
    #box1{ width:100px; height:100px; background:red; }
    #box1 a{ display:block; width:100%; height:100%; }
```

```
</style>
</head>
<body>
<div id="box1">
    <a href="#"></a>
 </div>
</body>
</html>
```

首先需要一个正确的嵌套结构，然后通过将 display 值设置为 block，来把<a>标签转让成块标签，让其支持宽高属性，即可以实现给一个区域加链接的效果。

8.1.2 格式问题

在 HTML 标签规范中，对标签格式也有着很重要的要求。下面总结了五条重要的格式问题。

（1）必须添加文档头信息，即<!doctype html>，它是在告知浏览器浏览网页时，所使用的 HTML 规范。如果没有头信息，可能会产生一些错误。

（2）规范要求所有 HTML 标签和属性都必须小写（大写不会产生错误）。

（3）规范要求所有属性都必须使用双引号，虽然单引号也不会报错。示例代码如下。

```
<div id="elem" class="box" title="块"></div>
```

（4）规范要求所有的单标签无须使用斜杠结束。示例代码如下。

```
<!--第一段内容-->
<input type="text">
<img src="qf.png">
<!--第二段内容-->
<input type="text" />
<img src="qf.png" />
```

第一段内容是正确的写法，第二段内容是老式的写法（W3C 标准不推荐）。

（5）规范要求所有的双标签必须进行闭合处理。

```
<!--第一段内容-->
<div></div>
<p></p>
<!--第二段内容-->
<div>
<p>
```

第一段内容是正确的双标签写法，第二段内容是错误的，因为双标签没有闭合。

8.2 HTML 扩展

视频讲解

前面章节中已经介绍过常用的 HTML 标签，如：标题、段落、列表等。当然 HTML 标签还有很多，下面再来扩展学习一些 HTML 标签，这些标签主要以了解为主。

8.2.1 <link>标签

<link>标签属于链接标签，前面章节中已经介绍过它可以引入 CSS 外部样式文件。在<head>标签中通过以下方式进行设置，示例代码如下。

```
<link rel="stylesheet" type="text/css" href="index.css">
```

rel 属性用来规定当前文档与被链接文档之间的关系。type 属性规定被链接文档 MIME 类型。MIME (Multipurpose Internet Mail Extensions) 是描述消息内容类型的因特网标准，即当前文件类型。text/css 表示文件是 css 类型。href 属性用来规定链接文件地址。

<link>标签还有其他用法。下面依次进行列举。

（1）media 属性可以针对不同的媒介类型进行样式设定，如表 8.1 所示。

表 8.1 media 属性取值

值	描　述
screen	计算机屏幕（默认）
tty	电传打字机以及类似的使用等宽字符网格的媒介
tv	电视机类型设备（低分辨率、有限的滚屏能力）
projection	放映机
handheld	手持设备（小屏幕、有限带宽）
print	打印预览模式/打印页面
braille	盲人点字法反馈设备
aural	语音合成器
all	适用于所有设备

（2）设置网站的缩略标志。

有些网站在标题前面会出现一个图标，这个图标就是网站的缩略标识，用于区分不同的网站来源。通过<link>标签可实现添加图标功能。接下来通过案例来演示网站缩略标识的展示效果，具体如例 8-2 所示。

【例 8-2】 网站缩略标识的展示效果。

```
<!doctype html>
<html>
<head>
```

```
<link rel="icon" href="http://www.mobiletrain.org/favicon.ico"
   type="/image/x-icon">
<meta charset="utf-8">
<title>HTML扩展</title>
</head>
<body>
</body>
</html>
```

运行结果如图 8.1 所示。

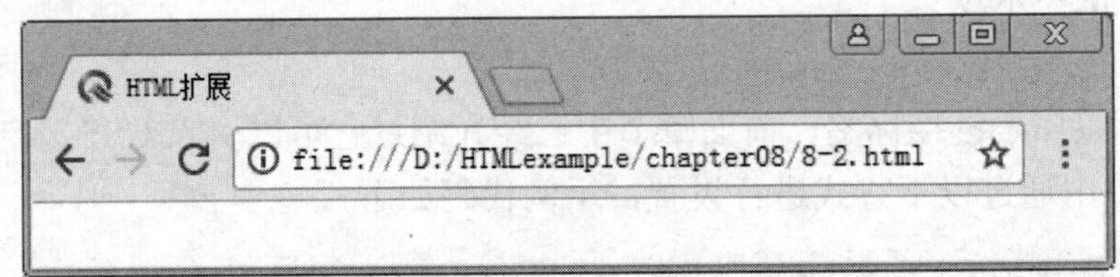

图 8.1　网站缩略标识展示效果

在例 8-2 中，将<link>标签 rel 属性设置成 icon 值，将 type 属性设置成/image/x-icon 值。注意：href 属性链接地址中的图标命名与格式必须是 favicon.ico 形式。

（3）苹果设备的私有设置。

苹果为 iOS 设备配备了 apple-touch-icon 私有属性，该属性是用来在 iPhone 和 iPad 上创建快捷键时使用。在 HTML 文档头部中添加<link>标签可以将网站的快捷按钮添加到主屏幕上，方便用户以后访问。实现方法是在 HTML 文档的<head>标签加入以下示例代码。

```
<link rel="apple-touch-icon" href="logo.png">
```

apple-touch-icon 标签支持 sizes 属性，可以用来放置不同对应的设备。

8.2.2　<meta>标签

<meta>元素可以提供与页面有关的元信息（meta-information），如针对搜索引擎和更新频度的描述和关键词。在前面的章节中介绍过它可以设置文档的编码方式，同样需要在<head>标签中通过以下方式进行设置，示例如下。

```
<meta charset="utf-8">
```

除了可以设置文档的编码方式外，还可以设置其他的元信息方式。下面进行依次列举。

（1）设置网站的关键词和内容描述。

通过<meta>设置网站的关键词和内容描述，可以让搜索引擎了解当前网站的关键词和网站的主要内容，有利于 SEO 搜索引擎优化，示例如下。

```
<meta name="keywords" content="HTML5,UI,PHP">
<meta name="description" content="中国 IT 职业教育领先品牌，专注 HTML5 培训">
```

（2）设置网站的作者和版权信息。

可以通过<meta>设置网站的作者和版权信息，示例如下。

```
<meta name="author" content="小千">
<meta name="copyright" content="2011-2017 千锋互联">
```

（3）是否允许搜索引擎索引。

可以通过<meta>设置是否允许搜索引擎索引，示例如下。

```
<meta name="robots" content="index,follow">
```

content 中的值决定了允许其抓取的类型，必须同时包含是否允许索引（index）和是否跟踪链接（follow）两个值，其共有四个参数可选，组成四个组合，如表 8.2 所示。

表 8.2 content 取值不同组合

组　合	含　义
index,follow	允许抓取本页和跟踪链接
index,nofollow	允许抓取本页，但禁止跟踪链接
noindex,follow	禁止抓取本页，但允许跟踪链接
noindex,nofollow	禁止抓取本页，同时禁止跟踪本页中的链接

此外，index，follow 可以写成 all，示例如下。

```
<meta name="robots" content="all">
```

noindex，nofollow 可以写成 none，示例如下。

```
<meta name="robots" content="none">
```

8.2.3 <area>标签

在网页中，添加链接一般都是在文字或矩形区域中添加。对于在一些特殊形状区域（如：多边形，圆形等）添加链接，则需要用到<area>标签。<area>标签的作用是可单击区域的图像映射。接下来将分步骤讲解如何为图片上某个多边形添加链接。通过 DW 工具可以很方便地操作<area>标签。

（1）打开 DW 工具，创建 HTML 文档，在<body>标签中添加代码引入图片，添加代码如下。

```
<img src="H5.jpg">
```

将文档保存为 8-3.html。

（2）将 DW 工具调整到设计视图。DW 工具设计视图展示效果如图 8.2 所示。

图 8.2　DW 工具设计视图展示效果

（3）单击图片，在工具下方可看见地图操作。DW 工具地图展示效果如图 8.3 所示。

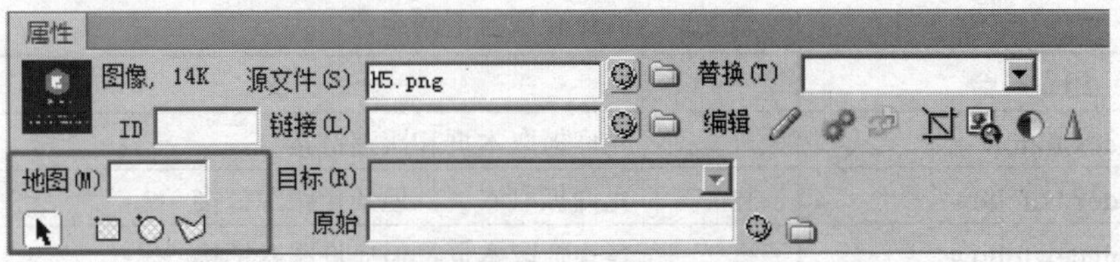

图 8.3　DW 工具地图展示效果

（4）单击多边形图标，在图片上画出区域。多边形操作图片展示效果如图 8.4 所示。

图 8.4　多边形操作图片展示效果

这样就完成了用<area>标签添加链接的操作，下面看下转化后的<area>标签代码。

```
<body>
<img src="H5.png" usemap="#Map">
<map name="Map">
    <area shape="poly" coords="133,31,178,58" href="#">
    <area shape="poly" coords="132,32" href="#">
```

```
    <area shape="poly" coords="133,33,178,59,179,111,133,139,86,110,86,58"
href="#">
</map>
</body>
```

还可以给多边形区域添加单击链接，当在浏览器中预览图片时，可以只单击多边形区域来实现链接跳转。

8.2.4 <pre>标签

<pre>标签的作用是定义预格式化的文本。在 pre 元素中，文本通常会保留空格和换行符。<pre>标签常用来表示计算机的源代码。接下来通过案例来演示<pre>标签展示效果，具体如例 8-4 所示。

【例 8-4】 <pre>标签展示效果。

```
<!doctype html>
<html>
<head>
<link rel="icon" href="http://www.mobiletrain.org/favicon.ico"
    type="/image/x-icon">
<meta charset="utf-8">
<title>HTML 扩展</title>
</head>
<body>
<pre>
&lt;&ul&gt;
    &lt;&li&gt;列表第一项&lt;/&li&gt;
    &lt;&li&gt;列表第二项&lt;/&li&gt;
    &lt;&li&gt;列表第三项&lt;/&li&gt;
&lt;/&ul&gt;
</pre>
</body>
</html>
```

运行结果如图 8.5 所示。

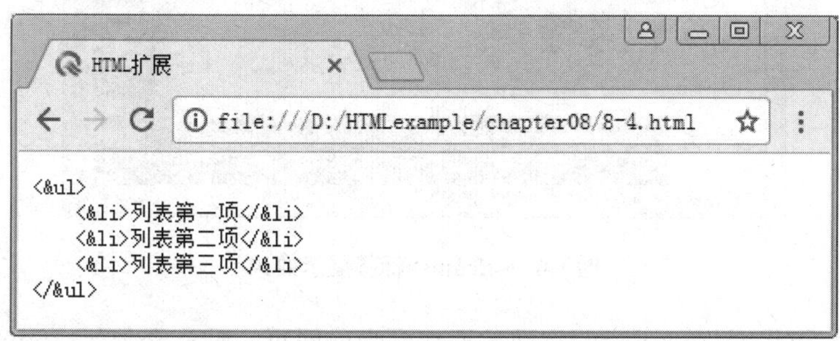

图 8.5 <pre>标签展示效果

常见的浏览程序源代码的效果，都是通过<pre>标签来实现的。

8.2.5 <iframe>标签

<iframe>标签可以将其他网页内容添加到自己当前的页面中，形成页面嵌套页面的效果。其语法格式如下。

```
<iframe src="" width="" height="">
```

其中，src 属性用来链接要嵌套页面的地址，width、height 属性可以设定容器的大小。接下来通过案例来演示<iframe>标签展示效果，具体如例 8-5 所示。

【例 8-5】 <iframe>标签展示效果。

```
<!doctype html>
<html>
<head>
<link rel="icon" href="http://www.mobiletrain.org/favicon.ico"
   type="/image/x-icon">
<meta charset="utf-8">
<title>HTML扩展</title>
</head>
<body>
<iframe src="http://www.qfedu.com/" width="600" height="200">
</iframe>
</body>
</html>
```

运行结果如图 8.6 所示。

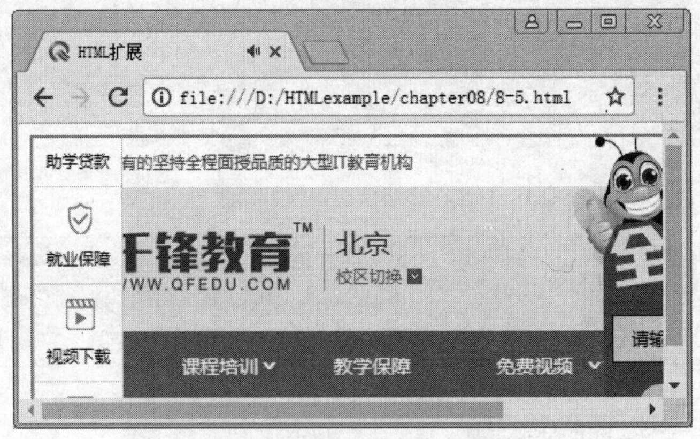

图 8.6 <iframe>标签展示效果

从图 8.6 可以看出，千锋的官网被添加到当前网页，默认会显示<iframe>标签的边框和滚动条，通过将 frameborder 属性设置为 0，可以取消边框样式；将 scrolling 属性设置为 no 值，可以取消滚动条。具体如例 8-6 所示。

【例 8-6】 取消边框样式和滚动条。

```
<!doctype html>
<html>
<head>
<link rel="icon" href="http://www.mobiletrain.org/favicon.ico"
   type="/image/x-icon">
<meta charset="utf-8">
<title>HTML 扩展</title>
</head>
<body>
<iframe src="http://www.qfedu.com/" width="600" height="200"
     frameborder="0" scrolling="no"></iframe>
</body>
</html>
```

运行结果如图 8.7 所示。

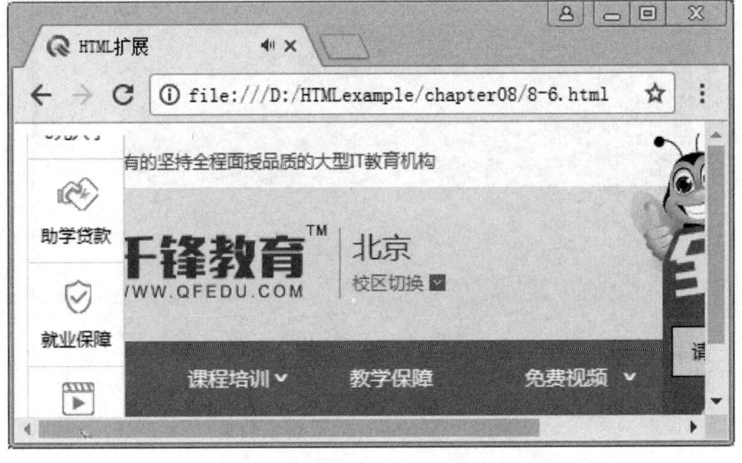

图 8.7 <iframe>标签展示效果

8.2.6 <embed>标签

<embed>标签用来在网页中添加音频和视频文件。在 HTML5 中专门提供了针对音频和视频的添加方式，这里不进行详细讲解。接下来通过案例来演示通过<embed>标签的方式设置一个 flash 视频文件，具体如例 8-7 所示。

【例 8-7】 通过<embed>标签的方式设置一个 flash 视频文件。

```
<!doctype html>
<html>
```

```
<head>
<link rel="icon" href="http://www.mobiletrain.org/favicon.ico"
    type="/image/x-icon">
<meta charset="utf-8">
<title>HTML扩展</title>
</head>
<body>
<embed type="application/x-shockwave-flash" width="420" height="240"
    src=http://player.youku.com/player.php/sid/XNDM2NTc1NjU2/v.swf
    allowfullscreen="true" quality="high" title="Adobe Flash Player">
</embed>
</body>
</html>
```

运行结果如图 8.8 所示。

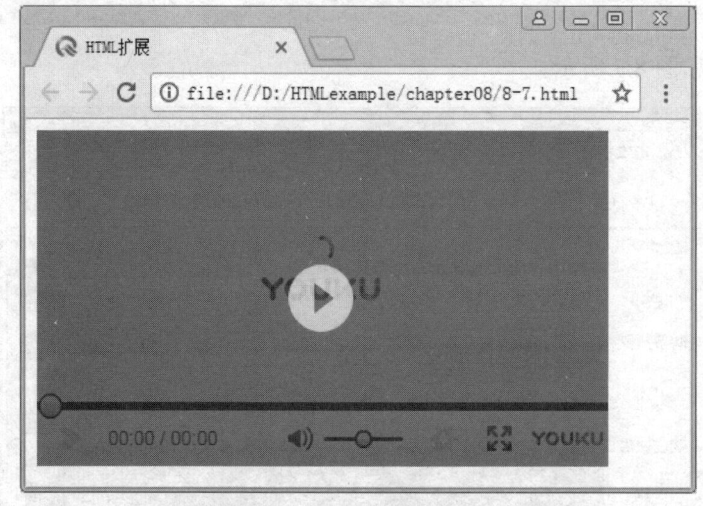

图 8.8 <embed>标签展示效果

8.3 CSS 扩展

视频讲解

前面几章已经介绍了 CSS 的基本原理和使用技巧，但 CSS 还有一些在实际项目中能实现特殊效果的高级技巧，如 CSS 雪碧、最大、最小宽高、添加省略号和 CSS 表格等，下面将介绍几种 CSS 高级技巧。

8.3.1 CSS 雪碧

CSS 雪碧（即 CSS Sprite），也称 CSS 精灵，是一种 CSS 图像合并技术。该方法是将小图标和背景图像合并到一张图片上，然后利用 CSS 的背景定位来显示需要显示的图片部分。接下来先通过案例来演示背景定位的操作方式，具体如例 8-8 所示。

【例 8-8】 背景定位的操作方式。

```
<!doctype html>
<html>
<head>
<link rel="icon" href="http://www.mobiletrain.org/favicon.ico"
   type="/image/x-icon">
<meta charset="utf-8">
<title>CSS 扩展</title>
<style>
     #box{ width:400px; height:200px; border:1px black solid;
        background :url(qianfeng.jpg) no-repeat;
        background-position : 50px 30px; }
</style>
</head>
<body>
    <div id="box"></div>
</body>
</html>
```

运行结果如图 8.9 所示。

图 8.9 背景定位展示效果

在默认情况下，背景定位的零点与容器的左上角对齐。当设置 background-position 属性值为 30px 和 50px 时，会相对于容器的左上角向右偏移 30px 和向下偏移 50px；当取负值时背景图像会向左和向上偏移。另外例 8-8 中容器尺寸大于背景图像尺寸，如果容器尺寸小于背景图像尺寸，会怎样显示呢？接下来通过案例来演示背景定位展示效果，具体如例 8-9 所示。

【例 8-9】 背景定位展示效果。

```
<!doctype html>
<html>
<head>
<link rel="icon" href="http://www.mobiletrain.org/favicon.ico"
   type="/image/x-icon">
<meta charset="utf-8">
<title>CSS 扩展</title>
 <style>
     #box{ width:100px; height:50px; border:1px black solid;
        background :url(qianfeng.jpg) no-repeat;
        background-position : -50px -30px; }
</style>
</head>
<body>
<div id="box"></div>
</body>
</html>
```

运行结果如图 8.10 所示。

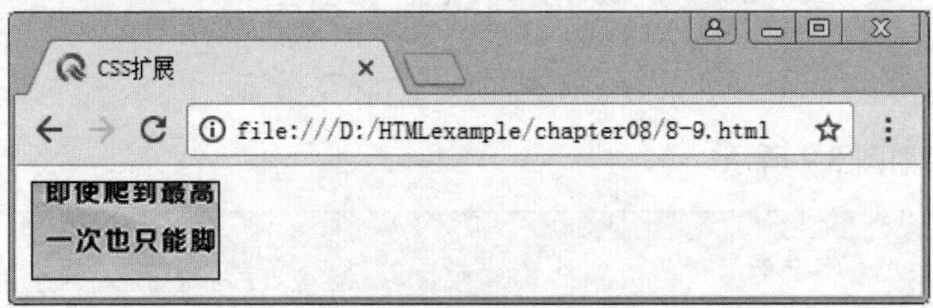

图 8.10　背景定位展示效果

图 8.10 中可以看出，可以将背景定位设置为赋值，从而使背景图像向左和向上偏移，从而在容器中显示部分图像。因此，可以利用这一点来实现 CSS 雪碧技术。

CSS 雪碧技术是把多张背景图像合成到一张背景图像上，通过背景定位的负值在容器中显示部分图像。接下来通过案例来演示 CSS 雪碧图的使用，具体如例 8-10 所示。

【例 8-10】 CSS 雪碧图的使用。

```
<!doctype html>
<html>
<head>
<link rel="icon" href="http://www.mobiletrain.org/favicon.ico"
   type="/image/x-icon">
<meta charset="utf-8">
<title>CSS 扩展</title>
<style>
     li{ list-style:none; float:left; width:105px; height:120px;
        background:url(class.jpg) no-repeat; }
     .bg1{ background-position:0px 0px; }
     .bg2{ background-position:-108px 0px; }
```

```
        .bg3{ background-position:5px -120px; }
        .bg4{ background-position:-105px -120px;}
</style>
</head>
<body>
<ul>
        <li class="bg1"></li>
        <li class="bg2"></li>
        <li class="bg3"></li>
        <li class="bg4"></li>
</ul>
</body>
</html>
```

运行结果如图 8.11 所示。

图 8.11 添加相对定位展示效果

使用 CSS 雪碧技术处理图像的方式比分开处理背景图像的方式更加方便，最重要的是 CSS 雪碧技术具有性能更好、质量更小的优势，同时还能减少网络请求时间，即一张图要比多张图请求次数少，从而请求时间减少。CSS 雪碧技术是一种性能优化的方案，在开发过程中可以针对背景图标进行 CSS 雪碧图操作。

8.3.2 最大、最小宽高

前面章节中讲过关于尺寸的样式，即 width、height 这两个属性。CSS 中还有四个关于尺寸的样式属性分别为 min-width、min-height、max-width 和 max-height。下面将详细介绍这四个属性。

1. min-width 和 min-height

min-width 和 min-height 属性分别是最小宽度和最小高度。在制作网页时，如果块标签宽度固定，当没有设置高度，其高度会根据内容进行变化而无法确定高度。当高度固定时，其高度不会随着内容的增加而发生变化，因此会发生溢出现象。为了避免上述两种情况可以使用 min-height 属性来固定最小高度，当内容高度大于最小高度时会以内容高度为准。接下来通过案例来演示 min-height 属性，具体如例 8-11 所示。

【例 8-11】 min-height 属性。

```
<!doctype html>
<html>
<head>
<link rel="icon" href="http://www.mobiletrain.org/favicon.ico"
   type="/image/x-icon">
<meta charset="utf-8">
<title>CSS扩展</title>
<style>
     #box1{ width:200px; float:left; border:1px black solid;
        min-height:150px; }
     #box2{ width:200px; float:left; border:1px black solid;
        margin-left:10px; min-height:150px; }
</style>
</head>
<body>
<divid="box1">千锋教育隶属于北京千锋互联科技有限公司，一直秉承“用良心做教育”
     的理念，致力于打造 IT 教育全产业链人才服务平台</div>
<div id="box2">千锋教育隶属于北京千锋互联科技有限公司，一直秉承"用良心做教育"
     的理念，是中国 IT 职业教育领先品牌，全力打造互联网研发人才服务优质平台。
     公司总部位于北京，目前已在深圳、上海、郑州、广州、大连、武汉、成都、西安、杭州、
     青岛、重庆、长沙、哈尔滨成立了分公司。</div>
</body>
</html>
```

运行结果如图 8.12 所示。

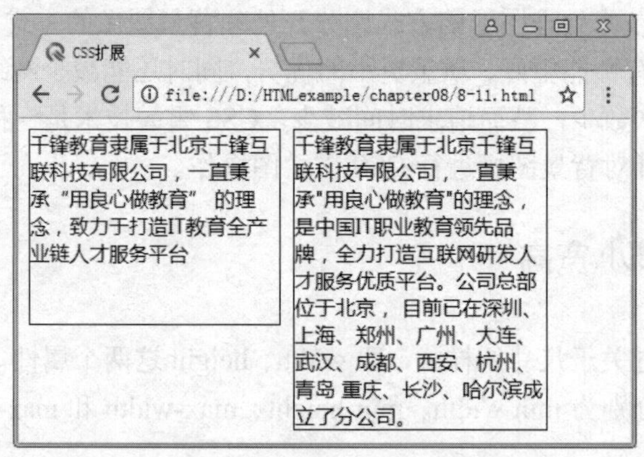

图 8.12　最小高度展示效果

图 8.12 中可以看出，设置最小高度后，当内容高度小于最小高度时，以最小高度为准；当内容高度大于最小高度时，以内容的高度为准。这就是最小高度的表现形态。最小宽度和最小高度的理论一样，这里就不再赘述。

2．max-width 和 max-height

max-width 和 max-height 属性分别是最大宽度和最大高度。给标签设置最大高度，

当内容高度小于最大高度时，以内容高度为准；当内容高度大于最大高度时，以最大高度为准。接下来通过案例来演示最大高度展示效果，具体如例 8-12 所示。

【例 8-12】 最大高度展示效果。

```
<!doctype html>
<html>
<head>
<link rel="icon" href="http://www.mobiletrain.org/favicon.ico"
   type="/image/x-icon">
<meta charset="utf-8">
<title>CSS 扩展</title>
<style>
     #box1{ width:200px; float:left; border:1px black solid;
        max-height:150px; }
     #box2{ width:200px; float:left; border:1px black solid;
        margin-left:10px; max-height:150px; }
</style>
</head>
<body>
<div id="box1">千锋教育隶属于北京千锋互联科技有限公司，一直秉承“用良心做教育”
     的理念，致力于打造 IT 教育全产业链人才服务平台</div>
<div id="box2">千锋教育隶属于北京千锋互联科技有限公司，一直秉承"用良心做教育"
     的理念，是中国 IT 职业教育领先品牌，全力打造互联网研发人才服务优质平台。
     公司总部位于北京，目前已在深圳、上海、郑州、广州、大连、武汉、成都、西安、杭州、
     青岛、重庆、长沙、哈尔滨成立了分公司。</div>
</body>
</html>
```

运行结果如图 8.13 所示。

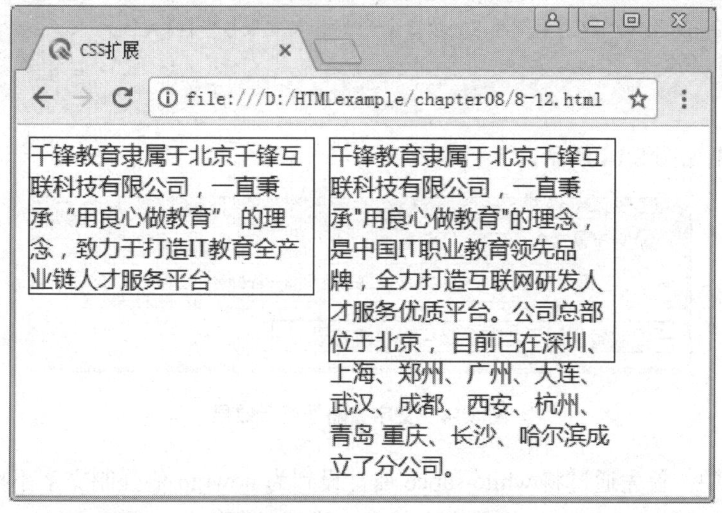

图 8.13　最大高度展示效果

图 8.13 可以看出，最大高度的表现形态。通过最大宽高和最小宽高，可以很方便地控制容器的尺寸变化。

8.3.3 添加省略号

当一段文字超过容器宽度时，希望能够通过省略号的方式进行展示，可以使用 text-overflow 属性来实现。text-overflow 属于 CSS3 中的属性，规定当文本溢出包含元素时产生的操作，其默认值为 clip，即修剪文本；可选值 ellipsis，即显示省略号来代表被修剪的文本。接下来通过案例来演示 text-overflow 属性可选值 ellipsis 的使用，具体如例 8-13 所示。

【例 8-13】 text-overflow 属性可选值 ellipsis 的使用。

```
<!doctype html>
<html>
<head>
<link rel="icon" href="http://www.mobiletrain.org/favicon.ico"
   type="/image/x-icon">
<meta charset="utf-8">
<title>CSS 扩展</title>
<style>
     #box{ width:300px; border:1px black solid;
         white-space:nowrap; overflow:hidden;
         text-overflow:ellipsis;  }
</style>
</head>
<body>
<div id="box">千锋教育隶属于北京千锋互联科技有限公司，一直秉承“用良心做教育”
     的理念，致力于打造 IT 教育全产业链人才服务平台</div>
</body>
</html>
```

运行结果如图 8.14 所示。

图 8.14 文字省略号展示效果

例 8-13 中，首先通过将 white-sapce 属性设置为 nowrap 值强制文字不换行，然后将 overflow 属性设置为 hidden，将值溢出的文字进行隐藏操作，最后通过 text-overflow 属性设置为 ellipsis 值给文字添加省略号。

8.3.4 CSS 表格

前面章节中，已经介绍过 HTML 表格的操作，表格边框之间会有空隙，可以用 CSS 边框样式来消除表格边框之间的空隙。接下来通过案例来演示 table 表格展示效果，具体如例 8-14 所示。

【例 8-14】 table 表格展示效果。

```
<!doctype html>
<html>
<head>
<link rel="icon" href="http://www.mobiletrain.org/favicon.ico"
   type="/image/x-icon">
<meta charset="utf-8">
<title>CSS扩展</title>
<style>
     table{ border-collapse:collapse; }
</style>
</head>
<body>
<table border="1">
   <tr>
      <td><img src="tianqi_1.png"></td>
      <td><p>今天天气晴，温度适宜，适合出行！</p></td>
   </tr>
   <tr>
      <td><img src="tianqi_2.png"></td>
      <td><p>今天有雷阵雨，出门记得带伞！</p></td>
   </tr>
</table>
</body>
</html>
```

运行结果如图 8.15 所示。

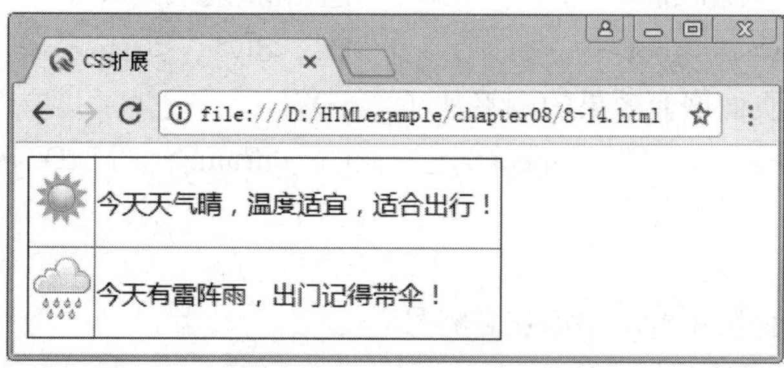

图 8.15　table 表格展示效果

第 9 行 border-collapse 属性设置表格的边框是否被合并为单一的边框。separate 默认值，边框会被分开。collapse 值，边框会合并为单一的边框。

8.4 本章小结

通过本章的学习，了解 HTML 标签规范，以及掌握如何使用规范的标准进行网页开发。了解 HTML 和 CSS 扩展内容，丰富网页的功能性。

8.5 习　题

1．填空题

（1）固定最小高度的属性是____________。

（2）HTML 标签规范中划分成___________规则和___________规则两类。

（3）告知浏览器网页所使用的 HTML 规范的是___________。

（4）设置网站的缩略图需要用到的标签是____________。

（5）___________常用来表示计算机的源代码。

2．选择题

（1）下列选项中，标签嵌套规则不正确的是（　　）。

A．div、p　　B．table、tr　　C．p、h1　　D．ul、li

（2）CSS 雪碧技术利用的 CSS 样式是（　　）。

A．background-image　　B．background-position

C．background-repeat　　D．background-color

（3）<meta>标签中 name 属性值不正确的是（　　）。

A．keywords　　B．description　　C．author　　D．media

（4）下列标签不能嵌套在<table>标签内的是（　　）。

A．<tr>、<caption>　　B．<thead>

C．<tbody>、<tfoot>　　D．<div>、<span>

（5）可以形成页面嵌套效果的标签是（　　）。

A．<link>　　B．<meta>　　C．<iframe>　　D．<pre>

3．思考题

（1）请简述如何给单行文本添加省略号。

（2）请简述 CSS 雪碧技术的优点。

第 9 章 chapter 9

HTML&CSS 实战

本章学习目标

- 掌握如何解决实际开发需求;
- 了解问题与解决问题。

古人云，“纸上得来终觉浅，绝知此事要躬行”。当理论知识学完后，需要开始进行实战的部分。只有通过实践，才能发现问题、解决问题，从而更好地理解和掌握相关的知识点。

9.1 元素屏幕居中

视频讲解

9.1.1 问题

在浏览网页时，经常会看到一些网站的整体是在浏览器中，并且进行居中显示的，如百度首页居中显示，如图 9.1 所示。

图 9.1 百度首页居中显示

图 9.1 明显的特点就是无论浏览器的分辨率是多少，它都能够居中显示。那么问题来了，如何使元素在不同的浏览器分辨率下居中显示？下面来看解决方案。

9.1.2 解决方案

通过 CSS 样式中的 margin 外边距可以解决居中的问题。前面章节提及过 auto 值，表示自适应。当给元素添加 margin-left 值为 auto 时，元素左边距为自适应，左边能自适应多少空间就会产生多少左边距。同样当设置 margin-right 值为 auto 时，元素右边距为自适应，元素右边能自适应多少空间就会产生多少右边距。如果左右边距都设置成 auto 自适应值，则元素左右空间都需要自适应，就会平均分配边距，从而使元素在不同的浏览器分辨率下都能够居中显示。当然可以把 margin 整合成复合写法。接下来通过案例来演示，具体如例 9-1 所示。

【例 9-1】 通过 CSS 样式中的 margin 外边距解决居中问题。

```
<!doctype html>
<html>
<head>
<meta charset="utf-8">
<title>元素屏幕居中</title>
<style>
     *{ margin:0; padding:0; }
     body{ height:2000px; }
     .main{ width:200px; height:100px; border:1px black solid;
       margin:10px auto; }
</style>
</head>
<body>
<div class="main"></div>
</body>
</html>
```

运行结果如图 9.2 所示。

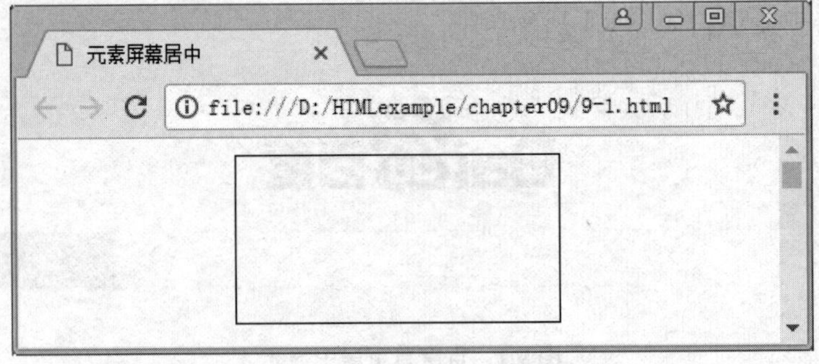

图 9.2 元素居中展示效果

这种居中的方式只是针对块类型元素的标签。对于内联类型元素的标签，需要采用给父容器设置 text-align 值为 center 的方式进行居中处理。接下来通过案例来演示，具体如例 9-2 所示。

【例 9-2】 解决内联类型元素的标签居中显示问题。

```
<!doctype html>
<html>
```

```
<head>
<meta charset="utf-8">
<title>元素屏幕居中</title>
<style>
     *{ margin:0; padding:0; }
     body{ height:2000px; text-align:center; }
     .main{ position:relative; top:10px; }
</style>
</head>
<body>
<span class="main">这是文本内容</span>
</body>
</html>
```

运行结果如图 9.3 所示。

图 9.3　内联元素居中展示效果

9.2 分页展示

视频讲解

9.2.1 问题

分页展示是网页中常见的布局效果，当数据量比较多的情况下，就会用分页进行展示，如百度搜索页，如图 9.4 所示。

图 9.4　百度搜索分页展示效果

接下来先通过基本结构来实现分页效果，具体如例 9-3 所示。

【例 9-3】 通过基本结构实现分页效果。

```
<!doctype html>
<html>
```

```
<head>
<meta charset="utf-8">
<title>分页展示</title>
<style>
    *{ margin:0; padding:0; }
    body{ height:2000px; }
    li{ list-style:none; }
    a{ text-decoration:none; }
    .page{ margin-top:10px; }
    .page li{ width:20px; height:20px; line-height:20px;
       border:1px #e1e2e3 solid; text-align:center;
       float:left; font-size:14px; margin-left:10px; }
    .page li a{ width:100%; height:100%; display:block; }
</style>
</head>
<body>
<ul class="page">
    <li><a href="#">1</a></li>
    <li><a href="#">2</a></li>
    <li><a href="#">3</a></li>
    <li><a href="#">4</a></li>
    <li><a href="#">5</a></li>
    <li><a href="#">6</a></li>
</ul>
</body>
</html>
```

运行结果如图 9.5 所示。

图 9.5 分页展示效果

例 9-3 中实现了分页效果，<li>列表项采用浮动处理，无法通过设置 margin 值为 auto 的方式进行居中，而且<li>标签也不是内联类型的元素，因此也无法通过设置父元素的 text-align 值为 center 的方式进行居中。那么问题就出现了，该如何让分页在父元素中居中展示？下面将介绍具体的解决方法。

9.2.2 解决方案

元素支持宽高和左右排列，并且可以在父容器中居中展示。因此，可以通过设置

display 值为 inline-block 的方式进行处理，让元素既具备块类型的特点，同时也具备内联类型的特点。这样就可以让分页展示在父容器中居中显示。接下来通过案例来演示，具体如例 9-4 所示。

【例 9-4】 解决分页展示问题。

```
<!doctype html>
<html>
<head>
<meta charset="utf-8">
<title>分页展示</title>
<style>
    *{ margin:0; padding:0; }
    body{ height:2000px; }
    li{ list-style:none; }
    a{ text-decoration:none; }
    .page{ margin-top:10px; text-align:center; }
    .page li{ width:20px; height:20px; line-height:20px;
       border:1px #e1e2e3 solid; text-align:center;
       font-size:14px; margin-left:10px; display:inline-block; }
    .page li a{ width:100%; height:100%; display:block; }
</style>
</head>
<body>
<ul class="page">
    <li><a href="#">1</a></li>
    <li><a href="#">2</a></li>
    <li><a href="#">3</a></li>
    <li><a href="#">4</a></li>
    <li><a href="#">5</a></li>
    <li><a href="#">6</a></li>
</ul>
</body>
</html>
```

运行结果如图 9.6 所示。

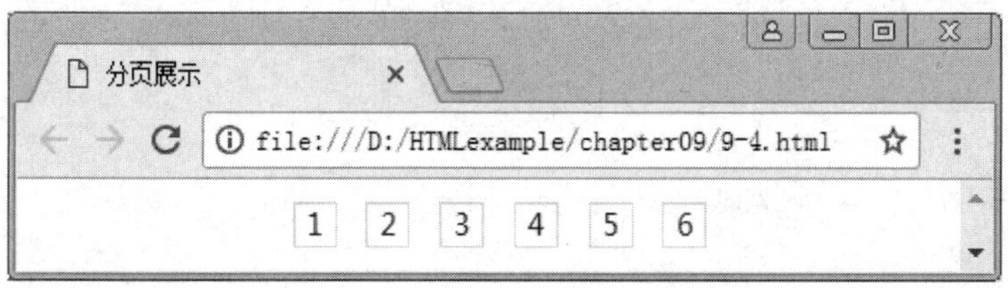

图 9.6　分页居中展示效果

9.3 三角形图标

视频讲解

9.3.1 问题

在很多导航效果中，通常会添加一个三角形的图标，例如天猫官网导航条如图 9.7 所示。

我的淘宝▾ ♥ 我关注的品牌 购物车0件 收藏夹▾ | 手机版 淘宝网 企业购 商家支持▾

图 9.7 天猫官网导航条

盒子模型只能通过设置宽高属性的矩形框出来，而三角形图标可以使用图片来实现，但这种方式比较麻烦，可以通过 CSS 中的 border 边框属性来实现三角形效果。

9.3.2 解决方案

首先给一个盒子模型的四个边框分别设置四种不同的颜色，边框宽度设置大一些。接下来通过案例来演示，具体如例 9-5 所示。

【例 9-5】 为盒子模型的四个边框分别设置四种不同的颜色。

```
<!doctype html>
<html>
<head>
<meta charset="utf-8">
<title>三角形图标</title>
<style>
     *{ margin:0; padding:0; }
     #box{ width:100px; height:100px;
        border-top:50px red solid;
        border-right:50px yellow solid;
        border-bottom:50px blue solid;
        border-left:50px green solid; }
</style>
</head>
<body>
<div id="box"></div>
</body>
</html>
```

运行结果如图 9.8 所示。

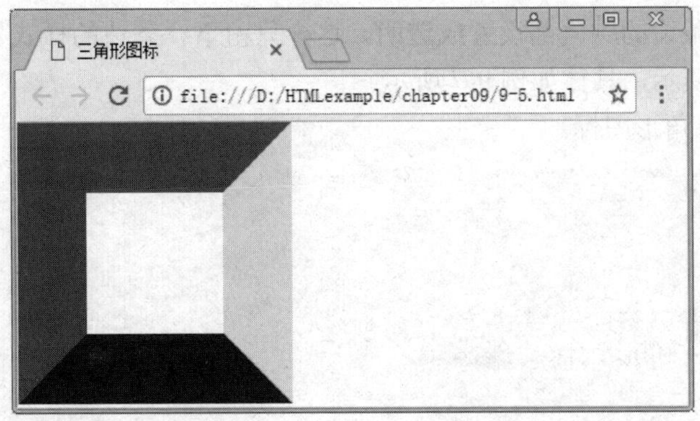

图 9.8　设置四条不同的边框

图 9.8 可以看到盒子模型的边框衔接处为两种颜色的交集，形成斜线的展示效果。当把宽高都设置成零时，边框就会无缝的全部衔接到一起，具体如例 9-6 所示。

【例 9-6】 将盒子的边框宽高都设置为零。

```
<!doctype html>
<html>
<head>
<meta charset="utf-8">
<title>三角形图标</title>
<style>
     *{ margin:0; padding:0; }
     #box{ width:0px; height:0px;
         border-top:50px red solid;
         border-right:50px yellow solid;
         border-bottom:50px blue solid;
         border-left:50px green solid; }
</style>
</head>
<body>
<div id="box"></div>
</body>
</html>
```

运行结果如图 9.9 所示。

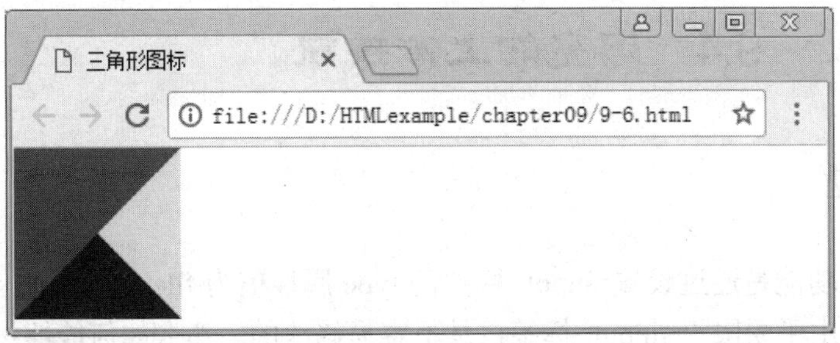

图 9.9　设置四条不同的边框

将其中的三条边的颜色都设置成透明，这样只留下一条边的样式是三角形图标。接下来通过案例来演示，具体如例 9-7 所示。

【例 9-7】 三角形图标。

```
<!doctype html>
<html>
<head>
<meta charset="utf-8">
<title>三角形图标</title>
<style>
    *{ margin:0; padding:0; }
    #box{ width:0px; height:0px;
        border-top:50px red solid;
        border-right:50px transparent solid;
        border-bottom:50px transparent solid;
        border-left:50px transparent solid; }
</style>
</head>
<body>
<div id="box"></div>
</body>
</html>
```

运行结果如图 9.10 所示。

图 9.10　三角形图标展示效果

9.4　漂亮的上传按钮

视频讲解

9.4.1　问题

网页上传功能是通过设置<input>标签的 type 属性值为 file 的方式来实现的。上传按钮的默认样式由于受限于<input>标签，是不容易修改的。那么如何能够按照设计师给出的上传按钮样式进行效果展示呢？漂亮的上传按钮样式如图 9.11 所示。

图 9.11 漂亮的上传按钮

9.4.2 解决方案

首先可以设置上传按钮的尺寸，然后把多余的部分进行溢出隐藏处理。接下来通过案例来演示，具体如例 9-8 所示。

【例 9-8】 设置上传按钮尺寸，将多余的部分进行溢出隐藏处理。

```
<!doctype html>
<html>
<head>
<meta charset="utf-8">
<title>上传按钮</title>
<style>
    #fileBox{ width:86px; height:34px; overflow:hidden; }
    #fileBox input{ width:100%; height:100%; background:red; }
</style>
</head>
<body>
<div id="fileBox">
    <input type="file">
</div>
</body>
</html>
```

运行结果如图 9.12 所示。

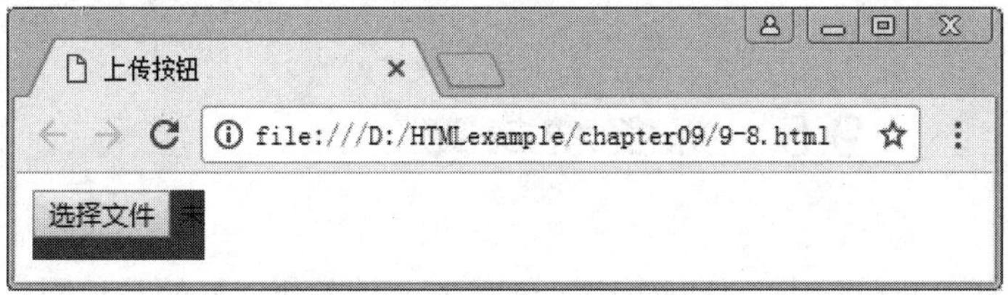

图 9.12 设置上传按钮的尺寸

将上传按钮样式和设计师想要显示的样式通过定位方式叠加起来，然后再将上传按钮透明度设置为零。这样从效果上只会看到需要显示的样式，即做出一个漂亮的上传按钮，但实际单击的是透明上传按钮。接下来通过案例来演示，具体如例 9-9 所示。

【例 9-9】 实现漂亮的上传按钮。

```
<!doctype html>
```

```
<html>
<head>
<meta charset="utf-8">
<title>上传按钮</title>
<style>
    #fileBox{ width:86px; height:55px; overflow:hidden;
        position:relative; }
    #fileBox input{ width:100%; height:100%; background:red;
        position:absolute; z-index:2; opacity:0; }
    #fileBox div{ width:100%; height:100%;
        background:url(upload.png) no-repeat;
        position:absolute; z-index:1; }
</style>
</head>
<body>
<div id="fileBox">
    <input type="file">
    <div></div>
</div>
</body>
</html>
```

运行结果如图 9.13 所示。

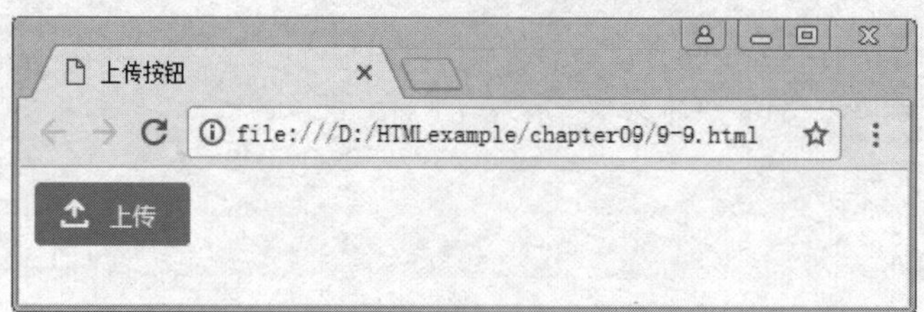

图 9.13　实现漂亮的上传按钮

9.5　标签切换页

视频讲解

标签切换页也叫选项卡，是网页中最常见的一种效果。目的是使网页能够合理地利用空间，从而展现更多的内容。下面是一些常见的标签切换页效果图，QQ 新闻标签页和 SINA 新闻标签页如图 9.14 所示。

9.5.1　布局制作

下面来展示标签切换页，上边是三个按钮，其中一个按钮有选中样式。下边对应三块展示内容，其中只会显示对应选中按钮的展示内容，其他展示内容部分被隐藏。标签切换页效果图如图 9.15 所示。

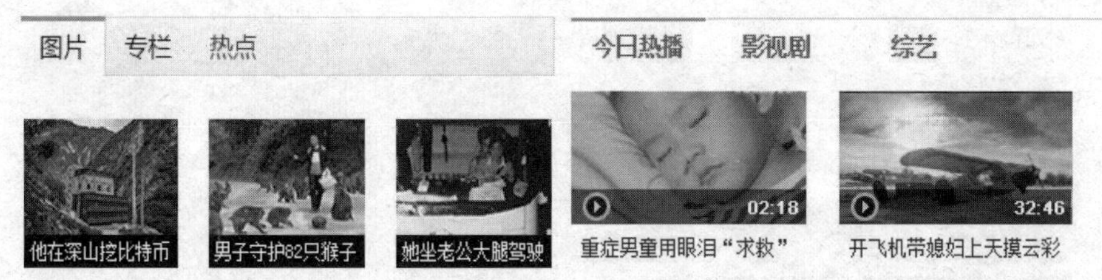

图 9.14 QQ 新闻标签页和 SINA 新闻标签页

娱乐 电影 音乐

板块一的内容

图 9.15 标签切换页效果图

接下来通过案例先演示标签页基本 HTML 结构和 CSS 样式，具体如例 9-10 所示。

【例 9-10】 标签页基本 HTML 结构和 CSS 样式。

```
<!doctype html>
<html>
<head>
<meta charset="utf-8">
<title>标签切换页</title>
<style>
    *{ margin:0; padding:0; }
    li{ list-style:none; }
    .clear:after{ content:""; display:block; clear:both; }
    #main{ width:310px; margin:10px; }
    #list{ border-left:1px #cfcfcf solid;
       border-top:2px #206f96 solid; }
    #list li{ float:left; width:102px; height:29px;
       border-right:1px #cfcfcf solid; line-height:29px;
       text-align:center; background:#CCC repeat-x; }
    #list .active{ background:#ffffff; }
    #content{ height:100px; border:1px #cfcfcf solid;
       padding:30px 10px; margin-top:-1px; }
    #content div{ display:none; }
```

```
        #content .show{ display:block; }
</style>
</head>
<body>
<div id="main">
    <ul id="list" class="clear">
      <li class="active">娱乐</li>
      <li>电影</li>
      <li>音乐</li>
   </ul>
   <div id="content">
      <div class="show">板块一的内容</div>
      <div>板块二的内容</div>
      <div>板块三的内容</div>
   </div>
</div>
</body>
</html>
```

运行结果如图 9.16 所示。

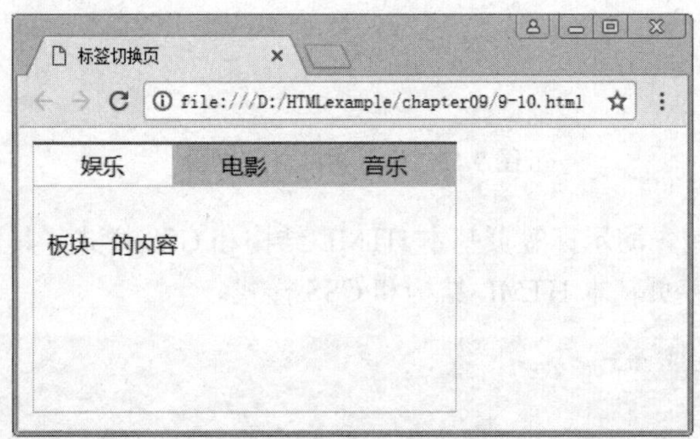

图 9.16　标签切换页

这里会看到一个小问题，选中按钮要与展示内容区域衔接到一起，而不是像上面展示的那样，按钮与内容之间有一条线段。通过给选中按钮多添加一个像素的高或展示内容区域向上多移动一个像素的方式，可以将它们完美地融合在一起。

```
<style>
 *{ margin : 0; padding : 0; }
 li{ list-style : none; }
 .clear : after{ content : ""; display : block; clear : both; }
 #main{ width : 310px; margin : 10px; }
 #list{ border-left : 1px #cfcfcf solid;
    border-top : 2px #206f96 solid; }
 #list li{ float : left; width : 102px; height : 29px;
     border-right : 1px #cfcfcf solid; line-height : 29px;
     text-align : center; background : url(bg.png) repeat-x;}
```

```
#list .active{ background : #ffffff; height:30px; }
#content{ height : 100px; border : 1px #cfcfcf solid;
     padding : 30px 10px; margin-top:-1px; }
#content div{ display : none; }
#content .show{ display : block; }
</style>
```

9.5.2 JavaScript 动态切换

动态的切换制作好的标签页要用 JavaScript 语言来实现，由于本书只涉及 HTML+CSS 部分的内容，因此只添加 JavaScript 代码来完成。至于如何实现，这里不再赘述。接下来演示在例 9-10 的<body>标签中添加下面 JavaScript 代码。具体如例 9-11 所示。

【例 9-11】 在例 9-10 的<body>标签中添加 JavaScript 代码。

```
<script>
     var aLi = document.querySelectorAll('#list li');
     var aDiv = document.querySelectorAll('#content div');
     for(var i=0; i<aLi.length; i++){
        aLi[i].index = i;
        aLi[i].onclick = function(){
           for(var i=0; i<aLi.length; i++){
               aLi[i].className = '';
               aDiv[i].className = '';
          }
          this.className = 'active';
          aDiv[this.index].className = 'show';
        }
     }
</script>
```

运行结果如图 9.17 所示。

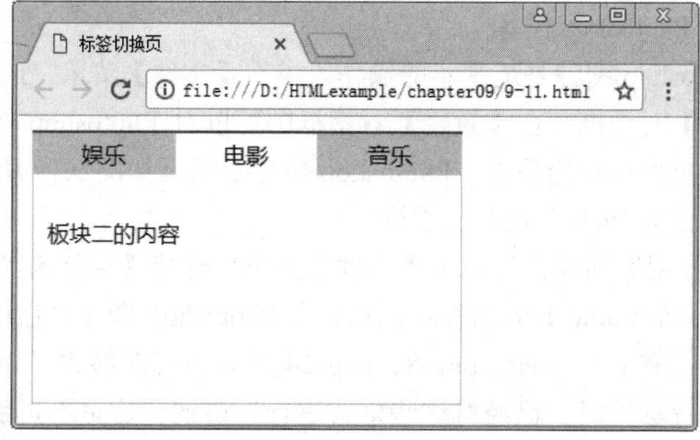

图 9.17 JavaScript 动态切换标签页

上述的标签页可以通过单击的方式进行切换操作。

9.6 Photoshop 切图

视频讲解

Photoshop，简称“PS”，是由 Adobe Systems 开发和发行的图像处理软件。Photoshop 主要用于处理由像素所构成的数字图像。使用其众多的编修与绘图工具，可以有效地进行图片编辑工作。本章主要介绍 Photoshop 工具中关于网页切图的操作。首先了解下 Photoshop 工具的基本组成。

9.6.1 菜单项

打开 Photoshop 工具后，可以在上方看见 Photoshop 的菜单项，如图 9.18 所示。

图 9.18　Photoshop 菜单项展示效果

菜单项主要包含：【文件】、【编辑】、【图像】、【图层】、【选择】、【滤镜】、【视图】、【窗口】、【帮助】等选项。

由于涉及的功能非常多，这里只介绍一些常用的操作和切图相关的操作。

（1）新建一个 Photoshop 图像

新建一个 Photoshop 图像是最基本的操作。单击【文件】菜单，选择【新建】命令，会打开一个【新建】对话框，在【新建】对话框中可以对 Photoshop 图像的宽、高进行大小设置，注意其单位选择为像素。Photoshop 新建对话框如图 9.19 所示。

（2）将文件存储为 Web 和设备所用格式

保存 Photoshop 图像的操作为单击【文件】菜单，选择【存储为 Web 和设备所用格式】命令，会打开一个 Photoshop 储存对话框，在 Photoshop 储存对话框中可以选择要存储的图片格式类型，有 gif、jpeg、png-8、png-24 等多种可选格式，如图 9.20 所示。在前面章节中介绍图片标签时，已经对这些格式进行过讲解，这里不再赘述。选择完格式后，就可以单击【存储】命令进行图片保存。

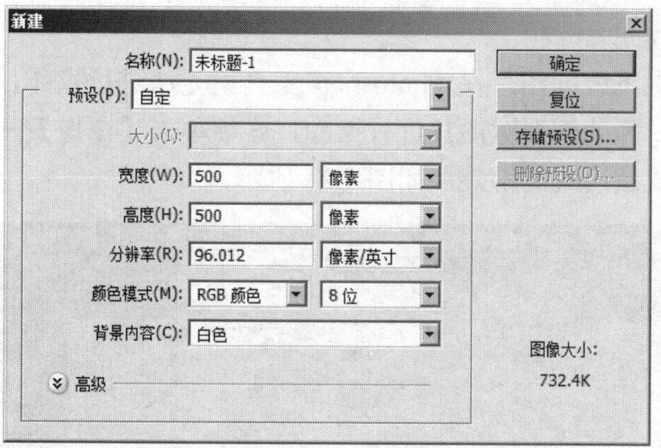

图 9.19　Photoshop 新建对话框

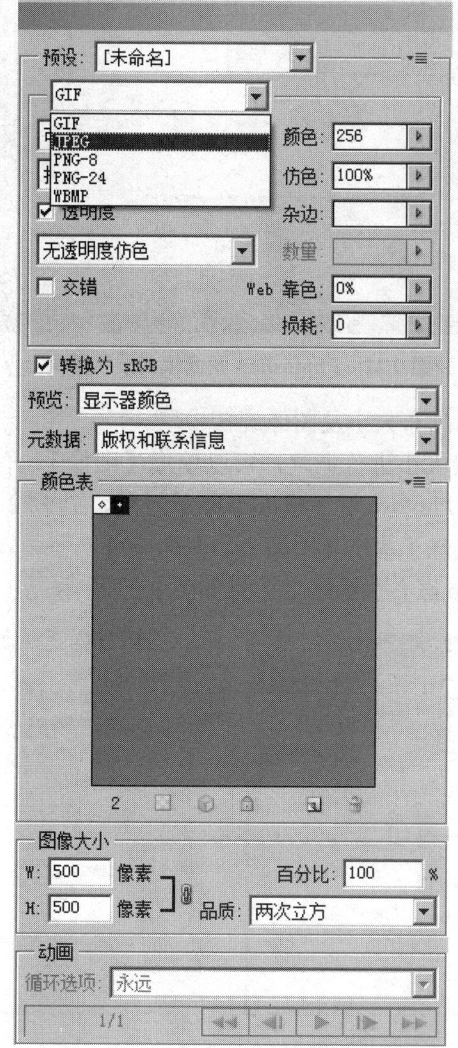

图 9.20　Photoshop 存储对话框

（3）设置图像模式

有时，从在网上下载的图片在 Photoshop 工具里无法进行操作，其很大一部分原因是图像的模式问题，因此想要对图片进行操作，必须单击【图像】→【模式】→【RGB 颜色】。Photoshop 图像模式展示效果如图 9.21 所示。

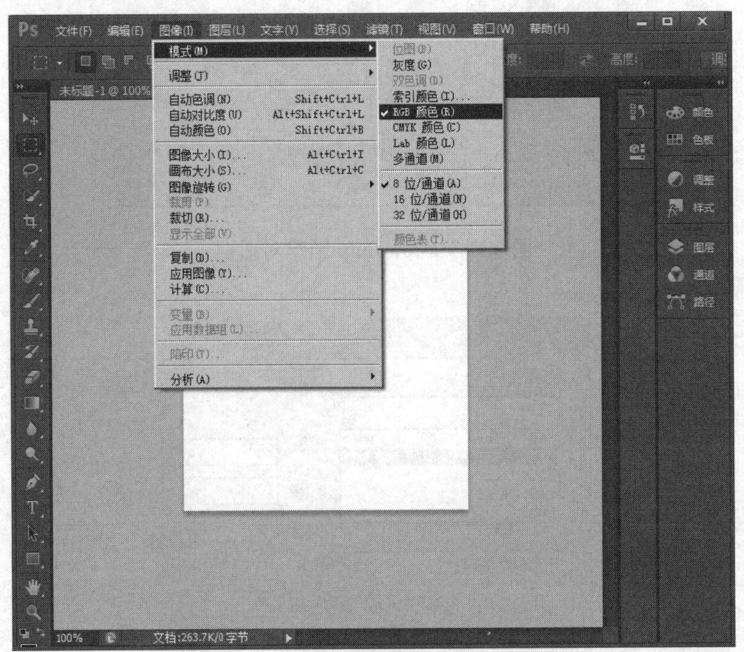

图 9.21 Photoshop 图像模式展示效果

（4）图像大小设置、画布大小及图像旋转设置

有时需要对图像容器大小进行调整，可以单击【图像】→【图像大小】，从而重新设置图像容器的宽、高，Photoshop 图像大小展示效果如图 9.22 所示。

改变容器大小的方式除了单击【图像大小】命令外，还可以通过单击【画布大小】命令进行设置，Photoshop 画布大小展示效果如图 9.23 所示。

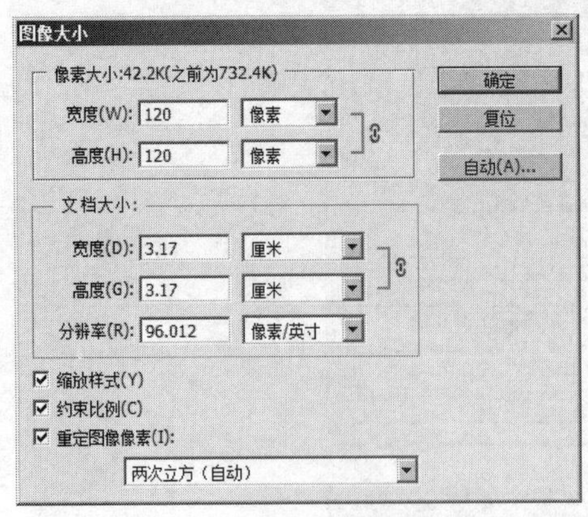

图 9.22 Photoshop 图像大小展示效果

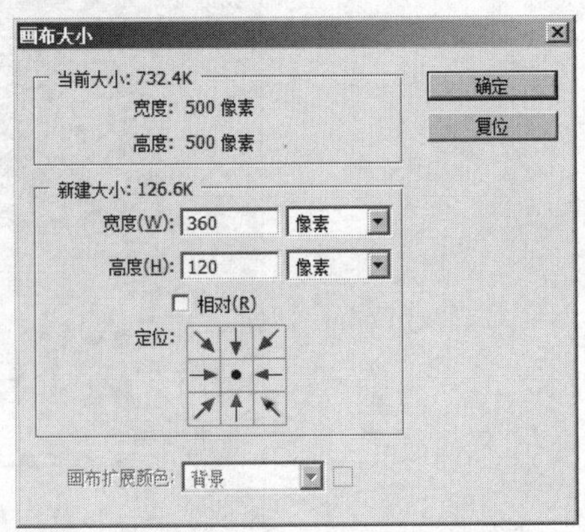

图 9.23 Photoshop 画布大小展示效果

【图像大小】和【画布大小】两个选项是有区别的，【图像大小】既改变画布大小又改变画布中内容的大小，而【画布大小】只会改变画布的大小并不会改变画布中内容的大小。例如，打开一张图片，分别改变【图像大小】和【画布大小】后的效果如图 9.24 所示。

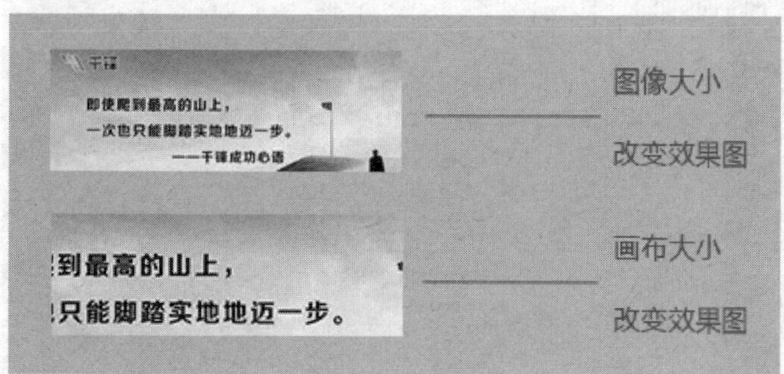

图 9.24　图像大小与画布大小对比

【图像旋转】选项也是常用的一个操作，它可以对图像进行水平或垂直或任意角度的旋转操作，设置水平翻转画布，效果如图 9.25 所示。

图 9.25　图像旋转展示效果

（5）设置标尺和参考线

使用标尺可以准确地对齐图像或元素，同时可以准确地确定图像或元素的位置，还可以准确地选取一个范围。单击【视图】菜单，选择【标尺】命令，即可以在图像上显示出标尺，Photoshop 标尺展示效果如图 9.26 所示。

图 9.26 **Photoshop** 标尺展示效果

鼠标在标尺上进行拖动操作时，可以拉取出多条辅助线，此线段为参考线，通过参考线可以辅助测量页面元素的位置，Photoshop 参考线展示效果如图 9.27 所示。

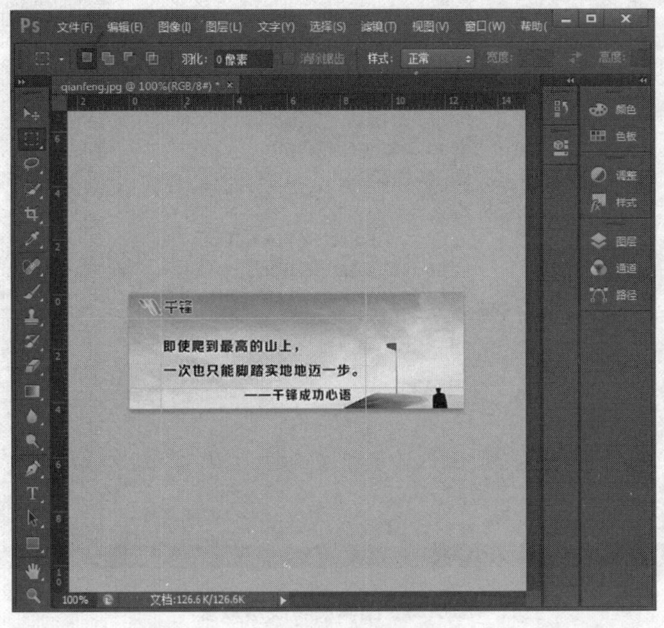

图 9.27 **Photoshop** 参考线展示效果

（6）窗口

单击【窗口】菜单，可以显示和调用辅助信息面板，Photoshop 辅助信息展示效果如图 9.28 所示。这些面板对于 Photoshop 的操作非常有用，下节中会对辅助信息进行详细讲解。

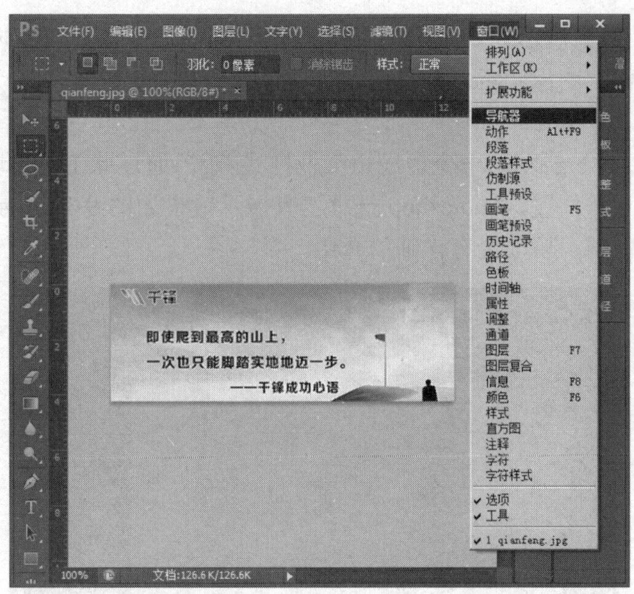

图 9.28 Photoshop 辅助信息展示效果

9.6.2 工具栏

打开 Photoshop 工具后，可以在左侧看见 Photoshop 的工具栏，如图 9.29 所示。

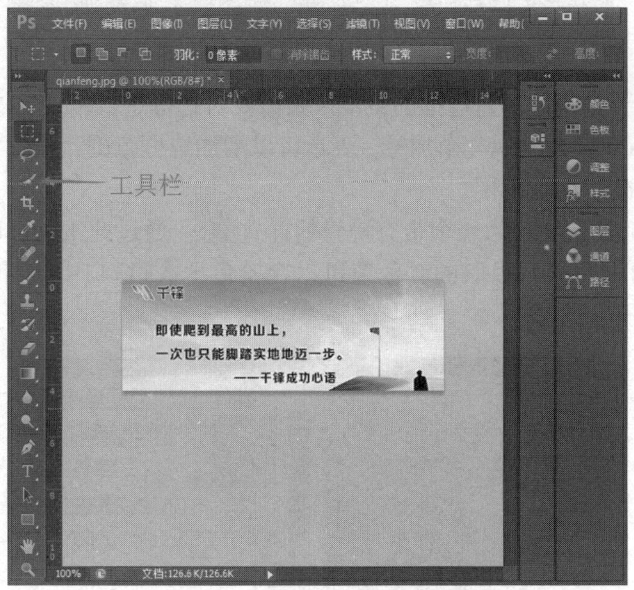

图 9.29 Photoshop 工具栏展示效果

工具栏主要包含：【移动工具】、【选框工具】、【套索工具】、【吸管工具】、【文字工具】、【抓手工具】、【缩放工具】等选项。由于工具栏中的功能非常多，这里只是介绍一些常用的操作和切图相关的操作。

（1）【移动工具】展示为一个小箭头样式。当图像中元素较多时，可通过此工具选择当前希望操作的图像元素，并且可以对图像中元素的位置进行移动，也可以拖动元素到其他画布中。

（2）【选框工具】展示为一个虚线矩形框样式。通过此工具可以量取 Photoshop 图像中元素的尺寸和位置，Photoshop 选框工具展示效果如图 9.30 所示。此功能需要配合信息面板一起使用，后面会有详细的介绍。

图 9.30　Photoshop 选框工具展示效果

有时如果想要精确地测量选框的范围，则需要对选框进行增加区域或减少区域的微调处理。按住 Shift 键会出现一个加号，表示可以增加选框范围；按住 Alt 键会出现一个减号，表示可以减少选框范围。

（3）【吸管工具】展示为一个带有滴管的样式。通过此工具可以获取 Photoshop 图像指定位置的颜色值。吸取的颜色值可以在拾色器窗口中进行查看，如图 9.31 所示。

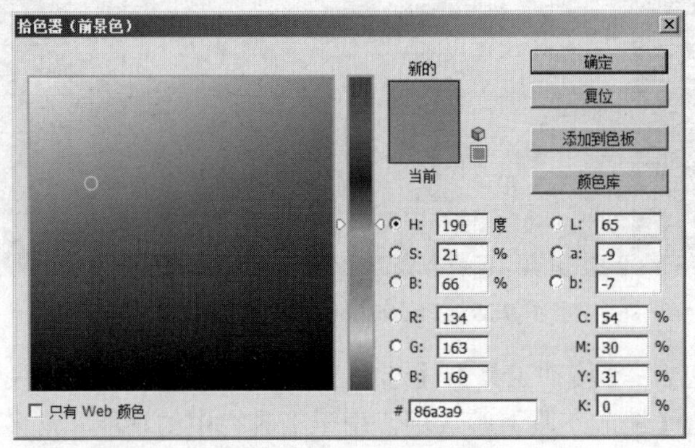

图 9.31　Photoshop 拾色器展示效果

（4）【抓手工具】展示为一个小手的样式。通过此工具可以操作较大的 Photoshop 图像，移动当前位置，让指定的部分能够在可视区中展示。

（5）【缩放工具】展示为一个放大镜的样式。通过此工具可以对 Photoshop 图像进行放大或缩小，这样可以方便地展示图像的全貌。

9.6.3 辅助信息

打开 Photoshop 工具后，可以在右侧看见 Photoshop 的辅助信息，如图 9.32 所示。

图 9.32　Photoshop 辅助信息展示效果

辅助信息面板可以在【窗口】选项中进行显示隐藏操作。这里只介绍与 Photoshop 切图紧密相关的四个辅助信息面板。

（1）【图层】每绘制一个图形就会在 Photoshop 工具中生成一个对应的图层，通过单击不同的图层可以选择相应的 Photoshop 图形。还可以通过拖动图层的方式，来调节 Photoshop 图形在画布上的显示层级。每一个图层前面都会有一个类似于眼睛的小图标，通过单击此图标可以对图层进行显示或隐藏操作，这样可以方便地进行 Photoshop 图形的筛选操作。

（2）【历史记录】Photoshop 图像的每一次操作，都会被记录到历史记录面板中，可以通过选择历史记录还原至之前的操作步骤，方便对其进行重新修改。

（3）【信息】信息面板会显示选框工具框取的区域大小和坐标位置，如图 9.33 所示。

这样可以非常方便地测量选取值。

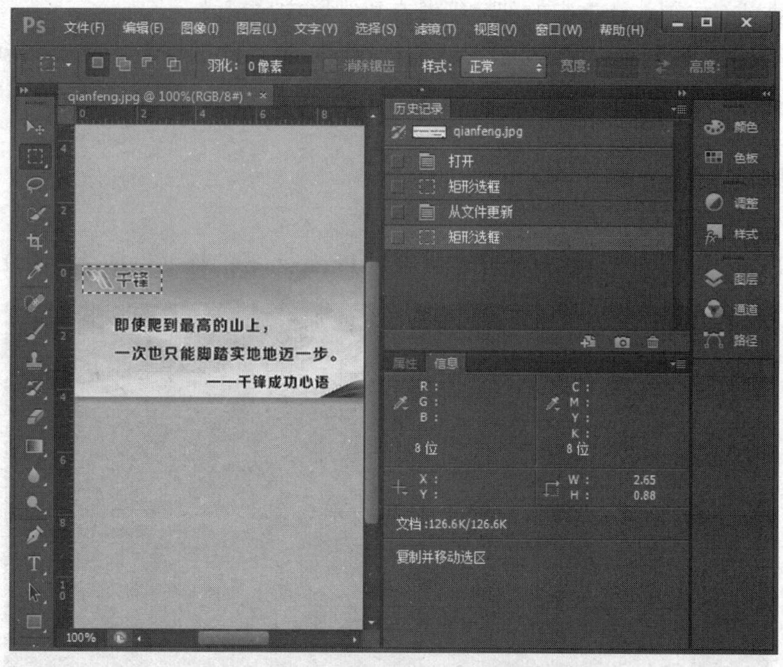

图 9.33　**Photoshop** 信息面板展示效果

（4）【字符】字符面板会显示与文字相关的信息，包括文字的大小、颜色、字体等样式，如图 9.34 所示。

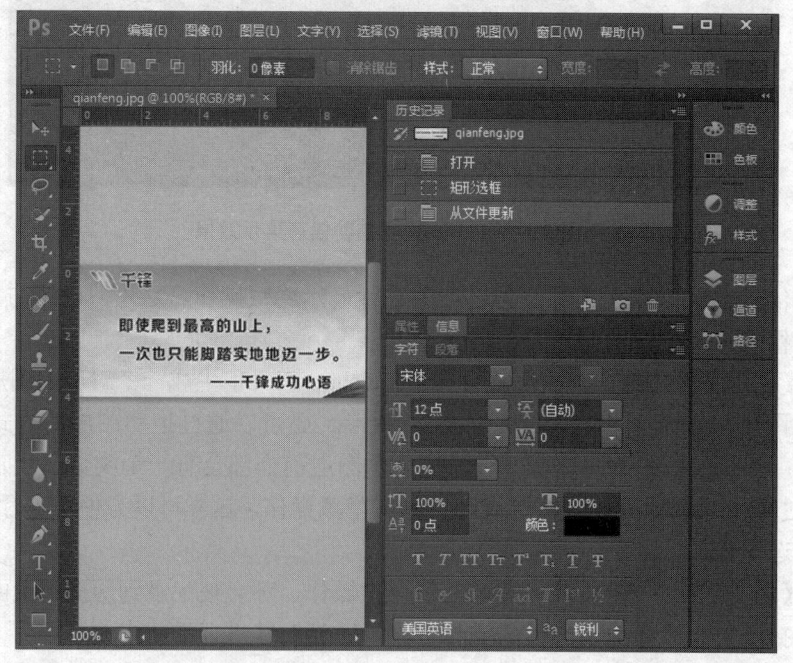

图 9.34　**Photoshop** 字符面板展示效果

9.7 Photoshop 切图流程

视频讲解

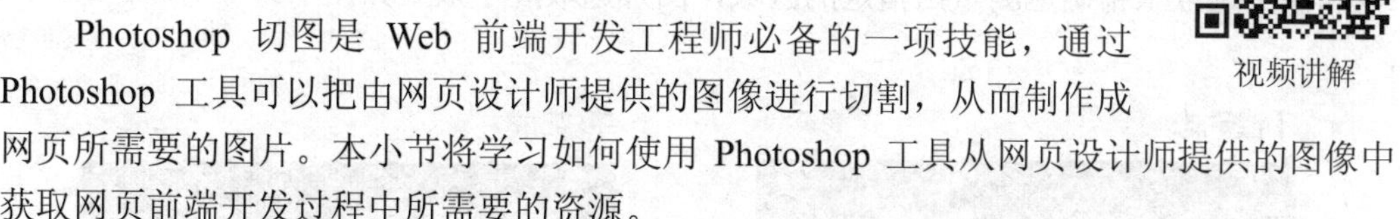

Photoshop 切图是 Web 前端开发工程师必备的一项技能，通过 Photoshop 工具可以把由网页设计师提供的图像进行切割，从而制作成网页所需要的图片。本小节将学习如何使用 Photoshop 工具从网页设计师提供的图像中获取网页前端开发过程中所需要的资源。

9.7.1 图片格式切图

图片格式主要有 png、jpg、gif 等常用格式，一般情况下这些格式的图片可以用作练习 Photoshop 切图的素材。首先可以从已有的网站上截取现成的网页素材图进行练习操作，例如打开千锋官网（http://www.qfedu.com/），然后截取图片，打开 Photoshop 工具后，单击【文件】→【新建】，通过按 Ctrl+V 键对刚才印屏幕的图像进行粘贴操作，这样就可以提取到千锋官网的页面素材，印屏幕展示效果如图 9.35 所示。

图 9.35 印屏幕展示效果

下面进行切图操作，假设要截取千锋动态板块下方的banner图片，千锋动态展示效果如图9.36所示。具体操作步骤如下：

（1）单击【选框工具】命令，对获取的banner图片进行选取操作，可以通过添加选取和减少选取来精确地测量出指定的区域，图片选取展示效果如图9.37所示。

图9.36　千锋动态展示效果

图9.37　图片选取展示效果

（2）按下Ctrl+C键进行选取区域的复制操作。

（3）按下Ctrl+N键进行新建图层操作，如图9.38所示。

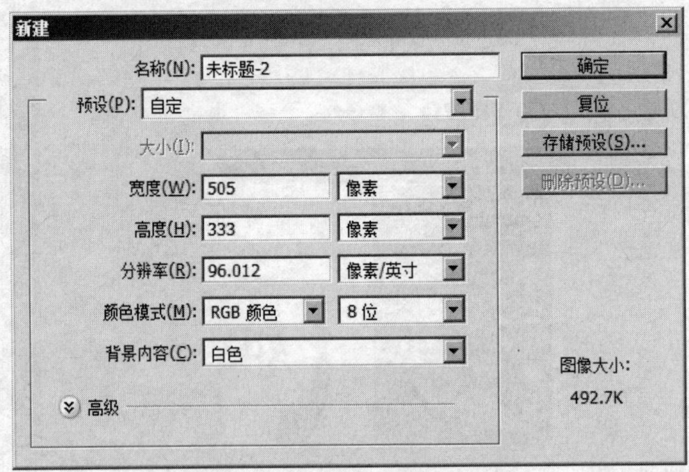

图9.38　新建截取图片展示效果

（4）在新建图层下，按Ctrl+V键对将复制好的图层进行粘贴，如图9.39所示。

（5）最后对粘贴的图片进行保存，至此已完成Photoshop工具的切图操作，如图9.40所示。

图 9.39 新图层粘贴展示效果

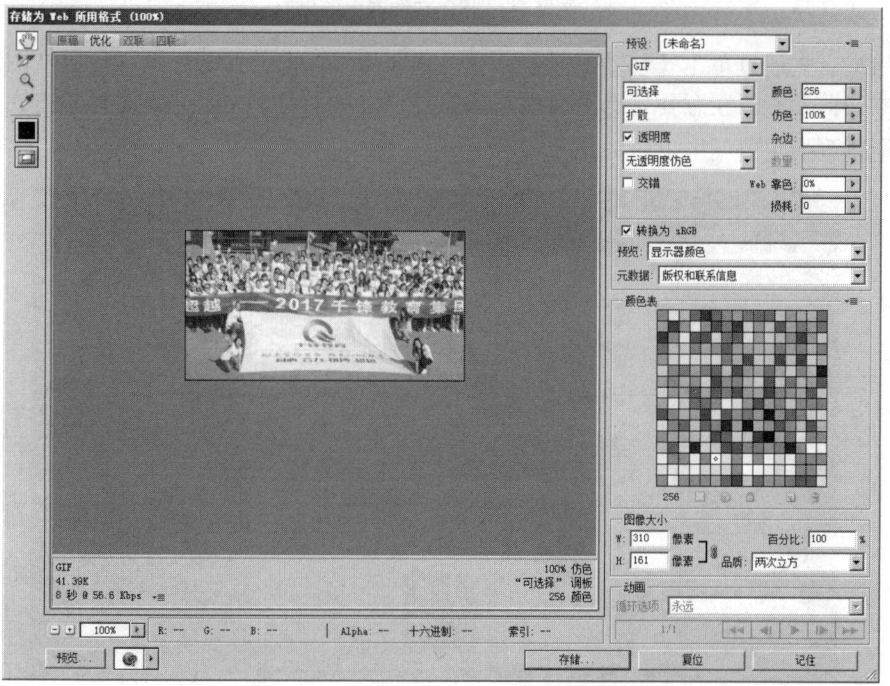

图 9.40 保存 banner 图像展示效果

9.7.2 PSD 格式切图

上一小节中介绍的切图方式，一般在练习切图当中比较常用。但在实际开发过程中，网页设计师一般会给出 Photoshop 设计图的源文件格式，即 PSD 格式的文件。PSD 文件会把制作的图像进行多分层处理，这样可以更方便地获取指定的图像元素。

PSD 格式的切图方式与普通格式的切图方式类似。只需要注意在指定的图层下进行切图操作即可。如截取图 9.41 中的 banner 图像部分，具体操作步骤如下所述。

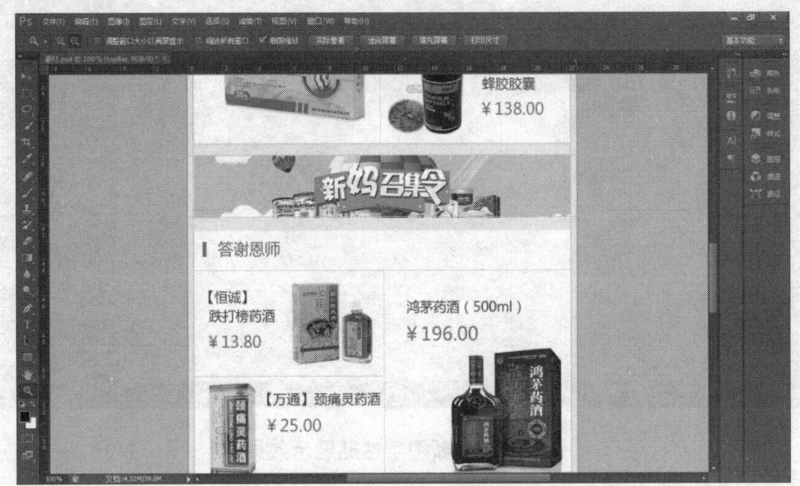

图 9.41　PSD 文件展示效果

（1）首先通过单击【移动工具】命令，选取想要截取的图像，这样可以在图层面板中选中当前元素。注意要勾选上自动选择的复选框 ☑自动选择: 图层 ▾，这样单击元素才会自动地跳到指定的图层上，如图 9.42 所示。

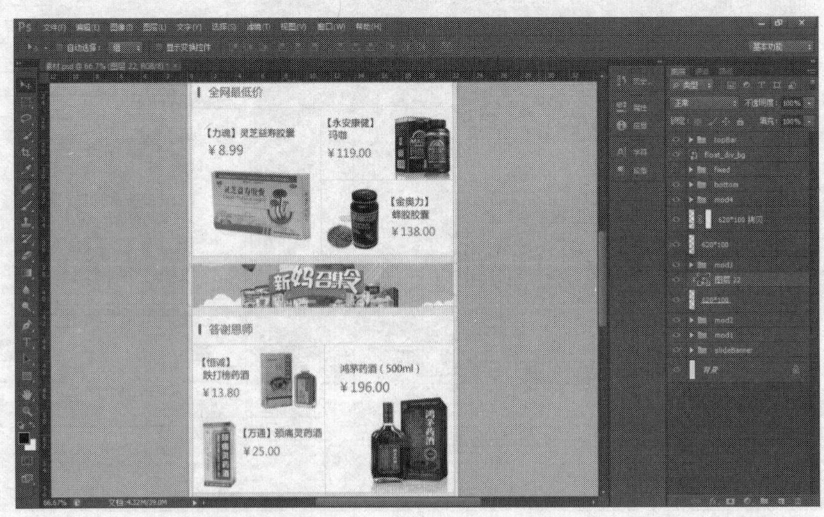

图 9.42　PSD 选取元素展示效果

（2）其他步骤与 9.7.1 图片格式印图的步骤完全一样。

如果当【选框工具】没有对应到指定的图层上，就进行 Ctrl+C 的复制操作，会有 PSD 复制失败提示信息，如图 9.43 所示。

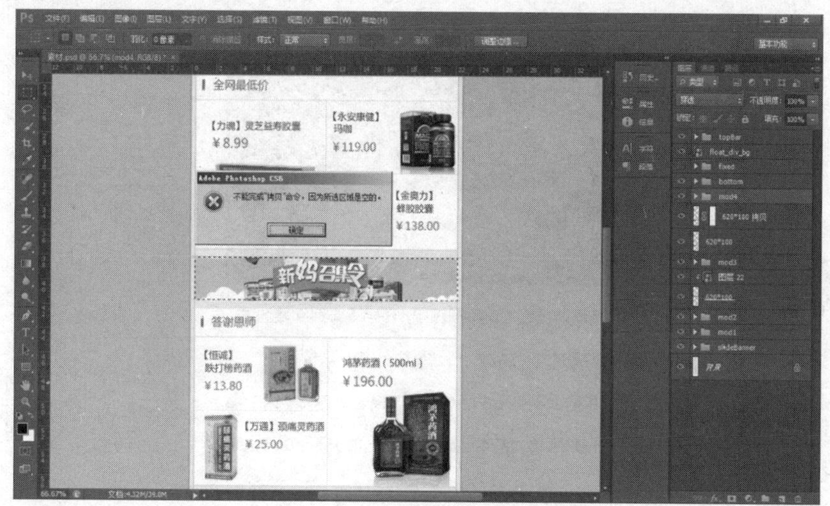

图 9.43 PSD 复制失败展示效果

9.8 Photoshop 切图实例

视频讲解

前面的小节中，已经学习了 Photoshop 工具的基本使用和如何通过 Photoshop 工具进行切图处理。在本节中，将通过两个实例，把切图与 HTML 和 CSS 结合到一起，从而制作出完整的页面效果。

通过实例开发，将学习如何根据设计图进行 HTML 结构的搭建，CSS 样式的精确设置等操作。

9.8.1 “千锋动态”效果图制作

前面小节中，通过印屏幕的方式，截取了千锋官网上的“千锋动态”效果图，素材如图 9.44 所示。

下面介绍具体的制作步骤。

（1）首先写 HTML 结构，将所有元素都放在一个父容器中，父容器可分为头部、banner 展示和列表三部分，具体示例如下。

```
<body>
    <div class="main">
        <div class="title"></div>
        <div class="banner"></div>
```

```
        <ul class="list"></ul>
    </div>
</body>
```

图 9.44 “千锋动态”效果图展示效果

头部包含标题和链接两部分，banner 展示中包含一张图片，列表中包含四条信息，接下来通过案例来演示 HTML 结构展示效果，如例 9-12 所示。

【例 9-12】 HTML 结构展示效果。

```
<!doctype html>
<html>
<head>
<meta charset="utf-8">
<title>PS 切图实战</title>
</head>
<body>
<div class="main">
    <div class="title">
        <h2>千锋动态</h2>
        <a href="#">更多>></a>
    </div>
    <div class="banner">
        <img src="">
    </div>
    <ul class="list">
        <li>
           <a href="#">测试文字测试文字测试文字 1</a>
        </li>
        <li>
```

```
                <a href="#">测试文字测试文字测试文字 2</a>
            </li>
            <li>
                <a href="#">测试文字测试文字测试文字 3</a>
            </li>
            <li>
                <a href="#">测试文字测试文字测试文字 4</a>
            </li>
        </ul>
</div>
</body>
</html>
```

运行结果如图 9.45 所示。

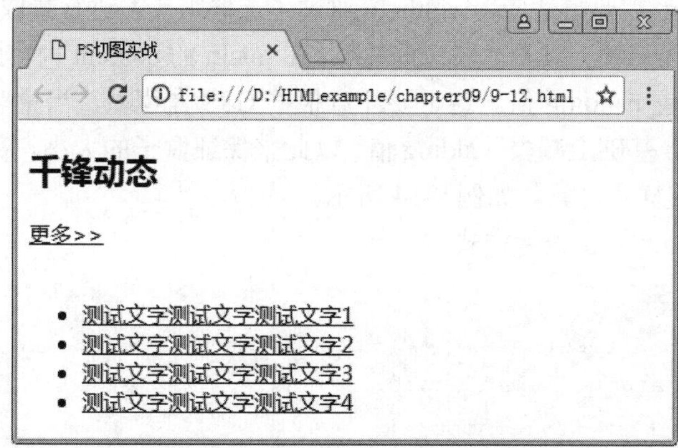

图 9.45 HTML 结构展示效果

至此效果图的 HTML 结构已基本完成，可以继续添加 CSS 样式来完成整体效果展示。

（2）在正式设置 CSS 样式前，先要对已有的默认样式进行 CSS reset 重置处理。前面章节中介绍过一个简易版的 CSS reset 设置，接下来通过案例来演示设置 CSS reset 展示效果，具体如例 9-13 所示。

【例 9-13】 设置 CSS reset 效果。

```
<style>
    /* CSS reset start */
    *{ margin:0; padding:0; }
    li{ list-style:none; }
    a{ text-decoration:none; }
    img{ vertical-align:top; }
    /* CSS reset end */
</style>
```

运行结果如图 9.46 所示。

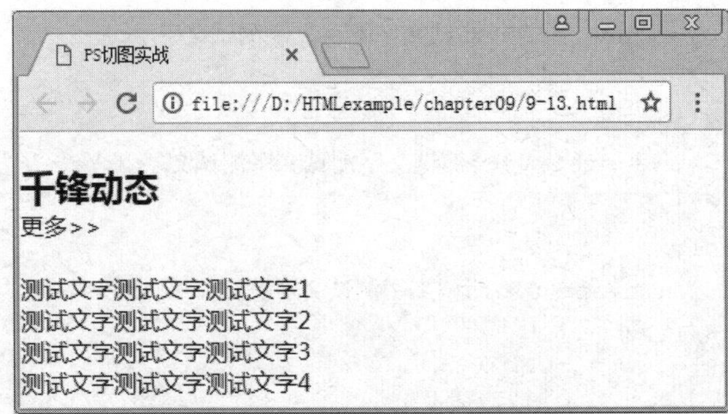

图 9.46　设置 CSS reset 展示效果

至此 CSS reset 设置完成，同时也可根据具体效果，对 CSS reset 方案进行调整。

（3）Photoshop 工具切图处理。首先设置.main 盒子的样式，由于列表项数目不固定，因此.main 的 height 需要自适应，width 值通过【选框工具】进行量取；然后设置.main 的边框样式，通过【滴管工具】量取边框的颜色；.main 的 content 内容跟.main 盒子之间的左右空隙可以设置 padding 值。这里要注意根据 CSS 盒模型，当量取到 padding 值后需要在原有的 width 基础上减去 padding 值，以此来保证盒子的大小。接下来通过案例来演示.main 盒子设置样式，具体如例 9-14 所示。

【例 9-14】 .main 盒子设置样式。

```
<style>
     /* CSS reset start */
     *{ margin:0; padding:0; }
     li{ list-style:none; }
     a{ text-decoration:none; }
     img{ vertical-align:top; }
     /* CSS reset end */
     .main{ width:310px; height:auto; border:1px #d7d7d7 solid;
       padding:0 23px 0 23px; }
</style>
```

运行结果如图 9.47 所示。

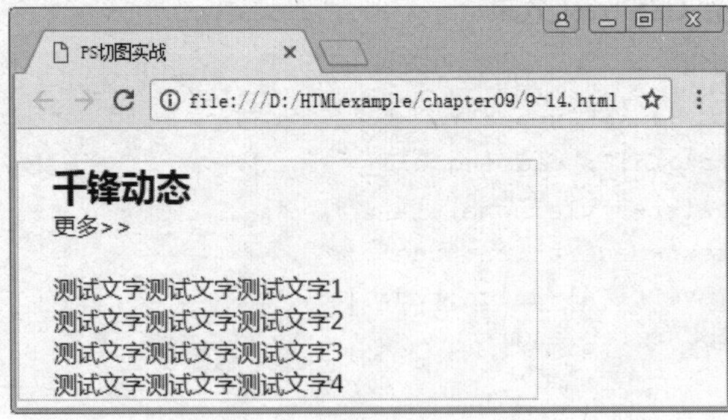

图 9.47　.main 盒子设置样式

量取列表项的文字大小和行高。当在 Photoshop 工具中量取的文字大小为奇数时，实际设置的大小为加一的数值，如本案例中量取的文字大小为 11px，样式设置为 12px。行高的测量可以通过两行文字的头部距离进行获取，这样就可以通过拉取辅助线对列表容器大小进行确定处理，确定.list 区域如图 9.48 所示。

图 9.48 确定.list 区域

.list 盒子与.main 盒子下方的距离，可以设置成.main 盒子的下 padding 值。.list 列表项中的“小点”样式可以通过图片进行模拟，因此先把“小点”切割下来，再设置<li>的背景图。注意文字与背景图之间的空隙，可以通过<li>的左 padding 值进行设置。接下来通过案例来演示.list 盒子设置样式，具体如例 9-15 所示。

【例 9-15】 .list 盒子设置样式。

```
<style>
    /* CSS reset start */
    *{ margin:0; padding:0; }
    li{ list-style:none; }
    a{ text-decoration:none; }
    img{ vertical-align:top; }
    /* CSS reset end */
    .main{ width:310px; height:auto; border:1px #d7d7d7 solid;
      padding:0 23px 15px 23px; }
    .list{ font-size:12px; line-height:33px; }
    .list li{ background:url(point.png) no-repeat 0 center;
      padding-left:9px; }
    .list a{ color:#666279; }
</style>
```

运行结果如图 9.49 所示。

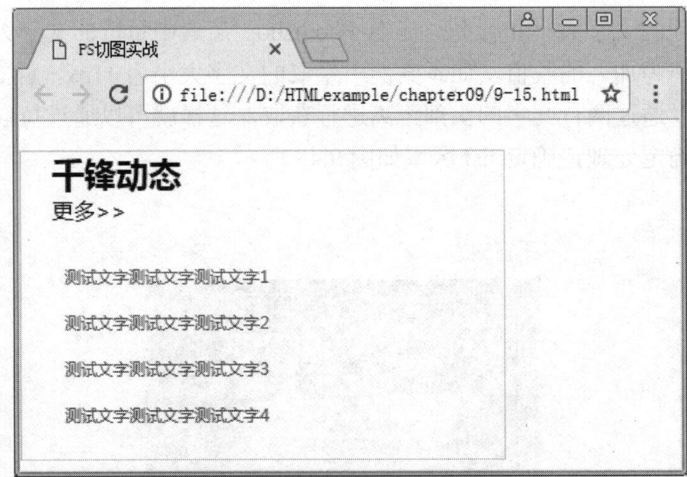

图 9.49 .list 盒子设置样式

.title 盒子需要对标题和链接进行左右浮动处理，这样可以使之在一行中显示，要注意对.title 盒子进行浮动处理。量取标题文字的大小和行高，设置链接颜色和文字大小。拉取辅助线确定.title 盒子的区域大小，如图 9.50 所示。

图 9.50 确定.title 区域

.title 盒子与.main 盒子上边的间距可以通过给.main 盒子设置上 padding 值来实现，接下来通过案例来演示.title 盒子设置样式，具体如例 9-16 所示。

【例 9-16】 .title 盒子设置样式。

```
<style>
    /* CSS reset start */
    *{ margin:0; padding:0; }
    li{ list-style:none; }
```

```
        a{ text-decoration:none; }
        img{ vertical-align:top; }
        /* CSS reset end */
        .main{ width:310px; height:auto; border:1px #d7d7d7 solid;
          padding:15px 23px 15px 23px; }
        .list{ font-size:12px; line-height:33px; }
        .list li{ background:url(point.png) no-repeat 0 center;
          padding-left:9px; }
        .list a{ color:#666279; }
        .clear : after{ clear:both; content:""; display:block; }
        .title{ line-height:41px; }
        .title h2{ font-size:18px; float:left; }
        .title a{ font-size:12px; color:#ff5314; float:right; }
</style>
```

运行结果如图 9.51 所示。

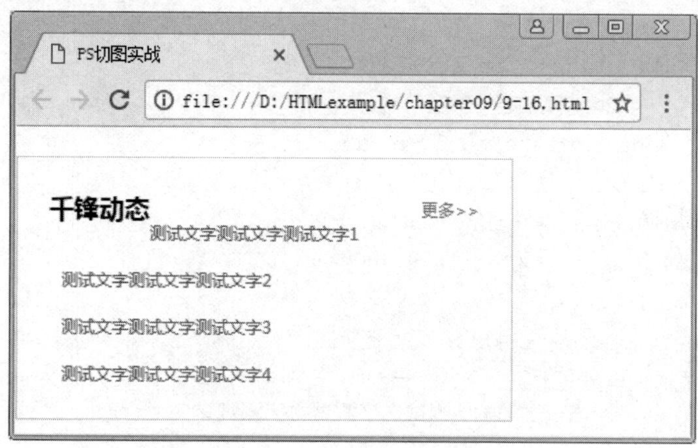

图 9.51 .title 盒子设置样式

最后添加 banner 图片和之间的间距来完成最终效果。接下来通过案例来演示“千锋动态”展示效果，如例 9-17 所示。

【例 9-17】“千锋动态”展示效果。

```
<!doctype html>
<html>
<head>
<meta charset="utf-8">
<title>PS 切图实战</title><br>
<style>
     /* CSS reset start */
     *{ margin:0; padding:0; }
     li{ list-style:none; }
     a{ text-decoration:none; }
```

```
        img{ vertical-align:top; }
        /* CSS reset end */
        .main{ width:310px; height:auto; border:1px #d7d7d7 solid;
           padding:15px 23px 15px 23px; }
        .list{ font-size:12px; line-height : 33px; }
        .list li{ background:url(point.png) no-repeat 0 center;
           padding-left:9px; }
        .list a{ color:#666279; }
        .clear : after{ clear:both; content:""; display:block; }
        .title{ line-height:41px; }
        .title h2{ font-size:18px; float:left; }
      .title a{ font-size:12px; color:#ff5314; float:right; }
      .banner{ margin-bottom:8px; }
</style>
</head>
<body>
<div class="main">
    <div class="title clear">
        <h2>千锋动态</h2>
        <a href="#">更多>></a>
    </div>
    <div class="banner">
        <img src="banner.jpg">
    </div>
    <ul class="list">
        <li>
          <a href="#">测试文字测试文字测试文字 1</a>
        </li>
        <li>
          <a href="#">测试文字测试文字测试文字 2</a>
        </li>
        <li>
          <a href="#">测试文字测试文字测试文字 3</a>
        </li>
        <li>
          <a href="#">测试文字测试文字测试文字 4</a>
        </li>
    </ul>
</div>
</body>
</html>
```

运行结果如图 9.52 所示。

图 9.52 “千锋动态”展示效果

9.8.2 “全国开班”效果图制作

第二个实例，是取自千锋官网上的“全国开班”效果图，如图 9.53 所示。

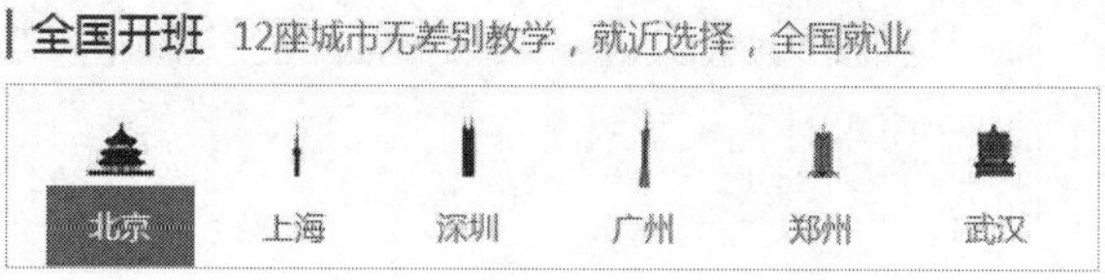

全国开班 12座城市无差别教学，就近选择，全国就业

北京 上海 深圳 广州 郑州 武汉

图 9.53 “全国开班”效果图展示效果

（1）首先写 HTML 结构。一个父容器标签，包含头部和列表两大部分。头部中包含标题和说明信息，列表中包含背景图和城市信息。接下来通过案例来演示 HTML 结构展示效果，具体如例 9-18 所示。

【例 9-18】 HTML 结构展示效果。

```
<!doctype html>
<html>
<head>
<meta charset="utf-8">
<title>PS 切图实战</title><br>
</head>
<body>
<div class="main">
    <div class="title">
```

```
            <h2>全国开班</h2>
            <p>12 座城市无差别教学，就近选择，全国就业</p>
        </div>
        <ul class="list">
            <li>
                <div class="city1"></div>
                <a href="#">北京</a>
            </li>
            <li>
              <div class="city2"></div>
              <a href="#">上海</a>
            </li>
            <li>
              <div class="city3"></div>
              <a href="#">深圳</a>
            </li>
            <li>
              <div class="city4"></div>
              <a href="#">广州</a>
            </li>
            <li>
              <div class="city5"></div>
              <a href="#">郑州</a>
            </li>
            <li>
              <div class="city6"></div>
              <a href="#">武汉</a>
            </li>
        </ul>
</div>
</body>
</html>
```

运行结果如图 9.54 所示。

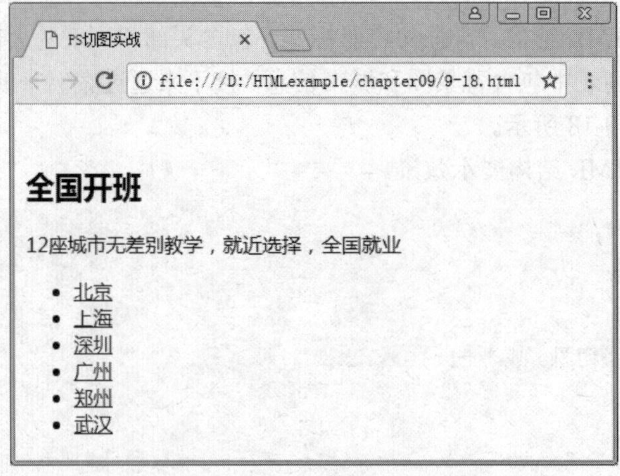

图 9.54　HTML 结构展示效果

（2）CSS reset 设置，与例 9-7 做法类似，接下来通过案例来演示 CSS reset 样式重置，具体如例 9-19 所示。

【例 9-19】 CSS reset 样式重置。

```
<style>
     /* CSS reset start */
     *{ margin:0; padding:0; }
     li{ list-style:none; }
     a{ text-decoration:none; }
     img{ vertical-align:top; }
     /* CSS reset end */
</style>
```

运行结果如图 9.55 所示。

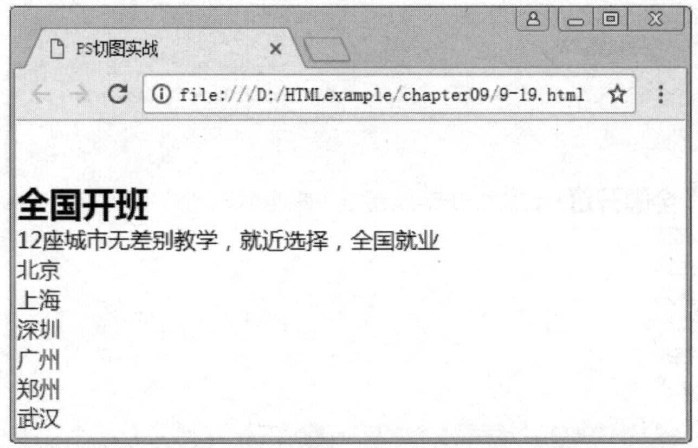

图 9.55　CSS reset 样式重置

（3）Photoshop 工具切图处理。可以先来设置头部的样式，拉取辅助线先确定头部区域大小；量取标题以及信息的文字大小和颜色，并对其进行浮动处理，如图 9.56 所示。

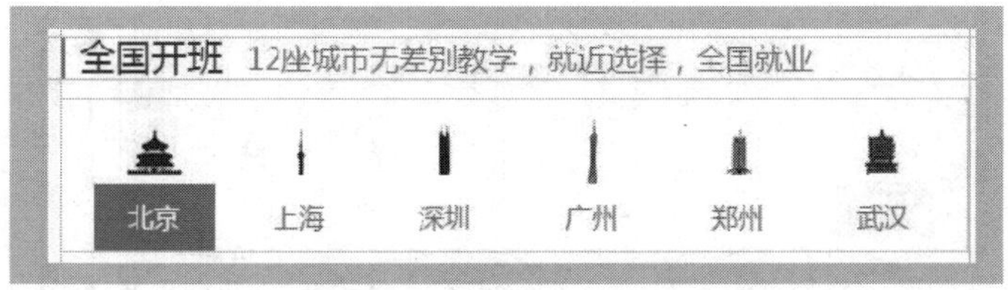

图 9.56　辅助线确认头部区域

接下来通过案例来演示.title 盒子设置样式，具体如例 9-20 所示。

【例 9-20】 .title 盒子设置样式。

```
<style>
     /* CSS reset start */
```

```
        *{ margin : 0; padding :0; }
        li{ list-style : none; }
        a{ text-decoration : none; }
        img{ vertical-align : top; }
        /* CSS reset end */
        .clear : after{ clear : both; content : ""; display : block; }
        .main{ width : 592px; }
        .title{ border-left : 3px #3489ff solid; height : 25px;
            line-height : 25px; }
        .title h2{ float : left; font-size : 20px; margin-left : 10px;}
        .title p{ float : left; color : #f73b20; margin-left : 16px;}
</style>
```

运行结果如图 9.57 所示。

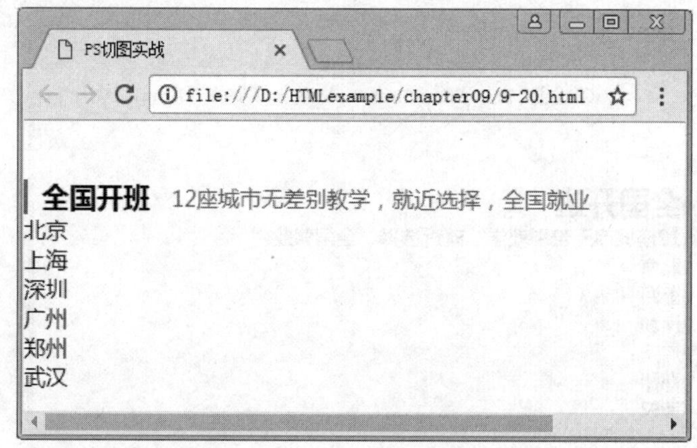

图 9.57 .title 盒子设置样式

下面来设置.list 盒子的样式。首先把城市背景图做成 CSS 雪碧图，通过背景定位设置，这样会在一定程度上提升网页性能；通过辅助线来确定.list 盒子的区域大小，分别量取<li>的宽和间距，并对<li>项进行浮动处理，如图 9.58 所示。

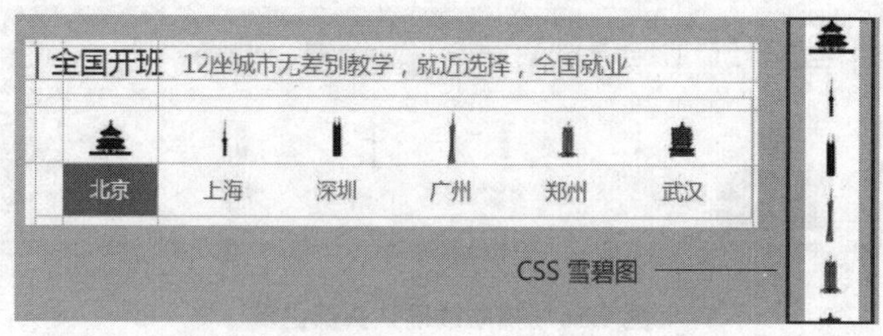

图 9.58 .list 区域大小和 CSS 雪碧展示

最后给列表的第一项加上选中效果来完成最终效果。接下来通过案例来演示“全国开班”展示效果，具体如例 9-21 所示。

【例 9-21】 “全国开班”展示效果。

```
<!doctype html>
<html>
<head>
<meta charset="utf-8">
<title>PS 切图实战</title><br><br>
<style>
    /* CSS reset start */
    *{ margin : 0; padding :0; }
    li{ list-style : none; }
    a{ text-decoration : none; }
    img{ vertical-align : top; }
    /* CSS reset end */
    .clear : after{ clear : both; content : ""; display : block; }
    .main{ width : 592px; }
    .title{ border-left : 3px #3489ff solid; height : 25px;
       line-height : 25px; }
    .title h2{ float : left; font-size : 20px; margin-left : 10px;}
    .title p{ float : left; color : #f73b20; margin-left : 16px;}
    .list{ border : 1px #b5cde7 solid; padding-top : 8px;
       margin-top : 12px; }
   .list li{ width : 75px; margin-left : 20px; float : left; }
   .list div{ height : 42px; background :url(city.png) no-repeat;}
   .list div.city1{ background-position : center 0; }
   .list div.city2{ background-position : center -42px; }
   .list div.city3{ background-position : center -84px; }
   .list div.city4{ background-position : center -126px; }
   .list div.city5{ background-position : center -168px; }
   .list div.city6{ background-position : center -210px; }
   .list a{ color : #7b7c77; text-align : center; display : block;
      height : 40px; line-height : 40px; }
   .list a.active{ background : #3787ff; color : #fff; }
</style>
</head>
<body>
<div class="main">
    <div class="title clear">
       <h2>全国开班</h2>
       <p>12 座城市无差别教学，就近选择，全国就业</p>
    </div>
    <ul class="list clear">
       <li>
         <div class="city1"></div>
         <a href="#">北京</a>
       </li>
```

```
            <li>
              <div class="city2"></div>
              <a href="#">上海</a>
            </li>
            <li>
              <div class="city3"></div>
              <a href="#">深圳</a>
            </li>
            <li>
              <div class="city4"></div>
              <a href="#">广州</a>
            </li>
            <li>
              <div class="city5"></div>
              <a href="#">郑州</a>
            </li>
            <li>
              <div class="city6"></div>
              <a href="#">武汉</a>
            </li>
        </ul>
</div>
</body>
</html>
```

运行结果如图 9.59 所示。

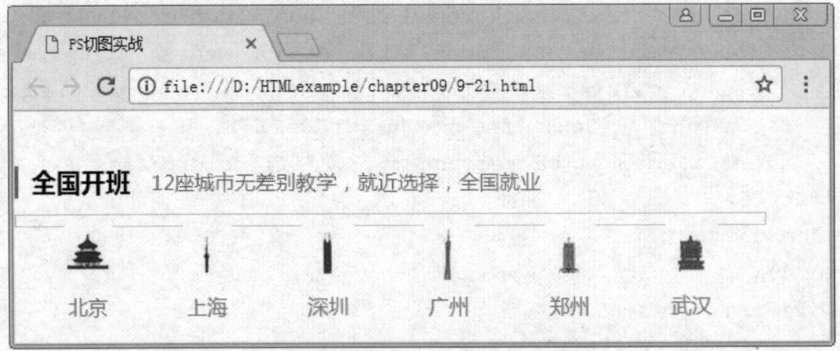

图 9.59 “全国开班”的展示效果

9.9 本章小结

通过本章的学习，解决实际开发的需求。通过实际开发来发现问题和解决问题，并详细讲解了 Photoshop 的基本使用和 Photoshop 切图的流程。最后通过两个实例，把切图与 HTML、CSS 结合到一起，从而制作出完整的页面效果。在下一章节中，将继续学习完整的、常见的网页布局效果，让读者能够更好地把理论知识和实际操作结合到一起，从而达到学以致用的目的。

9.10 习 题

1．填空题

（1）解决块元素屏幕居中问题需要设置____________值和____________值为 auto。

（2）display 值为____________，可以让元素既具备块类型的特点，同时也具备内联类型的特点。

（3）____________是使网页合理的利用空间，从而展现更多内容的方式。

（4）CSS 中的____________属性可以用来实现三角形图标效果。

（5）内联类型元素的标签，进行居中显示处理的方式是____________。

2．选择题

（1）解决“分页效果”居中的处理样式为（　　）。

A．text-align:center　　B．display:inline-block

C．vertical-align:middle　　D．float:left

（2）HTML 标签利用哪种样式制作三角形图标。（　　）

A．border　　B．background

C．margin　　D．padding

（3）块元素居中正确的样式为（　　）。

A．margin:0 auto;　　B．margin:auto 0;

C．padding:0 auto;　　D．padding:auto 0;

（4）制作漂亮的上传按钮，需要设置的属性是（　　）。

A．margin　　B．border

C．position　　D．display

3．思考题

（1）请简述制作漂亮的“上传按钮”的原理。

（2）请简述“标签切换页”的基本结构。

第10章 chapter 10

布局方案与整页制作

本章学习目标

- 掌握常见的布局方案；
- 了解整页开发的流程。

在前面的章节中，已经介绍了如何制作各种常见的网页结构的操作。对于整体页面的制作，还需要注意一些细节，因此本章将讲解如何进行整体页面的开发制作，将通过学习网页中多种常见布局方案，最终完成一个整体页面的制作，从而达到彻底理解和掌握 HTML+CSS 搭建页面的技术。

10.1 CSS 布局

视频讲解

阅读刊物时可以发现，虽然刊物中的内容很多，但经过合理的排版，版面将会变得清晰、易读。同理在制作网页时，如果想要使网页结构清晰，也需要通过 CSS 布局对网页进行整理。本节将对常用的几种 CSS 布局进行详细讲解。

10.1.1 固定布局

固定布局是利用容器宽为固定值的方式来实现。固定布局是最简单的布局方案，可以分为一列布局、二列布局、三列或多列布局等。

1. 固定一列布局

固定一列布局，即一行只显示一列的布局方式，容器宽度值为固定值，接下来通过案例来演示固定一列布局，具体如例 10-1 所示。

【例 10-1】 固定一列布局。

```
<!doctype html>
<html>
<head>
<meta charset="utf-8">
<title>固定布局</title>
```

```
<style>
    *{ margin:0; padding:0; font-size:40px; color:white; }
    #top{ width:600px; height:100px; background:red; margin:0 auto;}
    #content{ width:600px; height:200px; background:red;
        margin:20px auto 0 auto; }
</style>
</head>
<body>
<div id="top">头部</div>
<div id="content">内容</div>
</body>
</html>
```

运行结果如图 10.1 所示。

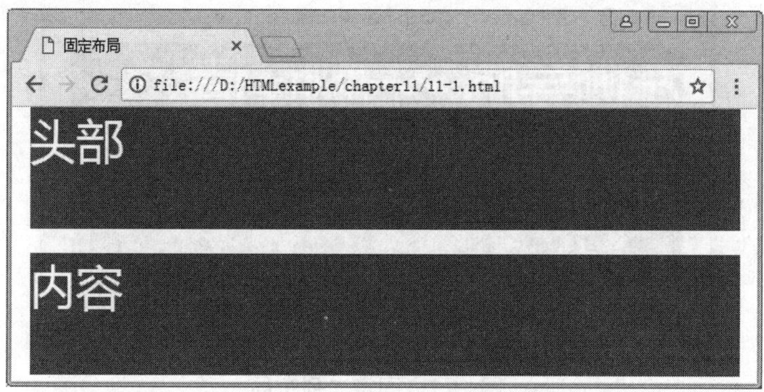

图 10.1　固定一列布局

2．固定二列布局

固定二列布局，即一行显示两列的布局方式，两列容器宽度值都为固定值，左右排列需要设置浮动属性。接下来通过案例来演示固定两列布局，具体如例 10-2 所示。

【例 10-2】 固定两列布局。

```
<!doctype html>
<html>
<head>
<meta charset="utf-8">
<title>固定布局</title>
<style>
    *{ margin:0; padding:0; font-size:40px; color:white; }
    #main{ width:450px; margin:0 auto; }
    #navigation{ width:200px; height:200px; background:red;
        float:left; }
    #details{ width:250px; height:200px; background:blue;
```

```
        float:left; }
</style>
</head>
<body>
<div id="main">
    <div id="navigation">左侧导航</div>
    <div id="details">右侧详情</div>
</div>
</body>
</html>
```

运行结果如图 10.2 所示。

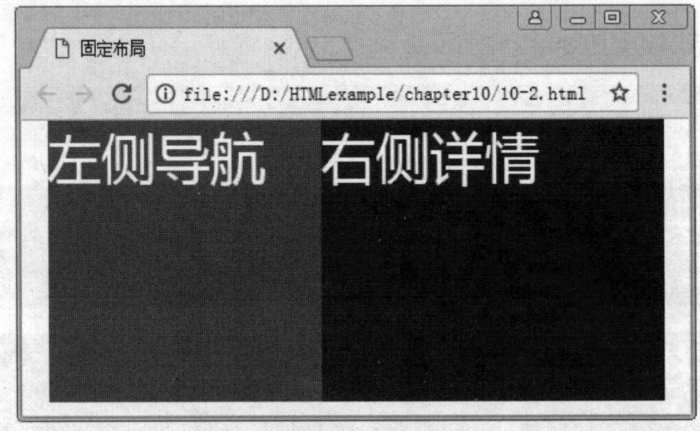

图 10.2　固定二列布局

3．固定三列布局

固定三列布局，即一行显示三列的布局方式，三列宽度值都为固定值，左、中、右排列需要设置浮动属性，接下来通过案例来演示固定三列布局，具体如例 10-3 所示。

【例 10-3】 固定三列布局。

```
<!doctype html>
<html>
<head>
<meta charset="utf-8">
<title>固定布局</title>
<style>
    *{ margin:0; padding:0; font-size:40px; color:white; }
    #maim{ width:470px; margin:0 auto; }
    #navigation{ width:150px; height:200px; background:red;
       float:left; }
    #details{ width:250px; height:200px; background:blue;
       float:left; }
    #aside{ width:70px; height:200px; background:green;
```

```
            float:left; }
</style>
</head>
<body>
<div id="main">
    <div id="navigation">左侧导航</div>
    <div id="details">中间详情</div>
    <div id="aside">右侧附属信息</div>
</div>
</body>
</html>
```

运行结果如图 10.3 所示。

图 10.3 固定三列布局

10.1.2 自适应布局

自适应布局是利用容器宽为百分比或 auto 的方式来实现，是网页中比较常见的布局方式，也可以分为一列布局、二列布局、三列或多列布局等。

1. 自适应一列布局

自适应一列布局通过给容器元素设置宽度值为百分比或 auto 的方式来实现。接下来通过案例来演示自适应一列布局，具体如例 10-4 所示。

【例 10-4】 自适应一列布局。

```
<!doctype html>
<html>
<head>
<meta charset="utf-8">
<title>自适应布局</title>
<style>
```

```
        *{ margin:0; padding:0; font-size:40px; color:white; }
        #top{ width:100%; height:50px; background:red; }
        #content{ width:100%; height:100px; background:red;
            margin-top:20px; }
</style>
</head>
<body>
<div id="top">头部</div>
<div id="content">内容</div>
</body>
</html>
```

运行结果如图 10.4 所示。

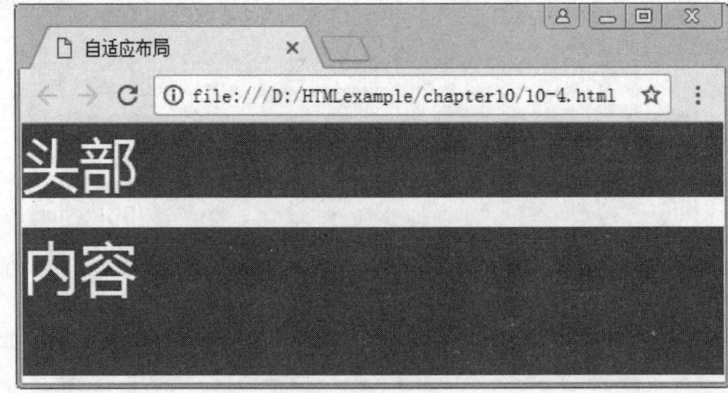

图 10.4 自适应一列布局

2．自适应二列布局

自适应二列布局可以通过两列都自适应和一列自适应一列固定两种布局方式实现，接下来将分别介绍这两种实现自适应两列布局的方式。

（1）首先介绍二列都自适应的布局方式，接下来通过案例来演示，具体如例 10-5 所示。

【例 10-5】 二列都自适应的布局方式。

```
<!doctype html>
<html>
<head>
<meta charset="utf-8">
<title>自适应布局</title>
<style>
        *{ margin:0; padding:0; font-size:40px; color:white; }
        #main{ width:100%; }
        #navigation{ width:20%; height:150px; background:red;
            float:left; }
```

```
        #details{ width:80%; height:150px; background:blue;
            float:left; }
</style>
</head>
<body>
<div id="main">
    <div id="navigation">左侧导航</div>
    <div id="details">右侧详情</div>
</div>
</body>
</html>
```

运行结果如图 10.5 所示。

图 10.5 自适应二列布局

(2) 下面介绍一列固定一列自适应的布局方式，接下来通过案例来演示，具体如例 10-6 所示。

【例 10-6】 一列固定一列自适应的布局方式。

```
<!doctype html>
<html>
<head>
<meta charset="utf-8">
<title>自适应布局</title>
<style>
     *{ margin:0; padding:0; font-size:40px; color:white; }
     #main{ width:100%; }
     #navigation{ width:200px; height:150px; background:red;
         float:left; }
     #details{ width:auto; height:150px; background:blue;
         margin-left:200px; }
</style>
</head>
<body>
```

```
<div id="main">
    <div id="navigation">左侧导航</div>
    <div id="details">右侧详情</div>
</div>
</body>
</html>
```

运行结果如图 10.6 所示。

图 10.6　一列固定一列自适应

由图 10.6 可以看到，通过给固定列的方式进行浮动处理，使固定列脱离文档流，自适应列位于固定列的右方，然后给自适应列设置 margin-left 值为固定列的宽度值，这样就可以达到一列固定一列自适应且左右排列展示的布局效果。

除了通过浮动的方式可以脱离文档流外，还可以利用绝对定位的方式来实现同样的布局方式，修改上例代码即可，示例代码如下。

```
#navigation{ width : 200px; height : 400px; background : red;
    position : absolute; left : 0; top : 0; }
#details{ width : auto; height : 400px; background : blue;
    margin-left : 200px; }
```

3．自适应三列布局

自适应三列布局方案与两个布局方案类似，但要注意让自适应的列一定要书写在 HTML 结构的最后，这样才能利用脱离文档流的形式来实现，接下来通过案例来演示，具体如例 10-7 所示。

【例 10-7】 自适应三列布局。

```
<!doctype html>
<html>
<head>
<meta charset="utf-8">
<title>自适应布局</title>
<style>
```

```
        *{ margin:0; padding:0; font-size:40px; color:white; }
        #main{ width:100%; }
        #navigation{ width:200px; height:150px; background:red;
            position:absolute; left:0; top:0; }
        #aside{ width:150px; height:150px; background:green; float:right; }
        #details{ width:auto; height:150px; background:blue;
            margin-left:200px; margin-right:150px; }
</style>
</head>
<body>
<div id="main">
    <div id="navigation">左侧导航</div>
    <div id="aside">右侧附属信息</div>
    <div id="details">中间详情</div>
</div>
</body>
</html>
```

运行结果如图 10.7 所示。

图 10.7 自适应三列布局

10.1.3 混合布局

混合布局是把不同的布局方案结合到一起，来适应复杂的布局需求。具体分为如下两类。

1．固定与自适应混合

固定与自适应混合布局是很常见的组合方式，如千锋官网的头部效果，如图 10.8 所示。

图 10.8 中可以看到内容区域是固定展示的，而周围的背景色是自适应展示，这种方式就是固定与自适应混合的布局方式。接下来通过案例来演示，具体如例 10-8 所示。

图 10.8　千锋官网头部效果

【例 10-8】 固定与自适应混合的布局方式。

```
<!doctype html>
<html>
<head>
<meta charset="utf-8">
<title>混合布局</title>
<style>
    *{ margin:0; padding:0; font-size:40px; color:white; }
    #top{ width:100%; height:150px; background:red; }
    #topContent{ width:300px; height:150px; background:blue;
       margin:0 auto; }
</style>
</head>
<body>
<div id="top">
    <div id="topContent">头部内容</div>
</div>
</body>
</html>
```

运行结果如图 10.9 所示。

图 10.9　固定与自适应混合布局

例 10-8 中通过嵌套标签的方式来实现固定与自适应布局混合，父容器采用自适应布局，子容器采用固定布局，即可达到混合的目的。

2．不同列混合

不同列混合指的是在多行展示中，每一行所展现的列数可能是不相同的，如优酷官网的主体效果，如图 10.10 所示。

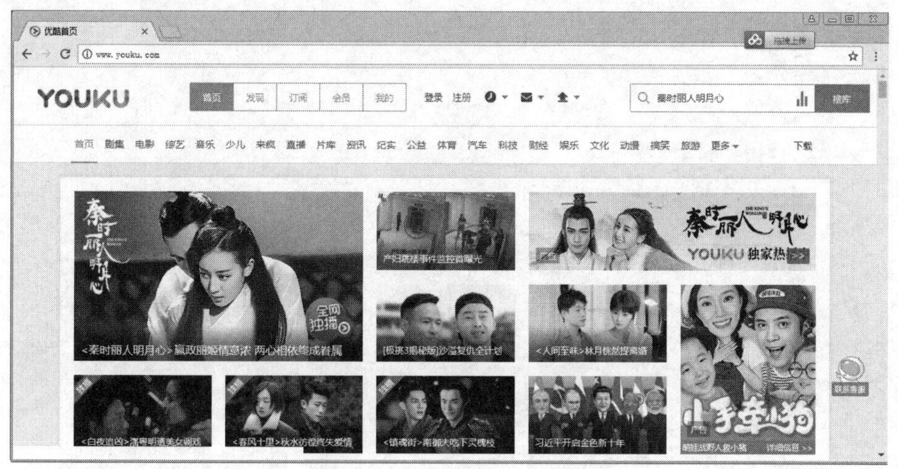

图 10.10　优酷官网主体效果

可以看到图 10.10 中，每一行的列数都不相同，且排列也没太多规则，这里需要对每一行进行单独的布局设置。接下来通过案例来演示，具体如例 10-9 所示。

【例 10-9】 不同列混合布局方式。

```
<!doctype html>
<html>
<head>
<meta charset="utf-8">
<title>混合布局</title>
<style>
     *{ margin:0; padding:0; font-size:40px; color:white; }
     #main{ width:800px; margin:0 auto; }
     #videoLeft , #videoCenter , #videoRight{ width:260px;
        float:left; }
     #videoCenter , #videoRight{ margin-left:10px; }
     .video_1{ height:210px; background:red; }
     .video_2{ margin-top:10px; overflow:hidden; width:270px; }
     .video_2 div{ float:left; width:125px; height:100px;
        background:red; margin-right:10px; }
     .video_3{ overflow:hidden; width:270px; }
```

```
        .video_3 div{ float:left; width:125px; height:100px;
            background:red; margin-right:10px; margin-bottom:10px; }
        .video_4{ height:100px; background:red; margin-bottom:10px; }
        .video_5{ float:left; width:125px; }
        .video_5 div{ height:100px; background:red; margin-bottom:10px; }
        .video_6{ float:left; width:125px; height:210px;
            background:red; margin-left:10px; }
</style>
</head>
<body>
<div id="main">
    <div id="videoLeft">
        <div class="video_1"></div>
        <div class="video_2">
            <div></div>
            <div></div>
        </div>
    </div>
    <div id="videoCenter">
        <div class="video_3">
        <div></div>
            <div></div>
            <div></div>
            <div></div>
            <div></div>
            <div></div>
        </div>
    </div>
    <div id="videoRight">
        <div class="video_4"></div>
        <div class="video_5">
            <div></div>
            <div></div>
        </div>
        <div class="video_6"></div>
    </div>
</div>
</body>
</html>
```

运行结果如图 10.11 所示。

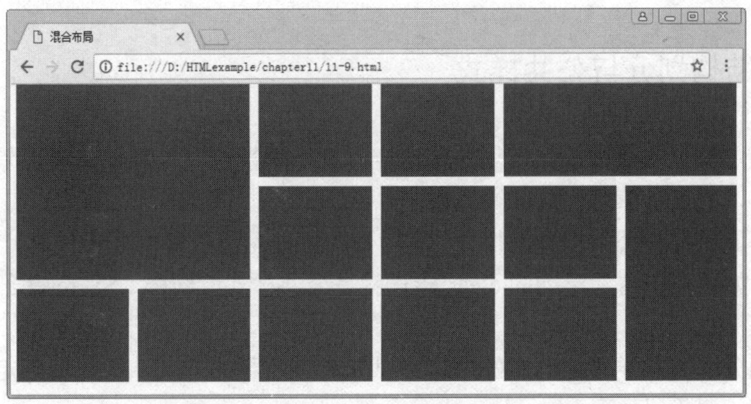

图 10.11　不同列混合布局

10.2　整页制作

视频讲解

上一小节中学习了常见的布局方案，在本节中将讲解开发一个整页的布局，从规划到制作的整页制作设计图，如图 10.12 所示。

图 10.12　整页制作设计图

10.2.1 结构划分与公共样式

首先确定整页的结构该如何划分，这样有利于后期分段处理，大概可划分为头部、导航、广告、列表、信息、尾部等模块。

然后提取整页中公共部分的样式，这样做的好处是可以复用样式代码，节省代码量，提高性能。如网页中清除浮动的.clear 样式就是公共样式，同样 CSS reset 部分也是属于公共部分的样式。

结构划分和公共样式都确定好后，可以先通过注释的方式，把区域确定出来，以便后续操作。示例代码如下。

```
<style>
    /* 公共样式 */
    *{ margin : 0; padding : 0; }
    body{ font-size : 12px; }
      li{ list-style : none; }
      img{ border : none; vertical-align : top; }
      a{ text-decoration : none; color : inherit; }
      .clear:after{ content : ""; display : block; clear:both;}
      /* 头部样式 */
      /* 导航样式 */
      /* 广告样式 */
      /* 列表样式 */
      /* 信息样式 */
      /* 尾部样式 */
</style>
<body>
 <!-- 头部结构 -->
 <!-- 导航结构 -->
 <!-- 广告结构 -->
 <!-- 列表结构 -->
 <!-- 信息结构 -->
 <!-- 尾部结构 -->
</body>
```

10.2.2 网页模块命名规范

网页模块的命名，如果没有统一的命名规范对其进行必要的约束（自由地命名），会使后续工作难以进行。因此，命名规范很重要，读者应予以重视。通常网页模块的命名需要遵循以下三个原则：

- 命名避免使用中文字符（如 id=“内容”）；

- 命名不能以数字开头（如 id=“1header”）；
- 命名不能使用关键字（如 id=“div”）。

命名应尽量用最少的字母表达含义，使之简明、易懂。

在网页开发中，常用驼峰式命名和帕斯卡命名两种命名方式。其具体解释如下所述。

- 驼峰式命名：除第一个单词外后面的单词首字母都要大写，其余小写，如 navOne。
- 帕斯卡命名：每个单词之间用“_”连接，如 nav_one。

下面列举网页中常用的一些命名，具体如表 10.1 所示。

表 10.1　常用命名

模　　块	命　　名	模　　块	命　　名
头部	header	标签页	tab
内容	content/container	文章列表	list
尾部	footer	提示信息	msg
导航	nav	小技巧	tips
子导航	subnav	栏目标题	title
侧栏	sidebar	加入	joinus
栏目	column	指南	guild
左右中	left　right　center	服务	service
登录条	loginbar	注册	register
标志	logo	状态	status
广告	banner	投票	vote
页面主体	main	合作伙伴	partner
热点	hot	CSS 文件	命名
新闻	news	主要的	master.css
下载	download	模块	module.css
菜单	menu	基本共用	base.css
子菜单	submenu	布局，版面	layout.css
搜索	search	主题	themes.css
友情链接	frIEndlink	专栏	columns.css
页眉	header	文字	font.css
页脚	footer	表单	forms.css
版权	copyright	补丁	mend.css
滚动	scroll	打印	print.css

10.2.3　头部制作

头部采用固定布局方案，通过 Photoshop 工具可测量出容器大小为 950px。头部包含 logo 和菜单两部分，其 HTML 结构实现，示例代码如下。

```
<body>
<!-- 头部结构 -->
<div id="header">
```

```
    <a class="logo" href="#"><img src="logo.png"></a>
    <ul>
        <li><a href="#">中文</a></li>
        <li><a href="#">English</a></li>
        <li><a href="#">asdsad</a></li>
        <li><a href="#">xcxc</a></li>
        <li><a href="#">cccccc</a></li>
        <li><a href="#">ydjfdf</a></li>
        <li class="line">|</li>
        <li class="mobile"><a href="#">手机版</a></li>
     </ul>
</div>
</body>
```

logo 的位置可以通过盒子模型的 margin 值来控制。菜单的父容器采用右浮动，菜单子项采用左浮动，这样菜单可以采用整体靠右的形式进行排序。菜单项的文字与图标之间的空隙可以通过盒子模型的 padding 属性来调整，具体如例 10-10 所示。

【例 10-10】 头部制作。

```
<style>
    /* 头部样式 */
    #header{ width : 950px; margin : 0 auto; height : 74px; }
    .logo{ float : left; margin : 19px 0 0 1px; }
    #header ul{ float : right; line-height : 20px;
        margin-top : 37px; }
    #header li{ float : left; color : #888888;
        padding-left : 13px; margin-left : 21px;
        background : url(img/headerUlBg.png) no-repeat 0 center; }
    #header .line{ background : none; padding : 0;
       margin-left : 14px; }
    #header .mobile{ background : url(img/headerUlMobile.png) no-repeat
       0 3px; }
</style>
```

其头部结果如图 10.13 所示。

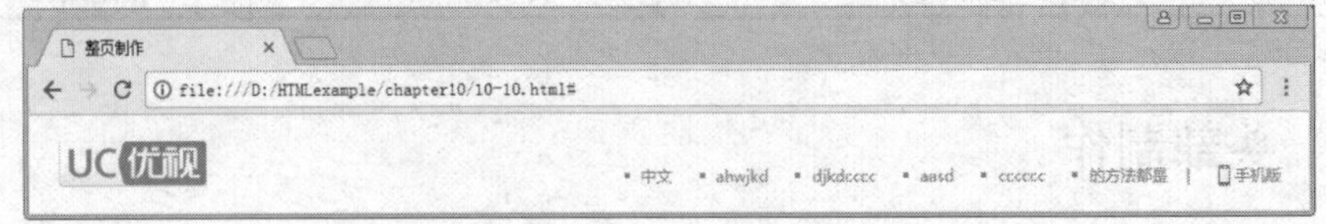

图 10.13 头部制作展示效果

10.2.4 导航制作

导航部分采用混合布局方式，里面的内容是固定布局，父容器是自适应布局。导航分为左边的主导航、右侧的分享导航和下方的子导航。其实现 HTML 结构，示例代码如下。

```
<body>
<!-- 导航结构 -->
<div id="nav">
      <div class="navContent">
        <ul class="menu">
            <li><a href="#">首页</a></li>
            <li><a href="#">产品</a></li>
            <li><a href="#">公司</a></li>
            <li class="active">
                <a href="#">开放合作</a>
            </li>
            <li><a href="#">招聘</a></li>
            <li><a href="#">帮助中心</a></li>
            <li><a href="#">论坛</a></li>
        </ul>
        <ul class="icon">
            <li>
                <a href="#"><img src="img/navIcon1.png"></a>
            </li>
            <li>
                <a href="#"><img src="img/navIcon1.png"></a>
            </li>
            <li>
                <a href="#"><img src="img/navIcon1.png"></a>
            </li>
            <li>
                <a href="#"><img src="img/navIcon1.png"></a>
            </li>
            <li>
                <a href="#"><img src="img/navIcon1.png"></a>
            </li>
        </ul>
      </div>
 </div>
</body>
```

主导航整体左浮动，分享导航整体右浮动。这里要注意，主导航有个选中的状态，需要添加一个单独的样式，即 active 样式。具体代码如下。

```
<style>
    /* 导航样式 */
    #nav{ width : 100%; height : 37px;
```

```
        border-top : 1px #dbdbdb dotted;
        border-bottom : 2px #ff6600 solid; }
    .navContent{ width : 950px; height : 100%; margin : 0 auto; }
    .navContent .menu{ margin-left : 32px; line-height : 37px;
        float:left; }
    .navContent .menu li{ float : left; font-size : 14px;
        margin-right : 65px; color : black; }
    .navContent .menu .active{
        background:url(img/navUlActive.png) no-repeat center bottom;}
    .navContent .icon{ float : right; margin-top : 8px; }
    .navContent .icon li{ float : left; margin-left : 6px; }
</style>
```

展示效果如图 10.14 所示。

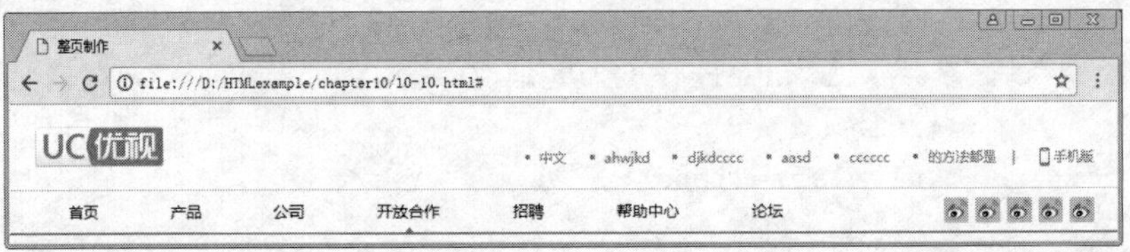

图 10.14　导航制作展示效果

10.2.5　广告制作

广告主要以图片展示为主，HTML+CSS 结构都比较简单，属于一列布局方式，具体代码如下。

```
<style>
    /* 广告样式 */
    .banner , .banner2{}
</style>
<body>
<!—广告结构 -->
<div class="banner">
    <a href="#"><img src="img/banner.png"></a>
</div>
<div class="banner2">
    <a href="#"><img src="img/banner2.png"></a>
 </div>
</body>
```

展示效果如图 10.15 所示。

图 10.15 广告制作展示效果

10.2.6 列表制作

列表属于三列固定布局，采用浮动+固定宽的方式来实现。根据不同的展现内容，采用合理的语义化标签展示。其实现 HTML 结构，代码示例如下。

```
<body>
<!—列表结构 -->
<ul class="list">
    <li>
         <h2>技术文档区</h2>
         <p class="p1">UC 浏览器</p>
         <p>文本对基于文本对基于文本对基于文本对基于文本对基于文本对基于文本对基于
               文本对基于文本对基于文本对基于文本对基于文本对基于</p>
           <img class="img1" src="img/listBtn.png">
    </li>
    <li>
         <h2>演示发布区</h2>
         <div>
             <p><a href="#">基于重力感应</a></p>
             <p>主要特点:canvas+</p>
             <p>手机测试地址</p>
          </div>
          <div>
             <p><a href="#">基于重力感应</a></p>
             <p>主要特点:canvas+</p>
             <p>手机测试地址</p>
```

```
            </div>
            <div>
              <p><a href="#">基于重力感应</a></p>
              <p>主要特点:canvas+</p>
              <p>手机测试地址</p>
            </div>
            <img class="img2" src="img/listBtn2.png">
        </li>
        <li>
              <h2>性能发布区</h2>
              <p>主要特点:canvas+</p>
              <p>主要特点:canvas+</p>
              <p>主要特点:canvas+</p>
              <p>主要特点:canvas+</p>
              <img class="img3" src="img/listImg.png"><br>
              <a class="more" href="#">查看详细>></a>
        </li>
 </ul>
</body>
```

代码中用到一个 CSS3 中操作子项的方法，即 nth-of-type，这个可以针对一组元素进行不同样式的操作。此操作会在 CSS3 章节中进行详细讲解，这里先暂时使用一下。下面将演示 CSS 演示代码，在例 10-10 中添加代码如下。

```
<style>
    /* 列表样式 */
    .list{ border-left : 1px #d3d3d3 solid; margin : 15px 0; }
    .list li{ float : left; width : 315px; height : 387px;
       border : 1px #d3d3d3 solid; border-left : none; }
    .list li h2{ line-height : 49px; font-size : 18px;
       padding-left : 90px; margin : 22px 0 11px 0; }
    .list li:nth-of-type(1) h2{
       background : url(img/listH2Bg1.png) no-repeat 31px 0; }
    .list li:nth-of-type(2) h2{
       background : url(img/listH2Bg2.png) no-repeat 31px 0; }
    .list li:nth-of-type(3) h2{
       background:url(img/listH2Bg3.png) no-repeat 31px 0; }
    .list li p{ padding-left : 30px; padding-right : 35px;
       line-height : 24px; color : #666666; }
    .list li p a{ color : blue; }
    .list li .p1{ color : black; font-weight : bold; }
    .list li .img1{ margin : 11px 0 0 30px; }
    .list li .img2{ margin : -6px 0 0 30px; }
    .list li .img3{ margin-left : 30px; }
```

```
        .list li .more{ margin-left:30px; line-height:27px; color : blue; }
        .list li div{ margin-bottom : 15px; }
</style>
```

展示效果如图 10.16 所示。

图 10.16 列表制作展示效果

10.2.7 信息制作

消息区域采用两列固定布局来实现。一列靠左，一列靠右，这里 HTML+CSS 比较简单，直接演示代码，在例 10-10 中添加代码如下。

```
<style>
    /* 信息样式 */
    .message{ margin-top : 15px; }
    .messageL{ width : 600px; float : left;
       border-top : 1px #dbdbdb solid; }
    .messageR{ width : 310px; float : right; }
    .messageL h2 , .messageR h2{ font-size : 14px; height : 36px;
       line-height : 32px; margin-top : -1px;
       background : url(img/messageH2Bg.png) no-repeat; }
    .messageL p , .messageR p{ line-height : 22px; }
    .messageL a{ color : blue; }
    .messageL div{ margin-bottom : 22px; }
```

```
    .messageL li{ line-height : 28px; padding-left : 20px;
       background : url(img/messageUlBg.png) no-repeat 0 center; }
    .messageR div{ border-top:1px #dbdbdb solid; margin-bottom:20px; }
    .messageR span{ color : #ff6600; }
    .messageR ul{ margin-top : 15px; }
    .messageR li{ line-height : 22px; }
    .messageR li a{ color : blue; padding-left : 6px;
     background : url(img/messageUlBg2.png) no-repeat 0 center; }
</style>
<body>
<!-- 信息结构 -->
<div class="message clear">
    <div class="messageL">
    <h2>UC 浏览器开放参数介绍</h2>
        <div>
            <p>参数介绍</p>
            <p>参数介绍参数介绍参数介绍参数介绍参数介绍参数介绍参数介绍参数介绍参数
            介绍参数介绍参数介绍参数介绍参数介绍参数介绍参数介绍参数介绍参数介绍参数
            介绍参数介绍参数介绍参数介绍参数介绍参数介绍参数介绍参数介绍参数介绍参数
            介绍参数介绍参数介绍参数介绍参数介绍参数介绍参数介绍参数介绍参数介绍</p>
        </div>
        <div>
             <p>参数介绍</p>
             <p>参数介绍绍参数介绍绍<a href="#">单击下载</a></p>
             <p>参数介绍绍参数介绍绍</p>
        </div>
        <div>
             <p>相关资料下载</p>
             <ul>
                <li><a href="#">UC 浏览器 UC 浏览器 UC 浏览器</a></li>
                <li><a href="#">UC 浏览器 UC 浏览器 UC 浏览器</a></li>
                <li><a href="#">UC 浏览器 UC 浏览器 UC 浏览器</a></li>
             </ul>
         </div>
    </div>
    <div class="messageR">
        <div>
            <h2>联系方式</h2>
            <p>联系邮箱: <span>aaaa@qq.com</span></p>
            <p>联系邮箱: <span>aaaa@qq.com</span></p>
        </div>
        <div>
            h2>联系方式</h2>
            <p>参数介绍参数介绍参数介绍参数介绍参数介绍参数介绍参数介绍参数介绍参数
            介绍参数介绍参数介绍参数介绍参数介绍参数介绍参数介绍参数介绍参数介绍参数
            介绍参数介绍参数介绍</p>
            <ul>
                <li><a href="#">参数介绍参数介绍参</a></li>
```

```
                <li><a href="#">参数介绍参数介绍参</a></li>
                <li><a href="#">参数介绍参数介绍参</a></li>
                <li><a href="#">参数介绍参数介绍参</a></li>
            </ul>
        </div>
    </div>
</div>
</body>
```

展示效果如图 10.17 所示。

图 10.17　信息制作展示效果

10.2.8　尾部制作

尾部部分与导航部分类似，同样采用混合布局的方式，即内容区域采用固定布局，父容器采用自适应布局。这里介绍的 HTML+CSS 比较简单，在例 10-10 中添加如下代码。

```
<style>
    /* 尾部样式 */
    #footer{ width : 100%; height : 85px; background : #d6d6d6;
       margin-top : 3px; }
    .footerContent{ width : 950px; margin : 0 auto;
       position : relative; padding-top : 25px; }
    .footerContent .map{ position : absolute; right : 0; top : 0; }
    .footerContent p{ line-height:22px; text-align:center;
      color:#666666; }
</style>
<body>
<!-- 尾部结构 -->
<div id="footer">
   <div class="footerContent">
      <div class="map">
         <a href="#"><img src="img/footerBtn.png"></a>
      </div>
      <p>2004-2017 广州市动景计算机科技有限公司 版权所有 </p>
      <p>中华人民共和国互联网药品信息服务资格证:（粤）-非经营性-2011-0120 </p>
   </div>
</div>
</body>
```

展示效果如图 10.18 所示。

图 10.18 尾部制作展示效果

10.3　浏览器兼容性

视频讲解

由于某些因素，不同的浏览器不能完全地采用统一的 Web 标准，或者说不同的浏览器对于同一个网页有不同的解析，因此会导致同一个网页在不同的浏览器下的显示效果可能不同。为了保证页面的统一，往往需要对网页进行浏览器兼容问题的调试。本节将以谷歌、IE 两个浏览器为例，对浏览器兼容性问题的调试方法进行详细讲解。

10.3.1　CSS Hack

解决浏览器的兼容性问题，通常需要通过 CSS 样式来调试，最常用的是 CSS Hack。CSS Hack 是为不同版本的浏览器定制编写不同的 CSS 效果，使用每个浏览器单独识别的样式代码，控制浏览器的显示样式。CSS Hack 主要分为 CSS 选择器 Hack 和 CSS 属性 Hack 两类，下面将详细介绍这两类 CSS Hack。

1．CSS 选择器 Hack

CSS 选择器 Hack 是通过在 CSS 选择器前，加上只有特定浏览器才能识别的 Hack 前缀，从而控制不同的 CSS 样式。针对不同版本的浏览器，选择器 Hack 分为以下两类：

（1）IE6 及 IE6 以下版本的浏览器可以识别的选择器 Hack

编写 CSS 样式代码时，如果想要此样式只是针对 IE6 及 IE6 以下版本的浏览器生效，可以使用 IE6 及以下版本的选择器 Hack，其语法格式如下：

```
*html 选择器{样式代码}
```

接下来通过案例来演示 IE6 及 IE6 以下版本识别的选择器 Hack 的使用，具体如例 10-11 所示。

【例 10-11】 IE6 及 IE6 以下版本识别的选择器 Hack 的使用。

```
<!doctype html>
<html>
<head>
<meta charset="utf-8">
<title>浏览器兼容性</title>
<style>
    .boxColor{ width:100px; height:100px; background-color:red; }
    *html .boxColor{ width:200px; height:100px; background-color:blue; }
</style>
</head>
<body>
<div class="boxColor"></div>
```

```
13 </body>
14 </html>
```

在 Chrome 和 IE6 浏览器中的运行结果分别如图 10.19 和图 10.20 所示。

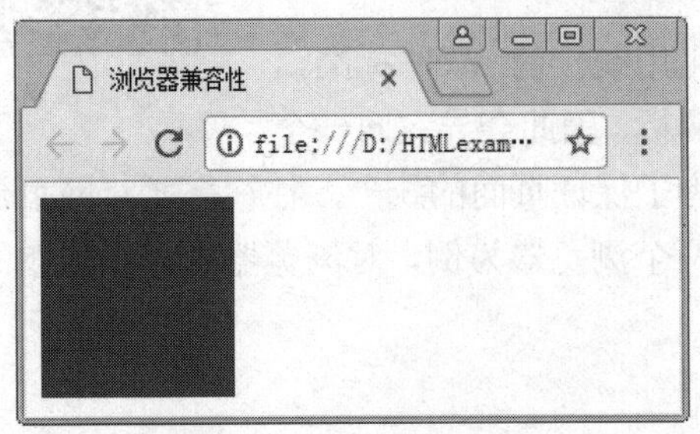

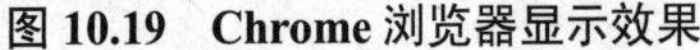

图 10.19　Chrome 浏览器显示效果

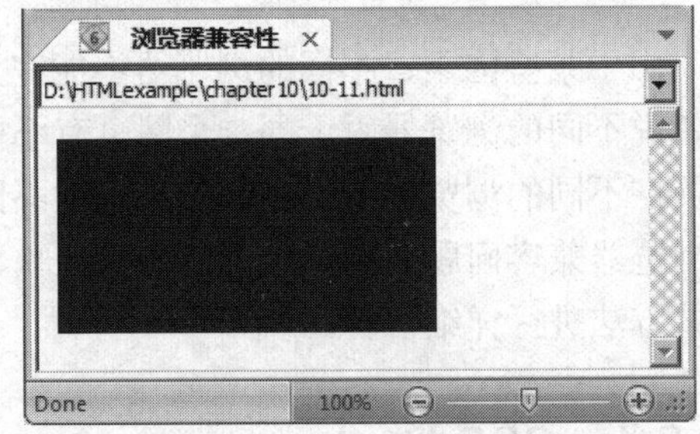

图 10.20　IE6 浏览器显示效果

例 10-11 中，第 8 行代码应用 IE6 及 IE6 以下版本识别的选择器 Hack "*html .boxColor" 将元素的宽设置为 200 px，高设置为 100px，背景色设置为蓝色。图 10.19 显示在 Chrome 浏览器中的元素背景色为红色，而图 10.20 显示在 IE6 浏览器中的元素背景色为蓝色。因此例 10-16 中通过选择器 Hack 定义的样式只是针对 IE6 及 IE6 以下版本的浏览器生效。

（2）只有 IE7 浏览器可以识别的选择器 Hack

编写 CSS 样式代码时，如果此样式只是针对 IE7 浏览器生效，可以使用只有 IE7 识别的选择器 Hack，其语法格式如下：

```
*+html 选择器{样式代码}
```

接下来通过案例来演示只有 IE7 识别的选择器 Hack 的使用，具体如例 10-12 所示。

【例 10-12】 只有 IE7 识别的选择器 Hack 的使用。

```
<!doctype html>
<html>
<head>
<meta charset="utf-8">
<title>浏览器兼容性</title>
<style>
     .boxColor{ width:100px; height:100px; background-color:red; }
     *+html .boxColor{ width:200px; height:100px; background-color:blue; }
</style>
</head>
<body>
<div class="boxColor"></div>
</body>
</html>
```

在不同浏览器中运行结果如图 10.21～10.24 所示。

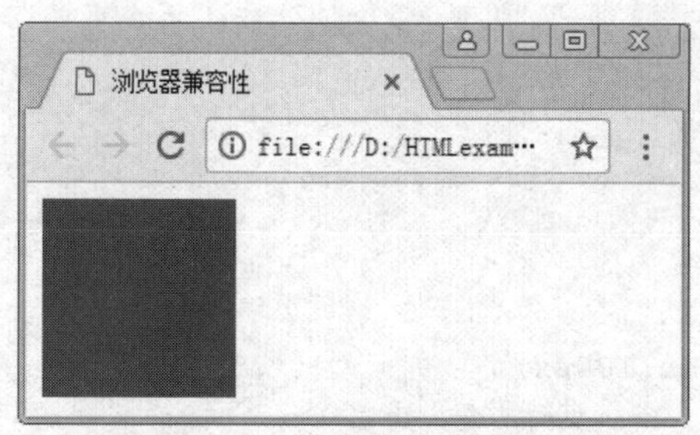

图 10.21 Chrome 浏览器显示效果

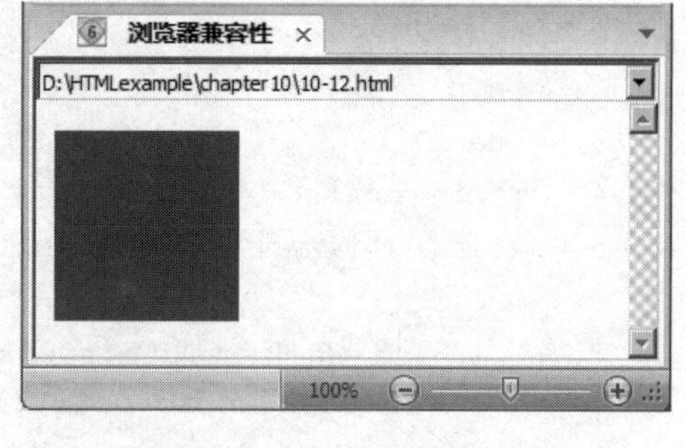

图 10.22 IE6 浏览器显示效果

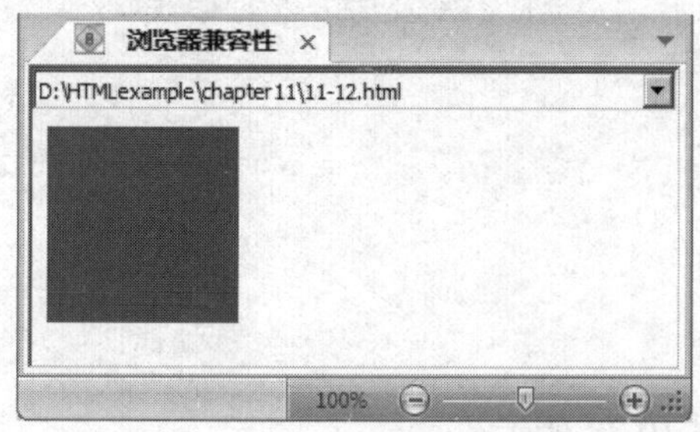

图 10.23 IE8 浏览器显示效果

图 10.24 IE7 浏览器显示效果

例 10-12 中，第 8 行代码应用只有 IE7 浏览器识别的选择器 Hack“*+html .content”将元素的宽设置为 200px，高设置为 100px，背景色设置为蓝色。由图 10.21~图 10.24 可以看出，Chrome、IE6、IE8 浏览器元素背景色均显示为红色，但 IE7 浏览器元素背景色显示为蓝色，因此，定义的 CSS 选择器 Hack 只对 IE7 浏览器生效。

2．CSS 属性 Hack

CSS 属性 Hack 是通过在 CSS 属性名前加上只有特定浏览器才能识别的 Hack 前缀，如“_size：300px”中的 Hack 前缀“_”只对 IE6 浏览器生效。下面介绍针对不同版本的浏览器，CSS 属性 Hack 中的两类。

（1）IE6 及 IE6 以下版本的浏览器可以识别的属性 Hack

编写 CSS 样式代码时，如果想要此样式只对 IE6 及 IE6 以下版本的浏览器生效，可以使用 IE6 及 IE6 以下版本的 CSS 属性 Hack，其语法格式如下：

```
_属性：样式代码;
```

（2）IE7 及 IE7 以下版本的浏览器可以识别的属性 Hack

编写 CSS 样式代码时，如果想要此样式只对 IE7 及 IE7 以下版本的浏览器生效，可以使用 IE7 及 IE7 以下版本的 CSS 属性 Hack，其语法格式如下：

```
+或*属性：样式代码;
```

接下来通过案例来演示 CSS 属性 Hack 的使用，具体如例 10-13 所示。

【例 10-13】 CSS 属性 Hack 的使用。

```
1  <!doctype html>
2  <html>
3  <head>
4  <meta charset="utf-8">
5  <title>浏览器兼容性</title>
6  <style>
7       .divHack{ width:100px; height:100px;
8          background-color:#F00;       /*支持所有浏览器*/
9          *background-color:#FF6;      /*支持 IE7 及 IE7 以下浏览器*/
10         +background-color:#000;      /*支持 IE7 及 IE7 以下浏览器*/
11         _background-color:#0F0; }    /*支持 IE6 及 IE6 以下浏览器*/
12 </style>
13 </head>
14 <body>
15 <div class="divHack"></div>
16 </body>
17 </html>
```

在不同浏览器中的运行结果如图 10.25～图 10.28 所示。

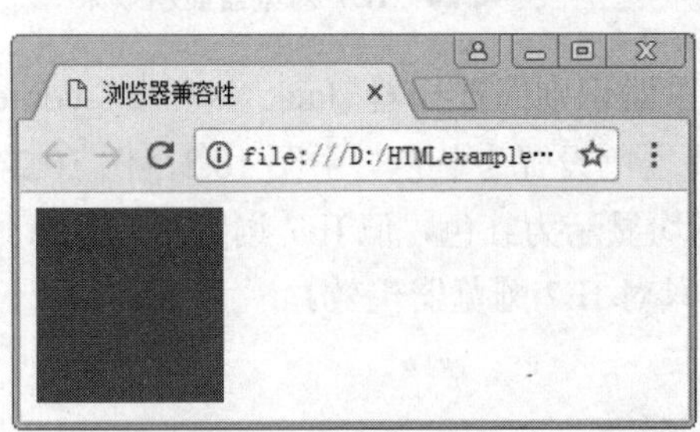

图 10.25　Chrome 浏览器显示效果

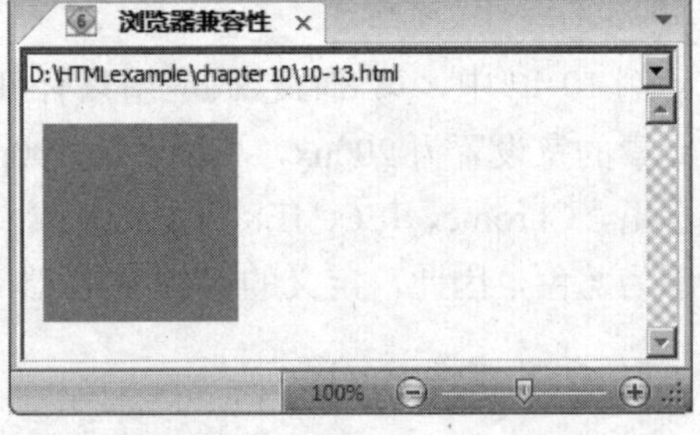

图 10.26　IE6 浏览器显示效果

图 10.27　IE7 浏览器显示效果

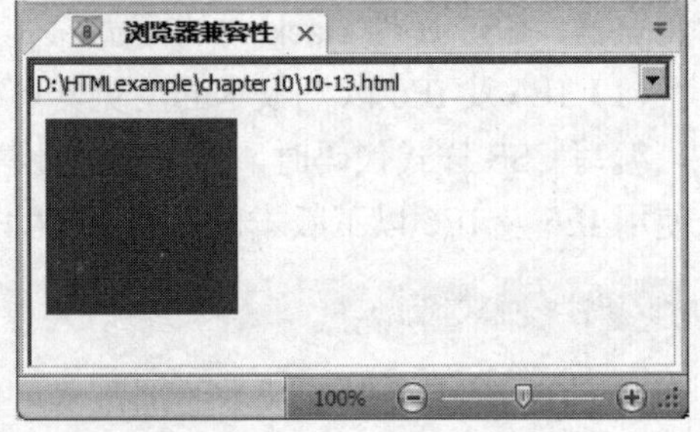

图 10.28　IE8 浏览器显示效果

例 10-13 中，在第 8~11 行代码中定义了一些常用的 CSS 属性 Hack。由图 10.25~图 10.28 可以看出，在 Chrome 和 IE8 浏览器中元素背景色显示为红色，在 IE6 浏览器中元素背景色显示为绿色，IE7 浏览器中元素背景色显示为黑色。

注意：

CSS Hack 能够针对不同的浏览器编写不同的 CSS 样式代码，从而实现兼容最大化。但当多次重复定义 CSS 样式时，浏览器会默认执行最后定义的样式，因此，在使用 CSS Hack 时，一定要按照浏览器版本从高到低的顺序编写样式。

下面列举一些 CSS Hack，如表 10.2 和表 10.3 所示。

表 10.2 选择器 Hack

选择器 Hack 写法	针对的浏览器
@media screen\9{body{样式代码}}	只对 IE6、IE7 有效
@media \0screen{body{样式代码}}	只对 IE8 有效
@media \0screen\,screen\9{body{样式代码}}	只对 IE6、IE7、IE8 有效
@media screen\0{body{样式代码}}	只对 IE8、IE9、IE10 有效
@media csreen and (-ms-high-contrast:active),(-ms-high-contrast:name){body{样式代码}}	只对 IE10 有效

表 10.3 属性 Hack

CSS 属性 Hack(前缀)	针对的浏览器
_color:red;	IE6 及其以下的版本
*color:red;或+color:red;	IE7 及其以下的版本
color:red\9	IE6、IE7、IE8、IE9、IE10 版本
color:red\0	IE8、IE9、IE10 版本
color:red\0\9	IE9、IE10
color:red!important	IE7、IE8、IE9、IE10 及其他非 IE 浏览器

10.3.2 IE 条件注释语句

在开发中，IE 浏览器的兼容性问题比较多，经常需要对其兼容性进行调试，因此，微软官方专门提供了“IE 条件注释语句”。“IE 条件注释语句”是专门针对 IE 浏览器的 Hack，对于不同版本的 IE 浏览器，编写方法也不同，其主要包括判断浏览器类型的条件注释语句和判断 IE 版本的条件注释语句。

1．判断浏览器类型的条件注释语句

判断浏览器类型的条件注释语句用于判断浏览器类型是否为 IE 浏览器，其基本语法格式如下：

```
<!--[if IE]>
只能被 IE 浏览器识别
<![end if]-->
```

其中，第一行中的 IE 代表浏览器的类型，表示该条件注释语句只能被 IE 浏览器识别。

2．判断 IE 版本的条件注释语句

判断 IE 版本的条件注释语句用于判断 IE 浏览器的版本，其基本语法格式如下：

```
<!--[if IE6]>
只能被 IE6 浏览器识别
<![end if]-->
```

其中，第一行的 IE6 代表 IE 浏览器的版本号，表示该注释语句只能被当前 IE 版本浏览器识别。

下面列举一些常用的 IE 条件注释语句，如表 10.4 所示。

表 10.4　IE 条件注释语句

IE 条件注释语句	针对的浏览器版本
<!--[if lt IE7]>内容<![endif]-->	IE7 以下的版本
<!--[if lte IE7]>内容<![endif]-->	IE7 及其以下的版本
<!--[if gt IE7]>内容<![endif]-->	IE7 以上版本
<!--[if gte IE7]>内容<![endif]-->	IE7 及其以上版本
<!--[if !IE7]>内容<![end if]-->	非 IE7 版本
<!--[if !IE]><!-->内容<!--<![endif]-->	非 IE 浏览器

表 11.4 中出现了 lt、lte、gt、gte 和！等字母符号。

- gt(greater than)：选择条件版本以上版本，不包含条件版本。
- lt(less than)：选择条件版本以下版本，不包含条件版本。
- gte(greater than or equal)：选择条件版本以上版本，包含条件版本。
- lte(less than or equal)：选择条件版本以下版本，包含条件版本。
- !：选择条件版本以外的所有版本，无论高低。

10.3.3　常见 IE6 浏览器的兼容性问题

在实际开发工作中，出现浏览器兼容性问题比较多的浏览器是 IE6 浏览器，本小节将列举一些常见的 IE6 浏览器兼容性问题及解决方法。

1．IE6 浏览器显示多余字符问题

在 IE6 浏览器中，当两个浮动元素之间加入 HTML 注释时，会产生多余字符。接下来通过案例来演示，具体如例 10-14 所示。

【例 10-14】 IE6 浏览器显示多余字符问题。

```
<!doctype html>
<html>
<head>
<meta charset="utf-8">
```

```
<title>浏览器兼容性</title>
<style>
      .content{ width:100px; }
      .content div{ float:left; width:100px; }
</style>
</head>
<body>
<div class="content">
    <div class="one">做真实的自己，</div>
    <!--浮动元素之间加入 HTML 注释-->
    <div class="two">用良心做教育。</div>
</div>
</body>
</html>
```

在 Chrome 和 IE6 浏览器中运行结果分别如图 10.29 和图 10.30 所示。

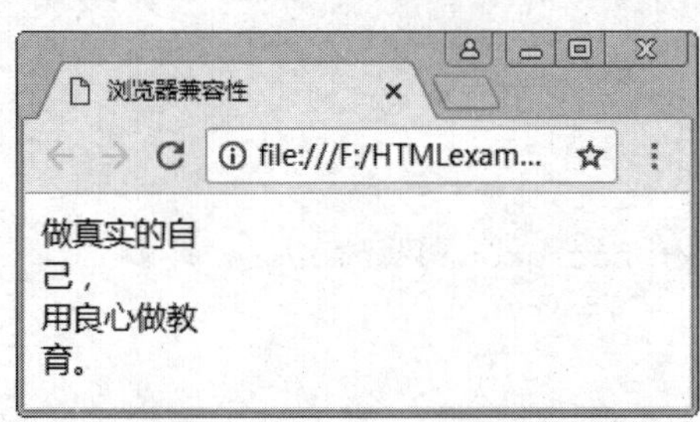

图 10.29　Chrome 浏览器显示效果

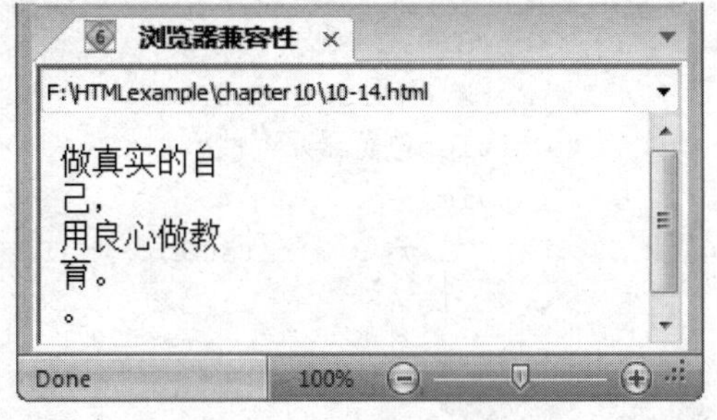

图 10.30　IE6 浏览器显示效果

由图 10.29 和图 10.30 可以看出，在 Chrome 浏览器中显示正常，在 IE6 浏览器中多出一个字符。这种解决 IE6 浏览器的兼容问题，有三个解决方法，具体如下：

- 删除 HTML 注释；
- 在产生多余字符的标签的 CSS 样式中添加“position:relative”样式；
- 不设置浮动 div 的宽度。

本案例使用第三个方法解决例 10-14 中的问题，修改 CSS 代码如下：

```
<style type="text/css">
      .content{ width:100px; }
      .content div{ float:left; }
</style>
```

保存 HTML 文件，刷新网页，在 Chrome 和 IE6 浏览器的效果分别如图 10.31 和图 10.32 所示。

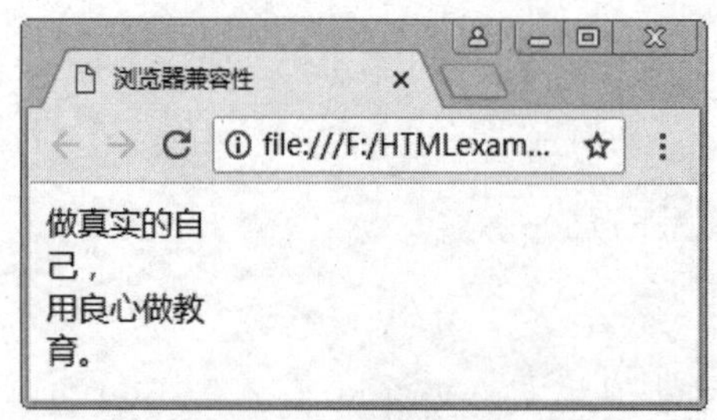

图 10.31　Chrome 浏览器显示效果

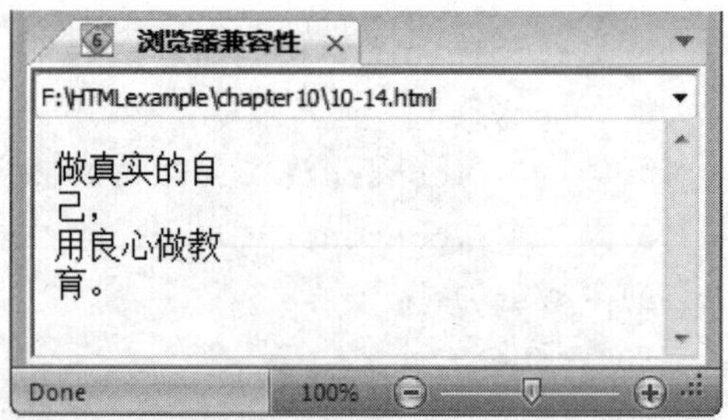

图 10.32　IE6 浏览器显示效果

2．IE6 浏览器中元素最小高度的问题

IE6 浏览器有默认的最小像素高度 19px，因此它无法识别 19px 以下的高度值。接下来通过案例来演示，具体如例 10-15 所示。

【例 10-15】 IE6 浏览器中元素最小高度的问题。

```
<!doctype html>
<html>
<head>
<meta charset="utf-8">
<title>浏览器兼容性</title>
<style>
     div{ width:300px; height:10px; background-color:red; }
</style>
</head>
<body>
<div class="content">
     <div class="one"></div>
</div>
</body>
</html>
```

在 Chrome 和 IE6 浏览器中运行结果分别如图 10.33 和图 10.34 所示。

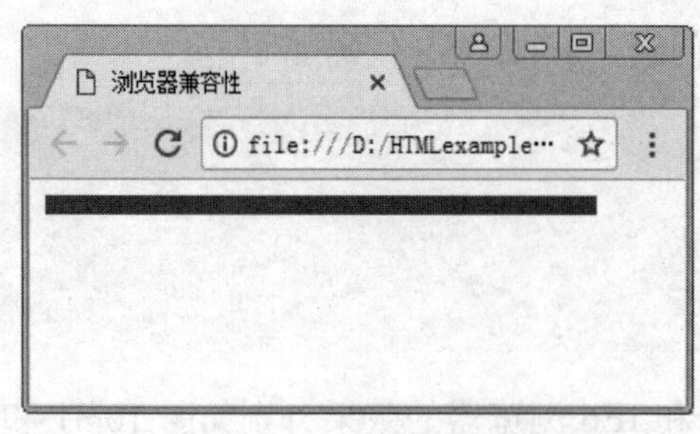

图 10.33　Chrome 浏览器显示效果

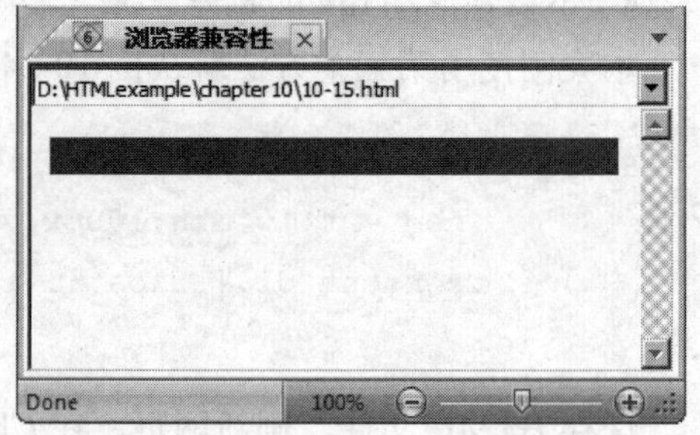

图 10.34　IE6 浏览器显示效果

由图 10.33 和图 10.34 可以看出，Chrome 浏览器中元素显示为 10px 高度的红色背景，在 IE6 浏览器中的元素高度明显大于 10px。解决这个问题有两种方法，具体如下。

- 为元素定义“overflow:hidden”样式，通过这个样式，将超出的部分隐藏；
- 为元素定义“font-size:0”样式。

两种方法都可以解决 IE6 浏览器不能识别低于 19px 高度的问题，但第二种方法会妨碍字体大小的设置，因此建议使用第一种方法。

修改例 10-15 中元素的样式，具体代码如下。

```
<style type="text/css">
     div{ width:300px; height:10px; background-color:red;
         overflow:hidden; }
</style>
```

保存文档，刷新网页，在 Chrome 和 IE6 浏览器中的效果分别如图 10.35 和图 10.36 所示。

图 10.35　Chrome 浏览器显示效果

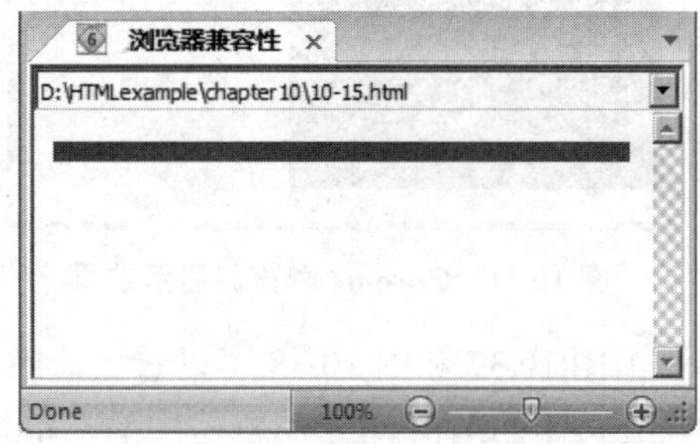

图 10.36　IE6 浏览器显示效果

3. IE6 浏览器中浮动元素的双倍外边距问题

当制作网页时，经常出现 IE6 浏览器浮动的双倍外边距问题，即设置浮动元素的左外边距或右外边距时，在 IE6 浏览器中运行，元素对应的左外边距或右外边距是所设置值的两倍。接下来通过案例来演示 IE6 浏览器中浮动元素的双倍外边距问题，具体如例 10-16 所示。

【例 10-16】 IE6 浏览器中浮动元素的双倍边距问题。

```
<!doctype html>
<html>
<head>
<meta charset="utf-8">
<title>浏览器兼容性</title>
<style>
     #box1{ width:200px; height:100px; border:1px black solid;
         background:red; }
     #box2{ width:50px; height:50px; border:1px black solid;
         background:blue; float:left; padding:0px 10px 0px 10px;
```

```
        margin-left:20px; }
</style>
</head>
<body>
<div id="box1">
    <div id="box2">子元素</div>
</div>
</body>
</html>
```

在 Chrome 和 IE6 浏览器中运行结果分别如图 10.37 和图 10.38 所示。

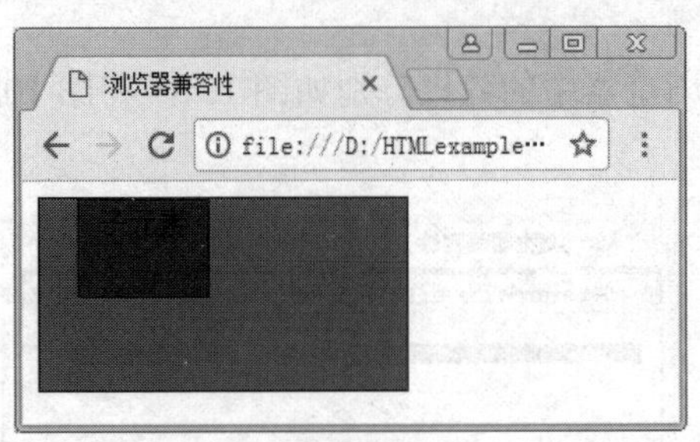

图 10.37　Chrome 浏览器显示效果

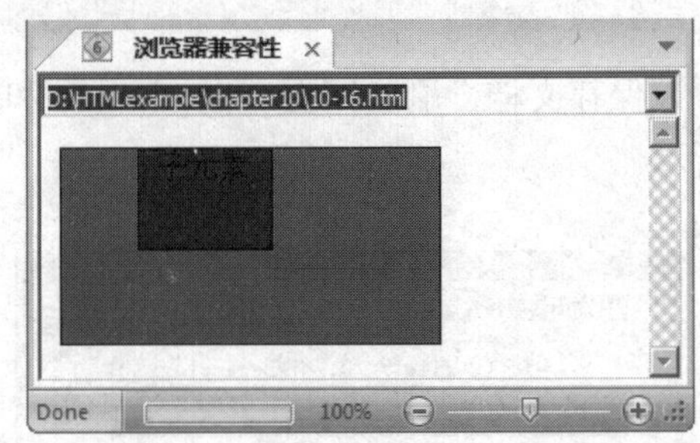

图 10.38　IE6 浏览器显示效果

由图 10.37 和图 10.38 可以看出，IE6 浏览器中元素的左外边距是在 Chrome 浏览器中左外边距的两倍。IE6 浏览器中的双倍外边距问题可以通过为元素定义“display: inline”CSS 演示解决。例 10-16 中在 box2 的 CSS 样式中添加代码如下。

```
_display:inline;
```

可以看到，在上述代码中添加了只针对 IE6 浏览器的 CSS 属性 Hack 前缀“_”，这是因为只有 IE6 浏览器有这个兼容问题。

保存文档，刷新网页，在 Chrome 和 IE6 浏览器中的效果如图 10.39 和图 10.40 所示。

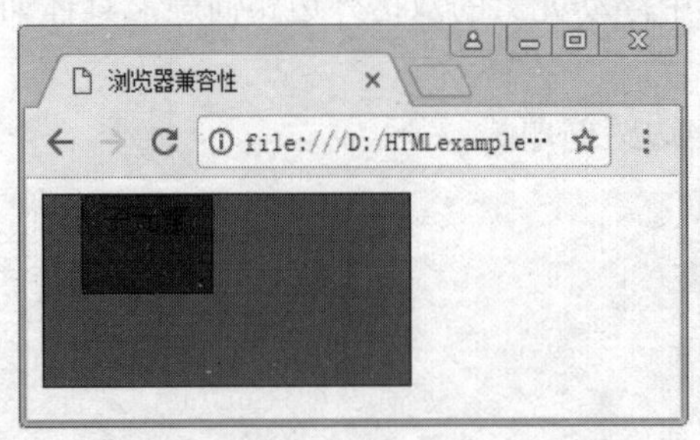

图 10.39　Chrome 浏览器显示效果

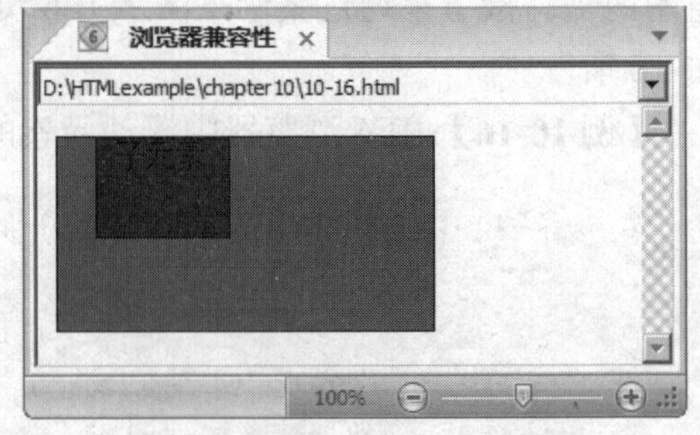

图 10.40　IE6 浏览器显示效果

图 10.40 可以看出，IE6 浏览器中元素左外边距正常显示。

4．IE6 中 3px 间距问题

当非浮动元素或者文本在一个浮动元素之后，运行在 IE6 浏览器中时，非浮动元素或文本与浮动元素之间会有 3px 的间距，这就是典型的 IE6 浏览器的 3px 间距问题。接下来通过案例来演示，如例 10-17 所示。

【例 10-17】 IE6 浏览器中 3px 间距问题。

```
<!doctype html>
<html>
<head>
<meta charset="utf-8">
<title>浏览器兼容性</title>
<style>
     div{ width:100px; height:100px; border:1px solid black;
         float:left; background:red; }
</style>
</head>
<body>
<div>浮动元素</div>
千锋教育隶属于北京千锋互联科技有限公司，一直秉承"用良心做教育"的理念，
是中国 IT 职业教育领先品牌，全力打造互联网研发人才服务优质平台。拥有全国的移动
互联网教学就业保障团队，做到了毕业学员业内高薪水，成为学员信赖的 IT 培训机构。
</body>
</html>
```

在 Chrome 和 IE6 浏览器中运行结果分别如图 10.41 和图 10.42 所示。

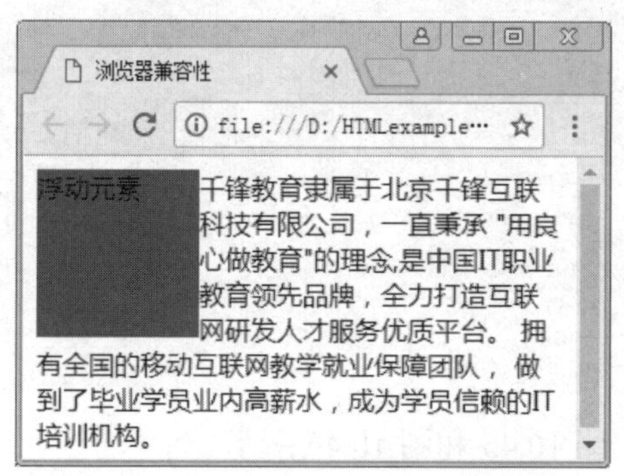

图 10.41　Chrome 浏览器显示效果

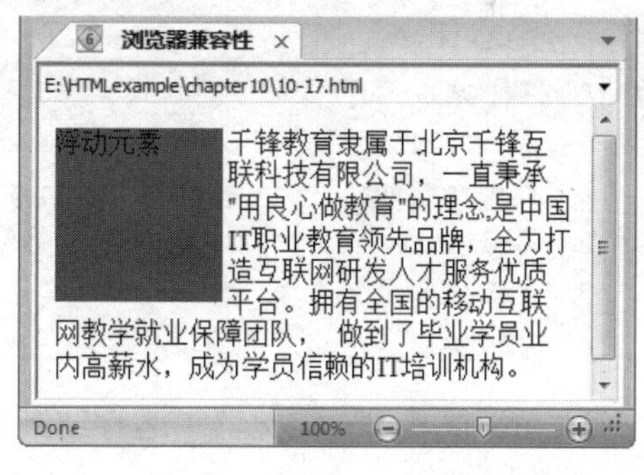

图 10.42　IE6 浏览器显示效果

由图 10.41 和图 10.42 可以看出，在 Chrome 浏览器中显示正常，在 IE6 浏览器中，文本和浮动盒子之间会有 3px 间距。可以通过为浮动元素设置负外边距的方法解决 IE6 浏览器中的这个问题。在例 10-17 的 CSS 样式中添加代码，具体代码如下。

```
_margin-right:-3px;     /*这里要使用只有 IE6 识别的属性 Hack*/
```

保存文档，刷新网页，在 Chrome 和 IE6 浏览器中的效果分别如图 10.43 和图 10.44 所示。

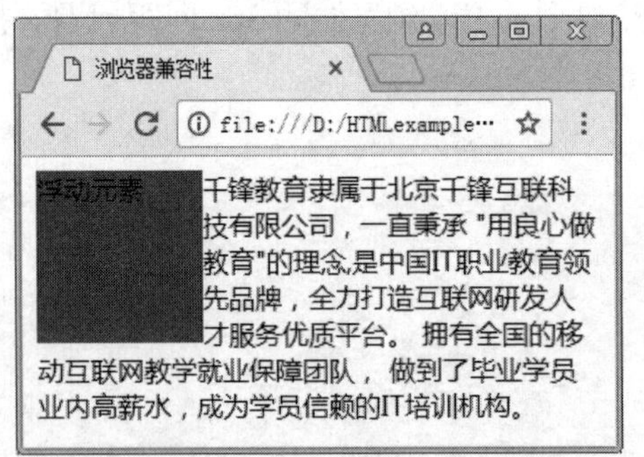

图 10.43　Chrome 浏览器显示效果

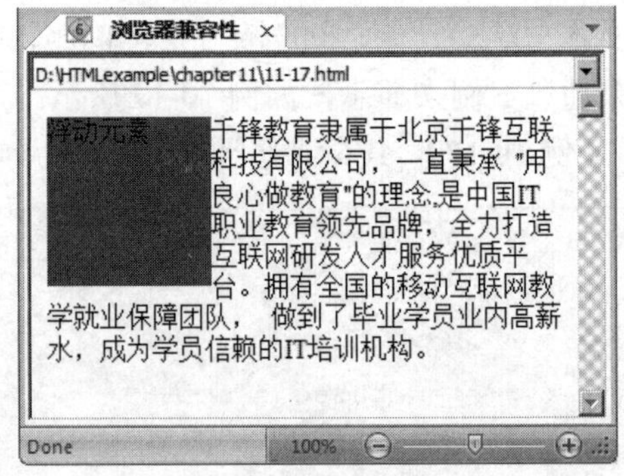

图 10.44　IE6 浏览器显示效果

5．IE6 中图片底部的像素间隙问题

一张图片插入到与其大小相同的元素中，当在 IE6 浏览器中显示时，图片底部会有 3px 的间隙。接下来通过案例来演示，具体如例 10-18 所示。

【例 10-18】 IE6 浏览器图片底部的像素间隙问题。

```
<!doctype html>
<html>
<head>
<meta charset="utf-8">
<title>浏览器兼容性</title>
<style>
    div{ width:300px; height:100px; background-color:red; }
</style>
</head>
<body>
<div><img src="qianfeng.jpg">
</div>
</body>
</html>
```

在 Chrome 和 IE6 浏览器中运行结果分别如图 10.45 和图 10.46 所示。

图 10.45　Chrome 浏览器显示效果

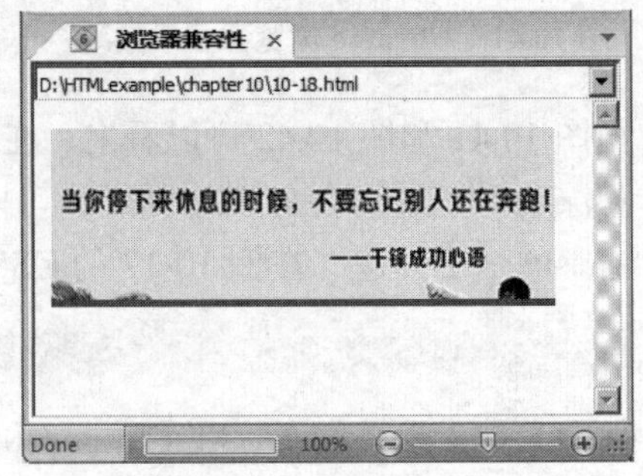

图 10.46　IE6 浏览器显示效果

图 10.46 中可以看出，当图片在 IE6 浏览器中显示时，元素的底边会出现间隙。解决这种 IE6 浏览器的兼容性问题有以下两种解决方法。

（1）<img>标签与<div>标签放在同一行，如例 10-18 中，将第 11 行和第 12 行代码合并成一行，具体示例如下。

```
<div><img src="qianfeng.jpg"></div>
```

（2）为<img>定义“display：block”样式，具体示例如下。

```
img{display:block; }
```

为了便于阅读，在实际开发中常建议使用第二种方法，为例 10-18 中的<img>标签定义“display：block”样式，保存文档，刷新网页在 Chrome 和 IE6 浏览器中的运行结果分别如图 10.47 和 10.48 所示。

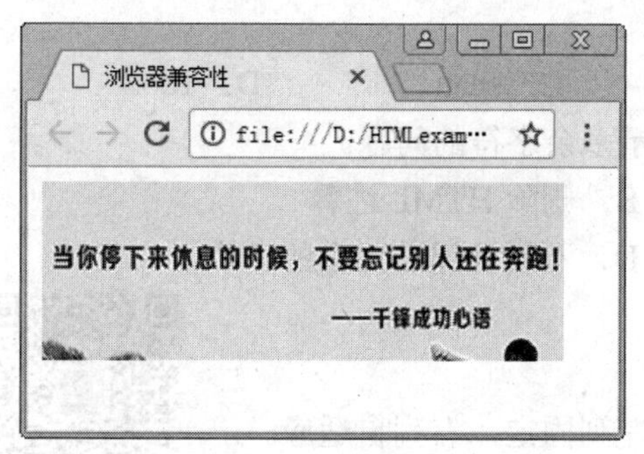

图 10.47 Chrome 浏览器显示效果

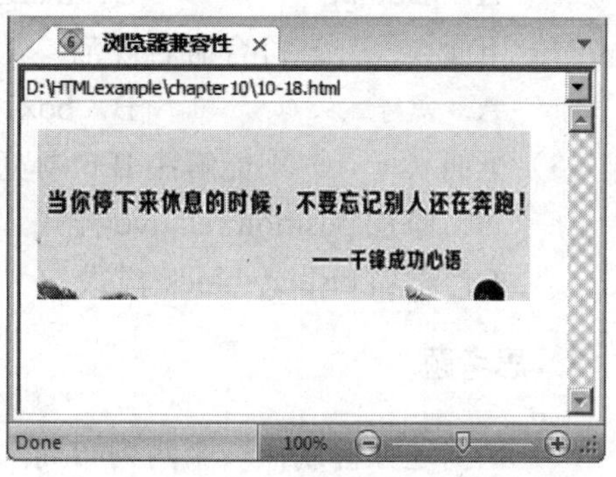

图 10.48 IE6 浏览器显示效果

10.4 本章小结

通过本章的学习，可以掌握常见的布局方案，以及实现一个整页开发，通过整页开发学习到如何规划结构和规划样式。根据整页的制作流程，举一反三制作其他页面效果。

10.5 习 题

1．填空题

（1）自适应布局是利用容器宽为____________的方式来实现。

（2）CSS Hack 主要分为____________和____________两大类。

（3）IE 条件注释语句主要包含____________条件注释语句和____________条件注释语句。

（4）整页的结构大概可划分为头部、导航、__________、列表、__________、尾部等模块。

（5）在网页开发中，常用命名方式有__________和__________两种。

2．选择题

（1）自适应列可利用（　　）样式来实现。

A．background　　B．border　　C．position　　D．width

（2）隐藏元素的方法是（　　）。

A．visibility:none　　B．visibility:hidden

C．display:no　　D．overflow:hidden

（3）下面（　　）属性取值不可以为负数。

A．padding　　B．margin　　C．text-indent　　D．z-index

（4）下面（　　）符合命名规范。

A．盒子　　B．box1　　C．span　　D．1box

（5）下面（　　）不能解决 IE6 浏览器显示多余字符的问题。

A．添加 position:relative 样式　　B．删除 HTML 注释

C．添加 display:block 样式　　D．不设置浮动元素的宽度

3．思考题

（1）请简述如何制作一个两列布局，要求左列固定，右列自适应。

（2）请简述整页制作的基本流程与文件规划。

第 11 章 chapter 11

HTML5 标签与属性

本章学习目标

- 了解 HTML5 新版本的语法特点；
- 掌握 HTML5 新增标签与新增属性；
- 了解 HTML5 其他功能及使用。

在前面的章节中，介绍过 HTML5 是 HTML 这门语言的第五个版本，也是目前最主流的版本。HTML5 提供了很多新功能和新特性，在本章中将对 HTML5 进行全面的介绍和讲解。

11.1 HTML5 简介

视频讲解

11.1.1 HTML5 历史

HTML5 草案的前身是 Web Applications 1.0，于 2004 年由 Web 超文本应用技术工作组（Web Hypertext Application Technology Working Group）-WHATWG 提出，2007 年被 W3C 采纳，并成立新的 HTML 工作团队。

HTML5 的第一份正式草案于 2008 年 1 月 22 日公布。目前，HTML5 仍处于完善之中。然而，现在大部分的浏览器已经具备支持部分 HTML5 的能力。

2012 年 12 月 17 日，万维网联盟（W3C）正式宣布 HTML5 规范定稿。根据 W3C 的发言稿称："HTML5 是开放的 Web 网络平台的奠基石"。

2013 年 5 月 6 日，HTML 5.1 正式草案公布。该规范定义了第五次重大版本，第一次要修订万维网的核心语言超文本标记语言（HTML）。这个版本通过不断推出新功能，帮助 Web 应用程序的作者努力提高新元素的操作性能。

2014 年 10 月 29 日，万维网联盟宣布经过近八年的艰辛努力，HTML5 标准规范最终制定完成，并已公开发布。

11.1.2 新增语法

HTML5 在之前的 HTML 语法的基础上进行了相应的改进，下面将详细讲解五种改进的语法方式。

1. DOCTYPE 文档及编码

HTML5 模式下的 DOCTYPE 文档写法非常简单，只需要通过一句简单的代码即可实现。具体示例如下。

```
<!DOCTYPE html>
```

比起 HTML4.01 和 XHTML2.0 时的 DOCTYPE 文档写法，HTML5 模式下的 DOCTYPE 文档写法更简便。除了文档简便，其编码写法也得到了简化，只需要指定编码方式即可。具体示例如下。

```
<meta charset="utf-8">
```

2. 忽略元素大小写

XHTML2.0 对大小写要求非常严格，规定所有标签和属性都必须小写。在 HTML5 语法中，大小写没有那么的严格，忽略元素大小写。具体示例如下。

```
<body>
    <input type="text">
    <INPUT type="text">
    <input TYPE="text">
</body>
```

以上写法在 HTML5 中都是正确的，但这里要注意，按照 W3C 组织规定的标准，应尽量采用统一小写的方式来操作 HTML 标签和属性。

3. 属性布尔值

HTML4.01 和 XHTML2.0 中，标签属性必须完整展示，即属性名和属性值同时存在。如设置复选框的选中状态。具体示例如下。

```
<body>
    <input type="checkbox" checked="checked">
</body>
```

在 HTML5 语法中，可以只写属性名。当只写属性名时，默认属性值为 true。如果不写此属性，默认值是 false。true 和 false 分别代表真和假，属于数据类型中的布尔值类型。具体示例如下。

```
<body>
    <input type="checkbox" checked>
</body>
```

4. 属性省略引号

HTML5 语法中对操作属性值中的引号没有太多的要求，可以采用双引号，也可以采用单引号，甚至可以不写引号。具体示例如下。

```
<body>
    <input type="text">
    <input type='text'>
    <input type=text>
</body>
```

以上属性值的写法都是正确的，但是要注意一点，当属性值中间有空格隔开时，需要加上引号。具体示例如下。

```
<body>
    <input type="text" class="box1 box2">   <!-- 正确 -->
    <input type="text" class=box1 box2>     <!-- 错误 -->
</body>
```

同样根据 W3C 组织规定的规范标准，应尽量给属性名添加引号且最好为双引号，这也是行业中一直遵守的规范写法。

5. 简化标签

HTML4.01 和 XHTML2.0 中，单标签必须用斜杠进行闭合操作，如 input 标签写法。具体示例如下。

```
<body>
    <input type="checkbox" />
</body>
```

在 HTML5 语法中，对于单标签不需要闭合操作，直接输写单标签即可。在前面章节中也是这样操作的，这是 W3C 推荐的标准写法。具体示例如下。

```
<body>
    <input type="checkbox">
</body>
```

11.2 HTML5 新增标签

视频讲解

在 HTML5 新规范中，新增了一些便于使用的标签。新标签可分为结构标签、媒体标签、表单控件标签和其他标签四类。下面详细讲解这些新标签。

11.2.1 结构标签

在 HTML5 结构标签出现之前，当输写页面的布局结构时，都是采用<div>标签来实现。现在可以采用 HTML5 提供的结构标签进行布局，而且这些结构标签通常都带有语义化，因此更有利于优先搜索引擎。这是 W3C 推荐的方式，未来将通过逐步利用结构标签取代<div>标签的方式实现页面布局。接下来讲解 HTML5 中新增的结构标签。

1．<header>、<footer> 标签

<header>和<footer>标签用于描述网页结构中的页眉部分和页脚部分，页眉通常包含布局中的头部信息，页脚通常包含布局中的尾部信息。接下来通过案例来演示这两个标签的使用，具体如例 11-1 所示。

【例 11-1】 <header>、<footer>标签的使用。

```
<!DOCTYPE HTML>
<html>
<head>
<meta http-equiv="Content-Type" content="text/html; charset=utf-8">
<title>HTML5 新增标签</title>
<style>
    #main{ width:480px; margin:0 auto;
        color:wihte; font-size:40px; }
    header{ height:100px; background:red; }
    footer{ height:100px; background:blue; }
</style>
</head>
<body>
<div id="main">
   <header>页眉：页面的头部</header>
   <footer>页脚：页面的尾部</footer>
</div>
</body>
</html>
```

运行结果如图 11.1 所示。

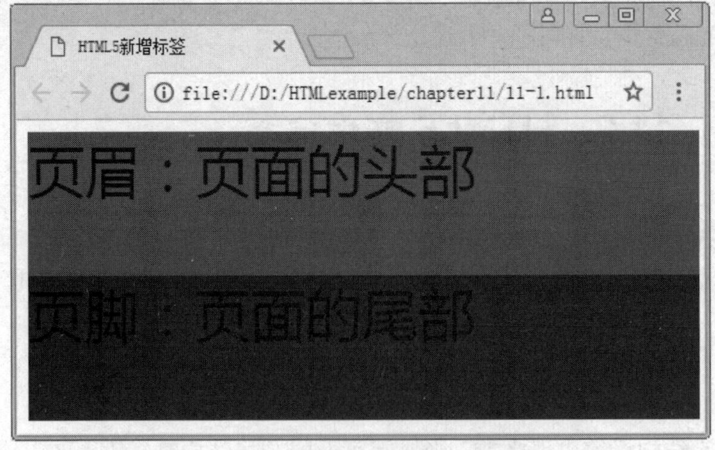

图 11.1 <header>、<footer>结构标签

2．<hgroup>、<nav>标签

<hgroup>标签用于标题组合，即一个标题和一个子标题，或者标语的组合。<nav>标签用于页面的导航结构部分。接下来通过案例来演示这两个标签的使用，具体如例 11-2 所示。

【例 11-2】 <hgroup>、<nav>标签的使用。

```
<!DOCTYPE HTML>
<html>
<head>
<meta http-equiv="Content-Type" content="text/html; charset=utf-8">
<title>HTML5 新增标签</title>
<style>
     .clear:after{ content:""; display:block; clear:both; }
     #main{ width:480px; margin:0 auto;
        color:white; font-weight:bold; }
     header{ height:170px; background:red; padding:10px 0; }
     footer{ height:50px; background:blue; padding:10px 0; }
     nav li{ float:left; margin-right:100px; }
</style>
</head>
<body>
<div id="main">
    <header>
        页眉：页面的头部
        <hgroup>
             <h1>主标题</h1>
             <h2>副标题</h2>
        </hgroup>
        <nav>
             <ul>
                 <li>导航 1</li>
                 <li>导航 2</li>
                 <li>导航 3</li>
             </ul>
        </nav>
    </header>
    <footer>页脚：页面的尾部</footer>
</div>
</body>
</html>
```

运行结果如图 11.2 所示。

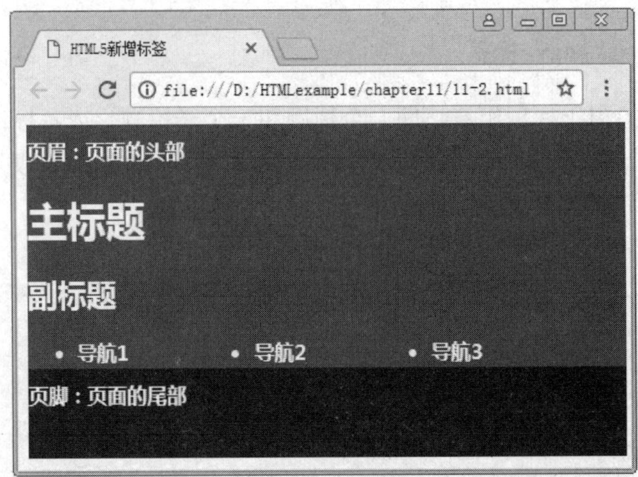

图 11.2　<hgroup>、<nav>结构标签

3．<article>、<aside>标签

<article>标签用于描述独立的内容部分，可包含其他语义化标签。<aside>标签定义用于<article>标签以外的内容，一般用于辅助信息或侧边栏。接下来通过案例来演示这两个标签的使用，具体如例 11-3 所示。

【例 11-3】 <article>、<aside>标签的使用。

```
<!DOCTYPE HTML>
<html>
<head>
<meta http-equiv="Content-Type" content="text/html; charset=utf-8">
<title>HTML5 新增标签</title>
<style>
    .clear:after{ content:""; display:block; clear:both; }
    #main{ width:480px; margin:0 auto;
        color:white; font-weight:bold; }
    header{ height:170px; background:red; padding:10px 0; }
    footer{ height:50px; background:blue;
        padding:10px 0; clear:both; }
    nav li{ float:left; margin-right:100px; }
    article{ width:300px; height:200px; color:black;
        border:1px #000 solid; float:left; padding:10px 0; }
    aside{ width:170px; height:200px; color:black;
        border:1px #000 solid; float:right; padding:10px 0; }
</style>
</head>
<body>
<div id="main">
```

```
        <header>
            页眉：页面的头部
            <hgroup>
                <h1>主标题</h1>
                <h2>副标题</h2>
            </hgroup>
            <nav>
                <ul>
                    <li>导航 1</li>
                    <li>导航 2</li>
                    <li>导航 3</li>
                </ul>
            </nav>
        </header>
        <article>主体信息</article>
        <aside>辅助信息</aside>
        <footer>页脚：页面的尾部</footer>
    </div>
    </body>
    </html>
```

运行结果如图 11.3 所示。

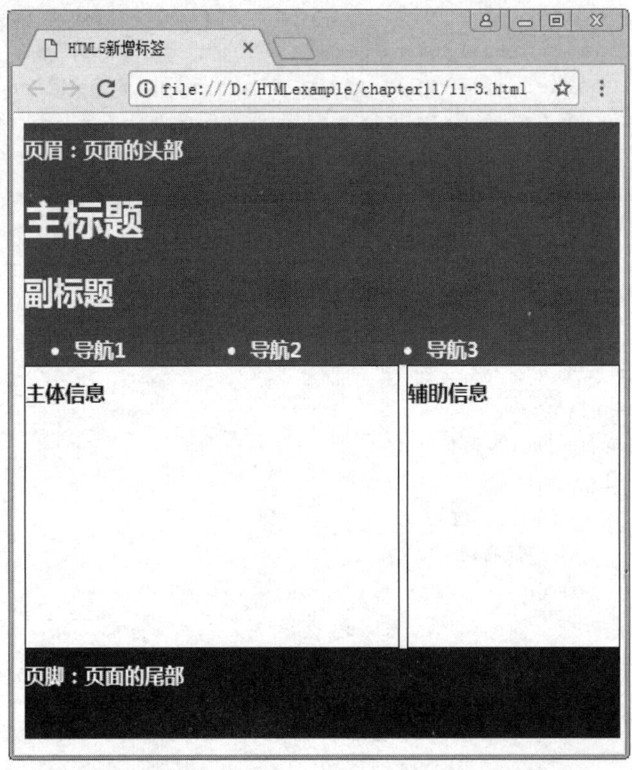

图 11.3 <article>、<aside>结构标签

4．<section>、<figure>标签

<section>标签用于描述页面上的板块，划分页面上的不同区域。<figure>标签用于描述图像或视频，其包含的一个子标签<figcaption>用于描述图像或视频的标题部分。接下来通过案例来演示这两个标签，具体如例 11-4 所示。

【例 11-4】 <section>、<figure>标签的使用。

```
<!DOCTYPE HTML>
<html>
<head>
<meta http-equiv="Content-Type" content="text/html; charset=utf-8">
<title>HTML5 新增标签</title>
<style>
     .clear:after{ content:""; display:block; clear:both; }
     #main{ width:480px; margin:0 auto;
        color:white; font-weight:bold; }
     header{ height:170px; background:red; padding:10px 0; }
     footer{ height:50px; background:blue;
        padding:10px 0; clear:both; }
     nav li{ float:left; margin-right:100px; }
     article{ width:300px; height:150px; color:black;
        border:1px #000 solid; float:left; padding:10px 0; }
     aside{ width:170px; height:150px; color:black;
        border:1px #000 solid; float:right; padding:10px 0; }
     section{ width:140px; height:70px; border:1px #000 solid;
        float:left; margin:4px; }
     figure{ width:100%; height:100%; margin:0; }
     figure img{ width:100%; }
</style>
</head>
<body>
<div id="main">
     <header>
       页眉：页面的头部
       <hgroup>
           <h1>主标题</h1>
           <h2>副标题</h2>
       </hgroup>
       <nav>
           <ul>
             <li>导航 1</li>
               <li>导航 2</li>
               <li>导航 3</li>
```

```
            </ul>
        </nav>
    </header>
    <article>
        <section>
            <figure>
                <img src="qianfeng.jpg">
                <figcaption>千锋互联简介信息</figcaption>
            </figure>
        </section>
        <section>板块 2</section>
        <section>板块 3</section>
        <section>板块 4</section>
    </article>
    <aside>辅助信息</aside>
    <footer>页脚：页面的尾部</footer>
</div>
</body>
</html>
```

运行结果如图 11.4 所示。

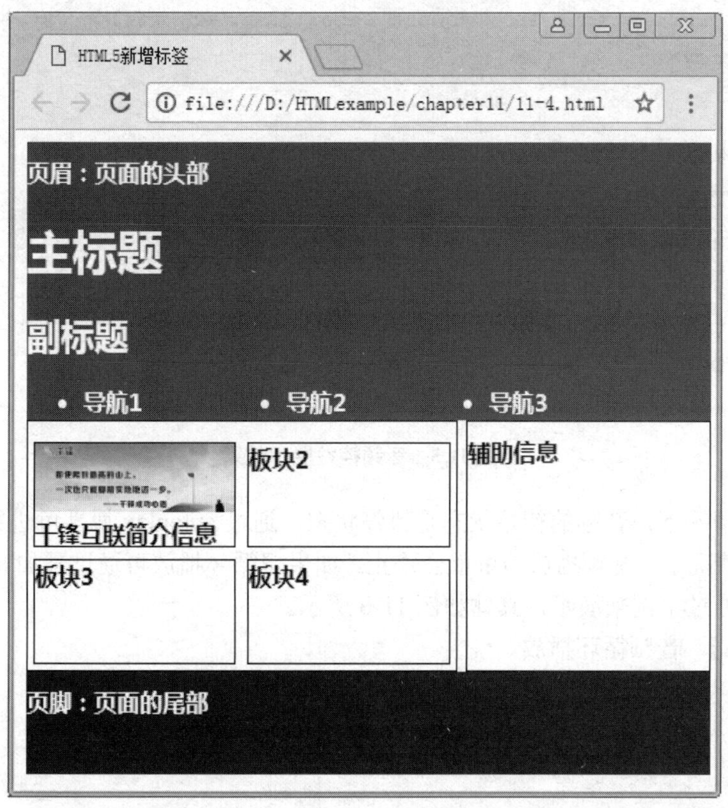

图 11.4　<section>、<figure>结构标签

11.2.2 媒体标签

媒体标签用于描述网页中的音频或视频元素，可以在网页中添加音频或视频文件，并增加一些与音频、视频有关的属性和方法，下面分别来学习音频标签和视频标签。

1．<audio>音频标签

<audio>音频标签通过 src 属性添加音频的地址，支持常见音频格式，如 MP3、OGG 等。默认不显示音频的控件，通过 controls 属性对控件进行显示。接下来通过案例来演示<audio>音频标签，具体如例 11-5 所示。

【例 11-5】 <audio>音频标签。

```
<!DOCTYPE HTML>
<html>
<head>
<meta http-equiv="Content-Type" content="text/html; charset=utf-8">
<title>HTML5 新增标签</title>
</head>
<body>
<audio controls src="johann_sebastian_bach_air.mp3"></audio>
</body>
</html>
```

运行结果如图 11.5 所示。

图 11.5　音频控件展示效果

在默认情况下，音频的初始状态是暂停状态，通过 autoplay 属性可进行自动音频播放；在默认情况下，音频播放结束就会停止，如果想循环播放可通过添加 loop 属性来实现。接下来通过案例来演示，具体如例 11-6 所示。

【例 11-6】 音频循环播放。

```
<!DOCTYPE HTML>
<html>
<head>
<meta http-equiv="Content-Type" content="text/html; charset=utf-8">
```

```
<title>HTML5 新增标签</title>
</head>
<body>
<audio controls autoplay loop src="johann_sebastian_bach_air.mp3"></audio>
</body>
</html>
```

运行结果如图 11.6 所示。

图 11.6　音频控件自动播放

2. <video>视频标签

<video>视频标签与<audio>音频标签类似，通过 src 属性添加视频的地址，支持常见视频格式，如 MP4、OGV 等。同样需要 controls 属性添加和显示播放控件。接下来通过案例来演示，具体如例 11-7 所示。

【例 11-7】 <video>视频标签。

```
<!DOCTYPE HTML>
<html>
<head>
<meta http-equiv="Content-Type" content="text/html; charset=utf-8">
<title>HTML5 新增标签</title>
</head>
<body>
<video controls src="Intermission-Walk-in_512kb.mp4"></video>
</body>
</html>
```

运行结果如图 11.7 所示。

<video>视频标签同样也支持 autoplay 属性和 loop 属性，而且可添加 width、height 属性来控制控件的尺寸。

除了上边介绍的<audio>和<video>操作外，还会涉及很多与音频、视频有关的 JavaScript 接口。通过 JavaScript 接口的操作可实现自定义控件，可以实现更加美观和统一的播放器效果。由于本教程不涉及 JavaScript 部分，这里不进行展开讨论。

图 11.7　视频控件展示效果

11.2.3　表单控件标签

在介绍新表单控件前，先来回顾一下，在前面章节中介绍的表单控件<input>，通过设置 type 属性可以展示不同的表单控件，如输入框、密码框、单选按钮、复选框、“上传”按钮、“提交”按钮等。在 HTML5 规范中对<input>标签的 type 属性值进行扩展，添加新的表单控件元素，下面进行详细讲解。

1．email、url、tel 值

当<input>标签的 type 属性值为 email 时，表示用于邮箱地址的文本字段。当提交的内容不是正确的 email 值时，默认会有提示信息产生。接下来通过案例来演示，具体如例 11-8 所示。

【例 11-8】 email、url、tel 值。

```
<!DOCTYPE HTML>
<html>
<head>
<meta http-equiv="Content-Type" content="text/html; charset=utf-8">
<title>HTML5 新增标签</title>
</head>
<body>
<form action="http://www.qfedu.com">
    <input type="email" name="email">
    <input type="submit" value="提交">
</form>
</body>
</html>
```

运行结果如图 11.8 所示。

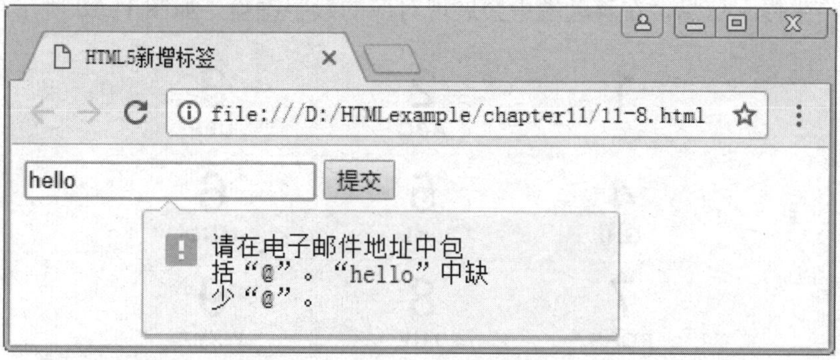

图 11.8 type 属性值为 email

当<input>标签的 type 属性值为 url 时，表示用于链接地址的文本字段。当提交的内容不是正确的 url 值时，默认会有提示信息产生。接下来通过案例来演示，具体如例 11-9 所示。

【例 11-9】 提交内容不正确时，默认有提示信息产生。

```
<!DOCTYPE HTML>
<html>
<head>
<meta http-equiv="Content-Type" content="text/html; charset=utf-8">
<title>HTML5 新增标签</title>
</head>
<body>
<form action="http://www.qfedu.com">
      <input type="url" name="url">
    <input type="submit" value="提交">
</form>
</body>
</html>
```

运行结果如图 11.9 所示。

图 11.9 type 属性值为 url 展示效果

当<input>标签的 type 属性值为 tel 时，表示用于电话号码的文本字段。当输入错误值时不会产生提示信息，在移动端中会展现对应的数字键盘，如图 11.10 所示。

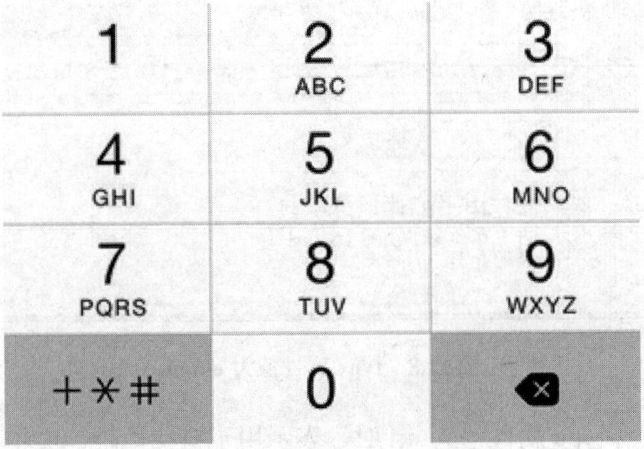

图 11.10　手机上展现的数字键盘

2．range、color 值

当<input>标签的 type 属性值为 range 时，展示为滑块拖动的效果。当<input>标签的 type 属性值为 color 时，展示为获取颜色值的效果，当单击颜色按钮时，会弹出获取颜色的面板层。接下来通过案例来演示，具体如例 11-10 所示。

【例 11-10】 range、color 值。

```
<!DOCTYPE HTML>
<html>
<head>
<meta http-equiv="Content-Type" content="text/html; charset=utf-8">
<title>HTML5 新增标签</title>
</head>
<body>
<form action="http://www.qfedu.com">
    <input type="range" min="1" max="10">
    <input type="color">
</form>
</body>
</html>
```

运行结果如图 11.11 所示。

3．search、number 值

当<input>标签的 type 属性值为 search 时，表示用于搜索的文本字段。与文本输入框效果相似，当输入搜索内容时，会显示带有关闭按钮的效果。接下来通过案例来演示，具体如例 11-11 所示。

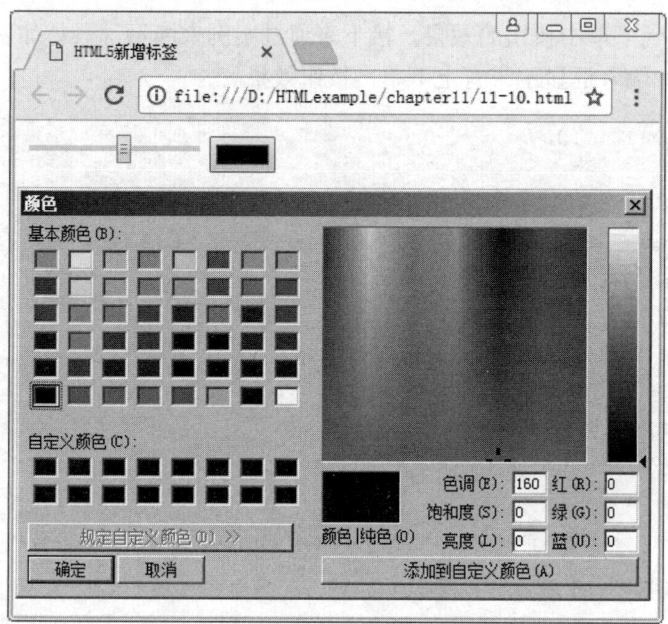

图 11.11　type 属性值为 range 和 color 展示效果

【例 11-11】 search 值。

```
<!DOCTYPE HTML>
<html>
<head>
<meta http-equiv="Content-Type" content="text/html; charset=utf-8">
<title>HTML5 新增标签</title>
</head>
<body>
<form action="http://www.qfedu.com">
   <input type="search">
</form>
</body>
</html>
```

运行结果如图 11.12 所示。

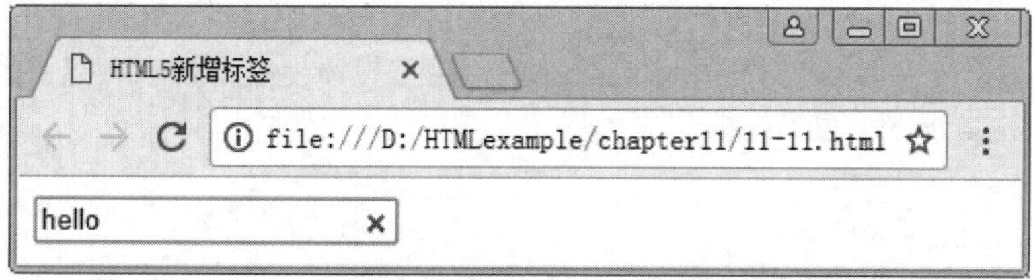

图 11.12　type 属性值为 search 展示效果

当<input>标签的 type 属性值为 number 时，表示用于微调数字的文本字段。在输入框中会显示带有上下单击按钮的效果。接下来通过案例来演示，具体如例 11-12 所示。

【例 11-12】 输入框显示带有上下单击按钮效果。

```
<!DOCTYPE HTML>
<html>
<head>
<meta http-equiv="Content-Type" content="text/html; charset=utf-8">
<title>HTML5 新增标签</title>
</head>
<body>
<form action="http://www.qfedu.com">
   <input type="number">
</form>
</body>
</html>
```

运行结果如图 11.13 所示。

图 11.13 type 属性值为 number 展示效果

4. date、week、month、time 值

当<input>标签的 type 属性值为 date、week、month、time 时，表示用于日期和时间的文本字段。这几个值都提供带有单击选择框的效果。接下来通过案例来演示，具体如例 11-13 所示。

【例 11-13】 date、week、month、time 值。

```
<!DOCTYPE HTML>
<html>
<head>
<meta http-equiv="Content-Type" content="text/html; charset=utf-8">
<title>HTML5 新增标签</title>
</head>
<body>
<form action="http://www.qfedu.com">
   <input type="date">
   <input type="week">
```

```
    <input type="month">
    <input type="time">
</form>
</body>
</html>
```

运行结果如图 11.14 所示。

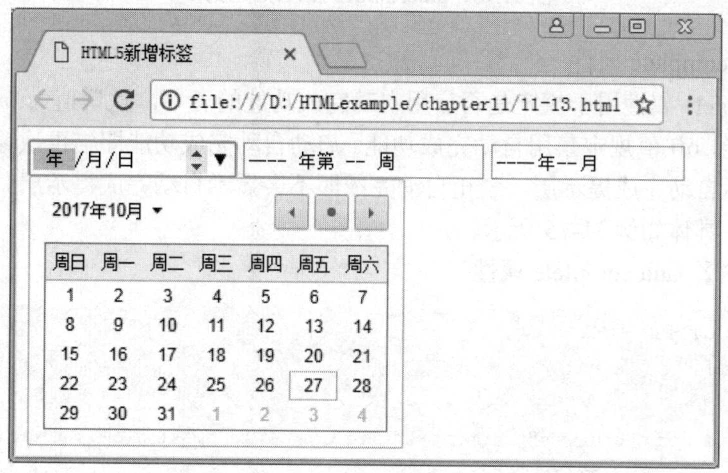

图 11.14　type 属性值为 date、week、month、time 展示效果

下面介绍一些 HTML5 表单控件里新添加的属性操作。

（1）placeholder 属性

placeholder 属性用来规定帮助用户填写输入字段的提示信息，接下来通过案例来演示，具体如例 11-14 所示。

【例 11-14】 placeholder 属性。

```
<!DOCTYPE HTML>
<html>
<head>
<meta http-equiv="Content-Type" content="text/html; charset=utf-8">
<title>HTML5 新增标签</title>
</head>
<body>
<form action="http://www.qfedu.com">
    <input type="text" placeholder="请输入账号">
    <input type="password" placeholder="请输入密码">
</form>
</body>
</html>
```

运行结果如图 11.15 所示。

图 11.15 placeholder 属性展示效果

（2）autocomplete 属性

autocomplete 属性用于规定是否启用自动完成功能的表单，默认值为 on，规定启用自动完成功能，off 值规定禁用自动完成功能。启动自动完成功能即当再次输入提交过的内容时会显示自动完成提示层。禁止自动完成即不会显示自动完成提示层。接下来通过案例来演示，具体如例 11-15 所示。

【例 11-15】 autocomplete 属性。

```
<!DOCTYPE HTML>
<html>
<head>
<meta http-equiv="Content-Type" content="text/html; charset=utf-8">
<title>HTML5 新增标签</title>
</head>
<body>
<form action="http://www.qfedu.com">
    <input type="text" name="text">
    <input type="submit" value="提交">
    <input type="text" autocomplete="off" name="text">
    <input type="submit" value="提交">
</form>
</body>
</html>
```

运行结果如图 11.16 所示。

图 11.16 autocomplete 属性展示效果

（3）autofocus 属性

autofocus 属性规定加载完页面输入框时会自动获取光标。接下来通过案例来演示，具体如例 11-16 所示。

【例 11-16】 autofocus 属性。

```
<!DOCTYPE HTML>
<html>
<head>
<meta http-equiv="Content-Type" content="text/html; charset=utf-8">
<title>HTML5 新增标签</title>
</head>
<body>
<form action="http://www.qfedu.com">
    <input type="text" name="text" autofocus>
    <input type="submit" value="提交">
</form>
</body>
</html>
```

运行结果如图 11.17 所示。

图 11.17 使用 autofocus 属性自动获取光标

（4）required 属性

required 属性规定在提交时输入框的内容不能为空，如果内容为空，单击提交按钮时会显示提示信息层。接下来通过案例来演示，具体如例 11-17 所示。

【例 11-17】 required 属性。

```
<!DOCTYPE HTML>
<html>
<head>
<meta http-equiv="Content-Type" content="text/html; charset=utf-8">
<title>HTML5 新增标签</title>
</head>
<body>
<form action="http://www.qfedu.com">
    <input type="text" name="text" required>
    <input type="submit" value="提交">
</form>
</body>
</html>
```

运行结果如图 11.18 所示。

图 11.18 使用 required 属性判断是否为空值

（5）pattern 属性

pattern 属性规定输入字段值的模式或格式，如 pattern="[0-9]" 表示输入值必须是 0～9 的数字。当输入的字段与规定不一致时，会显示提示信息层。接下来通过案例来演示，具体如例 11-18 所示。

【例 11-18】 pattern 属性。

```
<!DOCTYPE HTML>
<html>
<head>
<meta http-equiv="Content-Type" content="text/html; charset=utf-8">
<title>HTML5 新增标签</title>
</head>
<body>
<form action="http://www.qfedu.com">
   <input type="text" name="text" pattern="[0-9]">
   <input type="submit" value="提交">
</form>
</body>
</html>
```

运行结果如图 11.19 所示。

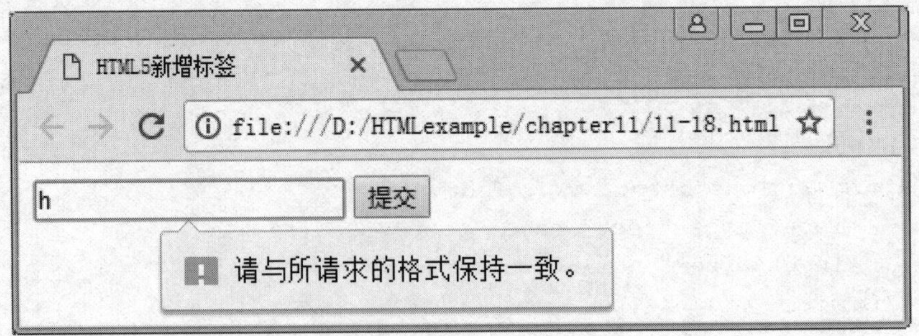

图 11.19 使用 pattern 属性判断模式是否匹配

11.2.4 其他标签

1. <mark>标签

<mark>标签用于描述突出显示部分的文本。默认情况下会添加黄色的背景色。接下来通过案例来演示，具体如例 11-19 所示。

【例 11-19】 <mark>标签的使用。

```
<!DOCTYPE HTML>
<html>
<head>
<meta http-equiv="Content-Type" content="text/html; charset=utf-8">
<title>HTML5 新增标签</title>
</head>
<body>
    <p>千锋教育隶属于千锋互联科技有限公司，一直秉承"<mark>用良心做教育</mark>"
      的理念，致力于打造 IT 教育全产业链人才服务平台。</p>
</body>
</html>
```

运行结果如图 11.20 所示。

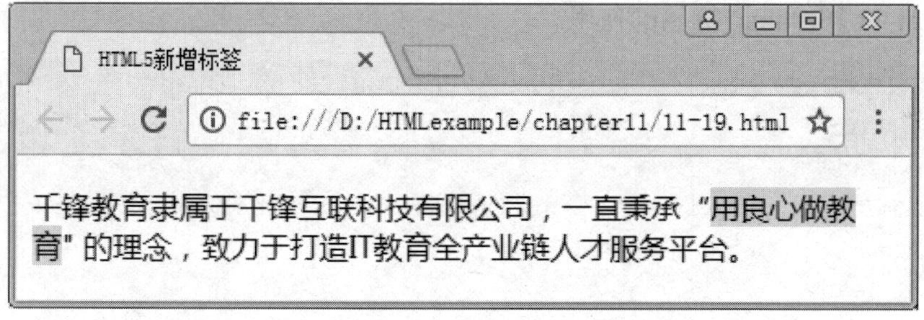

图 11.20 <mark>标签展示效果

2. <progress>标签

<progress>标签用于定义运行中的进度或进程。一般需要配合 JavaScript 来展示进度条的动态效果。有两个可选的属性，max 属性表示完成的值，value 属性表示当前的值。接下来通过案例来演示，具体如例 11-20 所示。

【例 11-20】 <progress>标签的使用。

```
<!DOCTYPE HTML>
<html>
<head>
<meta http-equiv="Content-Type" content="text/html; charset=utf-8">
```

```
<title>HTML5 新增标签</title>
</head>
<body>
    <progress max="100" value="25"></progress>
</body>
</html>
```

运行结果如图 11.21 所示。

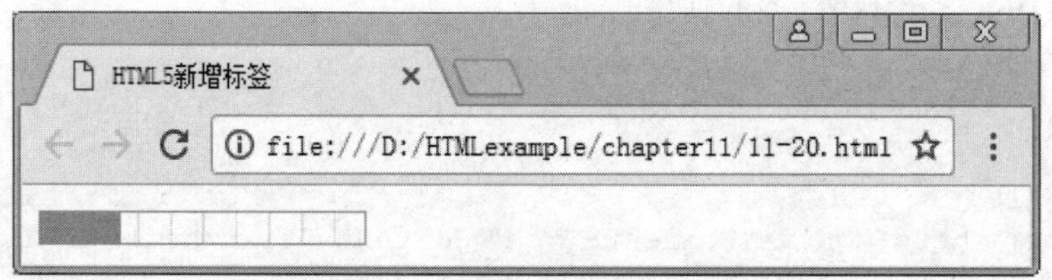

图 11.21　<progress>标签展示效果

3．<time>标签

<time>标签用于描述日期或时间，其 datetime 属性定义元素的日期和时间。如果未定义该属性，则必须在元素的内容中规定日期或时间。显示效果与普通的<span>标签相同，<time>属于语义化标签，没有默认样式。接下来通过案例来演示，具体如例 11-21 所示。

【例 11-21】 <time>标签的使用。

```
<!DOCTYPE HTML>
<html>
<head>
<meta http-equiv="Content-Type" content="text/html; charset=utf-8">
<title>HTML5 新增标签</title>
</head>
<body>
    <p>我在 <time datetime="2017-02-14">情人节 </time>有个约会</p>
</body>
</html>
```

运行结果如图 11.22 所示。

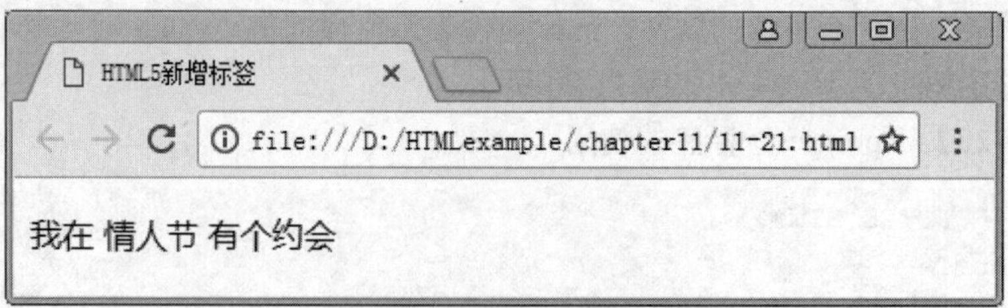

图 11.22　<time>标签展示效果

4．<ruby>标签

<ruby>标签用于定义注解，一般用在中文注音中。其中有一个配套的<rt>子标签，用来添加注解。接下来通过案例来演示，具体如例 11-22 所示。

【例 11-22】 <ruby>标签的使用。

```
<!DOCTYPE HTML>
<html>
<head>
<meta http-equiv="Content-Type" content="text/html; charset=utf-8">
<title>HTML5 新增标签</title>
</head>
<body>
<ruby>
     杜<rt>dù</rt>
</ruby>
</body>
</html>
```

运行结果如图 11.23 所示。

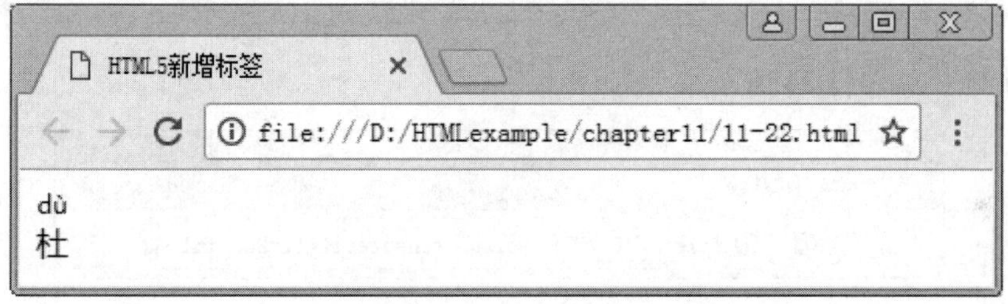

图 11.23 <ruby>标签展示效果

5．<canvas>标签

<canvas>标签用于定义图形，例如图表和其他图像。通常利用<canvas>标签绘制一些 HTML 所不能绘制的图形，但<canvas>标签需要配合 JavaScript 才能使用，这里简单了解即可。接下来通过案例来演示，具体如例 11-23 所示。

【例 11-23】 <canvas>标签的使用。

```
<!DOCTYPE HTML>
<html>
<head>
<meta http-equiv="Content-Type" content="text/html; charset=utf-8">
<title>HTML5 新增标签</title>
</head>
<body>
```

```
<canvas id="canvas" width="100" height="100"></canvas>
<script>
    var canvas=document.getElementById("canvas");
    var context=canvas.getContext("2d");
    context.beginPath();
    for(var i=0; i<5;i++){
        context.lineTo(Math.cos((18+i*72)/180*Math.PI)*50+50,
            -Math.sin((18+i*72)/180*Math.PI)*50+50);
        context.lineTo(Math.cos((54+i*72)/180*Math.PI)*20+50,
            -Math.sin((54+i*72)/180*Math.PI)*20+50);
    }
    context.closePath();
    context.lineWidth="3";
    context.fillStyle="#F6F152";
    context.strokeStyle="#F5270B";
    context.fill();
    context.stroke();
</script>
</body>
</html>
```

运行结果如图 11.24 所示。

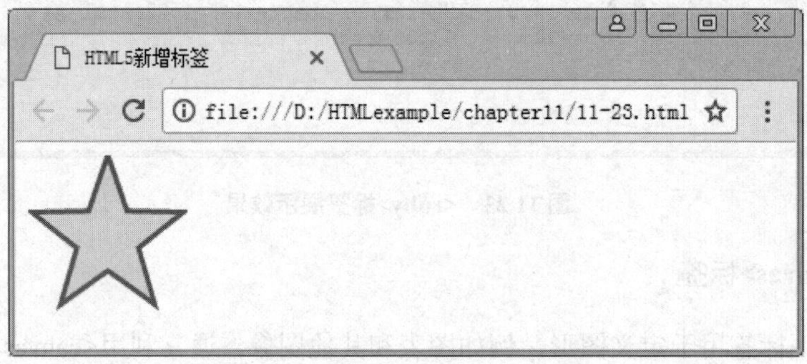

图 11.24 <canvas>标签展示效果

6. <details>标签

<details>标签用于描述文档或文档某个部分的细节。与<summary>标签配合使用可以为 details 定义标题。标题是可见的，当用户单击标题时，会显示出 details 的内容。接下来通过案例来演示，具体如例 11-24 所示。

【例 11-24】 <details>标签的使用。

```
<!DOCTYPE HTML>
<html>
```

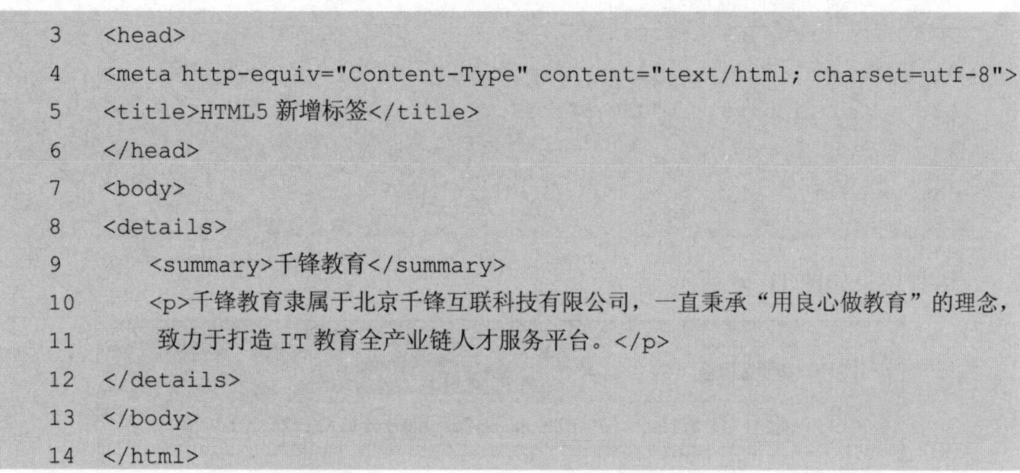

```
<head>
<meta http-equiv="Content-Type" content="text/html; charset=utf-8">
<title>HTML5 新增标签</title>
</head>
<body>
<details>
    <summary>千锋教育</summary>
    <p>千锋教育隶属于北京千锋互联科技有限公司，一直秉承“用良心做教育”的理念，
     致力于打造 IT 教育全产业链人才服务平台。</p>
</details>
</body>
</html>
```

运行结果如图 11.25 所示。

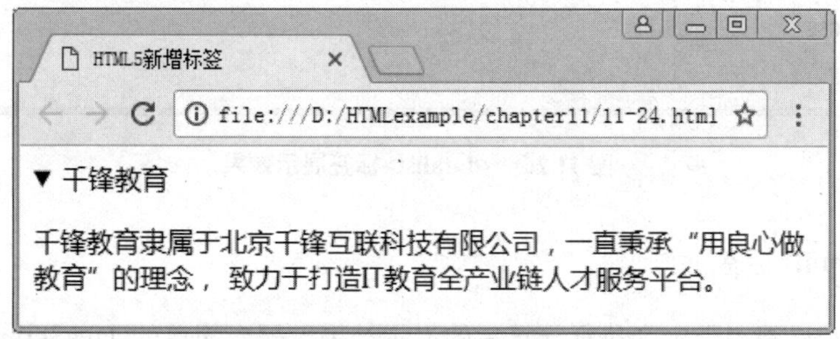

图 11.25 <details>标签展示效果

7. <datalist>标签

<datalist>标签用于定义选项列表，与 input 元素配合使用，定义 input 可能的值。datalist 及其选项不会被显示出来，仅仅是合法的输入值列表，需使用 input 元素的 list 属性来绑定 datalist。这种方式的好处是增强了用户体验，同时可提示用户完成输入。接下来通过案例来演示，具体如例 11-25 所示。

【例 11-25】 <detalist>标签的使用。

```
<!DOCTYPE HTML>
<html>
<head>
<meta http-equiv="Content-Type" content="text/html; charset=utf-8">
<title>HTML5 新增标签</title>
</head>
<body>
<input list="content">
<datalist id="content">
```

```
        <option value="HTML"></option>
        <option value="CSS"></option>
        <option value="JS"></option>
    </datalist>
    </body>
    </html>
```

运行结果如图 11.26 所示。

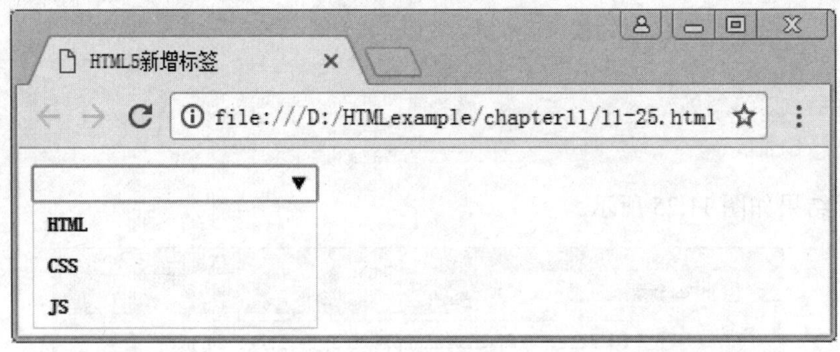

图 11.26 <datalist>标签展示效果

8. <output>标签

<output>标签用于定义执行计算后的显示结果，配合简单的 JavaScript 进行操控。在<form>表单上定义一段 JavaScript 操作用来计算结构。在<output>标签上定义一个 for 属性用于指定一个或多个相关的元素。接下来通过案例来演示，具体如例 11-26 所示。

【例 11-26】 <output>标签的使用。

```
<!DOCTYPE HTML>
<html>
<head>
<meta http-equiv="Content-Type" content="text/html; charset=utf-8">
<title>HTML5 新增标签</title>
</head>
<body>
<form action="" id="myform"
    oninput="num.value=parseInt(num1.value)+parseInt(num2.value)">
      <input type="number" id="num1">+
      <input type="number" id="num2">=
      <output name="num" for="num1 num2"></output>
</form>
</body>
</html>
```

运行结果如图 11.27 所示。

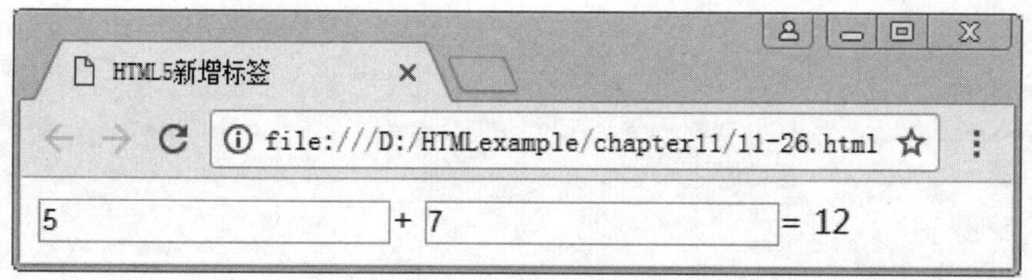

图 11.27 <output>标签展示效果

11.3 HTML5 新增属性

视频讲解

HTML5 除了新增标签还提供了新的标签属性，这些属性可以用在任意标签上。下面将详细介绍 HTML5 新增属性。

11.3.1 data-*属性

固定与自适应混合布局是很常见的组合方式，如千锋官网的头部效果。data-*属性用于自定义属性，所谓 data-*实际上是 data-前缀加上自定义的属性名，使用这样的结构可以进行数据存放。使用 data-*可以解决自定义属性混乱无管理的现状。

data-*设置在 HTML 标签上，页面中不显示任何数据，只能通过 JavaScript 的方式来获取数据。其设置示例如下。

```
<div data-name="千锋教育" data-info="一直秉承“用良心做教育”的理念,
     致力于打造 IT 教育全产业链人才服务平台。"></div>
```

11.3.2 hidden 属性

hidden 属性用于隐藏 HTML 标签与 CSS 的 display 属性值为 none 的效果相似，但它是通过属性隐藏，而不是样式隐藏。其设置示例如下。

```
<p hidden>千锋教育隶属于北京千锋互联科技有限公司，一直秉承“用良心做教育”的理念，
致力于打造 IT 教育全产业链人才服务平台。</p>
```

11.3.3 spellcheck 属性

spellcheck 属性规定是否对元素内容进行拼写检查。当输入的单词错误时，会出现下画线提示信息。接下来通过案例来演示，具体如例 11-27 所示。

【例 11-27】 spellcheck 属性。

```
<!DOCTYPE HTML>
```

```
<html>
<head>
<meta http-equiv="Content-Type" content="text/html; charset=utf-8">
<title>HTML5 新增属性</title>
</head>
<body>
<textarea spellcheck style="width:300px; height:100px;"></textarea>
</body>
</html>
```

运行结果如图 11.28 所示。

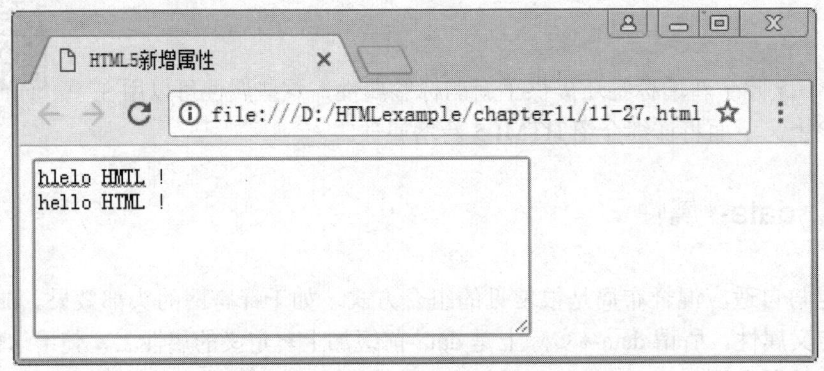

图 11.28　spellcheck 属性展示效果

11.3.4　contenteditable 属性

contenteditable 属性规定是否可编辑元素的内容。设置 contenteditable 属性的 HTML 标签元素，当单击时可以进行文本编辑操作，与输入框的效果类似。接下来通过案例来演示，具体如例 11-28 所示。

【例 11-28】 contenteditable 属性的使用。

```
<!DOCTYPE HTML>
<html>
<head>
<meta http-equiv="Content-Type" content="text/html; charset=utf-8">
<title>HTML5 新增属性</title>
</head>
<body>
<p contenteditable>千锋教育隶属于北京千锋互联科技有限公司,一直秉承"用良心做教育"
    的理念,致力于打造 IT 教育全产业链人才服务平台。</p>
</body>
</html>
```

运行结果如图 11.29 所示。

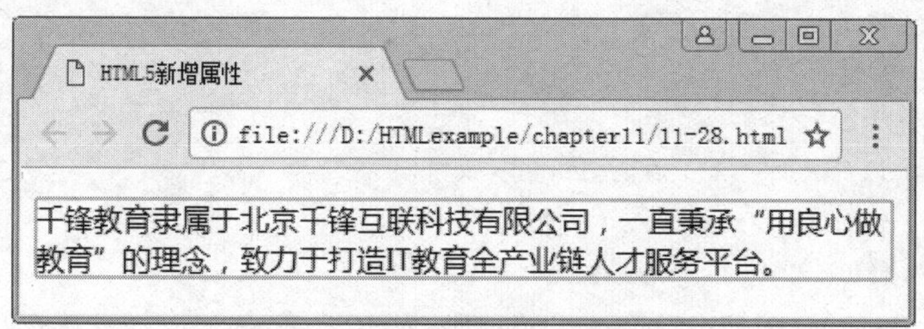

图 11.29　contenteditable 属性展示效果

11.4　HTML5 其他功能

视频讲解

HTML5 新规范中提供了很多功能强大的特性，为开发者带来了极大的方便。大部分功能都需要配合 JavaScript 才能完成，这里只简单地介绍一些便于使用的功能。至于如何更好地使用这些功能，需了解 JavaScript 语法后才可以彻底地掌握，这里不再进行深入讨论。

11.4.1　拖放文件

拖放是指对计算机中的文件或文件夹进行拖动处理，从而把文件移动到指定的位置。这些操作在 HTML5 诞生之前只能在计算机上进行操作，而在 HTML5 新规范中可以把文件拖动到浏览器中进行操作。这样可以更加方便地进行计算机与浏览器之间的交互处理，如 QQ 邮箱的拖动文件上传的功能。实现 HTML5 拖动操作，利用的是 JavaScript 接口中的 drag 与 drop 这两个方法，接下来通过案例来演示拖放文件，具体如例 11-29 所示。

【例 11-29】 拖放文件。

```
<!DOCTYPE HTML>
<html>
<head>
<meta http-equiv="Content-Type" content="text/html; charset=utf-8">
<title>HTML5 新增属性</title>
 <style>
      body{ font-size:40px; }
      #dragBox{ width:400px; height:100px; border:1px #000 solid; }
      #dragProgress{ display:none; }
      #dragSuccess{ display:none; }
      #progressBar{ width:300px; height:50px; background:gray; }
```

```
        #progressUpBar{ width:0%; height:100%; background:blue; }
</style>
</head>
<body><br>
<div id="dragBox">请拖动到此区域!!! </div>
<div id="dragProgress">
     <div id="progressBar">
       <div id="progressUpBar"></div>
     </div>
     <div id="progressValue">0/s</div>
     <div id="progressTime">00:00:00</div>
</div>
<div id="dragSuccess"></div>
</body>
<script>
     var oDragBox = document.getElementById('dragBox');
     var oDragProgress = document.getElementById('dragProgress');
     var oDragSuccess = document.getElementById('dragSuccess');
     var oProgressBar = document.getElementById('progressBar');
     var oProgressUpBar = document.getElementById('progressUpBar');
     var oProgressValue = document.getElementById('progressValue');
     var oProgressTime = document.getElementById('progressTime');
     oDragBox.ondragenter = function(){
        this.innerHTML = '可以释放啦!!!! ';
     };
     oDragBox.ondragover = function(ev){
        ev.preventDefault();
     };
     oDragBox.ondragleave = function(){
        this.innerHTML = '请拖动到此区域!!! ';
     };
     oDragBox.ondrop = function(ev){
        oDragProgress.style.display = 'block';
        oDragSuccess.style.display = 'none';
        var fs = ev.dataTransfer.files[0];
        var fd = new FormData();
        var startTime = now();
        var startValue = 0;
        fd.append('fileName',fs);
        var xhr = new XMLHttpRequest();
        xhr.open('POST','file2.php',true);
        xhr.responseType = 'json';
```

```
        xhr.onload = function(){
          if(xhr.status == 200){
              var data = xhr.response;
              oDragProgress.style.display = 'none';
              oDragSuccess.style.display = 'block';
              oDragSuccess.innerHTML = data.name + ' <a href="#">删除</a>';
          }
        };
      xhr.upload.onprogress = function(ev){
        var loaded = ev.loaded;
        var total = ev.total;
        var changeTime = now();
        if(changeTime - startTime > 1000){
          startTime = changeTime;
          var changeValue = loaded - startValue;
          var surplusValue = total - loaded;
          startValue = loaded;
          oProgressValue.innerHTML = formatValue(changeValue,'K');
          oProgressTime.innerHTML = formatTime(surplusValue / changeValue);
        }
          oProgressUpBar.style.width = loaded / total * 100 + '%';
    };
        xhr.send(fd);
        ev.preventDefault();
    };
   function formatValue(v,t){
      v = v / 1024;
      if(v > 1024){
        return formatValue(v , 'M');
      }
      else{
       return v.toFixed(2) + t + '/s';
      }
   }
   function formatTime(t){
       var iH = Math.floor(t/3600);
       var iM = Math.floor(t%3600/60);
       var iS = Math.floor(t%60);
       return toZero(iH) + ":" + toZero(iM) + ":" + toZero(iS);
   }
  function toZero(n){
       if(n<10){
```

```
            return '0' + n;
          }
          else{
            return '' + n;
      }
     }
   function now(){
     return (new Date()).getTime();
   }
</script>
</html>
```

运行结果如图 11.30 所示。

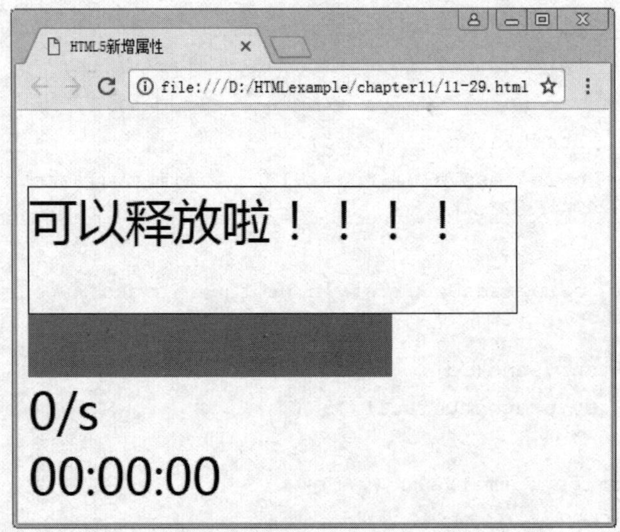

图 11.30 拖动文件展示效果

11.4.2 本地存储

本地存储是指对浏览器中操作的数据进行缓存处理。从本地中获取数据，可以优化网络请求，提高网站的访问效率。

本地存储在移动端页面中应用范围较为广泛，可在网络不稳定的情况下，展示缓存数据。实现 HTML5 本地存储的操作，利用的是 JavaScript 接口中的 sessionStorage 与 localStorage 这两个方法。接下来通过案例来演示，具体如例 11-30 所示。

【例 11-30】 本地存储。

```
<!DOCTYPE HTML>
<html>
```

```
<head>
<meta http-equiv="Content-Type" content="text/html; charset=utf-8">
<title>HTML5 其他功能</title>
<style>
    textarea{ width:300px; height:100px; }
</style>
</head>
<body>
    标题 : <input type="text"> <br>
    性别 : <input type="radio" value="男">男
         <input type="radio" value="女">女
         <br>
    内容 : <textarea id="t1"></textarea>
</body>
<script>
   var aInput = document.getElementsByTagName('input');
   var oT = document.getElementById('t1');
   if(window.localStorage.getItem('title')){
       aInput[0].value = window.localStorage.getItem('title');
   }
   for(var i=1;i<aInput.length;i++){
   if( aInput[i].value == window.localStorage.getItem('sex') ){
      aInput[i].checked = true;
   }
   }
   if(window.localStorage.getItem('text')){
       oT.value = window.localStorage.getItem('text');
   }
   window.onunload = function(){
       if( aInput[0].value ){
   window.localStorage.setItem('title',aInput[0].value);
   }
   for(var i=1;i<aInput.length;i++){
      if( aInput[i].checked ){
   window.localStorage.setItem('sex',aInput[i].value);
      }
   }
   if( oT.value ){
       window.localStorage.setItem('text',oT.value);
     }
   };
</script>
```

运行结果如图 11.31 所示。

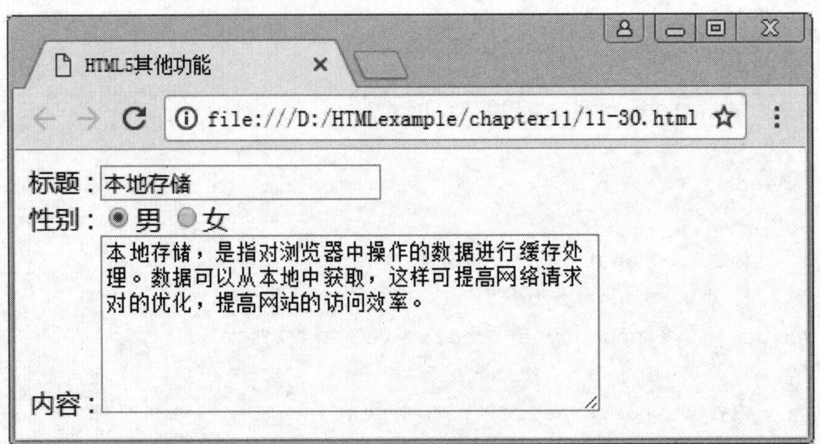

图 11.31　本地存储展示效果

11.4.3　地理信息

地理信息是指可以通过 HTML5 技术来获取到当前的地理位置。通过获取到的经纬度值，再配合第三方的地图 API 接口，可以展现当前应用所在的位置。很多基于地理位置的应用都是通过地理信息来实现的。利用 JavaScript 接口中的 geolocation 这个方法可以实现 HTML5 地理信息的操作，接下来通过案例来演示，具体如例 11-31 所示。

【例 11-31】 地理信息。

```
<!DOCTYPE HTML>
<html>
<head>
<meta http-equiv="Content-Type" content="text/html; charset=utf-8">
<title>HTML5 其他功能</title>
<style>
     #map{ width:400px; height:200px; border:1px #000 solid; }
</style>
</head>
<body>
     <input type="button" value="单击" id="input1">
     <br>
     <div id="map"></div>
</body>
<script src="http://api.map.baidu.com/api?v=1.3"></script>
<script>
     var oInput = document.getElementById('input1');
```

```
        oInput.onclick = function(){
        var timer =
           navigator.geolocation.getCurrentPosition(function(position){
        var map = new BMap.Map("map");
        var point = new BMap.Point(position.coords.longitude,
           position.coords.latitude);
        map.centerAndZoom(point, 15);
        var marker = new BMap.Marker(point);
        map.addOverlay(marker);
        map.enableScrollWheelZoom(true);
        var opts = {
           width : 200,
           height: 100,
           title : "天丰利商城" ,
           enableMessage:true,
           message:"千锋教育，单击查看"
        }
        var infoWindow=new BMap.InfoWindow("地址:北京市海淀区宝盛北里西区 28 号",opts);
        map.openInfoWindow(infoWindow,point);
        },function(error){
           console.log(error.code);
        });
      };
   </script>
```

在 Chrome 浏览器和 IE 浏览器中，运行结果分别如图 11.32 和图 11.33 所示。

由图 11.32 和图 11.33 可以看出，在 Chrome 浏览器中不能显示相应的地理信息，这是因为浏览器本身限制了地理信息的访问，需要浏览器服务器环境，这里不再赘述，只了解结果即可。

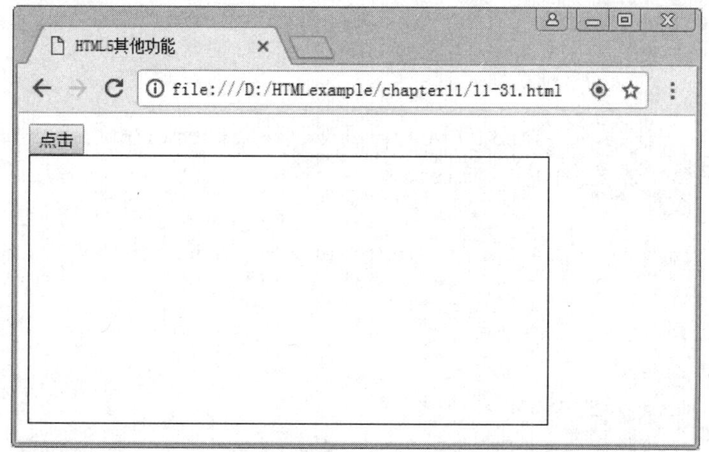

图 11.32 Chrome 浏览器地理信息展示效果

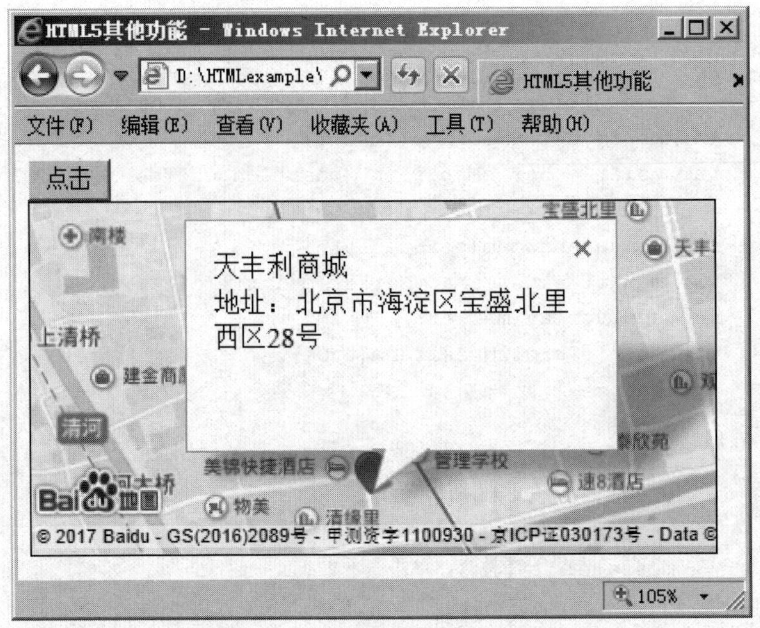

图 11.33　IE 浏览器地理信息展示效果

11.4.4　双工通信

双工通信是指可以通过前端与后端进行全双工方式的通信。利用双工通信可以实现实时直播、在线聊天、多人游戏等项目的开发。利用 JavaScript 接口中的 Web Socket 这个方法可以实现 HTML5 双工通信的操作。接下来通过案例来演示，具体如例 11-32 所示。

【例 11-32】 双工通信。

```
<!DOCTYPE HTML>
<html>
<head>
<meta http-equiv="Content-Type" content="text/html; charset=utf-8">
<title>HTML5 其他功能</title>
<style>
    #t1{ width:400px; height:100px; border:1px #000 solid; }
</style>
</head>
<body>
    <h1>聊天室</h1>
    <textarea id="t1"></textarea>
    <br>
```

```
        <input type="text"><input type="button" value="留言">
</body>
<script>
        var oT = document.getElementById('t1');
        var aInput = document.getElementsByTagName('input');
        var ws = new WebSocket('ws://localhost:3000');
        ws.onopen = function(){
            console.log('链接 ws');
        };
        ws.onmessage = function(ev){
            oT.value += ev.data + '\n';
        };
        aInput[1].onclick = function(){
        ws.send(aInput[0].value);
      };
</script>
<script>
        /* 服务端 JS */
        var wss = new WebSocket.Server({ server });
        var personObj = {};
        var i = 0;
        wss.on('connection',function(ws){
            console.log('客户端握手 webSocket');
            ws.name = i++;
            personObj[ws.name] = ws;
            ws.on('message',function(data){
                broadcast(ws,data);
            });
            ws.on('close',function(){
                delete personObj[ws.name];
            });
        });
        function broadcast(ws,data){
            for(var attr in personObj){
                personObj[attr].send(ws.name + '说: ' + data);
           }
        }
</script>
```

运行结果如图 11.34 所示。

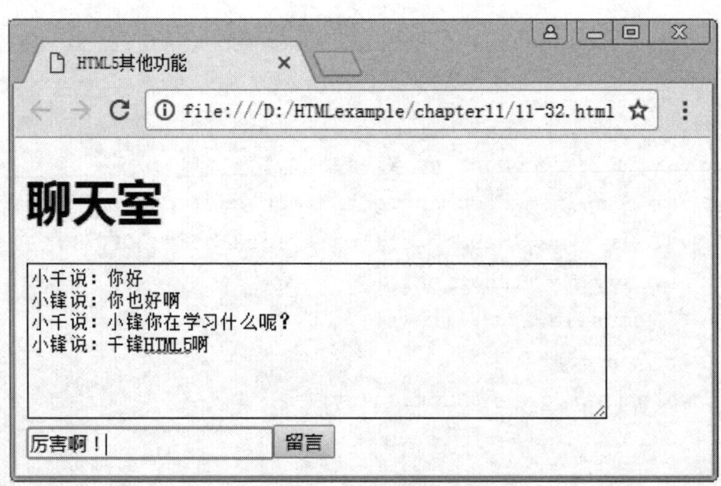

图 11.34 双工通信展示效果

11.5 本章小结

通过本章的学习，了解 HTML5 新版本的特点与特性，对 HTML5 的历史和语法有深刻的理解。本章重点学习 HTML5 的新标签和新属性，掌握新标签和新属性的用法及使用场景，同时了解 HTML5 的强大功能，简化复杂的程序开发。

11.6 习题

1．填空题

（1）用于描述网页中的页眉和页脚的标签是__________和__________。

（2）<figcaption>用于描述图像或视频的__________。

（3）<audio>音频标签通过__________属性对控件进行显示。

（4）表单控件中用于帮助用户填写输入字段的提示信息的属性是__________。

（5）HTML5 中将<!DOCTYPE>分为__________种。

2．选择题

（1）下列选项中，不属于 HTML5 新的语义化标签的是（　　）。

A．header　　B．nav

C．strong　　D．article

（2）为<audio>音频添加控件的属性是（　　）。

A．controls　　B．loop

C．autoplay　　D．src

（3）下列选项中，不属于 HTML5 新增表单属性的是（　　）。

A．autocomplete　　B．placeholder

C．autofocus　　D．value

（4）关于 HMTL5 的说法正确的是（　　）。

A．HTML5 只是对 HTML4 的一个简单升级

B．所有主流浏览器都支持 HTML5

C．HTML5 新增了离线缓存机制

D．HTML5 主要是针对移动端进行了优化

（5）以下（　　）不是 input 在 HTML5 中的新类型。

A．DateTime　　B．file

C．Color　　D．Range

3．思考题

（1）请简述 HTML 语义化的意义。

（2）请简述<canvas>标签的作用。

第 12 章 chapter 12

CSS3 基础样式

本章学习目标

- 了解 CSS3 特性和浏览器前缀等概念；
- 掌握 CSS3 选择器及使用；
- 掌握 CSS3 基础样式，如背景、边框、文本等。

在前面的章节中，介绍过 CSS 的历史，了解 CSS3 是 CSS 的最新版本，前面一直使用的 CSS 样式都是由属性 CSS2.1 提供的内容。本章将开始学习 CSS3 相关的内容，相对于 CSS2.1，CSS3.0 新增了很多属性和方法，如：选择器、文本效果、背景效果、动画、3D、弹性盒模型等，其最大的优势是对于原本需要使用图或 JavaScript 实现的效果，CSS3 只需几句代码就可以实现。

12.1 浏览器前缀

视频讲解

浏览器前缀是针对老式浏览器的一种写法，在 CSS3 尚未标准化时，这些浏览器已经开始使用浏览器前缀。为此，CSS3 提供了针对浏览器的前缀，当某些 CSS3 样式语法变动时，可以使用这些前缀，使浏览器在非标准前提下正常运行。

根据浏览器内核的不同，浏览器前缀的设置也有不同，常见的浏览器前缀如表 12.1 所示。

表 12.1　常见浏览器前缀

内　核	前　缀
Trident 内核：主要代表为 IE 浏览器	-ms-
Gecko 内核：主要代表为 Firefox 浏览器	-moz-
Presto 内核：主要代表为 Opera 浏览器	-o-
Webkit 内核：产要代表为 Chrome 和 Safari 浏览器	-webkit-

先来通过一个 CSS3 样式了解如何添加浏览器前缀，border-radius 样式可设置为圆角边框样式。具体示例如下。

```
<style>
    -webkit-border-radius:10px;  /*兼容 Chrome 和 Safari*/
```

```
    -moz-border-radius:10px;     /*兼容 Firefox*/
    -ms-border-radius:10px;      /*兼容 IE*/
    -o-border-radius:10px;       /*兼容 Opera*/
</style>
```

当然在现代浏览器中，一般浏览器前缀都可以被省略掉，直接使用 CSS3 标准写法即可。具体示例如下。

```
<style>
    border-radius:10px;  /*标准写法*/
</style>
```

12.2 CSS3 选择器

视频讲解

在前面的章节中，介绍过 CSS 的选择器，如 id 选择器、class 选择器、tag 选择器等。CSS3 在 CSS2.1 的基础上增加了很多实用的选择器，使操作 HTML 元素的方式更加灵活简单。

12.2.1 属性选择器

属性选择器是通过属性来选择元素的一种方式，在下述代码中 type 和 value 都是 input 元素的属性。接下来通过案例来演示如何设置属性选择器，具体如例 12-1 所示。

【例 12-1】 设置属性选择器。

```
<!doctype html>
<html>
<head>
<meta charset="utf-8">
<title>CSS3 选择器</title>
<style>
     input[value]{ background:red; color:white; }
</style>
</head>
<body>
<input type="text">
<input type="text" value="HTML">
<input type="text">
</body>
</html>
```

运行结果如图 12.1 所示。

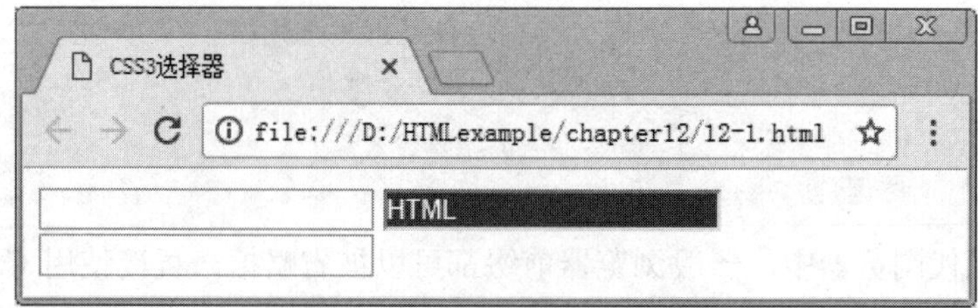

图 12.1　属性选择器展示效果

属性选择器的写法是通过中括号的方式进行选择的，也可以在中括号内把属性和属性值写完整。接下来通过案例来演示，具体如例 12-2 所示。

【例 12-2】 在中括号中将属性和属性值书写完整。

```
<!doctype html>
<html>
<head>
<meta charset="utf-8">
<title>CSS3 选择器</title>
<style>
    input[value=HTML]{ background:red; color:white; }
</style>
</head>
<body>
<input type="text" value="HTML">
<input type="text" value="HTML">
<input type="text">
</body>
</html>
```

运行结果如图 12.2 所示。

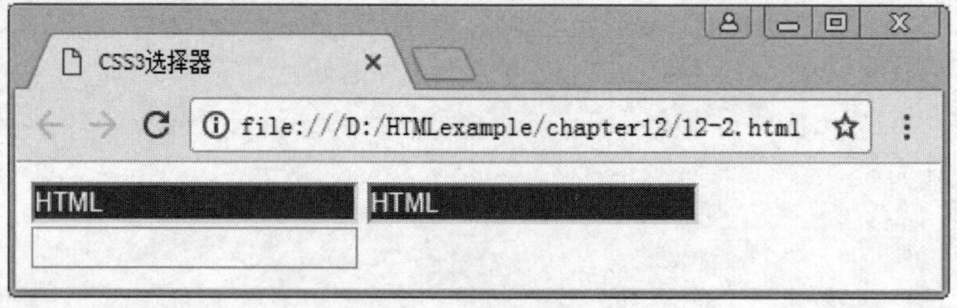

图 12.2　属性选择器展示效果

除了具体的属性选择器外，CSS3 还提供了三种模糊匹配的属性选择器，下面将分别讲解三种模糊匹配的属性选择器。

（1）[attr^=value]匹配的是起始位置包含 value 值形式的元素。接下来通过案例来演示，具体如例 12-3 所示。

【例 12-3】 [attr^=value]匹配的属性选择器。

```
1   <!doctype html>
2   <html>
3   <head>
4   <meta charset="utf-8">
5   <title>CSS3 选择器</title>
6   <style>
7       input[value^=HTML]{ background:red; color:white; }
8   </style>
9   </head>
10  <body>
11  <input type="text" value="HTML Language">
12  <input type="text" value="HELLO HTML">
13  <input type="text" value="CSS HTML JS">
14  </body>
15  </html>
```

运行结果如图 12.3 所示。

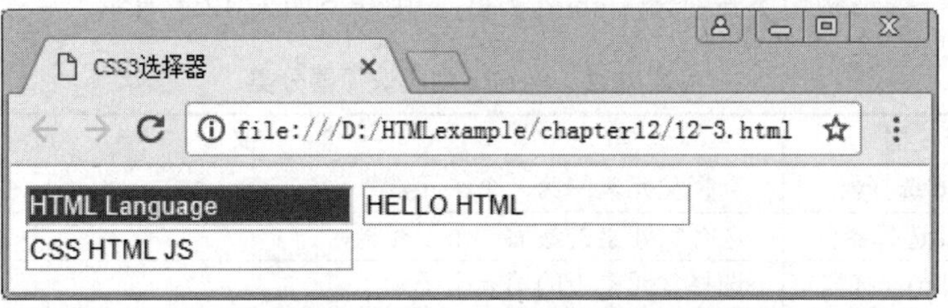

图 12.3　属性选择器展示效果

（2）[attr$=value]匹配的是结束位置包含 value 值形式的元素。下面将例 12-3 第 7 行代码更改如下。

```
input[value$="HTML"]{ background : red; color : white; }
```

保存 HTML 文件，刷新页面，效果如图 12.4 所示。

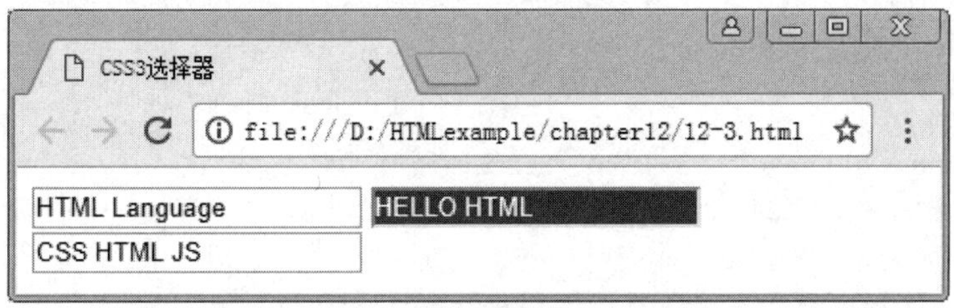

图 12.4　属性选择器展示效果

（3）[attr*=value]匹配的是任意位置包含 value 值形式的元素。下面将例 12-3 第 7 行代码更改如下。

```
input[value*="HTML"]{ background : red; color : white; }
```

这时保存 HTML 文件，刷新页面，效果如图 12.5 所示。

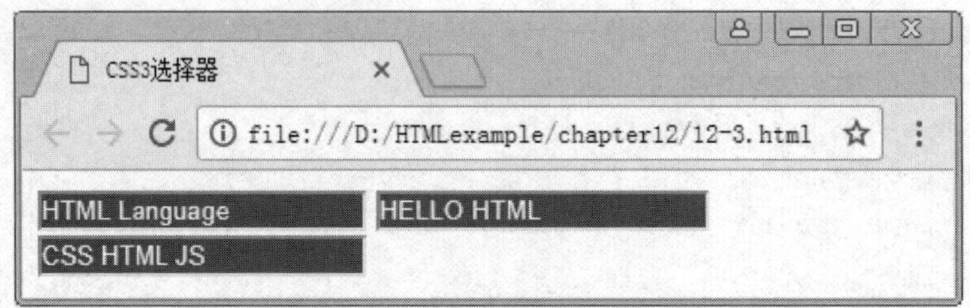

图 12.5　属性选择器展示效果

12.2.2　结构伪类选择器

结构伪类选择器是针对 HTML 层次“结构”的伪类选择器。如想要某一个父元素下面的第 *n* 个子元素，则可以通过以下几种结构伪类选择器实现。

（1）第一类结构伪类选择器*-child 方式。其分类如表 12.2 所示。

表 12.2　*-child 伪类选择器分类

选　择　器	含　　义
E：first-child 选择器	选择父元素的第一个子元素
E：last-child 选择器	选择父元素的最后一个子元素
E：nth-child(n)选择器	选择父元素下的第 *n* 个子元素
E：only-child 选择器	选择父元素中唯一的子元素（该父元素只有一个子元素时才可以选择）

表 12.2 中，E:nth-child(n)选择器，可以设置一组元素中指定子项的样式，其参数可以设置为数字行，也可以设置为 odd 奇数行和 even 偶数行，另外还可以将参数设置为 *n* 值（从零累加的值）。注意，E:nth-child(n)选择器的参数是从 1 开始，而不是 0。接下来通过案例来演示 E:nth-child(n)选择器参数为 *n* 值，具体如例 12-4 所示。

【例 12-4】 E:nth-child(n)选择器参数为 *n* 值。

```
<!doctype html>
<html>
<head>
<meta charset="utf-8">
<title>CSS3选择器</title>
<style>
    li:nth-child(3n){ background:red; }
</style>
</head>
<body>
<ul>
```

```
    <li>HTML</li>
    <li>CSS</li>
    <li>JavaScript</li>
    <li>HTML</li>
    <li>CSS</li>
    <li>JavaScript</li>
</ul>
</body>
</html>
```

运行结果如图 12.6 所示。

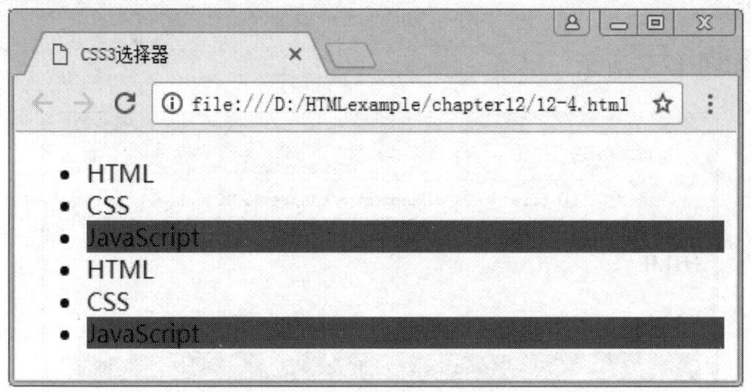

图 12.6　E：nth-child 设置为 *n*

（2）第二类结构伪类选择器*-of-type 方式。其分类如表 12.3 所示。

表 12.3　*-of-type 伪类选择器分类

选　择　器	含　义
E:first-of-type 选择器	选择同元素类型的第一个同级兄弟元素
E:last-of-type 选择器	选择同元素类型的最后一个同级兄弟元素
E:nth-of-type (n)选择器	选择同元素类型的第 *n* 个同级兄弟元素
E:only-of-type 选择器	选择同元素类型中唯一的同级兄弟元素

表 12.3 中 E:first-of-type、E:last-of-type、E:nth-of-type(n)、E:only-of-type 与第一类*-child 效果相同。*-of-type 选择器与*-child 选择器不同的是*-of-type 表示选择同元素类型同级兄弟元素，而*-child 表示选择父元素的子元素。接下来通过案例来演示两者的区别，具体如例 12-5 所示。

【例 12-5】 *-of-type 选择器与*-child 选择器的区别。

```
<!doctype html>
<html>
<head>
<meta charset="utf-8">
<title>CSS3 选择器</title>
```

```
<style>
     p:nth-of-type(3){ background:red; }
     p:nth-child(3){ background:blue; }
</style>
</head>
<body>
<p>HTML</p>
<div>CSS</div>
<p>JavaScript</p>
<p>PHP</p>
</body>
</html>
```

运行结果如图 12.7 所示。

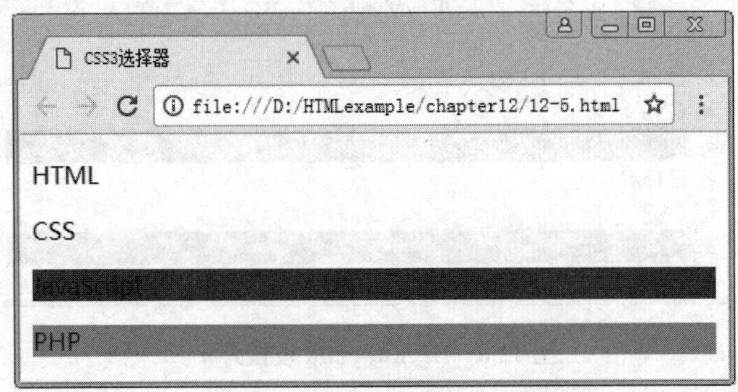

图 12.7　*-child 选择器与*-of-type 选择器的区别

图 12.7 中可以看到*-of-type 会选择同级中同元素类型的第三个<p>标签。而*-child 是父元素中的第三个元素，因此要选择到<P>JavaScript</p>标签。*-child 选择器是选择父元素下的子元素（不区分元素类型），而*-of-type 选择器是选择父元素下某个同元素类型的子元素（区分元素类型）。

12.2.3　状态伪类选择器

状态伪类选择器是一种针对 HTML 当前操作状态而进行选择的选择器，如标签是否获取焦点、标签是否被选中等。其分类及用途如表 12.4 所示。

表 12.4　*-child 伪类选择器分类

选　择　器	含　义	用　途
:focus 选择器	用于指定“表单元素”获得光标焦点时使用的样式	主要在单行文本框 text、多行文本框 textarea 等表单元素获得焦点并输入文本时使用
:checked 选择器	用于指定“表单元素”被选中时使用的样式	主要在单选按钮 radio 和复选框 checkbox 中使用
::selection 选择器	用于改变被选择的网页文本的显示效果	主要在段落标签中使用

续表

选择器	含义	用途
:first-letter 选择器	用于对一段文本的第一个字符进行样式设置	主要在段落标签中使用
:first-line 选择器	用于对一段文本的第一段字符进行样式设置	主要在段落标签中使用
:enabled 选择器	用于设置“表单元素”中可用元素的样式	主要在单行文本框 text、多行文本框 textarea 等表单元素中使用
:disabled 选择器	用于对“表单元素”中不可用元素进行样式设置	主要在单行文本框 text、多行文本框 textarea 等表单元素中使用
:read-write 选择器	用于对“表单元素”中可读写的元素进行添加样式设置	主要在单行文本框 text、多行文本框 textarea 等表单元素中使用
:read-only 选择器	用于对“表单元素”中只读的元素进行添加样式设置	主要在单行文本框 text、多行文本框 textarea 等表单元素中使用

表 12.4 中的::selection 选择器用于改变被选择的网页文本的显示效果。在默认情况下，浏览器中用鼠标选择的网页文本都是以“深蓝的背景，白色的字体”显示的。通过::selection 选择器，可以改变被选择的网页文本。注意，::selection 选择器前面为双引号。接下来通过案例来演示::selection 选择器的使用，具体如例 12-6 所示。

【例 12-6】 selection 选择器的使用。

```
<!doctype html>
<html>
<head>
<meta charset="utf-8">
<title>CSS3 选择器</title>
<style>
    p{ width:300px; font-size:14px; text-indent:28px; }
    p::selection{ background:red; color:yellow; }
</style>
</head>
<body>
<p>千锋教育隶属于北京千锋互联科技有限公司，一直秉承"用良心做教育"的理念，
    是中国 IT 职业教育领先品牌，全力打造互联网技术型研发人才服务优质平台。</p>
</body>
</html>
```

运行结果如图 12.8 所示。

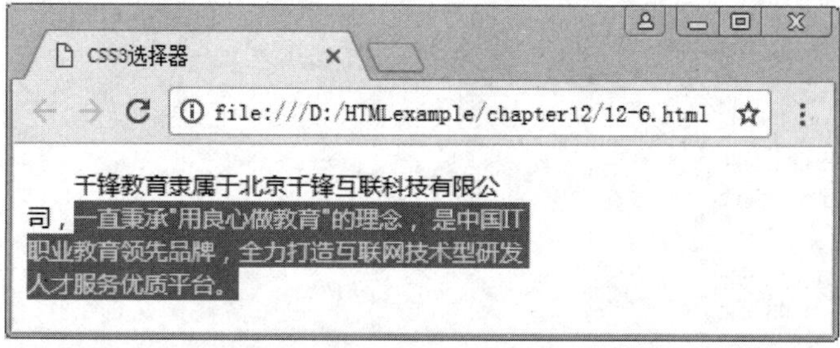

图 12.8 :selection 选择器显示效果

12.2.4 其他选择器

CSS 选择器除属性选择器、结构伪类选择器、状态伪类选择器外，还提供其他三个的选择器，如表 12.5 所示。

表 12.5 三个其他选择器

选 择 器	含 义
~选择器	选择元素后的所有兄弟元素
＋选择器	选择元素后最近的兄弟元素
>选择器	只选择子元素，对于深层嵌套的子元素不会选择

接下来通过案例来演示表 12.5 中列出的其他选择器，具体如例 12-7 所示。

【例 12-7】 其他三个选择器的使用。

```
<!doctype html>
<html>
<head>
<meta charset="utf-8">
<title>CSS3 选择器</title>
<style>
    div ~p{ background:red; }
    span +p{ background:blue; }
    #box > li{ border:1px red solid; }
</style>
</head>
<body>
<span>PHP</span>
<p>HTML</p>
<div>CSS</div>
<p>HTML</p>
<p>HTML</p>
<ul id="box">
    <li>
        <ul>
            <li></li>
            <li></li>
        </ul>
    </li>
    <li></li>
</ul>
</body>
</html>
```

运行结果如图 12.9 所示。

图 12.9 其他选择器设置样式

12.3 CSS3 文本属性

视频讲解

CSS3 增加了丰富的文本修饰效果，使网页看起来更加美观舒服。下面将学习常见的 CSS3 文本属性。

12.3.1 text-shadow 属性

一般情况下，CSS2 都是使用 Photoshop 等工具来实现文字的阴影效果，而在 CSS3 中，这种效果可通过设置 text-shadow 属性来实现，简单好用。

text-shadow 属性可设置的样式值有 x-offset、y-offset、blur、color 这四个值，其值含义及用法如表 12.6 所示。

表 12.6 text-shadow 属性取值及用法

属性值	含　义	单　位	用　法
x-offset	阴影的水平偏移距离	px、em 或百分比等	值为正，阴影向右偏移 值为负，阴影向左偏移
y-offset	阴影的垂直偏移距离	px、em 或百分比等	值为正，阴影向下偏移 值为负，阴影向上偏移
blur	阴影的模糊程度	px、em 或百分比等	值不能为负，值为 0，无阴影模糊效果 值越大，阴影越模糊 值越小，阴影越清晰
color	阴影的颜色	三种颜色表示方法	

text-shadow 属性同时还支持多阴影的设置。通过多阴影设置可以设计出很多炫酷的效果，接下来通过案例演示多阴影设置实现火焰文字效果，具体如例 12-8 所示。

【例 12-8】 多阴影设置实现火焰文字效果。

```
<!doctype html>
<html>
<head>
<meta charset="utf-8">
<title>CSS3 文本属性</title>
<style>
     div{ font-size:30px; margin:20px;
     text-shadow:0 0 4px white, 0 -5px 4px #ff3,
     2px -10px 6px #fd3, -2px -15px 11px #f80,
     2px -25px 18px #f20; }
</style>
</head>
<body>
<div>hello CSS3</div>
</body>
</html>
```

运行结果如图 12.10 所示。

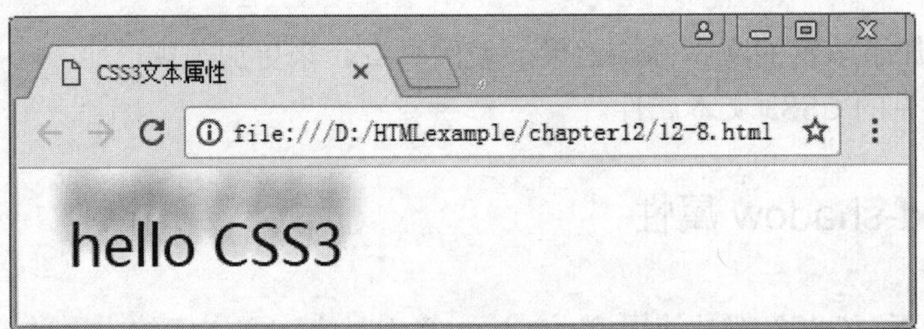

图 12.10　text-shadow 实现火焰字

12.3.2　text-stroke 属性

text-stroke 属性用于设置文字的描边，可设置的样式值有 w 和 color 这两个值。w 表示描边的宽度，color 表示描边的颜色。接下来通过案例来演示，具体如例 12-9 所示。

【例 12-9】 text-stroke 属性。

```
<!doctype html>
<html>
<head>
<meta charset="utf-8">
<title>CSS3 文本属性</title>
```

```
<style>
    div{ font-size:50px; -webkit-text-stroke:1px red;
        font-family:Verdana, Geneva, sans-serif; color:transparent; }
</style>
</head>
<body>
<div>hello CSS3</div>
</body>
</html>
```

运行结果如图 12.11 所示。

图 12.11　text-stroke 设置文字的描边

12.3.3　direction 属性

direction 属性用于设置文字的排列方向，可设置的样式值有 rtl 和 ltr 两个值。rtl 表示文字从右向左排列，ltr 表示文字从左向右排列。需要配合表示排版方式的 CSS 语法 unicode-bidi:bidi-override 属性和属性值实现。接下来通过案例来演示 direction 属性，具体如例 12-10 所示。

【例 12-10】 direction 属性。

```
<!doctype html>
<html>
<head>
<meta charset="utf-8">
<title>CSS3 文本属性</title>
<style>
    div{ font-size:30px; margin:20px;
        direction:rtl; unicode-bidi:bidi-override; }
</style>
</head>
<body>
<div>hello CSS3</div>
</body>
</html>
```

运行结果如图 12.12 所示。

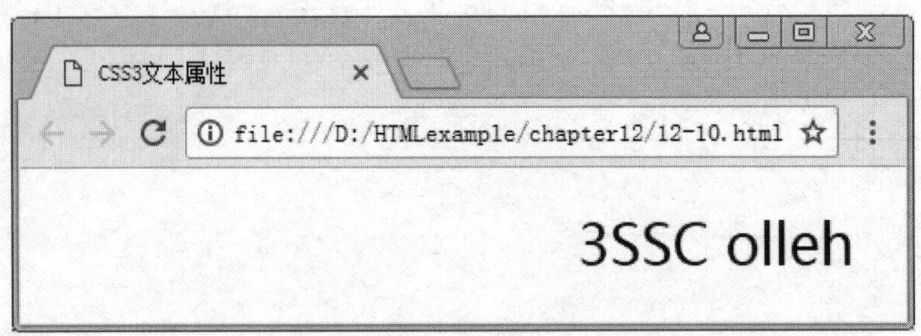

图 12.12 direction 属性展示效果

12.3.4 @font-face 属性

@font-face 属性表示字体图标，主要实现网页中图标的展现效果。字体图标可以提高网页的性能以及方便地控制图标大小和颜色变化。字体图标的效果如图 12.13 所示。

图 12.13 天猫官网导航字体图标效果

图 12.13 的导航中的小图标就是用字体图标实现的，可以通过代码来改变图标的颜色和大小，如图 12.14 所示。

图 12.14 字体图标修改颜色和大小

@font-face 属性主要可设置 font-family 和 src 两个值。font-family 属性用来设置字体名称，src 属性用来设置字体文件路径。接下来通过案例来演示@font-face 属性，具体如例 12-11 所示。

【例 12-11】 @font-face 属性。

```
<!doctype html>
<html>
<head>
<meta charset="utf-8">
<title>CSS3 文本属性</title>
<style>
    @font-face{ font-family : mui-global-iconfont;
    src:url(http://at.alicdn.com/t/font_1401963178_8135476.eot);
    src:url(http://at.alicdn.com/t/font_1401963178_8135476.eot?#iefix)
format('embedded-opentype'),
```

```
        url(http://at.alicdn.com/t/font_1401963178_8135476.woff) format('woff'),
        url(http://at.alicdn.com/t/font_1401963178_8135476.ttf) format('truetype'),
        url(http://at.alicdn.com/t/font_1401963178_8135476.svg#iconfont) format('svg') }
    div{ font-family : mui-global-iconfont;
        font-size : 60px; color : red; }
    div:before{ content : "佩"; }
</style>
</head>
<body>
<div></div>
</body>
</html>
```

运行结果如图 12.15 所示。

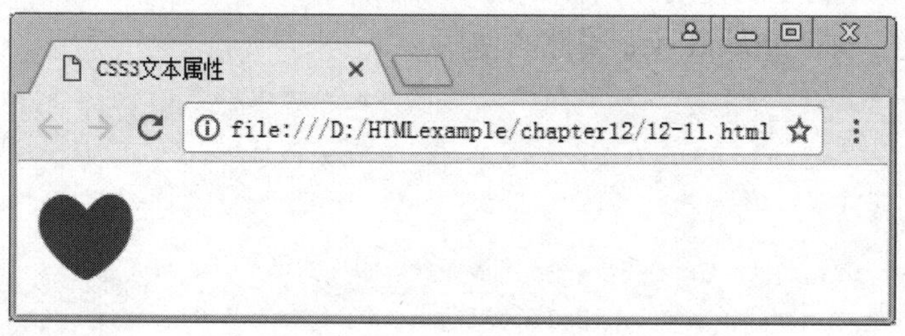

图 12.15　@font-face 设置字体图标

首先写出一个载入字体的 HTML 标签，然后把标签的 font-family 样式设置成@font-face 属性当中的字体名称。在元素中添加对应图标的文字，最终 HTML 标签中的文字在浏览器中会显示成对应图标的效果。字体图标是由文字转换的，即可以设置文字相关的属性，如文字大小和文字颜色。

另外，可以设计一套字体图标，如通过 IcoMoon 软件来进行文字与图标的转化。通过第三方库来获取大量的字体图标。目前比较流行的库是 Font-Awesome，它提供了上千种对应的字体图标，能够非常方便快捷地进行设置操作。

12.4　CSS3 背景属性

视频讲解

在 CSS2.1 中，学习了很多关于背景的属性，如 background-image、background-position 等。在 CSS3 中，为了满足更多的需求，新增了多个新的背景属性，它们提供了对背景更强大的控制。

12.4.1 background-size 属性

background-size 属性用于设置背景图片大小。在 CSS3 诞生之前，背景图片的大小是由图片的实际大小决定。在 CSS3 中，可以使用 background-size 属性来设置背景图片的大小，这使得在不同的环境中重复使用背景图片成为可能。background-size 取值及设置图片方式如表 12.7 所示。

表 12.7 background-size 取值及设置背景图片方式

属性取值	设置背景图片方式
number	可分别设置背景图片的宽高的大小
cover（覆盖方式）	将背景图片以等比缩放来填充整个容器元素
content（包含方式）	将背景图片等比例缩放至某一边紧贴容器边缘为止

图 12.7 中列出了 background-size 取值及设置背景图片的方式，接下来通过案例来演示 background-size 属性的使用，具体如例 12-12 所示。

【例 12-12】 background-size 属性的使用。

```
<!doctype html>
<html>
<head>
<meta charset="utf-8">
<title>CSS3 背景属性</title>
<style>
     #div1{ width:300px; height:80px; border:1px black solid;
        background:url(qianfeng.jpg) no-repeat;
        background-size:100px 50px; }
     #div2{ width:300px; height:80px; border:1px black solid;
        background:url(qianfeng.jpg) no-repeat;
        background-size:cover; }
     #div3{ width:300px; height:80px; border:1px black solid;
        background:url(qianfeng.jpg) no-repeat;
        background-size:contain; }
</style>
</head>
<body>
<div id="div1"></div><br/>
<div id="div2"></div><br/>
<div id="div3"></div>
</body>
</html>
```

运行结果如图 12.16 所示。

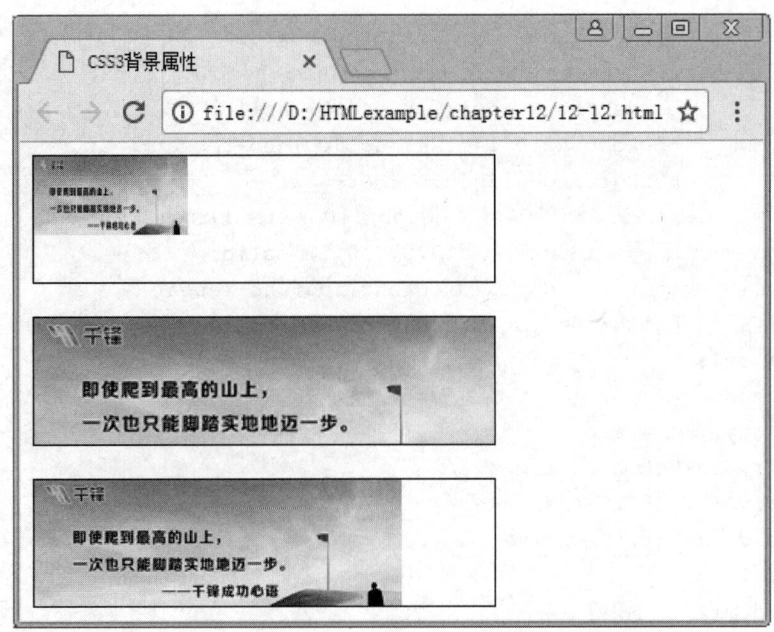

图 12.16　background-size 不同取值展示效果

12.4.2　background-origin 属性

在 CSS3 中，可使用 background-origin 属性设置元素背景图片平铺的最开始位置。background-origin 属性的取值及平铺方式如表 12.8 所示。

表 12.8　background-origin 取值及平铺方式

属 性 取 值	平 铺 方 式
padding-box（默认值）	背景图片从内边距开始平铺
border-box	背景图片从边框开始平铺
content-box	背景图片从内容区域开始平铺

表 12.8 中列出了 background-origin 属性取值及平铺方式，接下来通过案例来演示 background-origin 属性取值及平铺方式，具体如例 12-13 所示。

【例 12-13】 background-origin 属性值及平铺方式。

```
<!doctype html>
<html>
<head>
<meta charset="utf-8">
<title>CSS3 背景属性</title>
<style>
     #div1{ width:300px; height:50px; padding:30px;
        border:30px rgba(0,0,0,0.1) solid;
        background:url(qianfeng.jpg) no-repeat;
```

```
            background-origin:padding-box; }
        #div2{ width:300px; height:50px; padding:30px;
            border:30px rgba(0,0,0,0.1) solid;
            background:url(qianfeng.jpg) no-repeat;
            background-origin:border-box; }
        #div3{ width:300px; height:50px; padding:30px;
            border:30px rgba(0,0,0,0.1) solid;
            background:url(qianfeng.jpg) no-repeat;
            background-origin:content-box; }
</style>
</head>
<body>
<div id="div1"></div><br/>
<div id="div2"></div><br/>
<div id="div3"></div>
</body>
</html>
```

运行结果如图 12.17 所示。

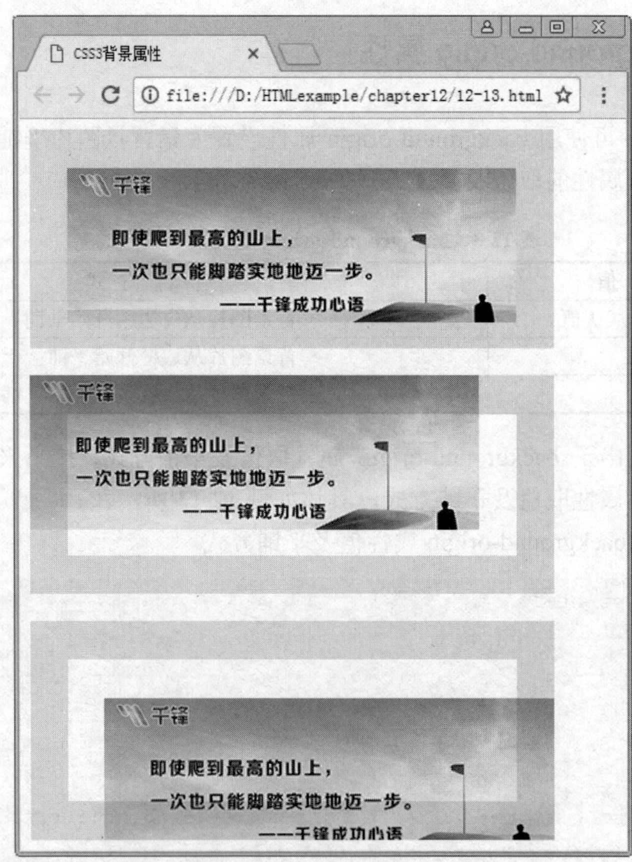

图 12.17　**background-origin** 不同取值展示效果

12.4.3 background-clip 属性

在 CSS3 中，可以使用 background-clip 属性来设置元素背景图片平铺后剪切的位置。background-clip 属性取值及剪切方式，如表 12.9 所示。

表 12.9 background-clip 取值及剪切方式

属 性 取 值	剪 切 方 式
border-box（默认值）	平铺的背景图片从边框开始剪切
padding-box	平铺的背景图片从内边距开始剪切
content-box	平铺的背景图片从内容区域开始剪切

表 12.9 列出了 background-clip 属性取值及剪切方式，接下来通过案例来演示 background-clip 属性取值及剪切方式，具体如例 12-14 所示。

【例 12-14】 background-clip 属性取值及剪切方式。

```
<!doctype html>
<html>
<head>
<meta charset="utf-8">
<title>CSS3 背景属性</title>
<style>
     #div1{ width:300px; height:80px; padding:30px;
         border:30px rgba(0,0,0,0.1) solid;
         background:url(qianfeng.jpg) no-repeat;
         background-clip:border-box; }
     #div2{ width:300px; height:80px; padding:30px;
         border:30px rgba(0,0,0,0.1) solid;
         background:url(qianfeng.jpg) no-repeat;
         background-clip:padding-box; }
     #div3{ width:300px; height:80px; padding:30px;
         border:30px rgba(0,0,0,0.1) solid;
         background:url(qianfeng.jpg) no-repeat;
         background-clip:content-box; }
</style>
</head>
<body>
<div id="div1"></div><br>
<div id="div2"></div><br>
<div id="div3"></div>
</body>
</html>
```

运行结果如图 12.18 所示。

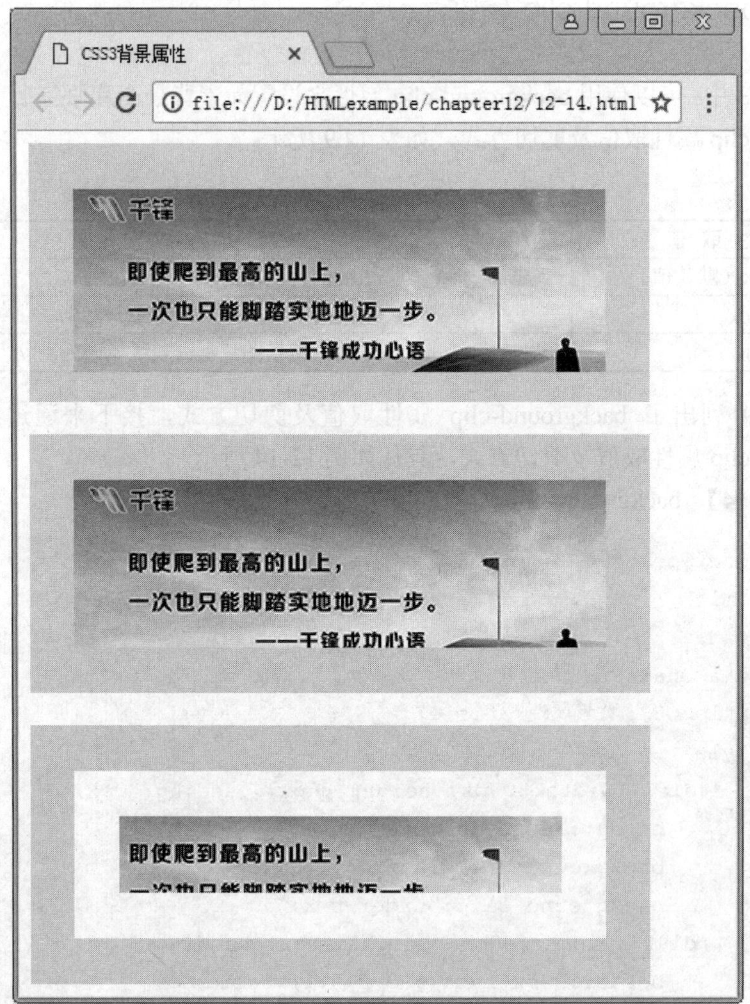

图 12.18　background-clip 不同取值展示效果

12.5　CSS3 颜色属性

视频讲解

在网页中经常可以看到各种的渐变效果，包括渐变背景、渐变导航、渐变按钮等。在网页中添加渐变效果，可使网页在视觉上更加美观大方，同时提升用户体验。下面将讲解 CSS3 提供的颜色渐变属性。

12.5.1　linear-gradient 属性

linear-gradient 属性表示线性渐变，是指在一条直线上进行渐变。在网页中大多数渐变效果都是线性渐变。linear-gradient 属性需要通过 background-image 属性进行设置，可设置渐变方向、起始颜色、结束颜色这三个值。其具体设置方式如下。

- 起始颜色会渐变到结束颜色，也可以通过设置多个颜色值进行线性渐变。
- 渐变方向在第一个参数设置。可选择 to left、to right、to top、to bottom 等值。也可以设置方向的一个组合使用，如 to left top 方向值。渐变方向还可以设置一个旋转的角度。正值为顺时针旋转，负值为逆时针旋转。
- 线性渐变的颜色位置，可通过百分比划分渐变的区域大小。

接下来通过案例来演示 linear-gradient 属性的不同设置效果，具体如例 12-15 所示。

【例 12-15】 linear-gradient 属性的不同设置效果。

```
<!doctype html>
<html>
<head>
<meta charset="utf-8">
<title>CSS3 颜色属性</title>
<style>
     #div1{ width:200px; height:150px;
         background-image:linear-gradient(to left top, red, yellow, blue); }
     #div2{ width:200px; height:150px;
         background-image:linear-gradient(90deg, red, yellow, blue); }
     #div3{ width:200px; height:150px;
         background-image:linear-gradient(red 10%, blue 90%); }
</style>
</head>
<body>
<div id="div1"></div><br>
<div id="div2"></div><br>
<div id="div3"></div>
</body>
</html>
```

运行结果如图 12.19 所示。

第一个<div>标签颜色从右下角开始向左上角进行渐变处理。第二个<div>标签中颜色渐变顺时针旋转，第三个<div>标签渐变的 0%～10%为纯红色，渐变的 90%～100%为纯蓝色，而 10%～90%为渐变过程。当红色和蓝色都设置为 50%时，两色并没有距离，因此看不到渐变的过程，只能显示两种纯颜色效果，即可实现在一个元素上设置两种颜色。

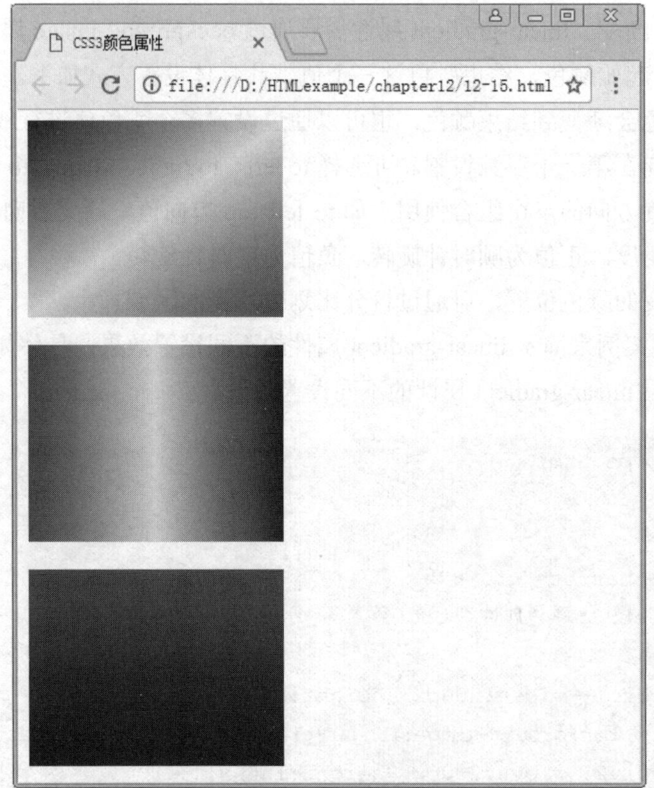

图 12.19　渐变展示效果

12.5.2　radial-gradient 属性

radial-gradient 属性表示径向渐变，是一种颜色从起点到终点由内至外进行圆形渐变（从中间向外拉，像圆一样），其基本用法与线性渐变类似。起始颜色会渐变到结束颜色，也可以设置多个颜色值进行径向渐变，但径向渐变的方向设置尚不完善，需要添加浏览器前缀才可以实现，并且不支持 to 的方式，只支持方向的设置。接下来通过案例来演示 radial-gradient 属性，具体如例 12-16 所示。

【例 12-16】 radial-gradient 属性。

```
<!doctype html>
<html>
<head>
<meta charset="utf-8">
<title>CSS3 颜色属性</title>
<style>
     #div1{ width:200px; height:150px;
        background-image:radial-gradient(red, yellow, blue); }
     #div2{ width:200px; height:150px;
```

```
            background-image:-webkit-radial-gradient(left,red,yellow,blue);}
</style>
</head>
<body>
<div id="div1"></div><br>
<div id="div2"></div>
</body>
</html>
```

运行结果如图 12.20 所示。

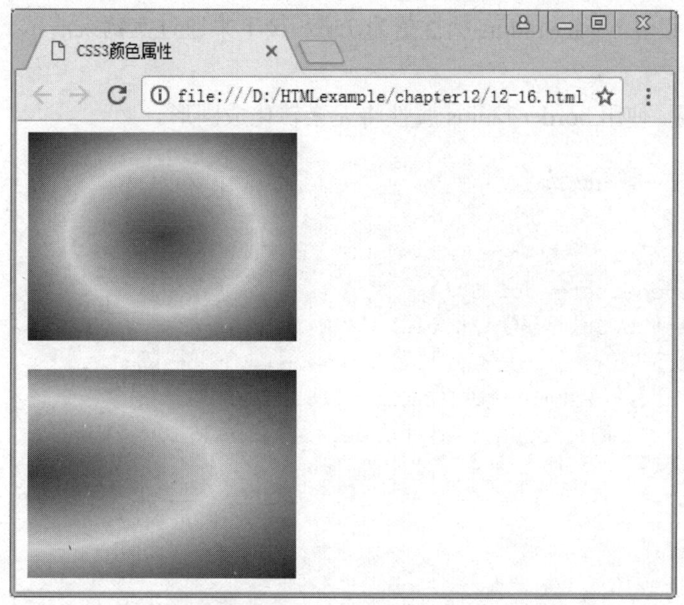

图 12.20　设置径向渐变颜色值

12.6　CSS3 边框属性

视频讲解

在 CSS3 中对边框增加了丰富的修饰效果，使网页在视觉上更加美观舒服，提升用户体验。

12.6.1　border-radius 属性

在很多网站中，圆角的效果十分常见。从用户体验方面来看，圆角效果在视觉上更为美观大方，如图 12.21 所示。

天猫　聚划算　天猫超市　|　淘抢购　电器城　司法拍卖

图 12.21　淘宝官网圆角导航

在 CSS2.1 中，给元素实现圆角效果都是使用背景图片来实现，制作起来比较麻烦。由于 CSS3 中 border-radius 属性的出现，完美地解决了圆角效果难以实现的问题。

此外，在前端开发中，对于网页设计，始终秉着“尽量少用图片”的原则，即能用 CSS 实现的效果，就尽量不要使用图片。因为图片需要引发 http 请求，并且其传输量大，影响网页加载性能。

border-radius 属性为元素添加圆角效果。长度值可以是 px、百分比、em 等。当设置的值越大时，圆角就越明显。border-radius 属性中的数值代表这一个圆形的半径，这个圆形与元素相切就形成了圆角的大小。如果把一个元素宽、高都为 150px 的正方形转化成圆形，则可以设置 border-radius 属性值为 75px。接下来通过案例来演示，具体如例 12-17 所示。

【例 12-17】 使用 border-radius 属性将元素转化成圆形。

```
<!doctype html>
<html>
<head>
<meta charset="utf-8">
<title>CSS3 边框属性</title>
<style>
     div{ width:150px; height:150px;
         background:red; border-radius:75px; }
</style>
</head>
<body>
<div></div>
</body>
</html>
```

运行结果如图 12.22 所示。

图 12.22 border-radius 实现圆形

border-radius 属性与 margin、padding 属性相似，可通过一个值设置四个方法，也支持两个值和四个值的写法。顺序从左上角按顺时针开始设置。接下来通过案例来演示，具体如例 12-18 所示。

【例 12-18】 为元素添加圆角效果。

```
<!doctype html>
<html>
<head>
<meta charset="utf-8">
<title>CSS3 边框属性</title>
<style>
     div{ width:150px; height:150px;
         background:red; border-radius:10px 20px 30px 40px; }
</style>
</head>
<body>
<div></div>
</body>
</html>
```

运行结果如图 12.23 所示。

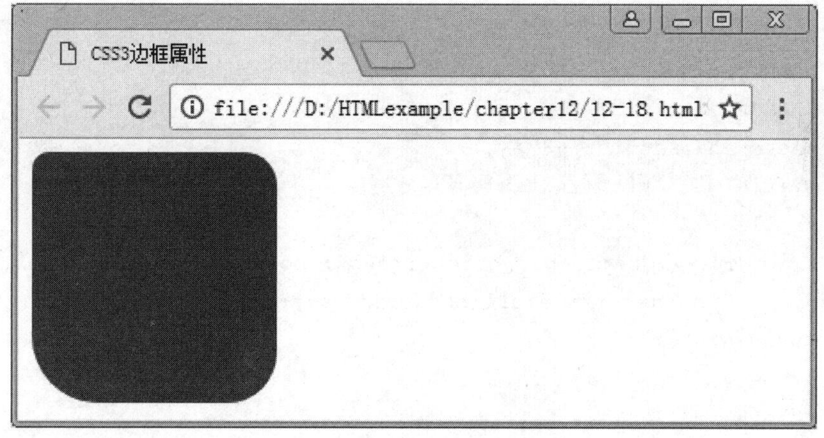

图 12.23　border-radius 多值设置

12.6.2　border-image 属性

在前面章节中学习过边框样式 border-style，其中边框只有实线、虚线、点状线等几种简单的形式。如果想要给边框添加漂亮的背景图片，就要用到 CSS3 中提供的 border-image 属性。

在 CSS3 中 border-image 属性为边框添加背景图片，主要可以设置图片路径、切割图片的宽度、图片平铺方式这三个值。本小节将用图 12.24 填充边框。

图 12.24　border-image 用到的填充图片

通过 url 值来添加图片地址。通过数值来设置填充图片的大小，数值填充的是边框的四个方向，从图片边缘向图片内层截取相应数值进行填充。注意数值不加单位。接下来通过案例来演示，具体如例 12-19 所示。

【例 12-19】 设置图片路径、切割图片的宽度。

```
<!doctype html>
<html>
<head>
<meta charset="utf-8">
<title>CSS3 颜色属性</title>
<style>
     div{ width:150px; height:150px; border:30px black solid;
        border-image:url(borderImage.png) 30; }
</style>
</head>
<body>
<div></div>
</body>
</html>
```

运行结果如图 12.25 所示。

由图 12.25 可以看出，默认边框中间部分被拉伸，可通过图片平铺来改变边框添加的方式，repeat 值表示重复；round 值表示平铺；stretch 值表示拉伸（默认值）。接下来通过案例来演示，具体如例 12-20 所示。

图 12.25　**border-image 设置样式**

【例 12-20】 设置图片平铺方式。

```
<!doctype html>
<html>
<head>
<meta charset="utf-8">
<title>CSS3 边框属性</title>
<style>
     div{ width:150px; height:150px; border:30px black solid;
        border-image:url(borderImage.png) 30 round; }
</style>
</head>
<body>
<div></div>
</body>
</html>
```

运行结果如图 12.26 所示。

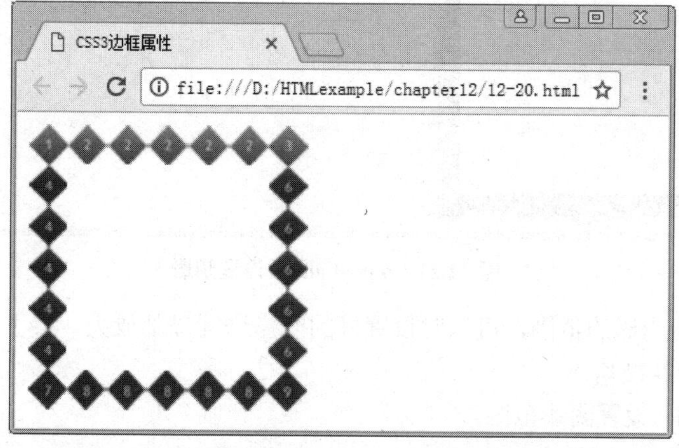

图 12.26　**border-image 设置 round 方式**

12.6.3 box-shadow 属性

box-shadow 属性与前面小节的 text-shadow 类似，是给一个容器添加阴影的样式属性。可选择设置 x-shadow、y-shadow、blur、spread、color、inset 等值。x-shadow、y-shadow 值为阴影的偏移量，blur 值为模糊值，color 值为阴影的颜色。接下来通过案例来演示，具体如例 12-21 所示。

【例 12-21】 box-shadow 属性的使用。

```
<!doctype html>
<html>
<head>
<meta charset="utf-8">
<title>CSS3 边框属性</title>
<style>
     div{ width:150px; height:150px; border:5px black solid;
        box-shadow:10px 10px 5px red; }
</style>
</head>
<body>
<div></div>
</body>
</html>
```

运行结果如图 12.27 所示。

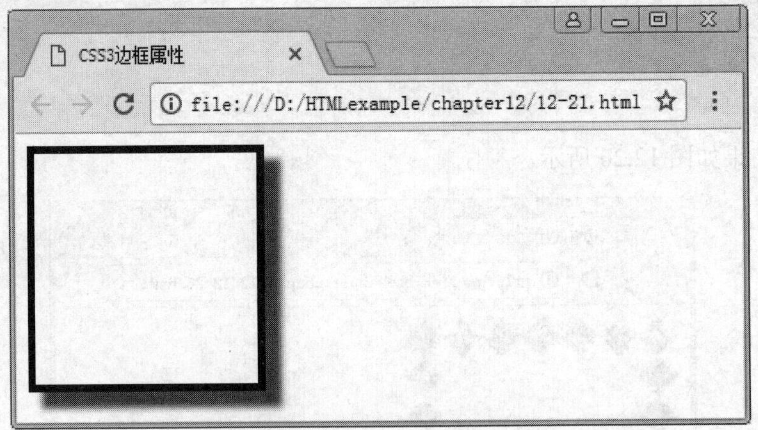

图 12.27　box-shadow 设置阴影

spread 值为阴影的范围，可以对设置好的阴影进行局部放大。接下来通过案例来演示，具体如例 12-22 所示。

【例 12-22】 设置阴影范围。

```
<!doctype html>
```

```
<html>
<head>
<meta charset="utf-8">
<title>CSS3 边框属性</title>
<style>
    div{ width:150px; height:150px; border:5px black solid;
        box-shadow:10px 10px 5px 10px red; }
</style>
</head>
<body>
<div></div>
</body>
</html>
```

运行结果如图 12.28 所示。

图 12.28　box-shadow 设置阴影范围

inset 值可用于设置内阴影。接下来通过案例来演示，具体如例 12-23 所示。

【例 12-23】 设置内阴影。

```
<!doctype html>
<html>
<head>
<meta charset="utf-8">
<title>CSS3 边框属性</title>
<style>
    div{ width:150px; height:150px; border:5px black solid;
        box-shadow:10px 10px 5px 10px red inset; }
</style>
</head>
<body>
<div></div>
```

```
13  </body>
14  </html>
```

运行结果如图 12.29 所示。

图 12.29　box-shadow 设置内阴影

12.7　本章小结

通过本章的学习，了解 CSS3 基本概念、CSS3 特性、浏览器前缀等，掌握 CSS3 中提供的新样式，如选择器、背景、边框、文本等。增强网页的美观性，提高用户体验。

12.8　习　题

1．填空题

（1）在 CSS3 中____________样式可设置圆角边框样式。

（2）CSS3 提供____________、____________、____________三种模糊匹配的属性选择器。

（3）____________选择器可以改变被选择的网页文本的显示效果。

（4）border-image 属性可以设置____________、切割图片的宽度和____________三个值。

（5）box-shadow 属性中设置 x-shadow、y-shadow 值为____________。

2．选择题

（1）ul li:nth-child(3)选择的是第（　　）个 li。

A．1　　B．2
C．3　　D．4

（2）将背景图像扩展至足够大，以使背景图像完全覆盖背景区域的方法是（　　）。

A．cover　　B．100%　auto
C．100%　100%　　D．contain

（3）以下关于 div+p 说法正确的是（　　）。

A．选择 div 里面的所有子元素<p>标签
B．选择紧位于 div 同级元素下的最近的<p>标签
C．选择 div 的同级元素的所有的<p>标签
D．选择 div 的父级元素<p>标签

（4）以下选择器不属于*-child 类的是（　　）。

A．E：first-child 选择器　　B．E：nth-child 选择器
C．E：last-child 选择器　　D．E：only-child 选择器

（5）下面不是 background-size 属性取值的是（　　）。

A．cover　　B．number
C．100%　　D．contain

3．思考题

（1）请简述 background-origin 与 background-clip 的区别。

（2）请简述 nth-child 与 nth-of-type 的区别。

第13章 chapter 13

CSS3 动画与 3D

本章学习目标

- 掌握 CSS3 运动相关样式过渡与变形；
- 掌握 CSS3 高级特性动画与 3D。

CSS3 可用于创建动画，它可以取代许多网页的动画图像，如 Flash 动画、JavaScript。

13.1 CSS3 过渡

视频讲解

在 CSS3 中，可以利用 transition 属性使元素的某一个属性在指定的时间内从“一个属性值”平滑过渡到“另外一个属性值”，从而实现动画效果。

13.1.1 transition 属性

首先看一个实例，当鼠标移入方块时，触发 hover 伪类，实现样式的变化。具体如例 13-1 所示。

【例 13-1】 鼠标移入方块时，触发 hover 伪类，实现样式变化。

```
<!doctype html>
<html>
<head>
<meta charset="utf-8">
<title>CSS3 过渡</title>
<style>
    #box{ width:100px; height:100px; background:red; }
    #box:hover{ width:150px; height:150px; background:blue; }
</style>
</head>
<body>
<div id="box"></div>
</body>
</html>
```

样式变化如图 13.1 所示。

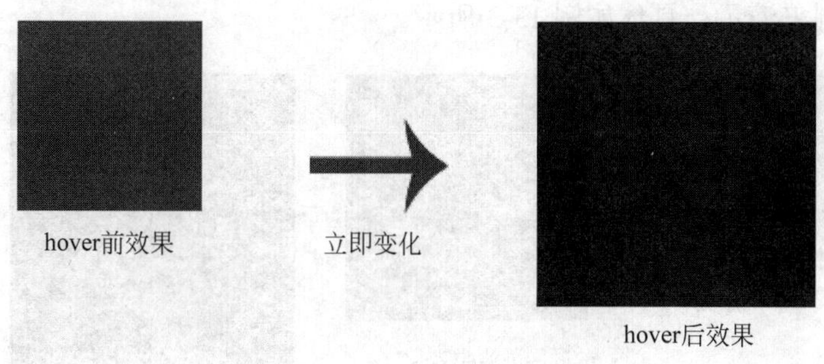

图 13.1 hover 效果立即改变

可以看到，触发 hover 时从红色方块立即变化到蓝色方块，效果非常生硬。CSS3 中提供 transition 属性把红色方块平滑地过渡到蓝色方块，让用户拥有好的视觉体验。

transition 属性是一个复合属性，主要包含四个子属性，下面将依次进行介绍。

1．transition-duration 属性

transition-duration 属性表示过渡的持续时间，单位可以设置成 s（秒）或 ms（毫秒）。接下来通过案例来演示，具体如例 13-2 所示。

【例 13-2】 transition-duration 属性的使用。

```
<!doctype html>
<html>
<head>
<meta charset="utf-8">
<title>CSS3 过渡</title>
<style>
    #box{ width:100px; height:100px; background:red;
       transition:1s; }
    #box:hover{ width:150px; height:150px; background:blue; }
</style>
</head>
<body>
<div id="box"></div>
</body>
</html>
```

样式过渡效果如图 13.2 所示。

例 13-2 中触发 hover 时会有一秒钟的时间用来过渡，整个展示效果变得非常柔和。

2．transition-property 属性

transition-property 属性表示对元素的哪一个属性进行过渡操作。在默认情况下，所

有的值会同时变化，如前面的 hover 效果，可以看到宽、高、背景色均发生了过渡效果。接下来通过案例来演示，具体如例 13-3 所示。

图 13.2　transition 过渡效果

【例 13-3】 transition-property 属性的使用。

```
<!doctype html>
<html>
<head>
<meta charset="utf-8">
<title>CSS3 过渡</title>
<style>
     #box{ width:100px; height:100px; background:red;
        transition:1s width; }
     #box:hover{ width:150px; height:150px; background:blue; }
</style>
</head>
<body>
<div id="box"></div>
</body>
</html>
```

样式过渡效果如图 13.3 所示。

图 13.3　指定属性进行过渡

可以看到，只有宽度产生过渡效果，而高度和背景色立即发生变化。

3. transition-delay 属性

transition-delay 属性表示执行过渡效果的延迟时间。单位同样是 s（秒）或 ms（毫秒）。当在复合样式 transition 中设置两个时间时，前面的时间表示过渡时间，后面的时间表示延迟时间。接下来通过案例来演示，具体如例 13-4 所示。

【例 13-4】 transition-delay 属性的使用。

```
<!doctype html>
<html>
<head>
<meta charset="utf-8">
<title>CSS3 过渡</title>
<style>
    #box{ width:100px; height:100px; background:red;
        transition:1s 2s; }
    #box:hover{ width:150px; height:150px; background:blue; }
</style>
</head>
<body>
<div id="box"></div>
</body>
</html>
```

样式过渡效果如图 13.4 所示。

图 13.4　延迟执行过渡效果

运行程序时可以看到，当鼠标移入红色方块时，会等待 2s 再进行过渡效果。transition-delay 属性还可以设置成负数，当设置为负数时表示提前执行过渡效果，这种负数的设置在开发中非常有用。接下来通过案例来演示提前执行过渡效果，具体如例 13-5 所示。

【例 13-5】 提前执行过渡效果。

```
<!doctype html>
<html>
```

```
<head>
<meta charset="utf-8">
<title>CSS3 过渡</title>
<style>
    #box{ width:100px; height:100px; background:red;
        transition:3s -2s; }
    #box:hover{ width:150px; height:150px; background:blue; }
</style>
</head>
<body>
<div id="box"></div>
</body>
</html>
```

样式过渡效果如图 13.5 所示。

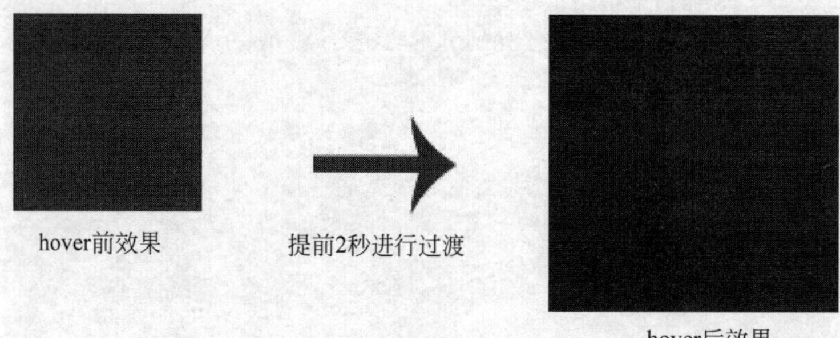

图 13.5　提前执行过渡效果

运行程序可以看到，当鼠标移入红色方块的一瞬间，过渡时间已经执行了 2s，而过渡只剩下 1s 的动画效果。

4．transition-timing-function 属性

transition-timing-function 属性表示过渡的形式，主要有 linear、ease（默认值）、ease-in、ease-out、ease-in-out 四个值。其表示过渡形式如图 13.6 所示。

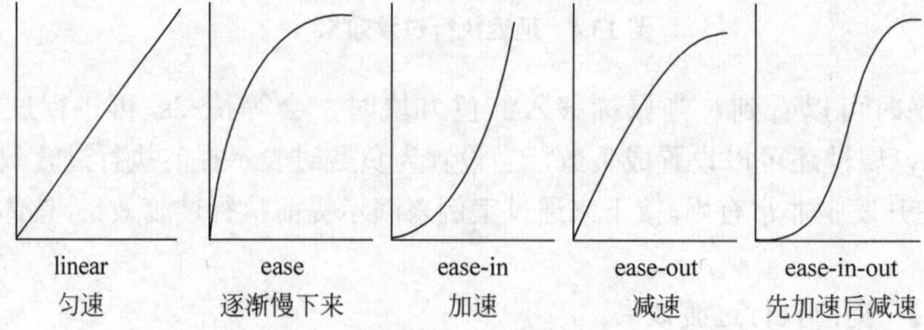

图 13.6　过渡的五种形式

13.1.2 cubic-bezier 值

除了简单的过渡形式外，transition 属性还提供了 cubic-bezier 值（贝塞尔曲线）。贝塞尔曲线是应用于二维图形应用程序的数学曲线，可以通过 http://cubic-bezier.com（贝塞尔官网，如图 13.7 所示）来获取想要设置的样式。

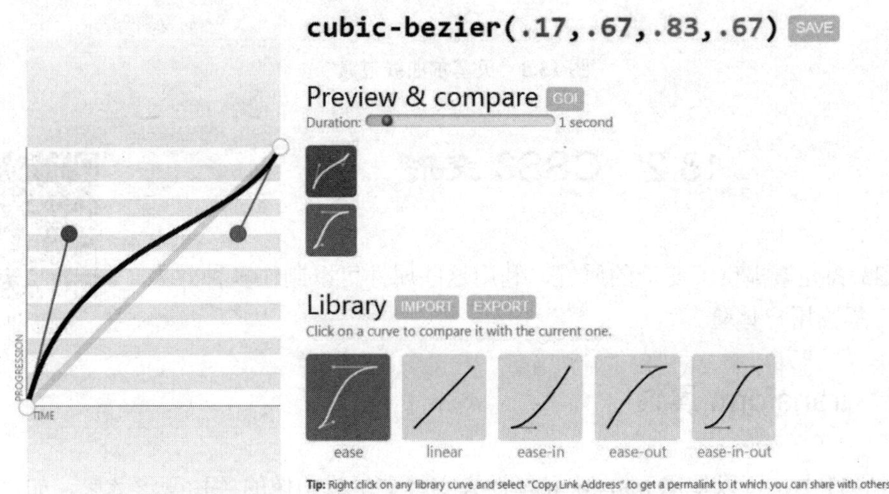

图 13.7　贝塞尔官网

接下来通过案例来演示贝塞尔曲线过渡，具体如例 13-6 所示。

【例 13-6】 贝塞尔曲线过渡。

```
<!doctype html>
<html>
<head>
<meta charset="utf-8">
<title>CSS3 过渡</title>
<style>
     #box{ width:100px; height:100px; background:red;
        transition:1s cubic-bezier(1,-0.82,0.83,1.83);}
     #box:hover{ width:150px; height:150px; background:blue; }
</style>
</head>
<body>
<div id="box"></div>
</body>
</html>
```

样式过渡效果如图 13.8 所示。

图 13.8 贝塞尔曲线过渡

13.2 CSS3 变形

视频讲解

CSS3 为元素提供了变形的属性，利用这些属性可以制作多种效果的网页，提高用户体验。

13.2.1 transform 属性

在 CSS3 中，可以使用 transform 属性来实现文字或图像的各种变形效果，如位移、缩放、旋转、斜切等。

1．translate()方法

translate()方法表示元素位移的操作方法。在 CSS3 中，可以使用 translate()方法将元素沿着水平方向（X 轴）和垂直方向（Y 轴）移动。translate 方法与 relative（相对定位）相似，元素位置的改变不会影响到其他元素。对于位移 translate()方法可分为三种情况。具体如表 13.1 所示。

表 13.1 translate()方法的三种情况

translate()方法	描 述
translateX(*x*)	元素仅在水平方向移动（X 轴移动），0 点坐标相对于自身位置
translateY(*y*)	元素仅在垂直方向移动（Y 轴移动），0 点坐标相对于自身位置
translate(*x*,*y*)	元素在水平方向和垂直方向同时移动（X 轴和 Y 轴同时移动）

表 13.1 中列出了 translate()方法的三种情况，接下来通过案例来演示 translate()方法，具体如例 13-7 所示。

【例 13-7】 translate()方法。

```
<!doctype html>
<html>
<head>
```

```
<meta charset="utf-8">
<title>CSS3 变形</title>
<style>
     #main{ width:150px; height:150px; border:1px black solid; }
     #box1{ width:80px; height:80px; background:red;
         transform:translateX(40px); }
     #box2{ width:80px; height:80px; background:red;
         transform:translateY(40px); }
     #box3{ width:80px; height:80px; background:red;
         transform:translate(40px,40px); }
</style>
</head>
<body>
<div id="main">
     <div id="box1"></div>
</div>
<div id="main">
     <div id="box2"></div>
</div>
<div id="main">
     <div id="box3"></div>
</div>
</body>
</html>
```

运行结果如图 13.9 所示。

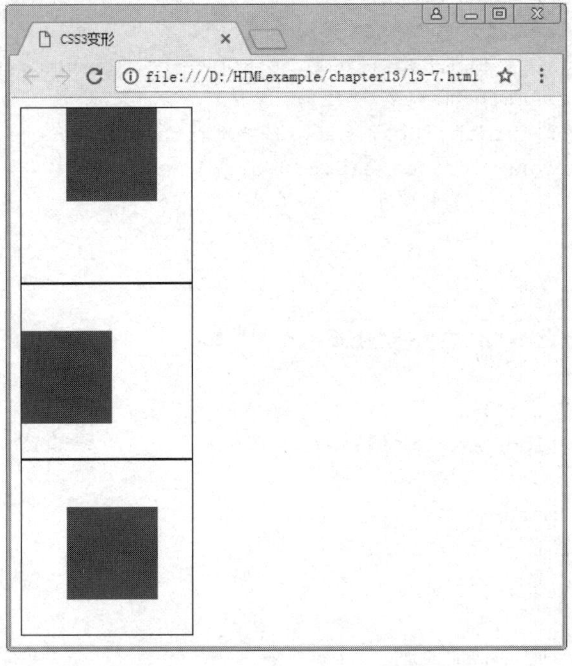

图 13.9　translate ()位移操作

2．scale()方法

scale()方法表示元素缩放的操作方法。缩放指的是缩小和放大。在 CSS3 中，可以使用 scale()方法来将元素根据中心原点进行缩放。与 translate()方法一样，缩放 scale()方法也有三种情况，如表 13.2 所示。值为相对比例值，如果大于 1 就代表放大，如果小于 1 就代表缩小。

表 13.2　scale()方法分类

scale()方法	描　述
scaleX(*w*)	元素仅水平方向缩放（X 轴缩放），*w* 值为宽度缩放的比例值，默认大小比例值为 1
scaleY(*h*)	元素仅垂直方向缩放（Y 轴缩放），*h* 值为高度缩放的比例值，默认大小比例值为 1
scale(*w*,*h*)	元素水平方向和垂直方向同时缩放（X 轴和 Y 轴同时缩放）

表 13.2 中列出了 scale()方法的三种情况，接下来通过案例来演示 scale()方法，具体如例 13-8 所示。

【例 13-8】 scale()方法。

```
<!doctype html>
<html>
<head>
<meta charset="utf-8">
<title>CSS3 变形</title>
<style>
    #main{ width:150px; height:150px; border:1px black solid; }
    #box1{ width:80px; height:80px; background:red;
       transform:scaleX(2); }
    #box2{ width:80px; height:80px; background:red;
       transform:scaleY(2); }
    #box3{ width:80px; height:80px; background:red;
       transform:scale(0.5,0.5); }
</style>
</head>
<body>
<div id="main">
    <div id="box1"></div>
</div>
<div id="main">
    <div id="box2"></div>
</div>
<div id="main">
    <div id="box3"></div>
</div>
</body>
</html>
```

运行结果如图 13.10 所示。

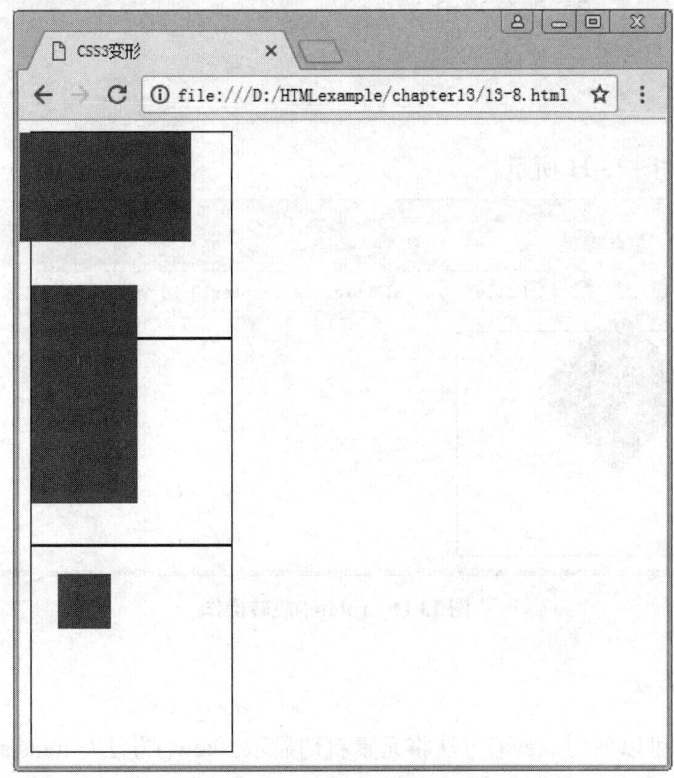

图 13.10 scale ()缩放操作

3．rotate()方法

在 CSS3 中，可以使用 rotate()方法来将元素相对中心原点进行旋转。rotate()方法的参数单位是 deg（角度）。当设置正值时表示顺时针旋转，当设置负值时表示逆时针旋转。接下来通过案例来演示 rotate()方法的使用，如例 13-9 所示。

【例 13-9】 rotate()方法的使用。

```
<!doctype html>
<html>
<head>
<meta charset="utf-8">
<title>CSS3 变形</title>
<style>
    #main{ width:150px; height:150px; border:1px black solid; }
    #box{ width:80px; height:80px; background:red;
       transform:rotate(45deg); }
</style>
</head>
<body>
```

```
<div id="main">
    <div id="box"></div>
</div>
</body>
</html>
```

运行结果如图 13.11 所示。

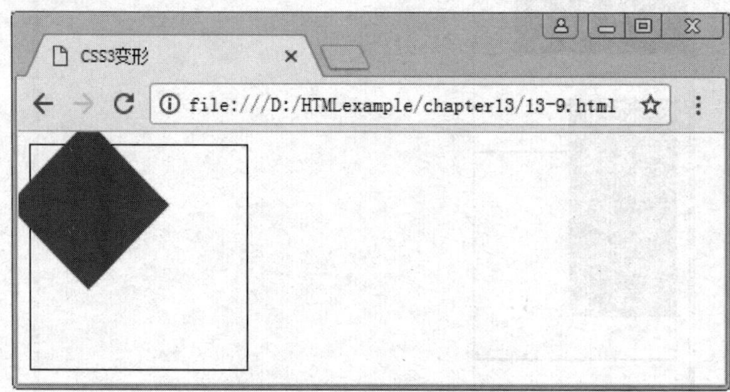

图 13.11　rotate()旋转操作

4．skew()方法

在 CSS3 中可以使用 skew()方法将元素斜切显示。skew()方法与 translate()方法、scale()方法一样也分为三种情况，如表 13.3 所示。skew()方法的参数单位与 rotate()方法一样，需要设置倾斜的角度。当设置正值时表示顺时针斜切，当设置负值时表示逆时针斜切。

表 13.3　skew()方法分类

skew()方法	描　述
skewX(*x*)	使元素在水平方向倾斜（X 轴倾斜）
skewY(*y*)	使元素在垂直方向倾斜（Y 轴倾斜）
skew(*x*,*y*)	使元素在水平方向和垂直方向同时倾斜（X 轴和 Y 轴同时倾斜）

表 13.3 中列出了 skew()方法的三种情况，接下来通过案例来演示 skew()方法的使用，具体如例 13-10 所示。

【例 13-10】 skew()方法的使用。

```
<!doctype html>
<html>
<head>
<meta charset="utf-8">
<title>CSS3 变形</title>
<style>
    #main{ width:150px; height:150px; border:1px black solid; }
    #box1{ width:80px; height:80px; background:red;
       transform:skewX(30deg); }
```

```
    #box2{ width:80px; height:80px; background:red;
       transform:skewY(30deg); }
    #box3{ width:80px; height:80px; background:red;
       transform:skew(30deg,30deg); }
</style>
</head>
<body>
<div id="main">
    <div id="box1"></div>
</div>
<div id="main">
    <div id="box2"></div>
</div>
<div id="main">
    <div id="box3"></div>
</div>
</body>
</html>
```

运行结果如图 13.12 所示。

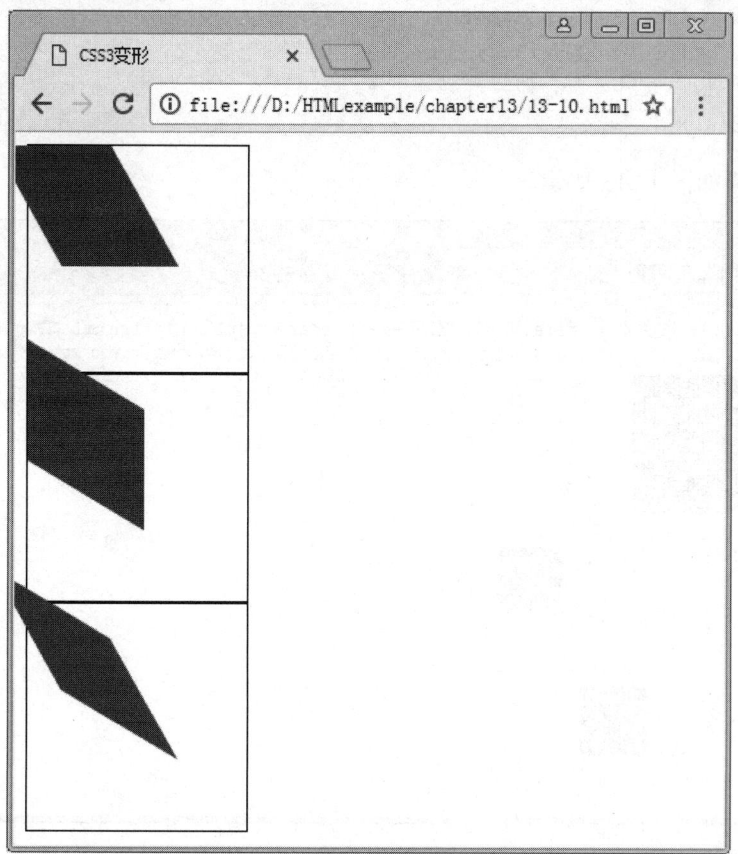

图 13.12 skew ()缩放操作

变形的方法可以组合使用，但要注意顺序，即由后向前执行。translate()位移方法与其他方法会被前面的方法影响。接下来通过案例来演示，具体如例 13-11 所示。

【例 13-11】 translate()位移方法与其他方法会被前面的方法影响。

```
<!doctype html>
<html>
<head>
<meta charset="utf-8">
<title>CSS3 变形</title>
<style>
     #box1{ width:80px; height:80px; background:red; }
     #box2{ width:80px; height:80px; background:red;
        transform:translateX(100px) scale(0.5,0.5); }
     #box3{ width:80px; height:80px; background:red;
        transform:scale(0.5,0.5) translateX(100px); }
</style>
</head>
<body>
     <div id="box1"></div>
     <div id="box2"></div>
     <div id="box3"></div>
</body>
</html>
```

运行结果如图 13.13 所示。

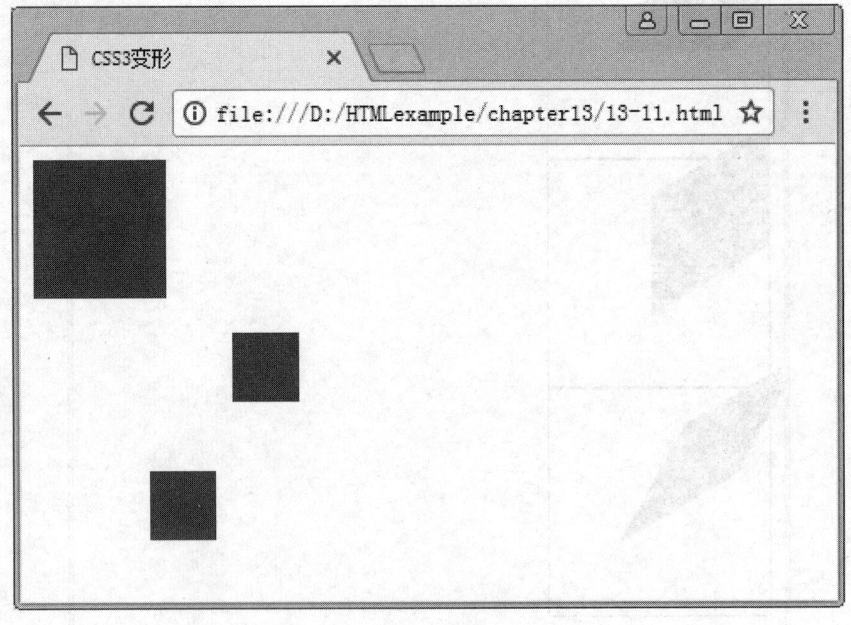

图 13.13　组合方法的执行顺序

13.2.2 transform-origin 属性

CSS3 中位移、缩放、旋转、倾斜默认都是以元素的中心原点进行变形。在 CSS3 中，可以通过 transform-origin 属性改变元素变形时中心原点位置。其属性值可以采用长度值和关键字两种取值方式。长度值一般使用百分比作为单位。使用 transform-origin 属性时，水平方向和垂直方向都需要设置其对应的值。transform-origin 属性取值与背景位置 background-position 属性取值相似。transform-origin 属性取值及中心原点位置如表 13.4 所示。

表 13.4 transform-origin 属性取值及中心原点位置

关 键 字	长 度 值	中心原点位置
top left	0 0	左上
top center	50% 0	靠上居中
top right	100% 0	右上
left center	0 50%	靠左居中
center center	50% 50%	正中
right center	100% 50%	靠右居中
bottom left	0 100%	左下
bottom center	50% 100%	靠下居中
bottom right	100% 100%	右下

接下来通过案例来演示以左上角位置为原点进行斜切设置，具体如例 13-12 所示。

【例 13-12】 以左上角位置为原点进行斜切设置。

```
<!doctype html>
<html>
<head>
<meta charset="utf-8">
<title>CSS3 变形</title>
<style>
     #main{ width:200px; height:200px; border:1px black solid; }
     #box{ width:100px; height:100px; background:red;
         transform:skew(30deg,30deg);
         transform-origin:left top; }
</style>
</head>
<body>
<div id="main">
     <div id="box"></div>
</div>
</body>
</html>
```

运行结果如图 13.14 所示。

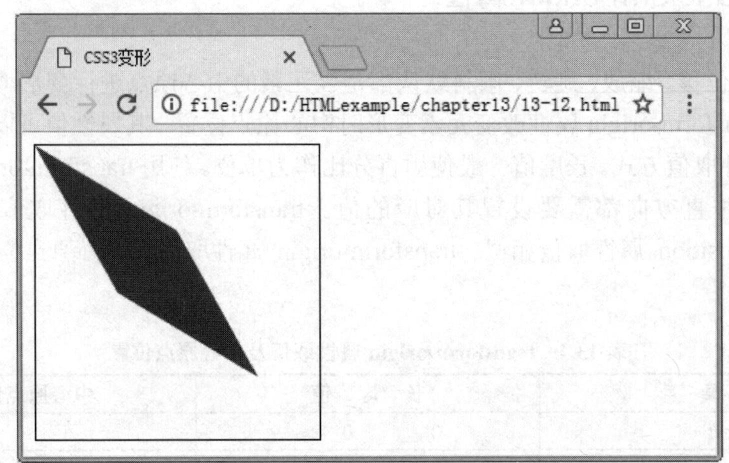

图 13.14 transform-origin 原点设置

13.3 CSS3 动画

视频讲解

在前面的两个小节中，已经对 CSS3 过渡和 CSS3 变形进行了详细的讲解。本小节将讲解 CSS3 中“真正”的动画效果。

13.3.1 animation 属性

在 CSS3 中，用 animation 属性实现动画效果。animation 属性和 transition 属性功能相同都是通过改变元素的“属性值”来实现动画效果，但这两者又有很大的区别 transition 属性只能通过指定属性的开始值与结束值，再在这两个属性值之间进行平滑过渡来实现动画效果，因此只能实现简单的动画效果。animation 属性则通过定义多个关键帧以及定义每个关键帧中元素的属性值来实现复杂的动画效果。

animation 属性是一个复合属性，主要包含 animation-duration、animation-name、animation-delay、animation-iteration-count 和 animation-timing-function, animation-direction 六个子属性，下面先介绍前五个子属性来了解 animation 动画，在后面小节中会对第六个属性进行详细介绍。

1．animation-duration 属性

animation-duration 属性表示动画的持续时间，单位可以设置成 s（秒）或 ms（毫秒）。

2．animation-name 属性

animation-name 属性表示动画的名称，可以通过@keyframes 关键帧样式来找到对应的动画名。接下来通过案例来演示，具体如例 13-13 所示。

【例 13-13】 动画名称。

```
<!doctype html>
<html>
<head>
<meta charset="utf-8">
<title>CSS3 动画</title>
<style>
     #main{ width:150px; height:150px; border:1px black solid; }
     #box{ width:50px; height:50px; background:red;
        animation:1s move; }
     @keyframes move{
        0%{ transform:translate(0,0); }
        100%{ transform:translate(100px,0); }
     }
</style>
</head>
<body>
<div id="main">
     <div id="box"></div>
</div>
</body>
</html>
```

动画效果如图 13.15 所示。

图 13.15 animation 动画效果

可以看到，元素从宽度 0 位置位移到 100 的位置，0%表示动画的开始样式，100%表示动画的结束样式。0%和 100%是必须设置的，但在一个@keyframes 关键帧中可以设置多个不同数值，每一个数值都可以定义自身的 CSS 样式，从而形成一系列的动画效果。接下来通过案例演示，具体如例 13-14 所示。

【例 13-14】 动画效果。

```
<!doctype html>
```

```
<html>
<head>
<meta charset="utf-8">
<title>CSS3动画</title>
<style>
    #main{ width:150px; height:150px; border:1px black solid; }
    #box{ width:50px; height:50px; background:red;
        animation:1s move; }
    @keyframes move{
        0%{ transform:translate(0,0); }
        25%{ transform:translate(100px,0); }
        50%{ transform:translate(100px,100px); }
        75%{ transform:translate(0,100px); }
        100%{ transform:translate(0,0); }
    }
</style>
</head>
<body>
<div id="main">
    <div id="box"></div>
</div>
</body>
</html>
```

动画效果如图 13.16 所示。

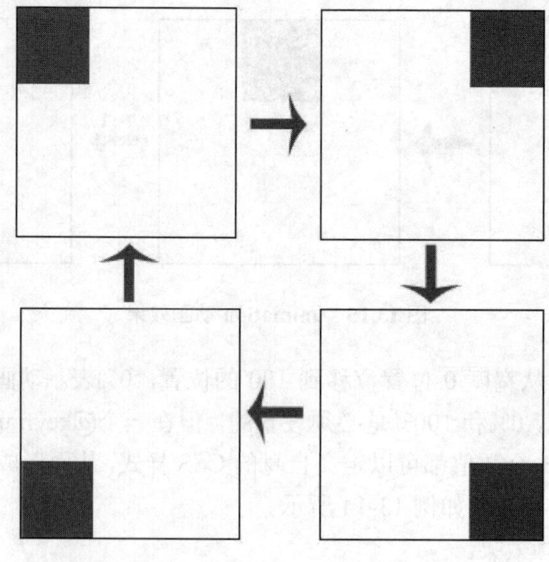

图 13.16　@keyframes 关键帧设置

通过 animation-name 属性可以找到指定的@keyframes 关键帧对应的样式。

3. animation-delay 属性

animation-delay 属性表示执行动画效果的延迟时间，单位是 s（秒）或 ms（毫秒）。在复合样式 animation 中设置两个时间时，前面的时间表示动画时间，后面的时间表示延迟时间。animation-delay 属性与 transition-delay 属性效果类似。

4. animation-iteration-count 属性

animation-iteration-count 属性表示动画的执行次数，默认整个动画执行一次，可以设置一个 infinite 值，表示执行无限次。接下来通过案例来演示，具体如例 13-15 所示。

【例 13-15】 动画执行次数。

```
<!doctype html>
<html>
<head>
<meta charset="utf-8">
<title>CSS3 动画</title>
<style>
     #main{ width:150px; height:150px; border:1px black solid; }
     #box{ width:50px; height:50px; background:red;
        animation:1s move 3; }
     @keyframes move{
        0%{ transform:translate(0,0); }
        100%{ transform:translate(100px,0); }
      }
</style>
</head>
<body>
<div id="main">
     <div id="box"></div>
</div>
</body>
</html>
```

动画效果如图 13.17 所示。

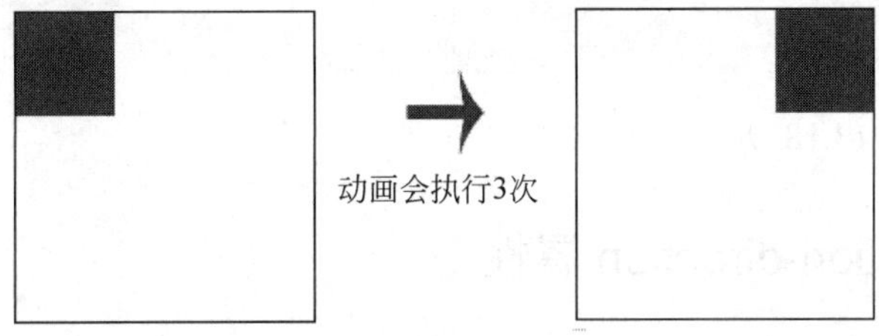

图 13.17 animation 执行次数

5. animation-timing-function 属性

animation-timing-function 属性表示动画的形式，与 transition-timing-function 的过渡形式完全一样，默认情况下是 ease 形式。

13.3.2 animation-fill-mode 属性

animation-fill-mode 属性可控制动画停止的位置。在前面的示例中，当元素运动结束后会返回到起始位置。通过 animation-fill-mode 属性可以让元素运动结束后，停止在结束位置。其属性值有 forwards 和 backwards 两个常见值。forwards 值表示动画结束之后继续应用最后的关键帧位置，backwards 值表示会在元素应用动画样式时迅速应用动画的初始帧。接下来通过案例来演示 animation-fill-mode 属性，具体如例 13-16 所示。

【例 13-16】 animation-fill-mode 属性的使用。

```
<!doctype html>
<html>
<head>
<meta charset="utf-8">
<title>CSS3 动画</title>
<style>
    #main{ width:150px; height:150px; border:1px black solid; }
    #box{ width:50px; height:50px; background:red;
        animation:1s move; animation-fill-mode:forwards; }
    @keyframes move{
        0%{ transform:translate(0,0); }
        100%{ transform:translate(100px,0); }
    }
</style>
</head>
<body>
<div id="main">
    <div id="box"></div>
</div>
</body>
</html>
```

运行结果如图 13.18 所示。

13.3.3 animation-direction 属性

在 CSS3 中，可以使用 animation-direction 属性定义动画的播放方向，其属性值有

normal、reverse、alternate 三个常见值。normal 值为默认值，表示每次循环都向正方向播放，而 reverse 值则正好相反，每次循环都向反方向播放。alternate 值表示播放次数为奇数时，动画向原方向播放；播放次数是偶数时，动画向反方向播放。接下来通过案例来演示 animation-direction 属性，具体如例 13-17 所示。

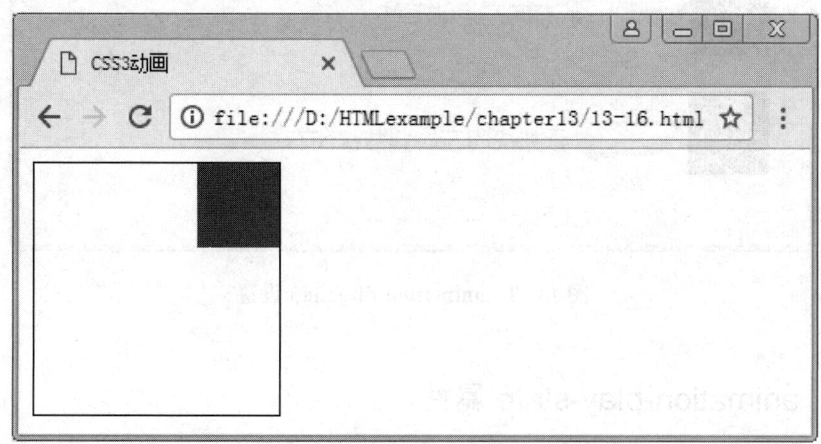

图 13.18 animation-fill-mode 设置

【例 13-17】 animation-direction 属性的使用。

```
<!doctype html>
<html>
<head>
<meta charset="utf-8">
<title>CSS3 动画</title>
<style>
     #box1{ width:50px; height:50px; background:red;
         animation:2s move 3; animation-direction:reverse;}
     #box2{ width:50px; height:50px; background:blue;
          animation:2s move 3; animation-direction:alternate; }
     @keyframes move{
         0%{ transform:translate(0,0); }
         100%{ transform:translate(100px,0); }
     }
</style>
</head>
<body>
<div id="box1"></div><br>
<div id="box2"></div>
</body>
</html>
```

运行结果如图 13.19 所示。

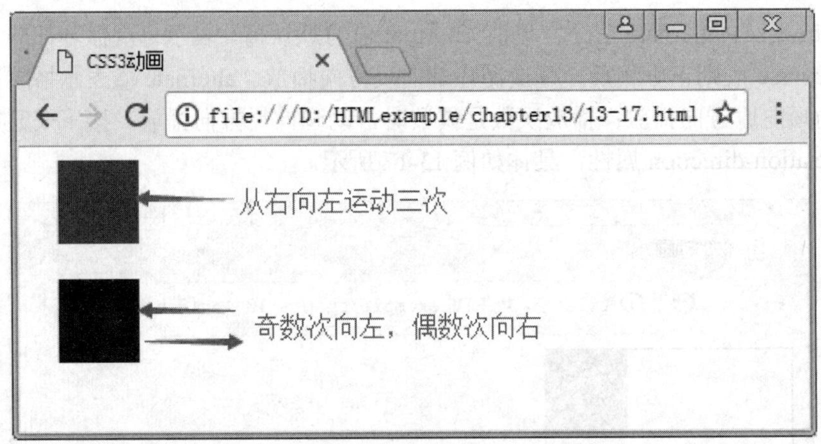

图 13.19 animation-direction 设置

13.3.4 animation-play-state 属性

在 CSS3 中可以使用 animation-play-state 属性来定义动画的播放状态，其属性值可以设置为 running 和 paused 两个值。running 值表示播放动画（默认值），paused 值表示暂停动画。一般情况下都是通过 JavaScript 方式进行播放、暂停的控制。接下来通过案例来演示 animation-play-state 属性，具体如例 13-18 所示。

【例 13-18】 animation-play-state 属性的使用。

```
<!doctype html>
<html>
<head>
<meta charset="utf-8">
<title>CSS3 动画</title>
<style>
    #box{ width:100px; height:100px; background:red;
        animation:1s move; animation-play-state:paused; }
    @keyframes move{
        0%{ transform:translate(0,0); }
        100%{ transform:translate(100px,0); }
    }
</style>
</head>
<body>
<input id="btn" type="button" value="播放">
<div id="box"></div><br>
</body>
<script>
var btn=document.getElementById('btn');
```

```
var box=document.getElementById('box');
var onoff=true;
btn.onclick=function(){
    if(getComputedStyle(box).animationPlayState=='paused'){
        box.style.animationPlayState='running';
        this.value='暂停';
    }
    else{
        box.style.animationPlayState='paused';
        this.value='播放';
    }
}
</script>
</html>
```

运行结果如图 13.20 所示。

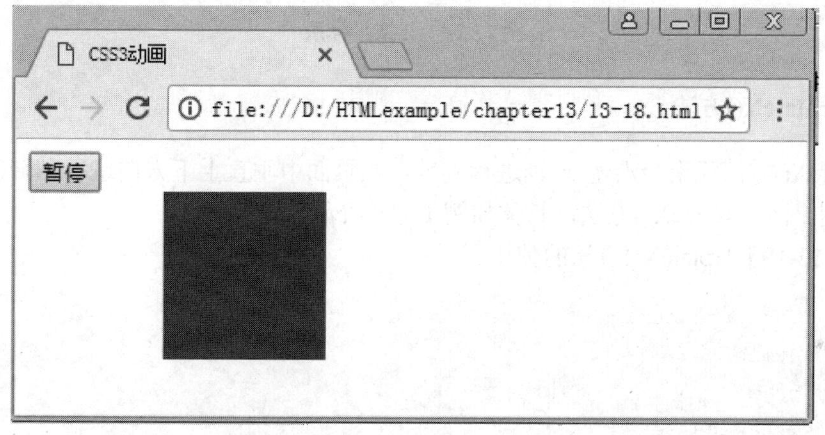

图 13.20　animation-play-state 设置

13.4　CSS3 之 3D

视频讲解

3D 即三维空间，是指在平面二维系中又加入了一个方向向量构成的空间系。3D 指的是坐标轴的三个轴，即 x 轴、y 轴、z 轴，其中 x 表示左右空间，y 表示上下空间，z 表示前后空间，这样就形成了视觉立体感。三维坐标系如图 13.21 所示。

13.4.1　transform3D 属性

前面讲解 transform 变形时介绍了与平面相关的方法，而没有介绍 3D 相关的方法，但在变形操作中提供了 transform3D 属性，以及用来实现 3D 效果的相应方法。下面将详细介绍这些方法。

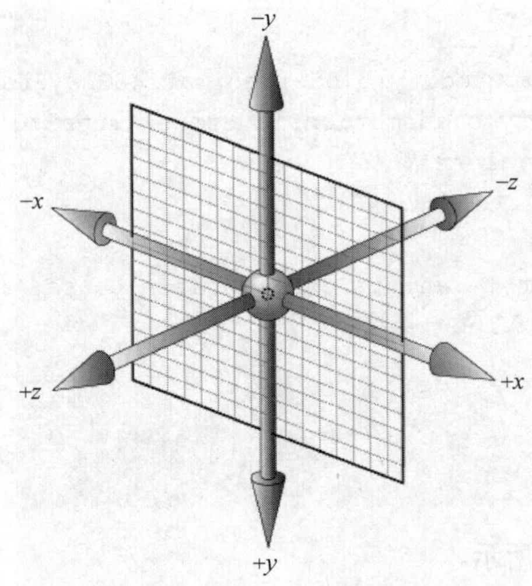

图 13.21 三维坐标系

1. rotateX()方法

rotateX()方法元素会沿着 *x* 轴进行旋转，在页面中垂直上下方向进行翻转。接下来通过案例来演示 rotateX()方法，具体如例 13-19 所示。

【例 13-19】 rotateX()方法的使用。

```
<!doctype html>
<html>
<head>
<meta charset="utf-8">
<title>CSS3之3D</title>
<style>
    #main{ width:150px; height:150px; border:1px black solid; }
    #box{ width:50px; height:50px; background:red;
        color:white; margin:50px; transition:1s; }
    #main:hover #box{ transform:rotateX(180deg);}
</style>
</head>
<body>
<div id="main">
    <div id="box">CSS3</div>
</div>
</body>
</html>
```

运行结果如图 13.22 所示。

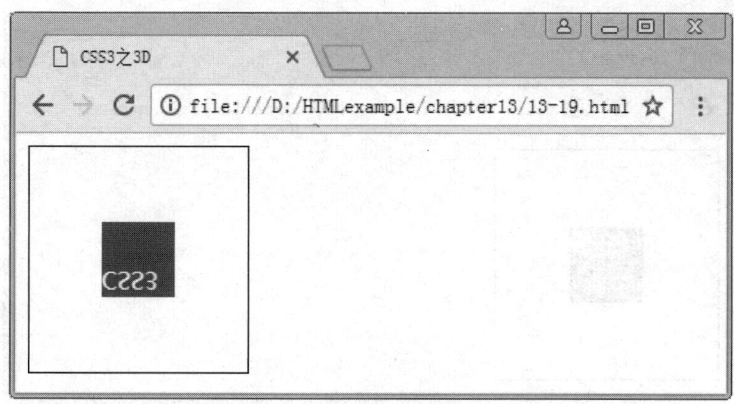

图 13.22 沿 x 轴垂直翻转

2．rotateY()方法

rotateY()方法元素会沿着 y 轴进行旋转，在页面中会左右方向进行翻转。接下来通过案例来演示 rotateY()方法，具体如例 13-20 所示。

【例 13-20】 rotateY()方法的使用。

```
<!doctype html>
<html>
<head>
<meta charset="utf-8">
<title>CSS3 之 3D</title>
<style>
     #main{ width:150px; height:150px; border:1px black solid; }
     #box{ width:50px; height:50px; background:red;
         color:white; margin:50px; transition:1s; }
     #main:hover #box{ transform:rotateY(180deg);}
</style>
</head>
<body>
<div id="main">
     <div id="box">CSS3</div>
</div>
</body>
</html>
```

运行结果如图 13.23 所示。

3．rotateZ()

rotateZ()方法元素会沿着 z 轴进行旋转，与 rotate()方法展示的旋转效果一样。接下来通过案例来演示，具体如例 13-21 所示。

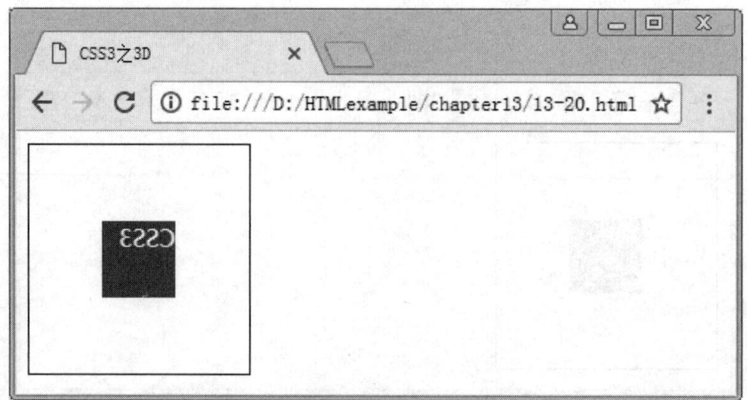

图 13.23　沿 *y* 轴水平翻转

【例 13-21】 rotateZ()方法的使用。

```
<!doctype html>
<html>
<head>
<meta charset="utf-8">
<title>CSS3之3D</title>
<style>
     #main{ width:150px; height:150px; border:1px black solid; }
     #box{ width:50px; height:50px; background:red;
        color:white; margin:50px; transition:1s; }
     #main:hover #box{ transform:rotateZ(180deg);}
</style>
</head>
<body>
<div id="main">
     <div id="box">CSS3</div>
</div>
</body>
</html>
```

运行结果如图 13.24 所示。

4．translateZ()方法

translateZ()方法元素会沿着 *z* 轴进行位移。当值为正数时，元素会垂直于屏幕向前移动，元素显示会变大；当值为负数时，元素会垂直于屏幕向后移动，显示出的元素会变小。需要配合 perspective 属性使用，在下面小节中将对 perspective 属性进行详细介绍。接下来通过案例来演示 translateZ()方法，具体如例 13-22 所示。

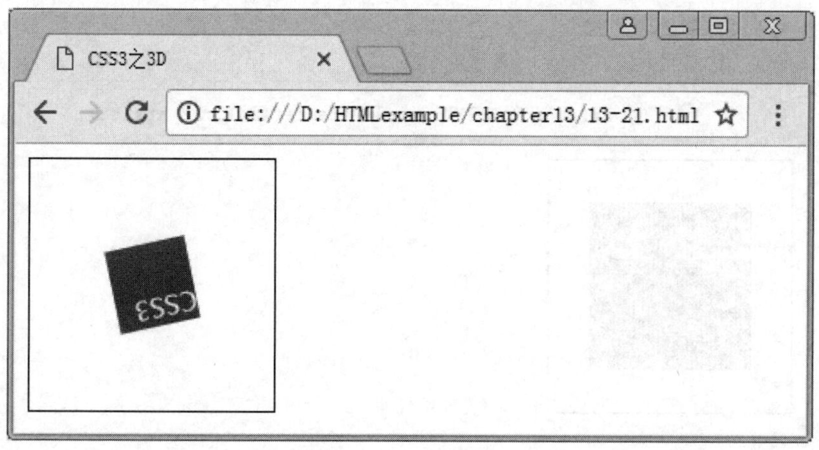

图 13.24 沿 *z* 轴旋转

【例 13-22】 translateZ()方法的使用。

```
<!doctype html>
<html>
<head>
<meta charset="utf-8">
<title>CSS3 之 3D</title>
<style>
     #main{ width:150px; height:150px; border:1px black solid;
        perspective:100px; }
     #box{ width:50px; height:50px; background:red;
        color:white; margin:50px; transition:1s; }
     #main:hover #box{ transform:translateZ(50px);}
</style>
</head>
<body>
<div id="main">
     <div id="box">CSS3</div>
</div>
</body>
</html>
```

运行结果如图 13.25 所示。

5．scaleZ()方法

scaleZ()方法会沿着 *z* 轴进行缩放。只有在 3D 空间中的元素才具备 *z* 轴的缩放处理功能。

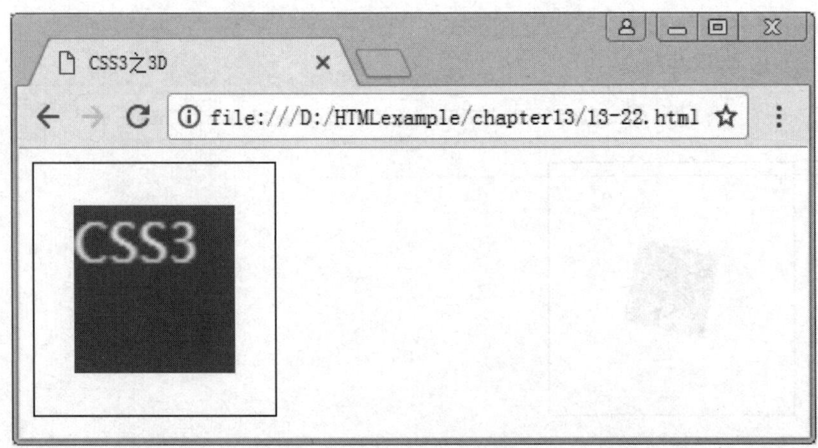

图 13.25　Z 轴设置位移值

13.4.2　perspective 属性

目前观察的页面还处于二维空间中，并没有三维空间的概念。如果让页面具备三维空间，首先要设置 perspective 属性。

perspective 属性表示景深的设置。景深是指在摄影机镜头或其他成像器前沿能够取得清晰图像的成像所测定的被摄物体前后距离范围。简言之，就是用户观察元素的距离元素。当景深的值越小，3D 幅度越大，即离观察的元素比较近；当景深的值越大，3D 幅度越小，即离观察的元素比较远。接下来通过案例来演示 perspective 属性，具体如例 13-23 所示。

【例 13-23】 perspective 属性的使用。

```
<!doctype html>
<html>
<head>
<meta charset="utf-8">
<title>CSS3 之 3D</title>
<style>
     #main{ width:150px; height:150px; border:1px black solid;
         perspective:50px; }
     #box{ width:50px; height:50px; background:red;
         color:white; margin:50px; transition:1s; }
     #main:hover #box{ transform:rotateY(180deg);}
</style>
</head>
<body>
<div id="main">
     <div id="box">CSS3</div>
</div>
```

```
</body>
</html>
```

运行结果如图 13.26 所示。

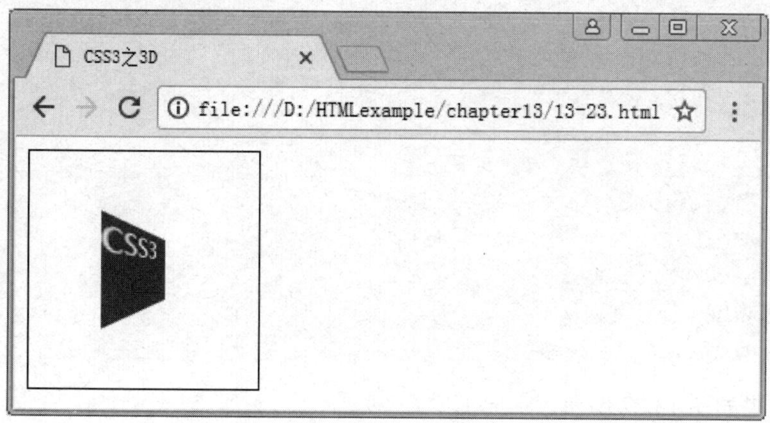

图 13.26 perspective 属性显示 3D 效果

接下来利用 transform3D 属性配合 perspective 景深属性完成一个立方体的效果制作。首先需要有六个面，全部设置成定位的元素，方便位置的控制，设定统一大小和不同的背景色，用于区分各个面。具体如例 13-24 所示。

【例 13-24】 制作立方体六个面。

```
<!doctype html>
<html>
<head>
<meta charset="utf-8">
<title>CSS3 之 3D</title>
<style>
    *{ margin:0; padding:0; }
    li{ list-style:none; }
    #main{ width:150px; height:150px; border:1px #100 solid;
        position:relative; margin:5px; perspective:500px; }
    #main ul{ width:50px; height:50px; position:absolute;
        left:50px; top:50px; }
    #main ul li{ width:50px; height:50px; position:absolute;
        color:white; line-height:50px; text-align:center; }
    #main ul li:nth-of-type(1){ background:red; }
    #main ul li:nth-of-type(2){ background:blue; }
    #main ul li:nth-of-type(3){ background:yellow; }
    #main ul li:nth-of-type(4){ background:black; }
    #main ul li:nth-of-type(5){ background:pink; }
    #main ul li:nth-of-type(6){ background:green; }
</style>
```

```
</head>
<body>
<div id="main">
    <ul>
        <li>1</li>
        <li>2</li>
        <li>3</li>
        <li>4</li>
        <li>5</li>
        <li>6</li>
    </ul>
</div>
</body>
</html>
```

运行结果如图 13.27 所示。

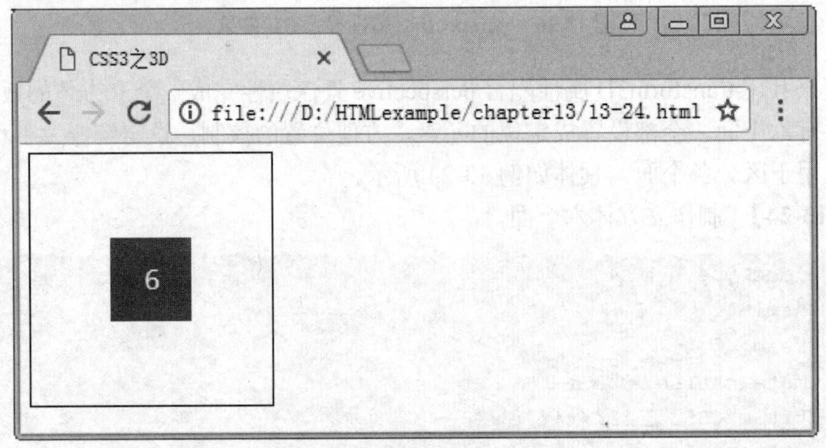

图 13.27 立方体基本结构

第一个红色面在正前方，第二个蓝色面的左侧对应红色面的右侧，然后通过调整 transform-origin 的原点设置和 rotateY()方法的旋转，把蓝色面沿左侧折叠进去。

第三个黄色面的右侧对应红色面的左侧，同样调整 transform-origin 的原点设置和 rotateY()方法的旋转，使黄色面折叠进去。

上下两个面与左右两个面具有类似的实现效果，这里不再赘述。只剩下最后一个绿色的面，在立方体的正后方显示。通过 rotateY()方法的旋转和 translateZ()方法的位移来实现。

从正面观察立方体，看不出有任何立体效果。可以给立方体的父元素添加一个旋转操作，来观察背面的效果。修改例 13-24 中的 CSS 样式，具体如下。

```
<style>
    *{ margin:0; padding:0; }
```

```
        li{ list-style:none; }
        #main{ width:150px; height:150px; border:1px #000 solid;
           position:relative; margin:5px; perspective:500px; }
        #main ul{ width:50px; height:50px; position:absolute;
           left:50px; top:50px; transition:1s; }
        #main ul li{ width:50px; height:50px; position:absolute;
           color:white; line-height:50px; text-align:center; }
        #main ul li:nth-of-type(1){ background:red; }
        #main ul li:nth-of-type(2){ background:blue; left:50px;
          transform-origin:left; transform:rotateY(90deg); }
        #main ul li:nth-of-type(3){ background:yellow; left:-50px;
          transform-origin:right; transform:rotateY(-90deg); }
        #main ul li:nth-of-type(4){ background:black; top:-50px;
          transform-origin:bottom; transform:rotateX(90deg); }
        #main ul li:nth-of-type(5){ background:pink; top:50px;
          transform-origin:top; transform:rotateX(-90deg); }
        #main ul li:nth-of-type(6){ background:green;
          transform:rotateY(180deg) translateZ(50px); }
        #main:hover ul{ transform:rotateY(180deg); }
</style>
```

保存文档，刷新网页，运行结果如图 13.28 所示。

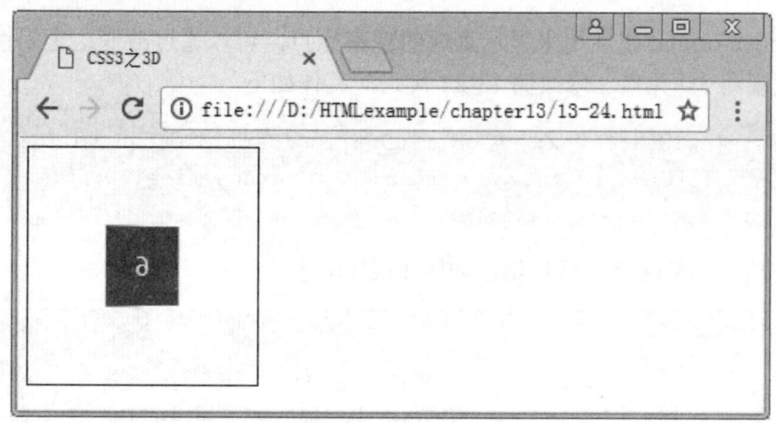

图 13.28　立方体添加样式

图 13.28 中并没有出现立体的效果，其原因是还需要设置 transform-style 属性为 3D 空间，下面介绍 transform-style 属性。

13.4.3　transform-style 属性

网页添加景深，但是对于多个组合的元素，还必须添加 transform-style 属性为 preserve-3d 值让组合元素产生空间厚度，才可以显示出 3D 的效果。修改例 13-24 代码，具体如下。

```
#main ul{ width:50px; height:50px; position:absolute;
    left:50px; top:50px; transition:1s; transform-style:preserve-3d; }
```

保存文档，刷新网页，运行结果如图 13.29 所示。

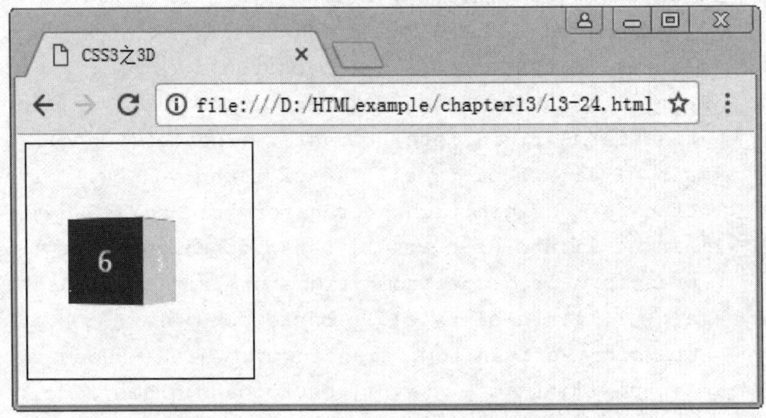

图 13.29 **transform-style 设置 3D 空间**

13.4.4 perspective-origin 属性

perspective-origin 属性用来显示景深的观察原点，可以通过改变这个属性值，从不同的视角去观察 3D 元素。修改例 13-24 代码，具体如下。

```
#main{ width:150px; height:150px; border:1px #000 solid;
     position:relative; margin:5px; perspective:500px;
   perspective-origin:left; }
```

保存文档，刷新网页，运行结果如图 13.30 所示。

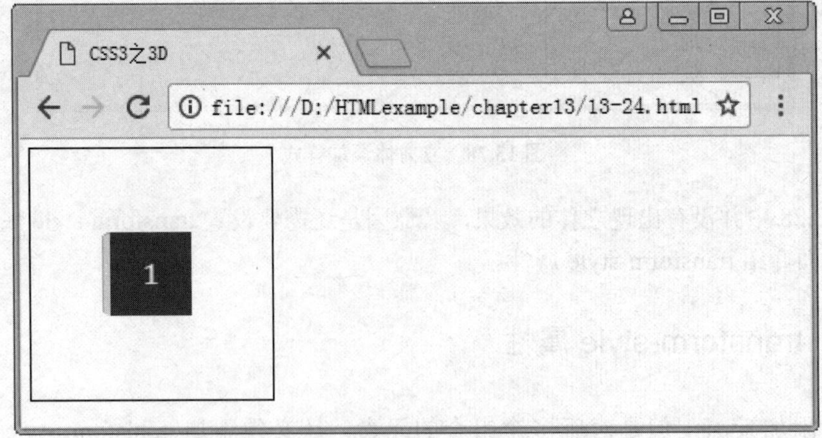

图 13.30 **perspective-origin 原点设置**

也可以再从右上方来观察 3D 元素。修改例 13-24 中代码，具体如下。

```
#main{ width:150px; height:150px; border:1px #000 solid;
     position:relative; margin:5px; perspective:500px;
   perspective-origin:top right; }
```

保存文档，刷新网页，运行结果如图 13.31 所示。

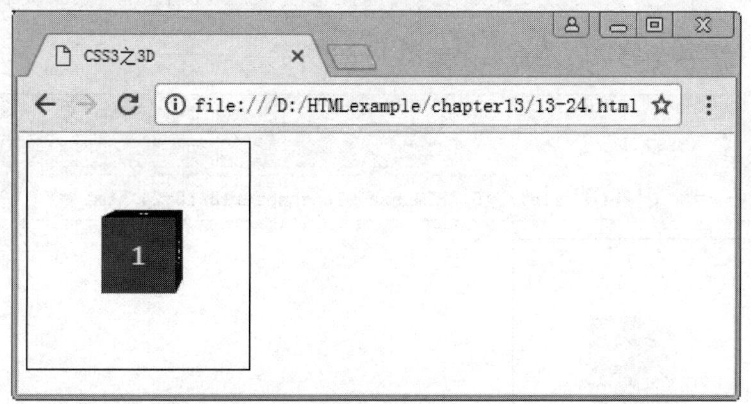

图 13.31　perspective-origin 原点设置

13.4.5　backface-visibility 属性

backface-visibility 属性用来设置 3D 元素背面隐藏操作。如上面制作好的立方体，把每一个面都设置成半透明，这样可以透过立方体显示背面。修改例 13-24 中代码，具体如下。

```
#main ul li{ width:50px; height:50px; position:absolute;
    color:white; line-height:50px; text-align:center; opacity:0.5; }
```

保存文档，刷新网页，运行结果如图 13.32 所示。

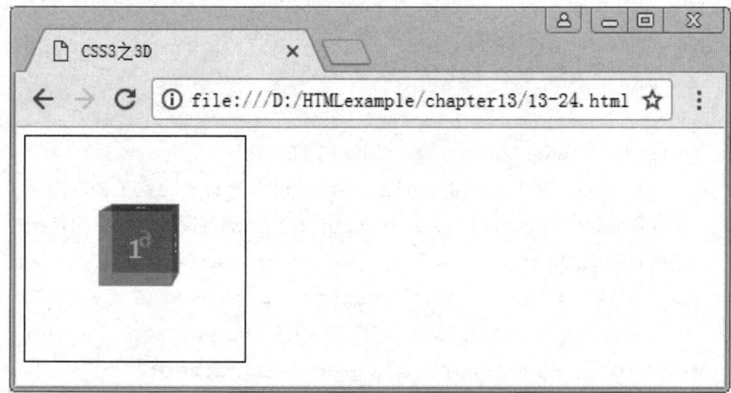

图 13.32　立方体半透明设置

如果想要实现半透明效果，又不显示背面，则可以设置 backface-visibility 属性为 hidden 值。hidden 值可以把背面的元素进行隐藏处理。修改例 13-24 代码，具体如下所示。

```
#main ul li{ width:50px; height:50px; position:absolute;
    color:white; line-height:50px; text-align:center;
    opacity:0.5; backface-visibility:hidden; }
```

保存文档，刷新网页，运行结果如图 13.33 所示。

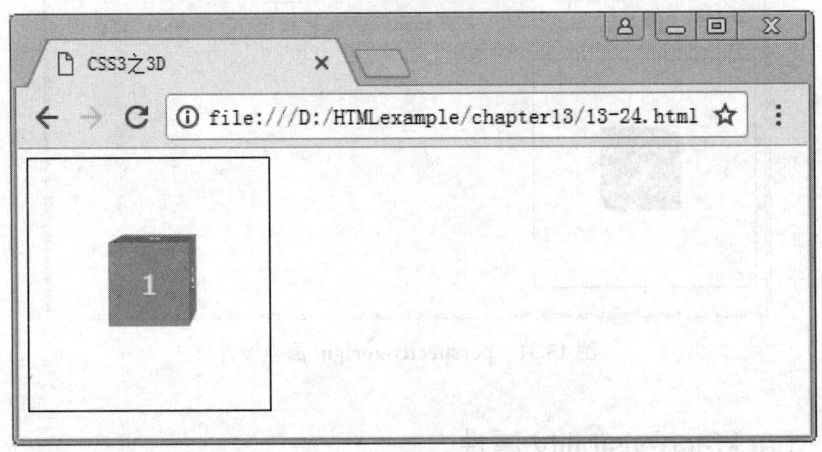

图 13.33　backface-visibility 背面隐藏

接下来利用 backface-visibility 属性来完成一个实际的例子。有两个层叠加在一起，当鼠标移入前面的层会翻转到后面的层，利用背面隐藏特性可以很好地隐藏翻转到后面的层。具体代码如例 13-25 所示。

【例 13-25】 隐藏翻转到后面的层。

```
<!doctype html>
<html>
<head>
<meta charset="utf-8">
<title>CSS3之3D</title>
<style>
    #main{ width:150px; height:150px;
       border:1px #000 solid; position:relative; }
    #box{ width:50px; heigh :50px; position:absolute;
       left:50px; top:50px; perspective:50px; }
    #box div{ width:50px; height:50px; position:absolute;
       backface-visibility:hidden; transition:1s; }
    #box div:nth-of-type(1){ background:red;
      transform:rotateY(0deg); }
    #box div:nth-of-type(2){ background:blue;
```

```
            transform:rotateY(-180deg); }
        #main:hover #box div:nth-of-type(1){ background:red;
          transform:rotateY(180deg); }
        #main:hover #box div:nth-of-type(2){ background:blue;
            transform : rotateY(0deg); }
</style>
</head>
<body>
<div id="main">
     <div id="box">
         <div>HTML</div>
         <div>CSS</div>
     </div>
</div>
</body>
</html>
```

运行结果如图 13.34 所示。

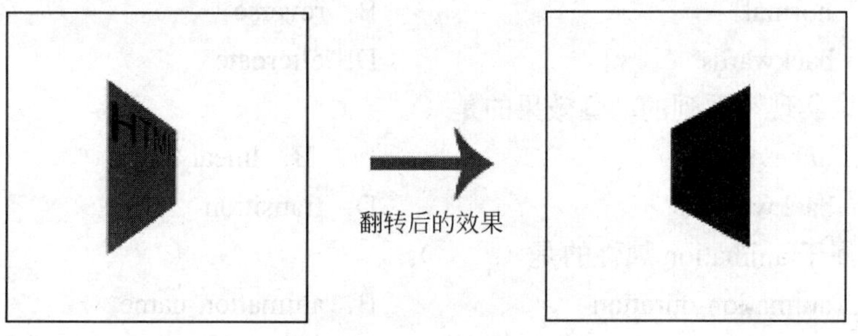

图 13.34 双面翻转实例

13.5 本章小结

通过本章的学习，掌握 CSS3 运动相关样式过渡与变形、CSS3 高级特性动画与 3D。通过实践，熟悉掌握 CSS3 的使用。CSS3 动画与 3D 属于 CSS3 的核心内容，在实际开发中应用广泛。

13.6 习题

1. 填空题

（1）CSS3 中变形用到的属性是____________。

（2）transition 属性的四个子属性为__________、transition-property、__________、transition-timing-function。

（3）CSS3 中位移、缩放、旋转、倾斜默认都是以元素的__________进行变形。

（4）animation 属性是一个复合属性，主要包含__________个子属性。

（5）animation-direction 属性值有__________、__________、__________三个常见值。

2．选择题

（1）下列选项中，不属于 transform 属性的是（　　）。

A．translate　　B．transition

C．scale　　D．rotate

（2）与 3D 有关的是（　　）。

A．@keyframes　　B．perspective

C．linear　　D．-webkit-

（3）不属于 animation-direction 的可选值的是（　　）。

A．normal　　B．reverse

C．backwards　　D．alternate

（4）可以实现一系列的动画效果的是（　　）。

A．@keyframe　　B．linear

C．backwards　　D．transition

（5）不属于 animation 属性的是（　　）。

A．animation-duration　　B．animation-name

C．nimation-iteration-count　　D．animation-fill-mode

3．思考题

（1）请简述如何制作一个立方体。

（2）请简述 transition 与 animation 的区别。

第 14 章 chapter 14

移动端布局与响应式开发

本章学习目标

- 了解移动端及手机基本概念；
- 掌握移动端布局，viewport 窗口和 rem 单位；
- 掌握移动端开发，弹性盒模型和响应式开发。

随着智能手机的诞生，移动互联网成为当下最热门的话题，而移动端开发也成为未来技术的发展方向。在本章中将学习与移动端相关的 HTML+CSS 部分的内容，包括移动端布局、弹性盒模型、响应式开发等知识。这些都属于最新的前沿技术，也是未来 HTML+CSS 的发展方向。

视频讲解

14.1 移动端布局

移动端布局与 PC（电脑）布局有很多不同之处，如移动端设备的尺寸不一，需要对设备进行适配处理；移动端横屏竖屏切换，需要有针对性的响应式布局等。

14.1.1 移动端模拟器

移动端布局需要可以模拟不同的手机设备的移动端开发环境。Chrome 浏览器自带移动端模拟器，通过 F12 键开启调试控制台，找到如图▯的手机图标，单击后即可从 PC 浏览器切换到移动端模拟器。打开任意网站，刷新浏览器，可显示此网站移动端的展示效果。

移动端模拟器可进行不同设备的选择，还包括横竖屏切换，模拟网络延迟等功能。选择不同设备和横屏显示如图 14.1 所示。

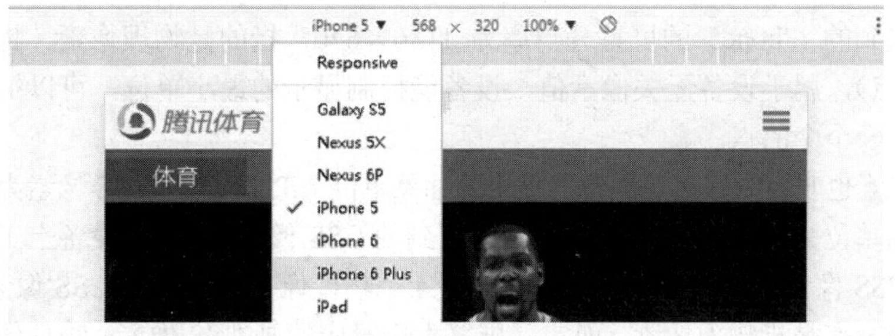

图 14.1 选择不同设备和横屏显示

14.1.2 手机的基本概念

了解手机的基本概念对移动端开发的理解有很大的帮助。下面以 iPhone5 手机为例，讲解屏幕分辨率、物理像素与 CSS 像素、PPI、DPR 等名词。

1. 屏幕分辨率

iPhone5 的屏幕分辨率为 1136×640，指手机的竖排有 1136 个像素，横排有 640 个像素。即屏幕像素为 72.7 万，注意 72.7 万是指手机屏幕的像素值，不是手机拍照的像素值。一般手机拍照的像素值会很高，如 iPhone5 手机拍照像素值为 800 万像素。

并不是屏幕的分辨率越高屏幕就越大，屏幕的大小由屏幕的尺寸决定，屏幕的尺寸指屏幕对角线的长度，一般单位为英寸。如 iPhone5 屏幕尺寸为 4 英寸。常用手机屏幕尺寸大小如图 14.2 所示。

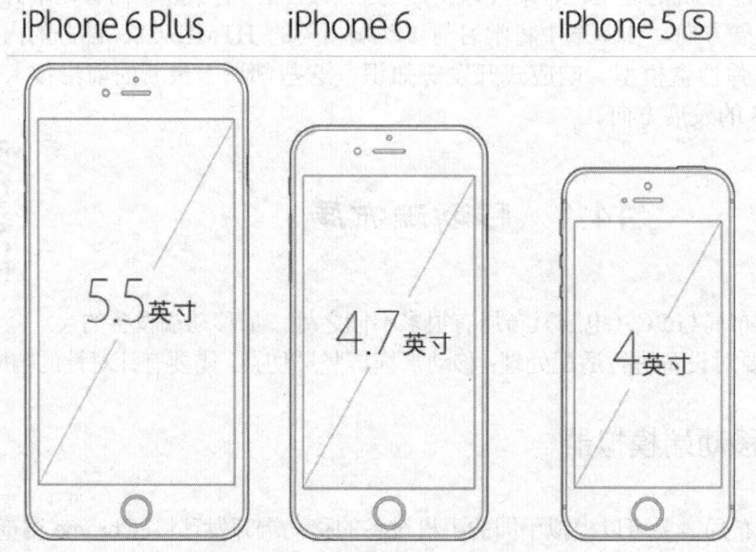

图 14.2 手机屏幕的尺寸大小

2. 物理像素与 CSS 像素

上面提到的 iPhone5 的屏幕分辨率为 1136×640，指的是物理像素。物理像素的单位为 dp（点），属于设备无关像素值，设备能控制显示的最小单位，可以把这些像素看成显示器上一个个的点。

CSS 像素也叫逻辑像素是浏览器使用的抽象单位，iPhone5 的 CSS 像素为 568×320。CSS 像素的单位为 px，是指通常做网页时用到的 CSS 像素。在 PC 设备上 1 个物理像素等于 1 个 CSS 像素，但在移动端 iPhone5 上 4 个物理像素等于 1 个 CSS 像素。

屏幕分辨率是指物理像素，而实际屏幕大小对应的是 CSS 像素。物理像素进行压缩处理，使 4 个物理像素对应 1 个 CSS 像素，目的是为了显示高清的效果，这种技术叫作 Retina 高清视网膜屏。

3. PPI

PPI 全称是 pixel per inch，即每英寸内有多少个像素点，其像素点指的是物理像素，可表示像素密度。PPI 的值越高，画质越好，即越细腻。通过以下公式换算，如图 14.3 所示。iPhone5 下的 PPI 为 326。

$$\text{PPI}=\frac{\sqrt{\text{横向}^2(\text{Pixel})+\text{纵向}^2(\text{Pixel})}}{\text{屏幕尺寸}(\text{Inch})}$$

图 14.3 PPI 计算公式

PPI 值越高说明屏幕越清晰，一般 PPI 值大于 320 的设备，都可以看作是 Retina 高清视网膜屏。

4. DPR

DPR 全称是 devicePixelRatio，中文叫作“设备像素比”。DPR 值是物理像素与 CSS 像素的比值，可以是横排像素比，也可以是竖排像素比。在 iPhone5 下无论横排还是竖排，DPR 值都为 2。DPR 可通过 JavaScript 语法 window.devicePixelRatio 语法来获取，DPR 值对于布局是有帮助的，可以通过 DPR 值进行换算处理。

14.1.3 viewport

移动端布局中会涉及到一个 viewport 的概念。在移动端 viewport 有两个，visual viewport 即视口 viewport 和 layout viewport 即布局 viewport。

视口 viewport 在布局 viewport 上方，且视口 viewport 大小固定不变，而布局 viewport 大小可随时改变，iPhone 默认的布局 viewport 为 980px。

视口 viewport 的大小是固定的，这样会导致布局 viewport 值越大 viewport 窗口就缩小越多，同时显示的内容也就越多。虽然能看到整个页面，但看不清页面的细节。需要通过双指进行滑动放大处理，这样会给用户带来使用不便的体验。

iPhone 默认设置 viewport 为 980px 是因为当时并没有太多的网页可以支持移动端布局，布局 viewport 太小，只能看到网页的局部效果，如图 14.4 右侧显示效果，界面体验效果不佳。当把布局默认设置为 980px 时，可以看清整个页面，布局 viewport 导致页面缩放如图 14.4 所示。

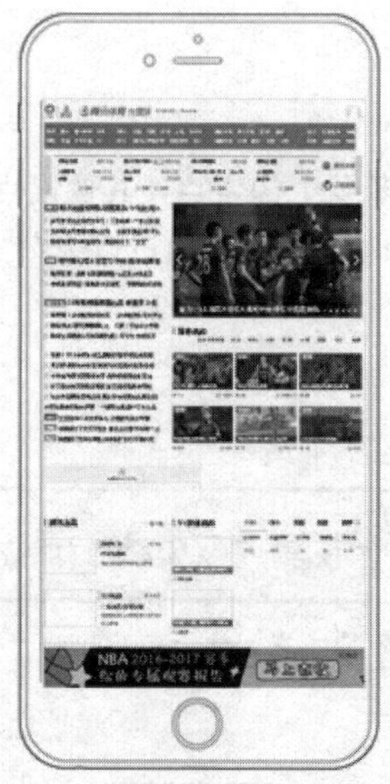

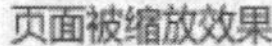

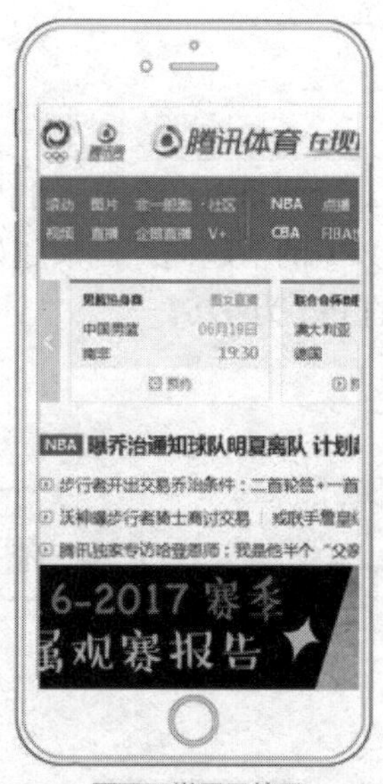

图 14.4 布局 viewport 导致页面缩放

在如今的网页中，设计师可以针对移动端进行页面设计，因此网页不需要设计得太大。这样布局 viewport 的值就需要与设计的页面大小相同，从而可以正常显示页面效果，如图 14.5 所示。

图 14.5 专门针对移动端的页面设计

通过<meta>标签可以对 viewport 属性进行重新设置。其语法格式如下。

```
<meta name="viewport" content="属性 1=值 1，属性 2=值 2"
```

name 属性用来指定 viewport 方式，而 content 属性用来对 viewport 进行具体值的设置，可选设置有 width、initial-scale、minimum-scale、maximum-scale 和 user-scalable 五种选择。下面将分别介绍这五种选择。

（1）width

width 用于设置布局 viewport 的特定值，可以设定一个具体的数值，如 320、450 等。移动端设备的尺寸差异很大，因此一般不设置固定值，例如：iPhone 系列，iPhone5 的页面宽为 320px，iPhone6 的页面宽为 375px，iPhone6 plus 为 414px。固定值很难适配多种设备，因此 width 属性有 device-width 值，可以根据屏幕的宽自动调整，始终与屏幕的宽保持相同，从而达到适配不同设备的目的。具体示例如下。

```
<meta name="viewport" content="width=device-width">
```

（2）initial-scale

initial-scale 用于设置页面的初始缩放比例，一般不会对页面进行缩放处理，因此取值都为 1 或 1.0。具体示例如下。

```
<meta name="viewport" content="initial-scale=1.0">
```

（3）minimum-scale

minimum-scale 用于设置最小缩放，一般不会让用户进行缩放处理，因此也就不用设置最小或最大缩放，一般取值为 1 或 1.0。具体示例如下。

```
<meta name="viewport" content="minimum-scale=1.0">
```

（4）maximum-scale

maximum-scale 用于设置最大缩放，取值与 minimum-scale 相同。

（5）user-scalable

user-scalable 表示用户能否进行缩放处理，可选值为 yes 和 no。一般情况下，不需要对页面进行缩放处理，因此取值为 no。具体示例如下。

```
<meta name="viewport" content="user-scalable=no">
```

常见的 viewport 设置如下所示，但不代表所有的页面都采用同一个 viewport 设置。后面小节中将讲解两种不同的移动端布局方案，这两种方案采用不同的 viewport 方式进行设置。

```
<meta  name="viewport" content="width=device-width,
initial-scale=1.0,minimum-scale=1.0,maximum-scale=1.0,
user-scalable=no">
```

14.1.4 移动端布局方案

1．第一种布局方案

下面先来分步骤讲解移动端的第一种布局方案。具体如例 14-1 所示。

【例 14-1】 第一种布局方案。

（1）设计图大小与屏幕的CSS像素大小相同，如iPhone5页面要设计成宽度为320px。设计师只需对一种设备进行设计，然后通过 viewport 进行适配处理。腾讯体育移动版网页布局设计出的腾讯体育 320px 设计图如图 14.6 所示。

图 14.6 腾讯体育 320px 设计图

（2）设置布局 viewport 为屏幕大小，且用户不能对页面进行缩放处理。具体代码如下。

```
<head>
<meta  name="viewport" content="width=device-width,
   initial-scale=1.0,minimum-scale=1.0,maximum-scale=1.0,
   user-scalable=no">
</head>
```

（3）对 HTML 结构进行划分，header（头部）、nav（导航）、banner（广告）等。具体代码如下。

```
<body>
```

```
<div id="header">
    <div id="logo">
         <a href="#">腾讯体育</a>
    </div>
    <div id="menuBtn">
        <a href="#"></a>
    </div>
</div>
<div id="nav">
    <ul>
        <li class="current"><a href="#">体育</a></li>
        <li><a href="#">NBA</a></li>
    </ul>
</div>
<div id="banner">
    <a href="#"><img src="qqBanner.jpg"></a>
    <p>丁宁时尚大片又帅又美</p>
</div>
</body>
```

（4）设置 CSS reset，取消 HTML 标签的默认样式和设置一些初始样式。具体代码如下。

```
<style>
      /*css reset*/
      *{ margin:0; padding:0; }
      li{ list-style:none; }
      img{ border:none; vertical-align:top; }
      a{ text-decoration:none; }
      body{ font-family:Helveticca,STHeiti,Droid Sans Fallback; }
</style>
```

（5）移动端一般采用自适应百分比的方式进行布局。具体代码如下。

```
<style>
     /*header start*/
     #header{ height:44px; padding:7px 0 0 10px;
         background:#fafafa url(qqHeaderBg.png) no-repeat 162px 0;
         box-sizing:border-box; position:relative; }
     #logo{ width:119px; height:30px;
         background:url(qqLogo.png) no-repeat; }
     #logo a{ width:100%; height:100%;
         display:block; text-indent:-9999px; }
     #menuBtn{ width:22px; height:16px;
         background:url(qqHeaderMenuBtn.png) no-repeat;
```

```
        position:absolute; right:14px; top:14px; }
      #menuBtn a{ width:100%; height:100%; display:block; }
      /*nav start*/
      #nav{ height:40px; background:#3e86ce; border:2px #317ecb solid; }
      #nav ul{ padding:5px 0 0 0; }
      #nav li{ float:left; width:64px; height:30px; font-size:18px;
        text-align:center; line-height:30px; }
      #nav li a{ color:white; }
      #nav .current{ background:#226fbb; }
      /*banner start*/
      #banner{ width:100%; position:relative; }
      #banner img{ width:100%; }
      #banner p{ position:absolute; bottom:5px; color:white; }
</style>
```

保存文档，运行程序。在浏览器中，按下 F12 键查看移动端布局，效果如图 14.7 所示。

图 14.7 第一种布局方案效果

2. 第二种布局方案

（1）设计图大小与屏幕的物理像素大小相同。如 iPhone5 页面要设计成宽度为 640px，然后对设计图进行缩放处理。这种方式比第一种布局方案制作出来的效果更细腻、更清晰，但实现起来比第一种布局方案更复杂，因此这两种布局方案各有利弊，可根据项目进行选择。在第一种方案中，设计图的 1 个像素对应 1 个 CSS 像素，即对应 4 个物理像素。而在第二种方案中，设计图的 4 个像素对应 1 个 CSS 像素，即设计图的 1 个像素对应 1 个物理像素，因此物理像素可识别的颜色更多，显示出的效果更好，淘宝网移动版网页进行布局设计出的淘宝网 640px 设计图如图 14.8 所示。

图 14.8 淘宝网 640px 设计图

（2）根据 DPR 像素比换算出 viewport 的初始缩放值，需要配合 JavaScript 来完成。具体代码如下。

```
<script>
    var dpr = window.devicePixelRatio;
    var scale = 1/dpr;
    document.write('<meta name="viewport" content="width=device-width,initial-scale='+scale+',minimum-scale='+scale+',maximum-scale='+scale+',user-scalable=no">');
</script>
```

（3）当采用物理像素进行设计时，不同设备的页面大小有很大差距，因此同一尺寸在不同的屏幕下，显示效果会有很大差异。接下来通过案例来演示，具体如例 14-2 所示。

【例 14-2】 采用物理像素进行设计时，同一尺寸在不同屏幕下的显示效果不同。

```
<!doctype html>
```

```
<html>
<head>
<title>移动端布局</title>
<style>
     #box{ width:100%; height:300px; background:red; }
</style>
</head>
<body>
<div id="box"></div>
</body>
</html>
```

运行结果如图 14.9 所示。

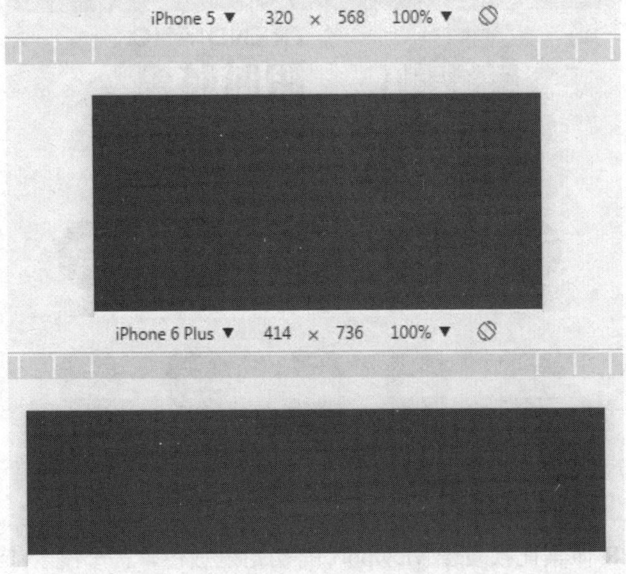

图 14.9　元素在不同设备下的显示

图 14.9 中可以发现，同一尺寸的元素，在不同的设备下，显示效果有很大差异。如 iPhone6 plus 显示高度感觉比用 iPhone5 显示的高度小。

（4）移动端布局单位 rem 和 em 解决显示的差异性。rem（font size of the root element）是指相对于根元素的字体大小的单位，em（font size of the element）是指相对于父元素的字体大小的单位。它们之间很相似，rem 单位计算的规则是依赖于根元素，而 em 依赖于父元素计算。二者都是相对单位，因此对于不同的屏幕大小，动态地改变 font-size 值，可以让 rem 换算后的尺寸在不同的屏幕下显示的效果接近。修改例 14-2 的代码，具体如下。

```
<style>
     #box{ width:100%; height:4.6875rem; background:red;}
</style>
<script>
```

```
        var fontSize = document.documentElement.clientWidth/10;
        var oHtml = document.getElementsByTagName('html')[0];
        oHtml.style.fontSize = fontSize + 'px';
</script>
```

运行结果如图 14.10 所示。

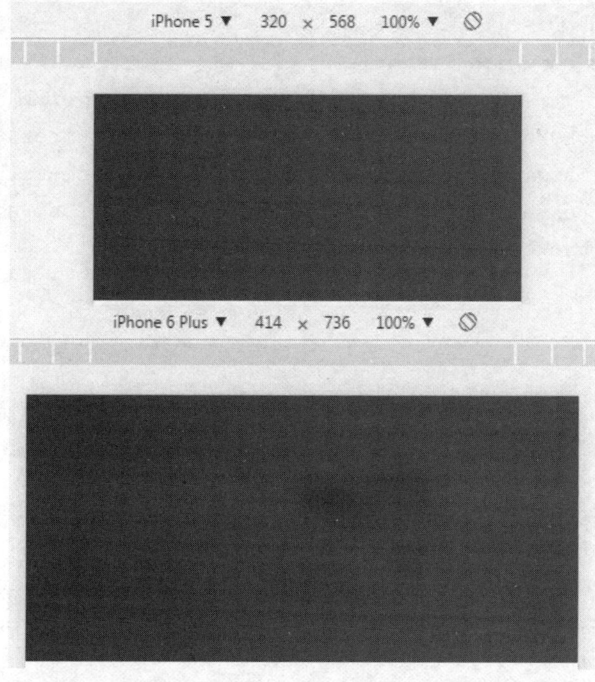

图 14.10 rem 适配显示效果

（5）下面利用第二种布局方案制作淘宝网移动端首页效果，具体如例 14-3 所示。

【例 14-3】 利用第二种布局方案制作淘宝网移动端首页效果。

```
<!doctype html>
<html>
<head>
<meta charset="utf-8">
<title>移动端布局</title>
<style>
    *{ margin:0; padding:0; }
    li{ list-style:none; }
    img{ border:none; vertical-align:top; }
    a{ text-decoration:none; }
    #header{ width:100%; height:1.5rem; background:#ff4400;
       padding:0.375rem 0 0 0.4375rem; box-sizing:border-box; }
    #logo{ float:left; width:0.984375rem; height:0.75rem;
       background:url(logo.png) no-repeat;background-size:cover; }
```

```
    #logo a{ width:100%; height:100%; display:block;
        text-indent:-156.234375rem; }
    #search{ float:left; width:7.5rem; height:1rem;
        background:#d42d00; border-radius:4px;
        margin:-0.09375rem 0 0 0.59375rem; font-size:0.46875rem;
        line-height:1rem; text-align:center; color:white; }
    #banner{ width:100%; }
    #banner img{ width:100%; }
    #nav ul li{ width:1.15625rem; height:1.640625rem;
        background:url(icon.jpg) no-repeat center 0; float:left;
        margin:0.3125rem 0 0 0.703125rem; line-height:2.96875rem;
        text-align:center; color : #666666; font-size:0.3125rem;
        background-size:contain; }
</style>
</head>
<script>
    var dpr = window.devicePixelRatio;
    var scale = 1/dpr;
    document.write('<meta name="viewport" content="width=device-width,
  initial-scale='+scale+',minimum-scale='+scale+',maximum-scale=
  '+scale+',user-scalable=no">');
    var fontSize = document.documentElement.clientWidth/10;
    var oHtml = document.getElementsByTagName('html')[0];
    oHtml.style.fontSize = fontSize + 'px';
</script>
<body>
<div id="header">
   <div id="logo">
      <a href="#">淘宝网</a>
   </div>
   <div id="search">等你一起破浪前行</div>
</div>
<div id="banner">
    <img src="banner.jpg">
</div>
<div id="nav">
    <ul>
      <li>天猫</li>
      <li>天猫</li>
      <li>天猫</li>
      <li>天猫</li>
      <li>天猫</li>
```

```
            <li>天猫</li>
            <li>天猫</li>
            <li>天猫</li>
            <li>天猫</li>
            <li>天猫</li>
        </ul>
    </div>
    </body>
    </html>
```

运行结果如图 14.11 所示。

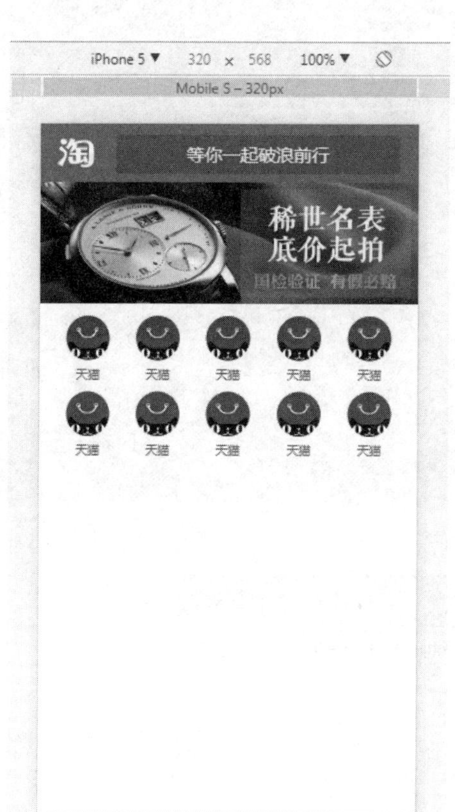

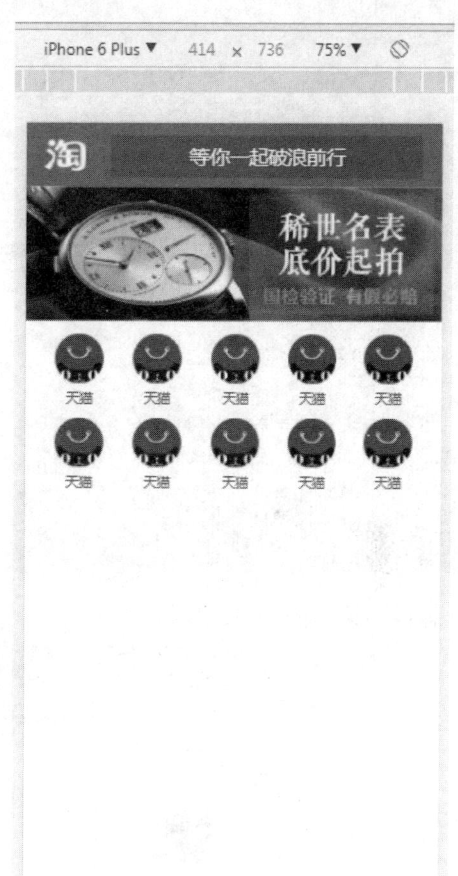

图 14.11 iPhone5 和 iPhone6 Plus 下展示效果

14.2 弹性盒模型

视频讲解

为了解决传统布局的不足，CSS3 增加了新型的弹性盒模型。通过弹性盒模型，可以轻松地创建自适应浏览器窗口的流动布局。

14.2.1 flex 方式

CSS3 通过 display 属性的 flex 值来实现弹性盒模型。对于两个未知宽高的父子元素，左右居中比较容易实现，而上下居中不太容易实现，使用 flex 弹性盒模型可以很容易实现两个未知宽高的父子元素，子元素在父元素中上下居中展示。接下来通过案例来演示，具体如例 14-4 所示。

【例 14-4】 通过 display 属性的 flex 值实现弹性盒模型。

```
<!doctype html>
<html>
<head>
<meta charset="utf-8">
<title>弹性盒模型</title>
<style>
    #main{ width:150px; height:150px;
        border:1px black solid; display:flex; }
    #box{ width:50px; height:50px; background:red;
        margin:auto; }
</style>
</head>
<body>
<div id="main">
    <div id="box"></div>
</div>
</body>
</html>
```

运行结果如图 14.12 所示。

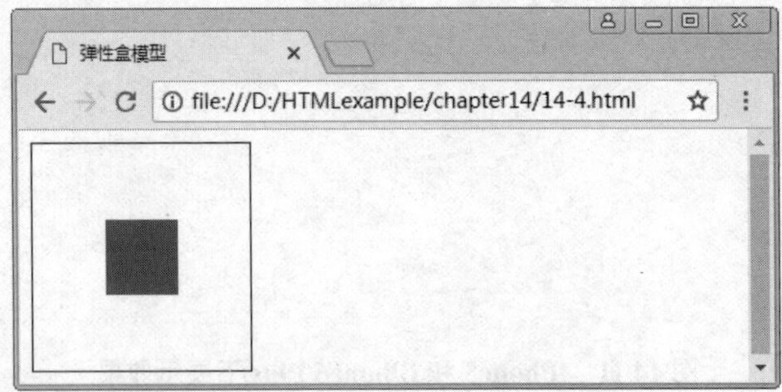

图 14.12　元素上下左右居中处理

14.2.2 排列与对齐

在 CSS3 弹性盒模型中，可以使用 flex-direction 属性定义弹性盒子内部子元素的排列方向，也就是盒子内部的子元素的排列方向。其属性取值及子元素排列方向如表 14.1 所示。

表 14.1　flex-direction 属性取值及排列方向

属　性　值	子元素排列方向
row（默认值）	默认的排列方向为水平排列
row-reverse	反向水平排列，靠右侧进行展示，注意第一项子元素在最右侧
column	垂直排列
column-reverse	反向垂直排列，靠下方进行排列展示，注意第一项子元素在最下方

表 14.1 列出了 flex-direction 属性的取值及子元素排列方向，接下来通过案例来演示反向水平排列和反向垂直排列，具体如例 14-5 所示。

【例 14-5】 反向水平排列和反向垂直排列。

```
<!doctype html>
<html>
<head>
<meta charset="utf-8">
<title>弹性盒模型</title>
<style>
     #main1{ width:200px; height:200px; border:1px black solid;
        display:flex; flex-direction:row-reverse; }
     #main2{ width:200px; height:200px; border:1px black solid;
        display:flex; flex-direction:column-reverse; }
     .box{ width:50px; height:50px; background:red;
        color:white; line-height:50px; text-align:center; }
</style>
</head>
<body>
<div id="main1">
   <div class="box">1</div>
   <div class="box">2</div>
   <div class="box">3</div>
</div>
<div id="main2">
   <div class="box">1</div>
   <div class="box">2</div>
   <div class="box">3</div>
</div>
</body>
</html>
```

运行结果如图 14.13 所示。

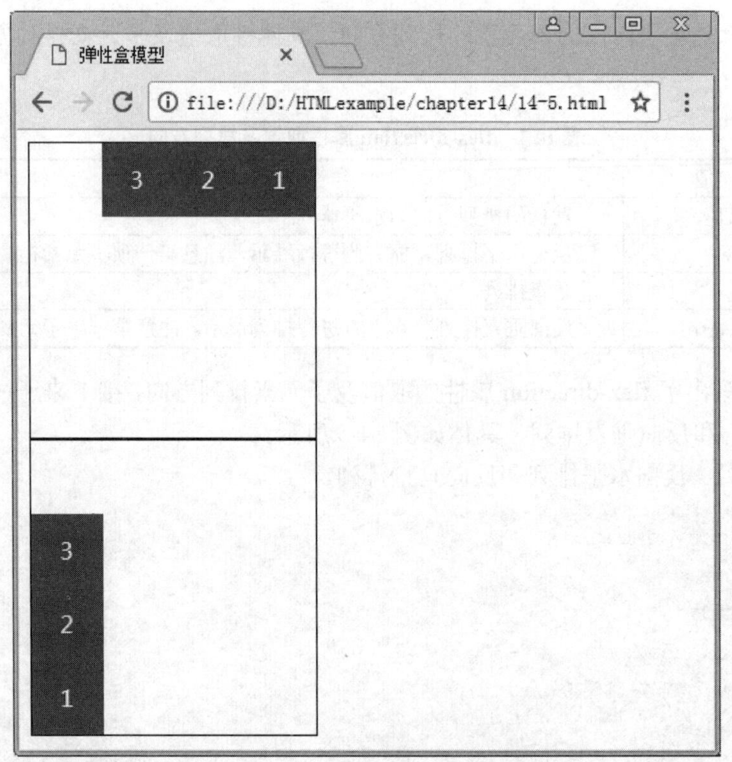

图 14.13　反向水平和反向垂直排列

假设 flex-direction 属性取值为 row 时，水平排列，因此把水平方向看作“主轴”。主轴有对应的主轴对齐方式。主轴对齐方式通过 justify-content 属性进行设置，其属性值及主轴对齐方式如表 14.2 所示。

表 14.2　justify-content 属性取值及主轴对齐方式

属　性　值	主轴对齐方式
flex-start（默认值）	左对齐
flex-end	右对齐
center	居中对齐
space-between	两端对齐，元素之间的间隔都相等
space-around	每个元素两侧的间隔相等。元素之间的间隔比元素与边框的间隔大一倍

表 14.2 列出了 justify-content 属性取值及主轴对齐方式。接下来通过案例来演示 justify-content 属性值及主轴对齐方式，具体如例 14-6 所示。

【例 14-6】 justify-content 属性值及主轴对齐方式。

```
<!doctype html>
<html>
<head>
<meta charset="utf-8">
<title>弹性盒模型</title>
```

```
<style>
    #main1{ width:200px; height:100px; border:1px black solid;
        display:flex; flex-direction:row; justify-content:flex-start; }
    #main2{ width:200px; height:100px; border:1px black solid;
        display:flex; flex-direction:row; justify-content:flex-end; }
    #main3{ width:200px; height:100px; border:1px black solid;
        display:flex; flex-direction:row; justify-content:center; }
    #main4{ width:200px; height:100px; border:1px black solid;
        display:flex; flex-direction:row; justify-content:space-between; }
    #main5{ width:200px; height:100px; border:1px black solid;
        display:flex; flex-direction:row; justify-content:space-around; }
    .box{ width:50px; height:50px; background:red;
        color:white; line-height:50px; text-align:center; }
</style>
</head>
<body>
<div id="main1">
    <div class="box">1</div>
    <div class="box">2</div>
    <div class="box">3</div>
</div>
<div id="main2">
    <div class="box">1</div>
    <div class="box">2</div>
    <div class="box">3</div>
</div>
<div id="main3">
    <div class="box">1</div>
    <div class="box">2</div>
    <div class="box">3</div>
</div>
<div id="main4">
    <div class="box">1</div>
    <div class="box">2</div>
    <div class="box">3</div>
</div>
<div id="main5">
    <div class="box">1</div>
    <div class="box">2</div>
    <div class="box">3</div>
</div>
</body>
</html>
```

运行结果如图 14.14 所示。

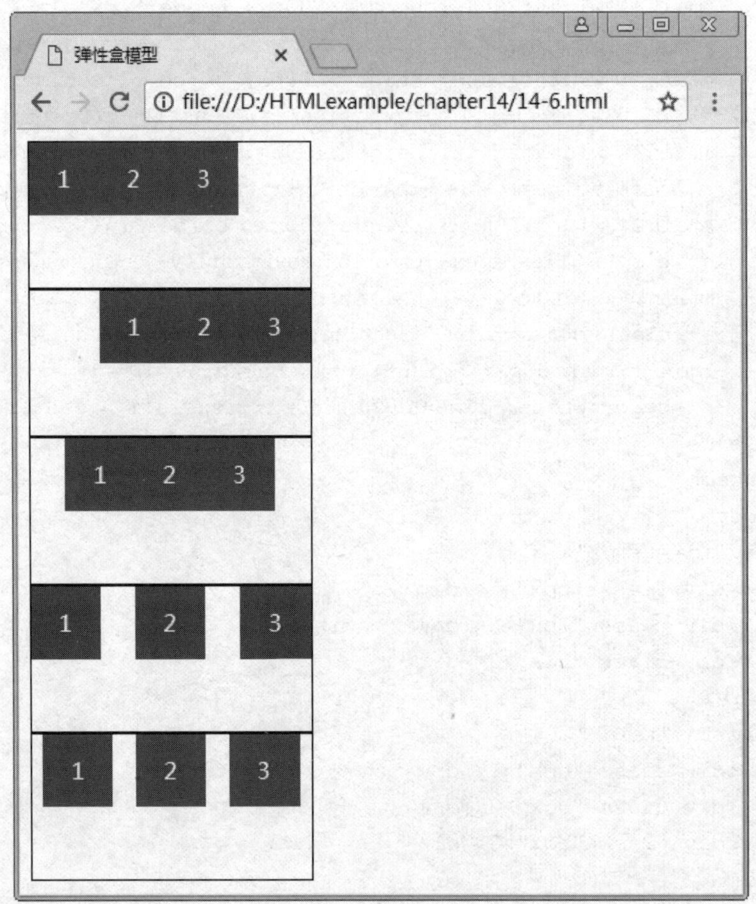

图 14.14　主轴对齐方式

注意，当 flex-direction 属性取值为 column 时，垂直方向变成了“主轴”，因此以上排列方向均变成垂直方向上的对齐操作。

除了主轴外，弹性盒模型还提供了侧轴的概念，侧轴表示与主轴相反的方向。align-items 属性表示侧轴对齐方式，其属性值及侧轴对齐方式，如表 14.3 所示。

表 14.3　align-items 属性取值及侧轴对齐方式

属　性　值	侧轴对齐方式
flex-start	起始位置对齐
center	居中位置对齐
flex-end	结束位置对齐

表 14.3 中列出了 align-items 属性取值及侧轴对齐方式，接下来通过案例来演示 align-items 属性的使用，具体如例 14-7 所示。

【例 14-7】 align-items 属性的使用。

```
<!doctype html>
<html>
<head>
<meta charset="utf-8">
<title>弹性盒模型</title>
<style>
    #main1{ width:200px; height:100px; border:1px black solid;
       display:flex; flex-direction:row; justify-content:space-around;
       align-items:flex-start; }
    #main2{ width:200px; height:100px; border:1px black solid;
       display:flex; flex-direction:row; justify-content:space-around;
       align-items:center; }
    #main3{ width:200px; height:100px; border:1px black solid;
       display:flex; flex-direction:row; justify-content:pace-around;
       align-items:flex-end; }
    .box{ width:50px; height:50px; background:red;
       color:white; line-height:50px; text-align:center; }
</style>
</head>
<body>
<div id="main1">
   <div class="box">1</div>
   <div class="box">2</div>
   <div class="box">3</div>
</div>
<div id="main2">
   <div class="box">1</div>
   <div class="box">2</div>
   <div class="box">3</div>
</div>
<div id="main3">
   <div class="box">1</div>
   <div class="box">2</div>
   <div class="box">3</div>
</div>
</body>
</html>
```

运行结果如图 14.15 所示。

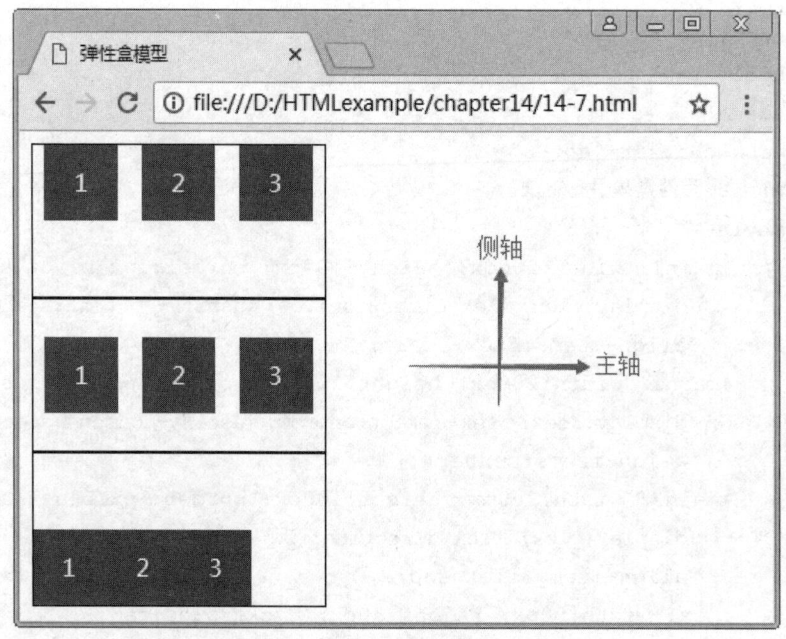

图 14.15 侧轴对齐方式

14.2.3 换行与对齐

在默认情况下，元素都排在一条轴线上。当内容太多，使元素在一条轴线排不下时，则需要用到 flex-wrap 属性。其属性值及换行方式如表 14.4 所示。

表 14.4 flex-wrap 属性取值及换行方式

属 性 值	换 行 方 式
nowrap（默认值）	元素不进行换行处理
wrap	换行处理，第一行在上方
wrap-reverse	反向换行处理，第一行在下方

表 14.4 列出了 flex-wrap 属性取值及换行方式，接下来通过案例来演示 flex-wrap 属性，具体如例 14-8 所示。

【例 14-8】 flex-wrap 属性的使用。

```
<!doctype html>
<html>
<head>
<meta charset="utf-8">
<title>弹性盒模型</title>
<style>
     #main1{ width:200px; height:150px; border:1px black solid;
         display:flex; flex-direction:row; flex-wrap:nowrap; }
```

```
        #main2{ width:200px; height:150px; border:1px black solid;
            display:flex; flex-direction:row; flex-wrap:wrap; }
        #main3{ width:200px; height:150px; border:1px black solid;
            display:flex; flex-direction:row; flex-wrap:wrap-reverse; }
        .box{ width:50px; height:50px; background:red;
            color:white; line-height:50px; text-align:center; }
</style>
</head>
<body>
<div id="main1">
    <div class="box">1</div>
    <div class="box">2</div>
    <div class="box">3</div>
    <div class="box">4</div>
    <div class="box">5</div>
    <div class="box">6</div>
</div>
<div id="main2">
    <div class="box">1</div>
    <div class="box">2</div>
    <div class="box">3</div>
    <div class="box">4</div>
    <div class="box">5</div>
    <div class="box">6</div>
</div>
<div id="main3">
    <div class="box">1</div>
    <div class="box">2</div>
    <div class="box">3</div>
    <div class="box">4</div>
    <div class="box">5</div>
    <div class="box">6</div>
</div>
</body>
</html>
```

运行结果如图 14.16 所示。

align-content 属性表示多行之间的对齐方式。其属性值及多行的对齐方式如表 14.5 所示。

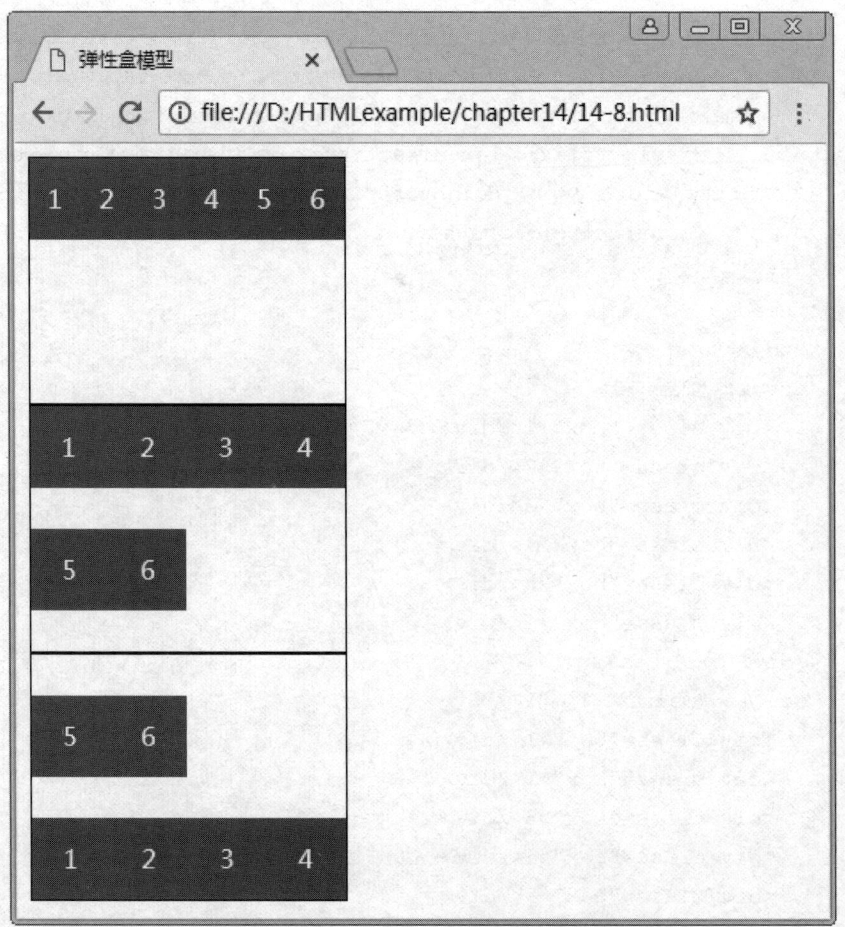

图 14.16　wrap-reverse 换行的效果

表 14.5　align-content 属性取值及多行的对齐方式

属　性　值	多行对齐方式
flex-start	多行的起点对齐
flex-end	多行的终点对齐
center	多行的居中对齐
space-between	多行的两端对齐，轴线之间的间隔平均分布
space-around	每根轴线两侧的间隔都相等。因此轴线之间的间隔比轴线与边框的间隔大一倍

表 14.5 中列出了 align-content 属性取值及多行的对齐方式，接下来通过案例演示取值为 space-between 和 space-around 时的对齐方式，具体如例 14-9 所示。

【例 14-9】 align-content 取值为 space-between 和 space-around 时的对齐方式。

```
<!doctype html>
<html>
<head>
```

```
<meta charset="utf-8">
<title>弹性盒模型</title>
<style>
    #main1{ width:200px; height:150px; border:1px black solid;
        display:flex; flex-direction:row; flex-wrap:wrap;
        align-content:space-between; }
    #main2{ width:200px; height:150px; border:1px black solid;
        display:flex; flex-direction:row; flex-wrap:wrap;
        align-content:space-around; }
    .box{ width:50px; height:50px; background:red;
        color:white; line-height:50px; text-align:center; }
</style>
</head>
<body>
<div id="main1">
    <div class="box">1</div>
    <div class="box">2</div>
    <div class="box">3</div>
    <div class="box">4</div>
    <div class="box">5</div>
    <div class="box">6</div>
</div>
<div id="main2">
    <div class="box">1</div>
    <div class="box">2</div>
    <div class="box">3</div>
    <div class="box">4</div>
    <div class="box">5</div>
    <div class="box">6</div>
</div>
</body>
</html>
```

运行结果如图 14.17 所示。

14.2.4 子元素属性

上述所有的属性都可以在父元素上添加，子元素上也带有一些相关的属性，下面将介绍添加在子元素上的三个属性。

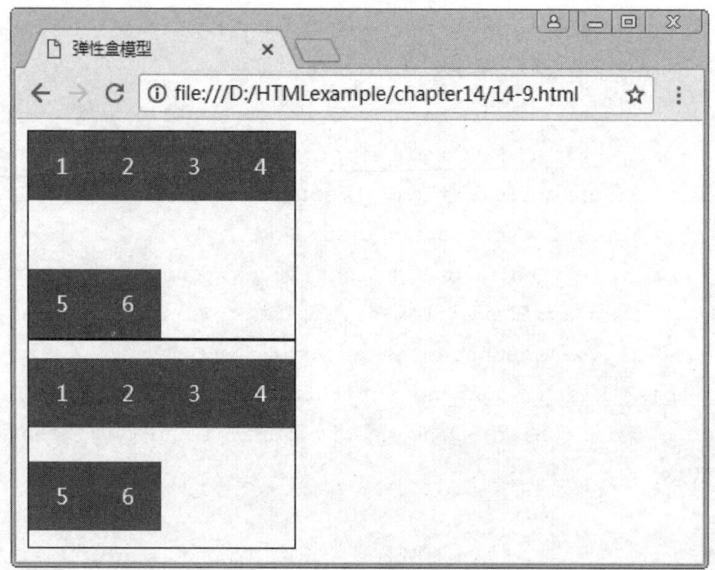

图 14.17　多行的对齐方式

1．order 属性

order 属性定义元素的排列顺序。数值越小，排列越靠前，默认为 0。接下来通过案例来演示，具体如例 14-10 所示。

【例 14-10】 order 属性的使用。

```
<!doctype html>
<html>
<head>
<meta charset="utf-8">
<title>弹性盒模型</title>
<style>
      #main{ width:200px; height:150px; border:1px black solid;
         display:flex; flex-direction:row; flex-wrap:wrap;
         align-content:space-around; }
      .box{ width:50px; height:50px; background:red;
         color:white; line-height:50px; text-align:center; }
      .box:nth-of-type(1){ order:1; }
      .box:nth-of-type(2){ order:2; }
</style>
</head>
<body>
<div id="main">
    <div class="box">1</div>
    <div class="box">2</div>
    <div class="box">3</div>
    <div class="box">4</div>
```

```
    <div class="box">5</div>
    <div class="box">6</div>
</div>
</body>
</html>
```

运行结果如图 14.18 所示。

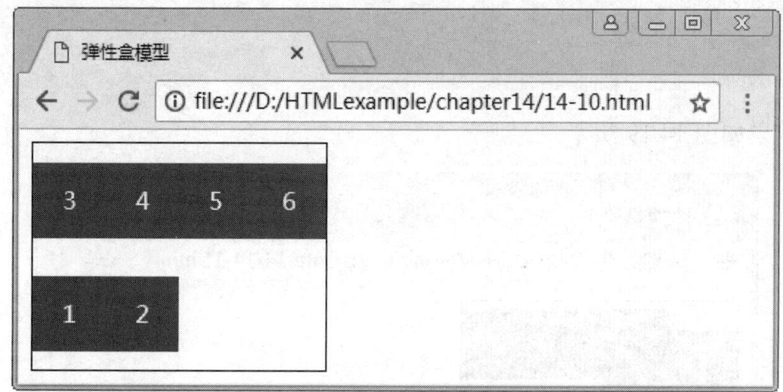

图 14.18 order 的排序处理

2．align-self 属性

align-self 属性允许单个元素有与其他元素不一样的对齐方式，可以设置值为 flex-start、flex-end、center 等。接下来通过案例来演示，具体如例 14-11 所示。

【例 14-11】 align-self 属性的使用。

```
<!doctype html>
<html>
<head>
<meta charset="utf-8">
<title>弹性盒模型</title>
<style>
     #main{ width:200px; height:150px; border:1px black solid;
        display:flex; flex-direction:row; flex-wrap:wrap;
        align-content:space-around; }
     .box{ width:50px; height:50px; background:red;
        color:white; line-height:50px; text-align:center; }
     .box:nth-of-type(1){ align-self:center; }
     .box:nth-of-type(2){ height:80px; line-height:80px; }
</style>
</head>
<body>
<div id="main">
```

```
    <div class="box">1</div>
    <div class="box">2</div>
    <div class="box">3</div>
    <div class="box">4</div>
    <div class="box">5</div>
    <div class="box">6</div>
</div>
</body>
</html>
```

运行结果如图 14.19 所示。

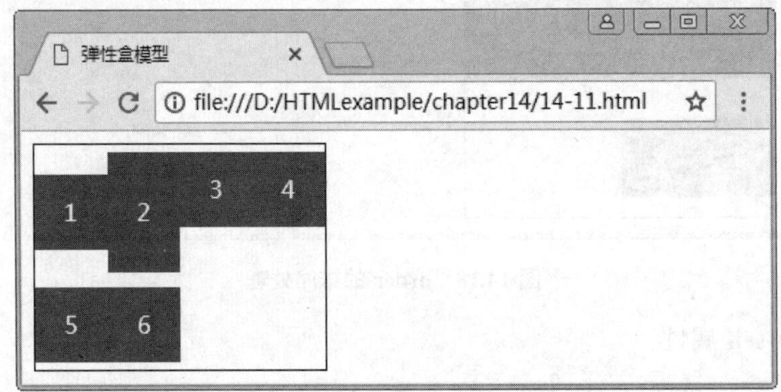

图 14.19　align-self 的子元素对齐处理

3．flex 属性

flex 属性设置元素之间占据的空间大小，值为比例值，也可以设置固定的像素值。接下来通过案例来演示，具体如例 14-12 所示。

【例 14-12】 flex 属性的使用。

```
<!doctype html>
<html>
<head>
<meta charset="utf-8">
<title>弹性盒模型</title>
<style>
     #main{ width:200px; height:50px; border:1px black solid;
        display:flex; }
     .box{ color:white; line-height:50px; text-align:center; }
     .box:nth-of-type(1){ background:red; flex:1; }
     .box:nth-of-type(2){ background:blue; flex:2; }
     .box:nth-of-type(3){ background:green; flex:3; }
</style>
</head>
```

```
<body>
<div id="main">
    <div class="box">1</div>
    <div class="box">2</div>
    <div class="box">3</div>
</div>
</body>
</html>
```

运行结果如图 14.20 所示。

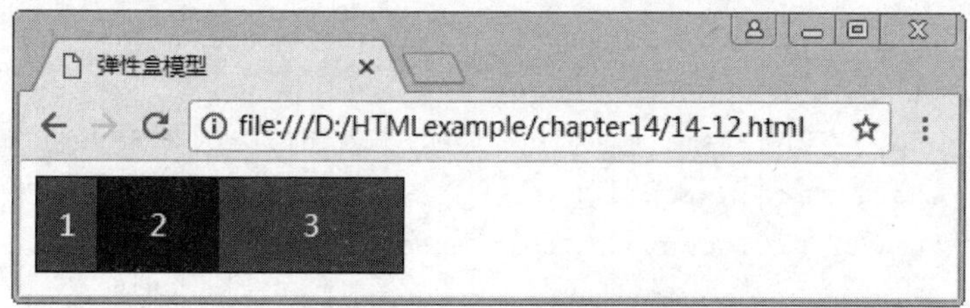

图 14.20 flex 按比例分配

例 14-12 中元素一占空间的 1/6，元素二占空间的 1/3，元素三占空间的 1/2。当设置其中一列为固定值时，可实现一列固定两列自适应的布局方案，比前面章节中介绍的 HTML 布局方案实现起来要简单很多。修改例 14-12 代码如下。

```
<style>
    #main{ width : 200px; height : 200px; border : 1px black solid;
      display : flex; }
    .box{ color : white; line-height : 50px; text-align : center; }
    .box:nth-of-type(1){ background : red; flex : 1; }
    .box:nth-of-type(2){ background : blue; width : 100px; }
    .box:nth-of-type(3){ background : green; flex : 1; }
</style>
```

保存文档，刷新网页，运行结果如图 14.21 所示。

图 14.21 flex 实现中间固定左右自适应

接下来通过演示百度首页移动端的导航菜单的实现效果，来进一步巩固对弹性盒模型的理解。具体如例 14-13 所示。

【例 14-13】 百度首页移动端的导航菜单实现效果。

```
<!doctype html>
<html>
<head>
<meta charset="utf-8">
<title>弹性盒模型</title>
<style>
     *{ margin:0; padding:0; }
     li{ list-style:none; }
     img{ border:none; vertical-align:top; }
     a{ text-decoration:none; }
     body{ font-family:Helvetica,STHeiti,Droid Sans Fallback; }
     #nav{ margin-top:10px; }
     #nav ul{ display:flex; flex-direction:row;
       justify-content:space-around; }
     #nav li{ width:30px; height:43px; font-size:12px;
         color:#999999; line-height:82px; }
     #nav li:nth-of-type(1){ background:url(1.png) no-repeat; }
     #nav li:nth-of-type(2){ background:url(2.png) no-repeat; }
     #nav li:nth-of-type(3){ background:url(3.png) no-repeat; }
     #nav li:nth-of-type(4){ background:url(4.png) no-repeat; }
     #nav li:nth-of-type(5){ background:url(5.png) no-repeat; }
     #nav li:nth-of-type(6){ background:url(6.png) no-repeat; }
</style>
</head>
<body>
<div id="nav">
    <ul>
       <li>关注</li>
       <li>新闻</li>
       <li>小说</li>
       <li>视频</li>
       <li>糯米</li>
       <li>地图</li>
    </ul>
</div>
</body>
</html>
```

运行结果如图 14.22 所示。

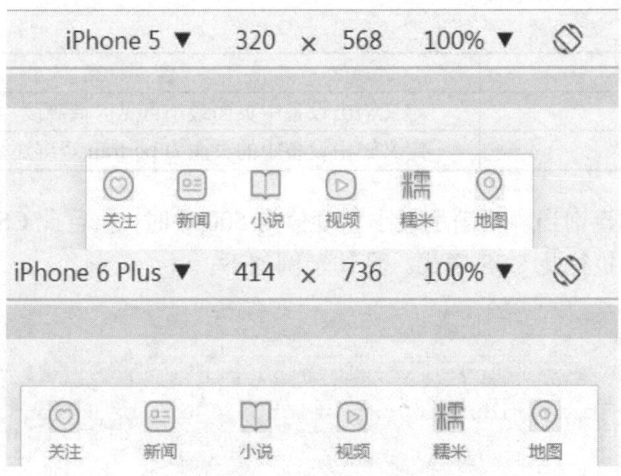

图 14.22 百度导航弹性布局

14.3 响应式开发

视频讲解

响应式开发的目的是使一套代码可以适应不同尺寸的设备，比如：PC、平板、手机端，以达到减小开发量，提升可维护性的目的。

14.3.1 媒体查询

响应式开发是利用 CSS3 当中的媒体查询功能来实现的，即@media 方式。使用@media 查询，可以针对不同的媒体类型和屏幕尺寸来定义不同的样式操作。其语法格式如下：

```
@media 媒体类型 and 媒体条件{}
```

其中媒体类型和媒体条件取值及含义如表 14.6 和 14.7 所示。

表 14.6 媒体类型取值及含义

取 值	含 义
all	用于所有设备
print	用于打印机和打印预览
screen	用于电脑屏幕、平板电脑、智能手机等
speech	应用于屏幕阅读器等发声设备

表 14.7 媒体条件取值及含义

取 值	含 义
max-width	定义输出设备中的页面最大可见区域宽度
min-width	定义输出设备中的页面最小可见区域宽度
max-height	定义输出设备中的页面最大可见区域高度

续表

取　　值	含　　义
min-height	定义输出设备中页面最小可见区域高度
orientation	定义输出设备中的页面为 portrait 竖屏还是 landscape 横屏

下面定义媒体查询当屏幕满足最小宽度值为 500px 时，执行此 CSS 样式；当屏幕小于 500px 时，则不执行此 CSS 样式。具体示例如下。

```
<style>
    @media all and (min-width:500px){
        #box{ width:100px; height:100px; background:red; }
  }
</style>
<body>
    <div id="box"></div>
</body>
```

多条件查询，当屏幕满足最小宽度值为 500px，并且同时满足最大宽度值为 700px 时，执行此 CSS 样式；当屏幕小于 500px 或是大于 700px 时，都不执行此 CSS 样式。具体示例如下。

```
<style>
    @media all and (min-width:500px) and (max-width:700px){
        #box{ width:100px; height:100px; background:red; }
    }
</style>
```

当页面在横屏时，执行此 CSS 样式；当页面在竖屏时，不执行此 CSS 样式。具体示例如下。

```
<style>
    @media all and (orientation:landscape){
        #box{ width:100px; height:100px; background:red; }
    }
</style>
```

关键词“not”是用来排除某种制定的媒体类型，即用来排除符合表达式的设备。换句话说，not 关键词表示对其后的表达式执行取反操作。下面代码表示竖屏时，执行此 CSS 样式。具体示例如下。

```
<style>
    @media not all and (orientation:landscape){
        #box{ width:100px; height:100px; background:red; }
```

```
    }
</style>
```

除了可以直接在 CSS 样式中添加媒体查询外，还可以通过<link>的方式添加媒体查询的操作。具体示例如下。

```
<link href="media.css" rel="stylesheet"
   media="all and (min-width:500px) and (max-width:700px)">
```

14.3.2 查询顺序

响应式开发遵循一定的查询原则，下面介绍两个查询的原则。

（1）通用样式写在前面，响应式样式写在后面。因为后面的样式会覆盖前面的样式，因此响应式的目的就是替换之前的样式效果。具体示例如下。

```
<style>
    /*common css*/
    #header{…}
    #logo{}
    …
    /*media css*/
    @media all and (min-width:500px){
        #header{…}
        …
    }
</style>
```

（2）当出现多个媒体查询时，先去响应式大屏幕再去响应式小屏幕，达到一种分辨率递减的适配方式。具体示例如下。

```
<style>
    /*common css*/
    #header{…}
    #logo{}
    …
    /*media css*/
    @media all and (max-width:768px) {
        #header{…}
        …
    }
    @media all and (max-width:600px) {
        #header{…}
```

```
        …
    }
    @media all and (max-width:480px) {
        #header{…}
        …
    }
</style>
```

14.3.3 修改样式

下面是仿照 jQuery 官方网站制作的响应式布局开发。先看下仿 jQuery 在 PC 端的展示效果，如图 14.23 所示。

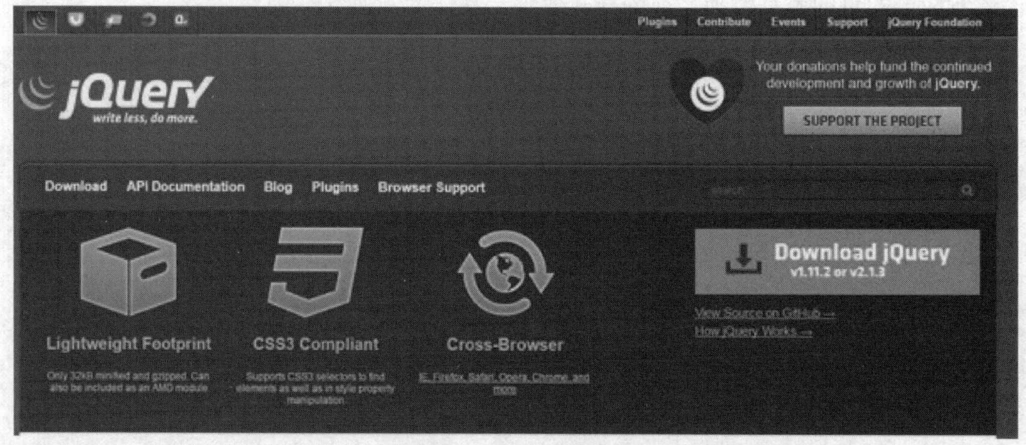

图 14.23　仿 jQuery 官网在 PC 端的效果展示

一般情况下，响应式的常见修改样式有以下几种。

（1）display 属性由 block 转成 none，或是由 none 转成 block，因为移动端页面和 PC 端页面的尺寸相差很大，可能有些元素在不同的屏幕大小下会显示或者会被隐藏。具体示例如下。

```
<style>
    @media all and (max-width:480px) {
        .hdWrap,.nav{ display:none; }
        .navSel{ display:block; width:100%; margin-bottom:10px; }
    }
</style>
```

修改后样式如图 14.24 所示。

可以看到，红色区域的元素在小于 480px 时会显示，而 PC 端的导航菜单会隐藏。

图 14.24 display 控制样式显示隐藏

（2）width 属性从百分比转成具体像素值，或是从具体像素值转成百分比，因为移动端页面的宽度一般需要自适应屏幕的大小，而 PC 端页面的宽度一般为固定尺寸。具体示例如下。

```
<style>
    @media all and (max-width:600px) {
        .logo,.introLogo{ float:none; width:100%; text-align:center; }
    }
</style>
```

修改后样式如图 14.25 所示。

图 14.25　width 控制样式是否独占一行

（3）text-algin 属性从文字端点对齐转成文字居中对齐，或是从文字居中对齐转成端点对齐，因为移动端的文字一般需要居中显示，而 PC 端的文字一般需要左对齐显示。具体示例如下。

```
<style>
     @media all and (max-width:768px) {
        .content-ico,.ft-bookBox{ display : block;
        width : 100%; text-align : center; margin-bottom : 30px; }
     }
</style>
```

修改后样式如图 14.26 所示。

可以看到，红色区域的文本在小于 768px 时会居中显示，而在 PC 端的文本则会靠左显示。

图 14.26　text-algin 控制文本居中显示

（4）float 属性从浮动转成不浮动，或是从不浮动转成浮动，因为移动端的布局一般为上下结构，而 PC 端的布局一般为左右结构。具体示例如下。

```
<style>
    @media all and (max-width:768px) {
        .banner-featureBox{ float : none; width : 100%; }
    }
</style>
```

修改后样式如图 14.27 所示。

图 14.27　float 控制结构是否浮动

可以看到，红色区域的结构在 PC 端的浮动处理，从而达到左右排列的效果。在屏幕小于 768px 时，浮动取消，从而达到上下排列的效果。

下面给出仿 jQuery 官网的响应式布局相关的 CSS 代码，由于 CSS 代码较多，这里省略 PC 端的公共 CSS 部分。具体示例如下。

```
<style>
    /*common css*/
    …
    /*media css*/
    @media all and (max-width:768px) {
         .banner-featureBox,.banner-downloadBox,.downloadBox-linkImg,
         .featureWrap,.contentText-introWrap,.contentText-resourceWrap,
         .content-bgico,.ftNav,.copyright,.ftNav-link,
         .copyright-ver span,.copyright-ver a{ float: none; width: 100%; }
         .copyright-ver,.copyright-intro{ text-align: center; }
         .copyright-introI{ float: none; display: inline-block; }
         .content-ico,.ft-bookBox{ display: block; width: 100%;
            text-align: center; margin-bottom: 30px; }
     }
    @media all and (max-width:730px ) {
         .hd-icoNav{ display: none; }
         .hd-textNav{ float: none;
           /*float: left;*/
           }
    }
    @media all and (max-width:600px ) {
         .logo,.introLogo{ float: none; width: 100%; text-align: center; }
         .logo{ margin-bottom: 20px; }
         .logo-link{ float:none; width: 100%; display: block;
           background-position: center 0; }
         .navbar{ background-color: rgba(0,0,0,0); border:none;
            box-shadow:0 0 0 rgba(0,0,0,0); }
         .navI-link,
         .navI-link:hover{ border:none; box-shadow:0 0 0 rgba(0,0,0,0); }
         .nav,.searchbar,.bookIWrap{ float: none; width: 100%; }
         .searchbar{ margin: 0 0 10px 0; }
         .nav{ padding: 0; }
         .navI-link{ font-size: 14px; padding: 6px 4px;
           font-family: klavika-web, 'Helvetica Neue', Helvetica, Arial, Geneva, sans-serif; }
         .innerWrap{ border-radius: 10px; }
```

```
            .banner{ border-radius: 10px 10px 0 0; }
        }
        @media all and (max-width: 480px) {
            .hdWrap,.nav{ display: none; }
          .navSel{ display: block; width: 100%; margin-bottom: 10px; }
      }
</style>
```

14.4 本章小结

通过本章的学习，了解移动端及手机基本概念，掌握移动端的布局方案，除了布局外，移动端还涉及很多有用的知识点，例如：弹性盒模型，响应式开发等。本教材宗旨为 HTML5 入门教程，希望通过十四章的学习，让大家对 HTML5 这门技术有所了解，感谢大家对本教材的支持。

14.5 习　题

1．填空题

（1）物理像素的单位为____________，CSS 像素的单位为____________。

（2）在移动端 viewport 有____________和____________两个。

（3）用于添加在子元素的属性有____________、____________、和____________。

（4）____________属性定义盒子内部的子元素的排列方向。

（5）反向换行处理时，flex-wrap 属性的属性值为____________。

2．选择题

（1）下列选项中，用来描述 flex 主轴对齐的属性的是（　　）。

A．flex-direction　　B．justify-content

C．align-items　　D．align-content

（2）CSS3 里面的单位参照物为 html 的 font-size 的单位是（　　）。

A．rem　　B．%

C．em　　D．px

（3）下列选项中，不属于 viewport 的属性值的是（　　）。

A．width=device-width　　B．initial-scale=0.5

C．charset=utf-8　　D．user-scalable=no

（4）下列选项中，不属于 flex-direction 的属性值的是（　　）。

A．row-reverse B．column-reverse

C．column D．width

（5）justify-content 属性取下列哪个值时，主轴对齐方式为两端对齐。（　　）

A．flex-start B．center

C．space-between D．space-around

3．思考题

（1）请简述屏幕物理像素与 CSS 像素的区别。

（2）请简述 rem 单位的特点。